“十四五”时期
国家重点出版物出版专项规划项目

航天先进技术
研究与应用系列

王子才　总主编

非重构框架下的频谱感知技术

Spectrum Sensing in a Non-Reconfigurable Framework

高玉龙　马永奎　著

HITP 哈尔滨工业大学出版社
HARBIN INSTITUTE OF TECHNOLOGY PRESS

内容简介

本书系统介绍非重构框架下的频谱感知方法，内容主要是利用压缩感知理论分析压缩前后信号的各种统计特性及基于非重构思想的各种频谱感知算法性能，具体包括非重构频谱感知概述及其基本理论、基于稀疏表示和字典训练的频谱感知、非重构框架下的能量感知、非重构频谱感知框架下的测量矩阵优化、非重构框架下的特征值频谱感知，以及非重构框架下基于动态采样的宽带频谱感知。

本书适合对认知无线电、压缩感知理论、统计信号处理领域感兴趣的师生和科技人员阅读和参考。

图书在版编目(CIP)数据

非重构框架下的频谱感知技术/高玉龙，马永奎著
.—哈尔滨：哈尔滨工业大学出版社，2023.5
（航天先进技术研究与应用系列）
ISBN 978-7-5767-0796-0

Ⅰ.①非… Ⅱ.①高…②马… Ⅲ.①无线电通信—频谱分析 Ⅳ.①TN911.6

中国国家版本馆 CIP 数据核字(2023)第 100557 号

非重构框架下的频谱感知技术
FEICHONGGOU KUANGJIA XIA DE PINPU GANZHI JISHU

策划编辑 孙连嵩 许雅莹
责任编辑 马毓聪 李长波
出版发行 哈尔滨工业大学出版社
社　　址 哈尔滨市南岗区复华四道街 10 号 邮编 150006
传　　真 0451-86414749
网　　址 http://hitpress.hit.edu.cn
印　　刷 哈尔滨博奇印刷有限公司
开　　本 720 mm×1 000 mm 1/16 印张 16 字数 312 千字
版　　次 2023 年 5 月第 1 版 2023 年 5 月第 1 次印刷
书　　号 ISBN 978-7-5767-0796-0
定　　价 98.00 元

前　言

有限且具备战略性的频谱资源是国家安全和数字经济的重要基石。随着无线通信技术的发展，尤其是智能无线技术、物联网和云处理时代的到来，大量的数据需要在设备之间实时传输，人们对高速数据传输的要求将越来越高。但现有静态分配的频谱政策导致的频谱资源严重紧缺和不均衡利用已经成为一个越来越严重的问题，传统的提高频谱效率的方法在奈奎斯特采样定理的限制下作用已经达到了极限，如何提高频谱资源使用效率成为重大的技术挑战。如果能够对空闲的频谱资源加以利用，将会大大提高频谱利用率，缓和频谱资源紧张的矛盾。基于此，智能化的认知无线电技术应运而生。由于认知无线电技术能够对“频谱空穴”进行高效利用，因此近年来受到广泛的关注，而且随着人工智能的发展，其内涵也得到了极大的扩展。

认知无线电的关键思想是对频谱的复用和共享，即认知用户在对授权用户不造成干扰的前提下，可以利用授权用户的空闲频段。为此，认知用户需要持续对该频段内的主用户信号进行检测，一旦发现主用户信号就尽快避让以免对主用户造成干扰，否则就可以利用该频段进行通信。上述检测过程就是“频谱感知”。不难看出，频谱感知是认知无线电的关键技术和实现基础。

利用认知无线电技术对频谱空穴进行检测时，需要首先对模拟信号进行采样，然而根据香农采样定理，为了不发生信息丢失，必须用至少高于信号最高频率两倍的采样频率进行采样，才能保证采样后的数字信号能完整保留原始信息。在实际情况下，尤其是超大带宽的条件下，基于传统香农采样定理进行采样给ADC(模数转换器)带来极大的挑战。幸运的是，压缩感知理论为解决上述问题提供了一种全新思路。压缩感知针对稀疏信号能够以远小于香农采样定理所要求的采样频率进行信号采集,并且能够对信号进行完全恢复。在压缩感知理论框架下,采样速率不再取决于信号的带宽,而取决于信息在信号中的结构和内容。由于“频谱空穴”的存在,宽带频谱具备稀疏性,因此压缩频谱感知在理论上是可行的,并已成为频谱感知技术的一个重要研究方向。根据压缩感知理论可知,信号重构需要消耗很大的计算量,这将会加大能耗及增加检测时间。而作为推断任务的频谱感知并不需要进行信号重构,并且认知无线电要求对频谱能够进行实时检测,因此如果能从压缩采样数据中直接检测频谱而不用重构信号,将为频谱感知的实际应用打下良好基础。

根据前期研究我们发现,压缩感知理论中的稀疏表示、测量矩阵等对非重构频谱感知性能有着深刻的影响,因此本书主要围绕二者对频谱感知性能的影响展开介绍。第1章主要介绍非重构频谱感知的研究背景、意义,以及相关的基本理论。第2章借助压缩感知中的稀疏表示理论阐述非重构频谱感知,针对不同场景进行了算法推导和性能仿真。第3章把能量频谱感知和非重构思想相结合,分别从时域和频域分析压缩前后信号能量统计特性,以此为基础分析非重构能量频谱感知的性能。由于测量矩阵会影响非重构频谱感知算法的检测效果,因此第4章针对单天线和多天线场景,分别以能量感知和基于稀疏表示的频谱感知为例研究了测量矩阵优化方法。第5章针对特征值频谱感知方法进行研究,并结合非重构思想减少运算数据量,克服噪声不确定性,提高算法在低信噪比下的性能。第6章把非重构思想扩展到宽带频谱感知的情况,设计了相应的宽带频谱感知模型,提出了一种信号稀疏度估计方法和基于动态采样的宽带频谱感知算法。

本书第1、2、3、6章由高玉龙撰写,第4、5章由高玉龙和马永奎共同撰写。全书由高玉龙统稿。感谢朱尤祥、张蔚、许鹏、刘佳鑫、韩新胜、张润彬、许康、康昊鹏等一届又一届的学生,他们辛勤的工作为本书成稿打下了坚实基础,本书内容是作者和上述同学多年从事认知无线电研究的结晶和总结。另外,本书研究成果得到了国家自然科学基金项目(编号:62171163,61301101)的资助。

由于本书涉及统计信号处理、压缩感知、认知无线电、随机矩阵等诸多理论,内容广泛繁杂,且作者的学术水平有限,因此书中内容难免出现疏漏及不足之处,诚恳希望各位读者批评指正,不吝赐教。

作　者
2022年12月

目录

第1章

非重构频谱感知概述及其基本理论

压缩感知作为最近几年信号处理领域非常重要的研究内容，已经吸引了图像处理、计算机视觉以及通信等诸多领域的学者进行研究。它以欠采样方式提取信号主要信息的显著优点契合了频谱感知推断任务的要求，成为频谱感知技术重要的理论支撑。本章首先阐述非重构频谱感知的研究背景和意义，然后总结频谱感知的研究现状，并对其存在的问题进行分析。为了方便介绍后续内容，1.3节介绍压缩感知、重构算法和随机矩阵理论，1.4节给出本书的结构以及各章之间的关系。

1.1 非重构频谱感知的研究背景和意义

无线通信技术的高速发展以及人们对通信速率及质量要求的普遍提高，导致无线通信环境中的信息量爆炸式增长。例如对图片、视频等信息的高速可靠传输，需要占用大量的无线频谱资源。越来越多的人利用无线局域网技术，通过占用频谱资源管理部门非授权的频段接入网络进行通信，结果导致非授权频段趋于饱和，因此无线频谱资源越来越紧缺。与此同时，美国联邦通信委员会(Federal Communications Commission，FCC)的研究显示，现在的一些已授权的用于固定无线通信业务的固定频段仅有15%～85%的频谱利用率，这些频段在大部分时间里处于空闲状态，但是普通的非授权用户却不能接入这些频段进行通信。

因此，如何高效地利用宝贵的无线频谱资源是无线通信发展必须解决的一个问题。1999 年，Joseph Mitola 博士在软件无线电的基础上提出了认知无线电(Cognitive Radio) 的概念[1]。随后，Haykin 在 2005 年根据认知无线电核心思想，简化了认知无线电思想[2]，提出了如图 1.1.1 所示的认知循环环概念。

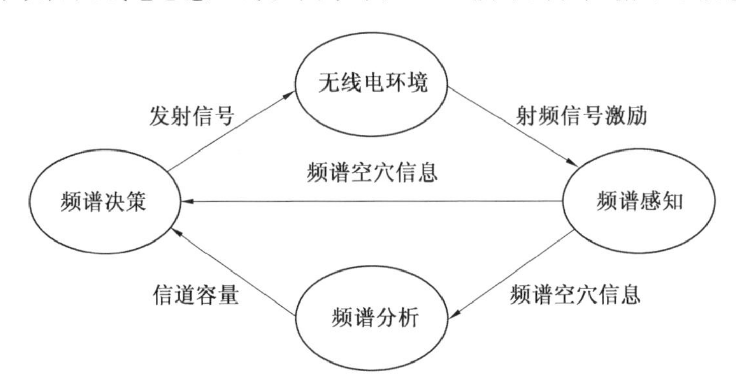

图 1.1.1　认知无线电的认知循环环

与此同时，FCC 也对认知无线电给出如下定义：认知无线电是能够与它的操作环境进行交互而改变自身工作参数的无线电技术。也就是说，认知无线电能够通过感知用户周围的无线电环境，如信道的占用情况、噪声功率、信号调制方式等，相应地调整自身的参数，动态地接入当前可以利用的频段，同时不影响授权用户的通信，通信结束后立即释放占用的频谱资源。自此以后，认知无线电成为通信领域的研究热点。随着技术的进步以及研究的深入，人们已经把认知无线电的智能化思想进行了极大的扩展，慢慢还原了 Joseph Mitola 博士关于认知无线电的原始定义。

如图 1.1.1 所示，认知无线电系统有频谱感知、频谱分析和频谱决策三个组成部分，是具有自适应环境能力的智能通信系统。频谱感知主要检测当前无线电环境的频谱空穴。频谱分析则是分析认知用户检测到的频谱空穴的各项特征。而频谱决策则是根据频谱分析的结果，决定自身通信的各项参数，结合频谱感知的结果选择合适的频段进行通信。

由此可见，频谱感知技术是智能无线用户进行工作的基础和核心，准确快速地感知当前无线电环境的频谱空穴是一个认知无线电系统进行良好通信的保证。研究频谱感知技术，分析各种频谱感知算法的性能，目的就是找到更适合实际无线电环境的感知技术，更好、更准确地捕捉到频谱空穴。因此，对于频谱感知算法的研究对认知无线电系统的实际应用具有重要意义。

利用认知无线电技术对频谱空穴进行感知时，需要首先对模拟信号进行采样。然而根据奈奎斯特(Nyquist) 采样定理，采样频率必须至少高于信号最高频率的 2 倍才能保证采样后的数字信号能完整保留原始信息。在实际系统中，尤其

是 6G 等超大带宽系统中，传统奈奎斯特采样定理对 A/D 硬件造成极大的挑战。压缩感知(Compressed Sensing，CS) 理论是由 Donoho 等人于 2006 年提出[3]的。根据压缩感知理论，在某个基下稀疏的信号能够以远小于奈奎斯特采样定理要求的速率进行信号采样，并且能够完全恢复信号。在 CS 理论框架下，采样速率不再取决于信号的带宽，而取决于信息在信号中的结构和内容。相关研究表明，宽带频段内的频谱利用率很低，所以宽带信号在频域中满足稀疏条件。由于压缩感知理论在处理稀疏信号时有着明显的优势，所以对宽带信号进行频谱感知的过程中，可以使用压缩感知理论对宽带信号进行压缩采样，用来解决宽带信号采样频率过高的问题。这种在宽带频谱感知过程中使用压缩采样的技术，被称为宽带压缩频谱感知技术。宽带压缩频谱感知技术的基本框架如图 1.1.2 所示。

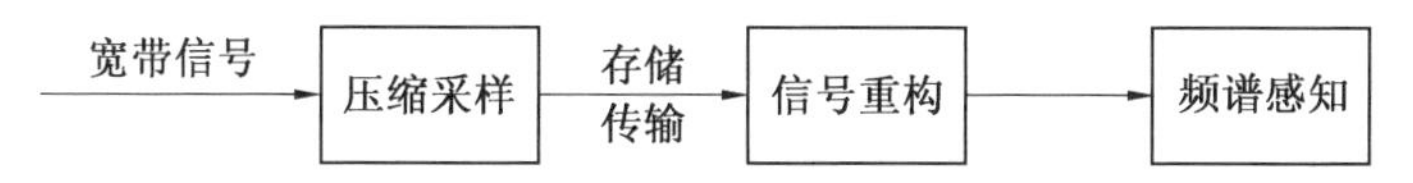

图 1.1.2　宽带压缩频谱感知技术的基本框架

因为宽带信号在频域具有稀疏性，所以可以利用低于奈奎斯特采样定理要求的采样频率对宽带信号进行压缩采样，获得经过欠采样的感知数据。然后，利用合适的重构算法对压缩后的感知数据进行重构，恢复出原始的宽带信号。根据上述描述可以看出，利用压缩感知进行频谱感知的传统思路就是首先对压缩的信号进行重构，然后利用频谱感知的各种算法进行频谱感知。根据压缩感知理论可知，信号重构是压缩感知消耗计算量最大的环节，在图像处理等需要恢复信号的领域起着至关重要的作用。而对于认知无线电来说，频谱感知是一个推断问题，信号重构不是一个必须的步骤。更为重要的是，频谱感知实时性是其核心指标，因此为了减少频谱感知算法的计算量，提高频谱感知的实时性，研究非重构框架下的频谱感知成为亟待解决的问题。

1.2　频谱感知的研究现状及其分析

1.2.1　窄带频谱感知

最有效的频谱感知方法就是检测在认知用户附近处于工作状态的主用户接收机，例如本振泄露功率检测[4]、基于干扰温度的检测[5] 等基于接收机的频谱感知方法。然而，由于一些主用户接收机可能是无源的，这些接收机很难被检测到。因此，还可以通过检测主用户发射信号实现频谱感知，例如匹配滤波频谱感知算法、能量频谱感知算法、循环平稳特征频谱感知算法[6]等基于发射信号的频谱感知算法。不同的窄带频谱感知算法需要的先验信息也不尽相同，因此它们的感知性能也各不相同。

匹配滤波频谱感知算法是窄带频谱感知的最佳算法，它通过相干检测，在已知先验信息的情况下，可以最大化输出端信号的信噪比[7]。它通过将接收到的信号与一个模板进行关联来检测信号是否存在。匹配滤波器一般在数字域实现，匹配滤波频谱感知算法原理如图 1.2.1 所示。接收信号首先被 A/D 采样转换成数字信号，然后和一个已知的先验信息序列相乘并求和，得到检验统计量 γ，最后和门限比较。检验统计量为

$$\gamma=\sum_{n=0}^{N-1}r(n)s(n) \tag{1.2.1}$$

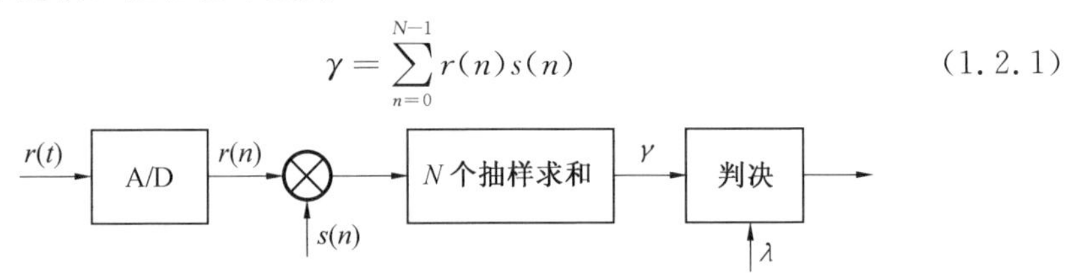

图 1.2.1　匹配滤波频谱感知算法原理

匹配滤波频谱感知算法要求接收机配备有载波同步和定时器件，因而增加了实现的复杂性。它很大程度上依赖于对主用户的先验知识，并且只能检测特定的主用户信号，不具备通用性。

能量频谱感知算法是一个非相干检测方法，它不需要任何主用户的先验知识，也不需要像匹配滤波器那样复杂的接收机，因此不论是实现难度还是计算复杂度都很低[8]。能量频谱感知算法原理如图 1.2.2 所示，接收信号首先经过滤波并被采样为数字信号，然后对信号采样值求平方和，得到检验统计量 γ，最后和门限比较[9]。该算法的检验统计量就是接收信号的能量，因此称之为能量频谱感知算法。

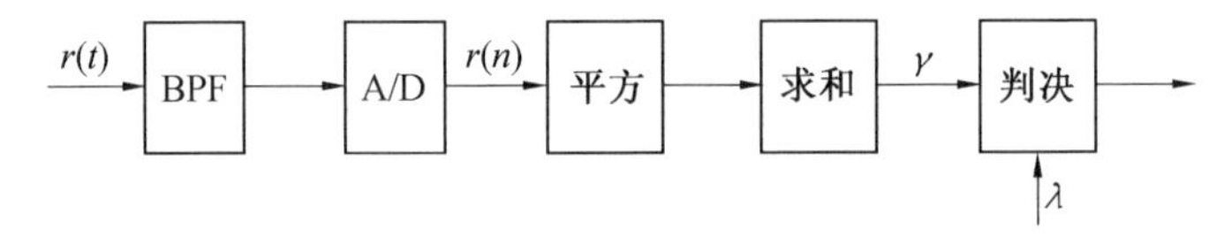

图 1.2.2　能量频谱感知算法原理

能量频谱感知算法的检测概率严重依赖接收信号的信噪比，也就是说，在信噪比较低或者信噪比随机变化的情况（例如衰落信道）下，能量频谱感知算法的性能很差，甚至无法使用。此外，由于能量频谱感知算法将信号的能量作为检验统计量，其频谱感知结果容易受到不明类型或者恶意信号的干扰[10]。

另一种窄带频谱感知方法是循环平稳特征频谱感知算法，它通过检测主用户发射信号的一些呈现周期变化特点的统计特性来判断主用户是否存在。通

常，主用户的信号是随机序列被调制之后发射出去的，其均值和自相关函数等统计特性具有周期性，因此可以看成循环平稳信号[6]。循环平稳特征频谱感知算法主要利用相关函数来分析这些统计特性，首先对采样信号做 N 点快速傅里叶变换(Fast Fourier Transform，FFT) 变换，然后计算循环自相关函数和谱相关函数，得到其循环频率特征，最后根据循环频率特征判断主用户信号是否存在[11]，循环平稳特征频谱感知算法原理如图 1.2.3 所示。

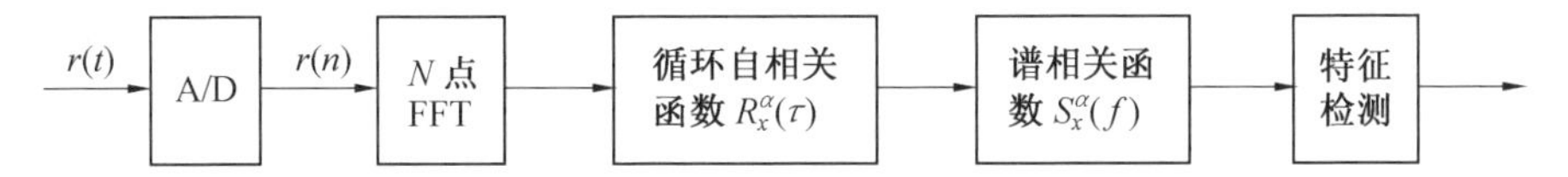

图 1.2.3　循环平稳特征频谱感知算法原理

当主用户信号存在时，循环自相关函数为

$$R_r^{\alpha}(\tau)=E\left[r\left(n+\frac{\tau}{2}\right)r^*\left(n-\frac{\tau}{2}\right)\mathrm{e}^{\mathrm{j}2\pi\alpha n}\right] \tag{1.2.2}$$

式中，E 表示期望；τ 表示延迟。

根据式(1.2.2) 描述的循环自相关函数可以计算得到谱相关函数为

$$S_r^{\alpha}(f)=\sum_{\tau=-\infty}^{\infty}R_r^{\alpha}(\tau)\mathrm{e}^{\mathrm{j}2\pi f\tau} \tag{1.2.3}$$

式中，α 为循环频率，因此谱相关函数也称为循环谱。在信号处理领域经常分析的功率谱密度函数是 $\alpha=0$ 的一种特殊情况。

循环平稳特征频谱感知算法的优势主要体现在抗噪声上，即使在低信噪比条件下，其仍具备良好的检测性能，这是能量频谱感知算法难以实现的。高斯噪声的循环谱能量集中在 $\alpha=0$ 处，而调制信号的循环平稳特征具有谱相关性和周期性，它的循环谱能量在 $\alpha\neq 0$ 时也比较明显，利用信号和噪声循环谱的这种差异，就可以判断主用户信号是否存在[12]。然而该算法需要计算一个二维函数，计算非常复杂，检测时间也相对较长。表 1.2.1 总结了上述算法的优缺点。

表 1.2.1　窄带频谱感知算法的优缺点

频谱感知算法	优点	缺点
匹配滤波	性能最佳、计算开销小	需要先验信息
能量	不需要先验信息、计算开销小	抗噪声能力差
循环平稳特征	抗噪声和抗干扰能力强	需要部分先验信息、计算开销大

1.2.2　宽带频谱感知

经过几十年的研究，窄带频谱感知技术已经相当成熟，并且取得了广泛的应用。但是随着现代通信系统和无线通信技术的飞速发展，窄带频谱感知技术的局限性也日益凸显,单纯的窄带频谱感知技术逐渐不能适应宽带频谱感知场景的需求。窄带频谱感知技术对整个窄带频谱做简单的二元假设,而如果要感知的频谱范围很宽,则不能直接将整个宽带频谱建立为一个二元假设模型,因为在宽带频谱上会存在多个主用户信号,每个主用户信号占据不同的频段,这是一个复杂的排列组合问题。

早期的宽带频谱感知算法通常将宽带频谱划分成许多窄带,然后利用窄带频谱感知技术来实现对主用户信号的检测。文献[13]提出了一种多频带联合感知算法,可以检测到位于多个频段上的不同主用户的信号。在该方法中,时域宽带信号首先被高速 A/D 采样,采样数据经过串并转换得到并行数据,然后利用 FFT 将时域采样信号转换到频域,此时宽带频谱被划分成若干个窄带频谱,最后通过二元假设模型分别判断各个窄带频谱内是否存在主用户信号。除了这种以很高的代价直接对宽带信号采样的方式以外,还有通过在感兴趣的频率范围内"扫描"的超外差(频率混合)方法[14]。首先,本地振荡器产生一定频率的正弦波,接收到的宽带信号与该正弦波混频并被下变频至较低频率。下变频信号由带通滤波器滤波,之后就可以直接应用现有的窄带频谱感知技术检测主用户信号。该方法可以通过改变正弦波频率和带通滤波器参数实现对宽带频谱的扫描。但是由于需要扫频操作,因此这种方法通常很慢并且不够灵活。另一个实现宽带频谱感知的方法是滤波器组算法,它采用一组标准滤波器(具有不同的偏移中心频率)来处理宽带信号,通过使用滤波器来直接估计基带信号,并且可以通过调制这些标准滤波器来获得其他频带[15]。在每个频带中,宽带频谱的相应部分被下变频到基带,经过低通滤波后就可以利用窄带频谱感知技术判断是否存在主用户信号。由于滤波器组的并联结构,该算法的实现需要大量射频元件,因此实现成本较高。此外,还有基于小波变换的宽带频谱感知算法[16]。在该算法中,宽带频谱的功率谱密度被建模为一列连续的子频带,如果主用户信号存在,那么它所在的子频带内部是平滑的,而边缘是不连续且不规则的。小波变换被用来检测这些主用户子频带的边缘,因此频谱感知被建模为一个边缘检测问题[17]。

1.2.3 基于压缩感知的频谱感知

上述算法对信号的采样服从奈奎斯特采样定理,即为了避免频谱混叠,采样速率至少是信号带宽的 2 倍。假设观测的宽带频谱的范围是 0 ~ 10 GHz,那么标准 A/D 的采样速率不能低于 20 GHz,这在实际应用中很难实现。由于基于奈奎斯特采样定理的算法对宽带信号的采样速率过高,实现很困难,因此亚奈奎斯特采样方法得到了更多的关注和研究。压缩感知作为最近广受关注的一种亚奈奎斯特采样技术,在宽带频谱感知领域的研究和应用占据了亚奈奎斯特方法的主导地位。

图1.1.2仅仅描述了基于压缩感知的频谱感知基本理论框架,并没有涉及具体的实现方法。鉴于此,许多学者对宽带压缩频谱感知的具体模型进行了研究。文献[18,19]给出了一种对宽带信号进行压缩采样的模型框架,首先用较少的数据量进行信号稀疏度的估计,然后根据稀疏度的估计结果调整采样率。该模型能够很好地适应信号稀疏度变化的场景,而且不需要很高的硬件开销。在文献[18]的基础上,文献[19]运用数据拟合和统计的方法,分析了不同测量矩阵的信号稀疏度估计的性能,得出了不同随机矩阵下所需的测量点数。文献[20]通过分析相邻两个时间窗的重构信号的相关性,给出了压缩感知下采样率的调整方案。当信号稀疏度发生变化时,相邻时间窗的信号重构结果相关性会降低;当信号稀疏度不变时,相邻时间窗的信号重构结果的相关性会很高。但是,该方法需要对信号进行持续不断的采样,才能得到相邻时间窗的分析结果。文献[21]针对认知无线电系统中感知时间和传输时间的矛盾性,给出了在压缩感知条件下,感知时间和传输时间的动态调整方法。文献[22]提出了一种不用完全重构信号的频谱感知方法,仅仅需要重构出与前一个时间窗相比的信号变化量,大大减小了信号重构过程的复杂度,但是该方法可能导致信号的重构误差被累积,进而影响信号重构准确性。文献[23]运用贝叶斯(Bayes)的概率模型对宽带稀疏信号进行建模,在分布式频谱感知的模型下,求取相邻感知节点的重构信号的相关性,当相邻信号重构结果相关性较小时,代表宽带信号不满足稀疏性条件,相应的频谱感知结果应该被抛弃。

利用压缩感知进行频谱感知时,首先要解决的是宽带模拟信号的压缩采样问题。文献[24,25]中提出了对于连续信号压缩采样的模拟信息转换器(Analog-to-Information Converter,AIC)模型,针对在频域稀疏的模拟信号实现了采样频率低于奈奎斯特采样定理要求的采样,完成了由模拟信号直接到信息的转换,在AIC模型中,对信号的压缩采样率取决于测量矩阵的行数。文献[26]提出了一种调制宽带转换器(Modulation Wideband Converter, MWC)采样方法,将多个AIC模型并行使用,解决使用AIC模型对宽带信号采样时采样前端带宽太高的问题。由于认知无线电背景下感知用户和主用户的非协作特性,因此主用户信号的稀疏度往往不会被感知用户所获得。文献[27]通过分析压缩采样信号协方差矩阵特征值的概率密度函数,得出了利用协方差矩阵的最大特征值估计信号稀疏度的方法。文献[28]利用分治策略对信号的稀疏度进行估计,提出了稀疏度估计过大或过小时的判决标准,但是该方法需要已知测量矩阵的δ参数,在实际场景中很难操作。文献[29]定义了频谱接入不足概率P_{ISO}和超过干扰容忍度概率P_{EIO},相比于检测概率和虚警概率,P_{ISO}和P_{EIO}更能表示感知用户和主用户之间的关系,可以较好地衡量频谱感知的性能。

对信号进行压缩采样后,为了获得频谱感知结果对宽带信号进行频谱感知

时，同样涉及压缩感知信号重构的问题。压缩感知中信号的重构是指由 M 个压缩测量值恢复出原始信号的过程，即找出原始信号中非零值所在的位置和数值大小。文献[30]提出了用基追踪的算法重构信号的方法，该算法重构准确度高，但是算法复杂度高，为 $O(N^3)$。为了降低重构算法的复杂度，目前大多数重构算法都基于贪婪追踪的方式进行，最早的算法是正交匹配追踪（Orthogonal Matching Pursuit，OMP）算法[31]，在每次迭代过程中，求取算子矩阵与残差的相关性，然后向支撑集中添加一个与残差相关性最大的元素。文献[32]中给出了当矩阵 $\boldsymbol{\Theta}$ 满足参数为 $(K+1,\delta)$ 的有限等距性质（Restricted Isometry Property，RIP）时，OMP 算法能准确重构信号。文献[33]中分析了 OMP 算法在噪声不确定环境中重构的稳定性，并分析了该算法的鲁棒性。在 OMP 算法的基础上，文献[34]提出了步进的正交匹配追踪算法，其特点是每次迭代能够选出多个元素添加支撑集，提高了算法的效率。文献[35]中提出了正则化的正交匹配（Regularized Orthogonal Matching Pursuit，ROMP）算法。文献[36]提出了压缩采样匹配追踪（Compressive Sampling Matching Pursuit，CoSaMP）算法，CoSaMP 算法引入了回溯－剔除机制，每次迭代向支撑集添加 $2K$（K 为信号的稀疏度）个元素，然后对支撑集中可靠性较低的点进行剔除，重新获得 K 个元素的支撑集，大大提高信号重建的稳定性。文献[37]提出的子空间追踪（Subspace Pursuit，SP）算法与 CoSaMP 算法类似，也能够对支撑集中错误的元素进行剔除，只是每次迭代过程向支撑集中新添加的元素个数为 K。文献[38]提出了稀疏度自适应追踪（Sparsity Adaptive Matching Pursuit，SAMP）算法，结合了 OMP 和 CoSaMP 算法的优点，能够在信号稀疏度发生变化时完成信号重构。

总体来说，对于压缩感知在宽带频谱感知中的应用，大部分文献的研究内容主要集中在场景建模和信号的重构算法上。相关文献中的信号重构算法大都需要已知信号的稀疏度，在稀疏度为 K 的前提下，OMP 算法需要 K 次迭代终止，CoSaMP 算法需要已知稀疏度 K 才能开始迭代。而在认知无线电的背景下，非授权用户作为感知方，在没有协作的前提下，感知用户往往不能获知信号的稀疏度，所以需要在盲稀疏度的条件下对频谱的进行感知。另外在频谱感知过程中，信号的稀疏度可能是不断变化的，如果用固定算子矩阵 $\boldsymbol{\Theta}(M \times N)$ 进行压缩采样，可能对硬件资源造成浪费。为了最大限度地节省硬件开销，需要算子矩阵的行数根据信号稀疏度 K 的变化而改变。进行算子矩阵的行数调整之前，需要对信号的稀疏度进行近似的估计。

压缩采样的优势是减少了表示信号的数据量。相应地，数据量减少带来的问题是信噪比的降低。对信号的压缩采样程度越大，信噪比就会越差。而相关文献中对于压缩采样对信噪比影响的研究很少，如果能知道压缩采样对信噪比的确切影响，就可以准确地评估压缩采样可能带来的问题，进而扩大压缩感知理

论的应用范围。

与此同时，很多学者独辟蹊径，根据频谱感知的本质是个推断问题的特点，直接利用压缩感知数据进行频谱感知[39]。Tian 利用宽带信号在小波基下的稀疏性，在采样阶段实现压缩采样，达到降低采样率的目的，并且有效减小了认知用户处理和存储的数据量[40-41]。该算法利用小波变换多分辨率的优势将频谱感知任务分为两个阶段。第一阶段是粗检测，根据功率谱密度的大小将其分类为黑色、灰色和白色三类。第二阶段对频谱进行细估计，并且仅在需要的时候执行。此外，他还利用信号循环谱的稀疏性，提出了一种基于循环平稳特征的压缩频谱感知算法[42]。该算法根据调制信号的二维循环谱的稀疏性质，利用一种新的压缩感知框架，实现以亚奈奎斯特频率采样，并从压缩采样结果中直接提取宽带随机信号的二阶统计量，然后利用这些压缩样本的时变互相关函数计算循环频谱，通过观察循环频谱特征实现在整个宽带上同时检测多个主用户信号的目标。Steven Hong 提出了一种基于贝叶斯压缩感知的频谱感知算法[43]，该方法不需要实现完整的信号重构，它可以直接从采样值中计算出一个重要参数，并通过该参数判断主用户信号是否存在，由于避免了信号重构，该算法的计算复杂度较低。此外，贝叶斯压缩感知框架还提供了估计准确性的度量方法，即使在频谱动态变化的情景下，该算法也可以通过优化压缩采样的过程，使得获取的数据量是最小的。J. Verlant-Chenet 等人则将压缩感知和最大似然估计结合，提出了一种不需要先验信息也不用重构信号的方法，只需要估计相关的统计量即可，并且该方法适用于任何调制方案，与发射的信号无关[44]。Stoica、Bhaskar 等人则致力于解决压缩感知中的基不匹配问题，提高频率参数估计的准确性。他们在压缩感知的基础上引入原子范数的概念，巧妙地用具有连续变化参数的原子集合代替离散的傅里叶基描述信号在频域的稀疏性，解决了频谱离散化带来的网格问题，大大提高了压缩感知方法对频率估计的准确性[45-46]。但是，目前对原子范数的研究还处于理论研究阶段，在频谱感知中的应用也只涉及估计复正弦信号这类简单信号频率的问题。

国内外大量关于压缩频谱感知技术的研究成果层出不穷。国外学者的研究注重压缩感知技术与传统频谱感知技术的结合，提出了诸如基于小波边沿检测的压缩频谱感知算法、基于循环平稳特征的压缩频谱感知算法、基于最大似然估计的压缩频谱感知算法等。而国内学者则更加侧重于自适应变采样频率的问题，利用预测或者反馈等机制实时地根据信号环境改变采样频率，在保证频谱感知能力不变的情况下动态调整采样频率，从数据量、计算量和实时性的角度做优化[47-49]。考虑到更加复杂的衰落信道的场景，国内外学者都纷纷采用多用户联合频谱感知的方法，通过获得空间分集增益来提高抗衰落的能力。此外，也有一些学者注意到离散化傅里叶基在信号重构过程中带来的网格化问题，提出了无网格压缩感知方法，该方法用连续频率参数替换离散的傅里叶基，在理论上可以以任意高的精度来估计正弦信号的频率。

1.2.4 研究现状总结

以上的种种研究和尝试，极大地推动了压缩感知理论在宽带频谱感知领域中的应用，使得人们能够另辟蹊径，为在亚奈奎斯特采样频率下实现宽带频谱感知提供了新的研究方向和理论基础。然而，虽然近年来大量的学者致力于从各个方面研究宽带压缩频谱感知技术，也解决了不少历史遗留的或在研究过程中新出现的问题，但宽带压缩频谱感知技术从理论到实现仍面临诸多难题，可以归纳为以下四点。

(1) 准确性。压缩感知的特点是采样和压缩的过程同时进行，可以直接以亚奈奎斯特速率进行采样并获得压缩之后的数据，然而数据的压缩和恢复不可避免地会造成信息的损失。信号的采样通常是在时域进行的，但是宽带信号在频域才具备稀疏性，需要通过傅里叶基来表示一个时域信号，而该时域信号在傅里叶基下的表示系数才是稀疏的。因此，信号的时域采样点数和傅里叶基的离散化程度共同决定了对信号频谱的感知精确度。由于利用压缩感知的目的就是降低采样速率，减少采样点数，而通过增加信号时域采样点数来提高频谱感知精确度的方法和目的背道而驰，因此只能从稀疏基(傅里叶基)的角度切入。

(2) 实时性。频谱感知技术对算法实时性的要求非常高，如果认知用户不能及时准确地检测到主用户信号的接入并立刻切换或者停止占用频谱，就会对主用户的正常通行造成干扰。而实时性(或频谱感知算法的计算复杂度)和准确性是矛盾的，只能在二者之间保持平衡。实时性是目前宽带压缩频谱感知技术的一大挑战。因此，要解决宽带压缩频谱感知技术的实时性问题，重点应该从算法和模型入手，结合凸优化理论中的一些结论和技巧，并且充分利用宽带频谱稀疏性的特点，实现快速频谱感知。

(3) 动态性。主用户对信道的占用情况是随时间随机动态变化的。这种动态变化会造成宽带频谱稀疏结构的变化，并带来两个需要解决的问题。一是采样速率问题，压缩感知的采样速率和信号的稀疏性有关，采样速率可以随着稀疏性的提高而降低，因此宽带频谱稀疏结构的动态变化预示着可以动态地调整采样速率，在感知性能和资源消耗之间达到最优。目前不少学者从事这方面的研究，并且已经提出一些变速率压缩频谱感知方法。另一问题是压缩感知的重构算法也与信号的稀疏性密切相关，一些常用的压缩感知重构算法(如OMP算法)需要关于信号稀疏性的先验信息，而另外一些重构算法虽然不需要先验信息，但其重构性能也深受稀疏性的影响。尽管已有学者研究动态重构的问题，提出了先动态估计稀疏度，后重构信号的方法，但该方法没有利用宽带频谱变化的特

点，更没有对宽带频谱变化行为建立模型，实质上是静态方法的一个扩展，没有从根本上解决动态问题。

(4) 衰落性。无线信号在空间中传输时，由于周围环境的因素，会受到多径效应、阴影衰落等的影响。主用户信号的衰落使得认知用户接收信号的能量具有随机性，这给宽带频谱感知算法带来了困难。认知用户接收到经过衰落的主用户信号之后，可能会因为某个主用户信号的能量太低，而无法准确感知到该主用户信号的存在，导致检测概率下降。目前宽带频谱感知领域中应对信号衰落的普遍做法是利用多用户联合频谱感知，通过合并多个认知用户的感知结果来提高整体的感知性能，实现空间分集的效果。然而，很多联合频谱感知算法只是简单地对多个认知用户的感知结果取并集，并没有充分利用多个接收信号之间存在的联合稀疏结构。

1.3　基本理论

1.3.1　压缩感知

在现代通信和信息处理系统中，由于数字信号拥有很多模拟信号不能比拟的优势，所以针对数字信号的处理变得越来越普遍。由模拟信号获得数字信号，首先需要对模拟信号进行采样，为了不会发生频谱混叠，根据传统的奈奎斯特采样定律，最低采样频率要大于信号带宽的两倍，这样才能无差错地重构信号。相应地，在对数字信号的传输、处理过程中，相关的硬件系统都需要达到信号带宽两倍工作频率的要求。随着信息和物联网时代的到来，需要更高的信号带宽来传输高速率的数据，为了保证无损重建原始信号，对信号的采样频率会变得很高，相应的硬件系统需要更快的信号处理速率。为了降低对宽带信号存储、处理和传输的难度，一般都需要对采样后的数字信号进行压缩处理，如图 1.3.1 所示。这样可以用较少的数据来表示原始的复杂信号，然而在对信号进行压缩的过程中，大量的采样数据会被丢弃，造成了一定程度的浪费。

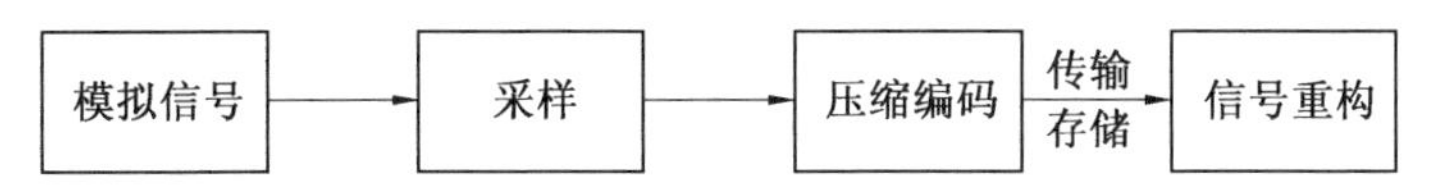

图 1.3.1　传统数字信号处理过程

根据压缩感知理论，如果信号 $\boldsymbol{s} \in \mathbb{R}^N$($N$ 为奈奎斯特采样点数) 在某个正交基 $\boldsymbol{\Psi} \in \mathbb{R}^{N\times N}$ 下是稀疏的，即 $\boldsymbol{s}=\boldsymbol{\Psi\alpha}$，其中 $\boldsymbol{\alpha}$ 中只有少数元素非零。那么，可以用一个与正交基矩阵 $\boldsymbol{\Psi}$ 不相关的测量矩阵 $\boldsymbol{\Phi} \in \mathbb{R}^{M\times N}$，$M \ll N$，对信号进行线性

映射

$$y = \boldsymbol{\Phi} s = \boldsymbol{\Phi}\boldsymbol{\Psi}\boldsymbol{\alpha} \tag{1.3.1}$$

这样就能获得远低于奈奎斯特采样定理要求的采样点数 $\boldsymbol{y} \in \mathbb{R}^M$，进而能够大大减小信号传输和存储的代价，然后可以通过最优化的求解方法重建出原始信号 $\boldsymbol{s}$。在 CS 理论框架下，模拟信号的采样速率不再取决于信号的带宽，而取决于信号的稀疏程度，信号的稀疏性越强，所需的采样速率越低[50]。图 1.3.2 为压缩感知理论框架，从该图中可以看出利用压缩感知理论进行信号处理首先需要对信号进行稀疏表示，寻找正交基 $\boldsymbol{\Psi}$，使得信号 $\boldsymbol{s}$ 在该正交基下稀疏；然后压缩测量部分使用测量矩阵 $\boldsymbol{\Phi}$ 对信号 $\boldsymbol{s}$ 进行线性映射，将 N 维的信号投影到低维的 M 维空间，获得压缩后的信号 $\boldsymbol{y}$；第三部分是信号重构，利用压缩后的低维信号 $\boldsymbol{y}$，通过求解范数优化问题重构出原始信号 $\boldsymbol{s}$。

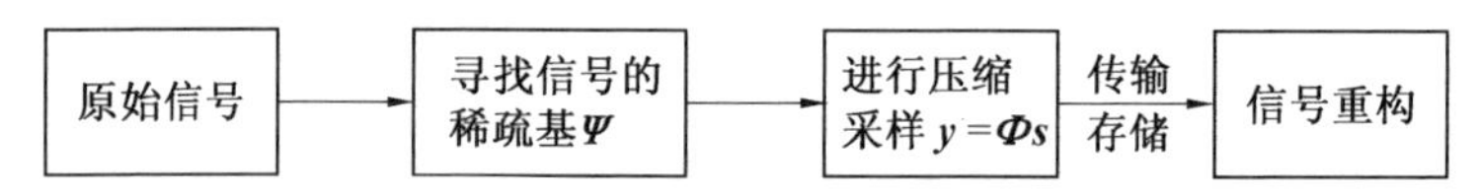

图 1.3.2　压缩感知理论框架

通常来说，大部分信号在时域并不稀疏，然而经过傅里叶变换、离散余弦变换或小波变换等正交变换后，能够得到信号在该正交基下的变换系数。信号的时域形式和变换系数只是信号在不同正交基下的不同表现形式，二者等价。经过特定的变换后，如果大部分变换系数为零或接近于零，就说信号在该正交基下稀疏，可以用该稀疏的系数向量等价地代替原始信号。

对于一维的离散信号 $\boldsymbol{s} \in \mathbb{R}^N$，一般来说 $\boldsymbol{s}$ 本身并不稀疏，在一个正交基 $\boldsymbol{\Psi}$ 下，可以将 $\boldsymbol{s}$ 表示成

$$\boldsymbol{s} = \sum_{i=1}^{N} \boldsymbol{\Psi}_i \boldsymbol{\alpha}_i = \boldsymbol{\Psi}\boldsymbol{\alpha} \tag{1.3.2}$$

式中，$\boldsymbol{\Psi}=(\boldsymbol{\Psi}_1, \boldsymbol{\Psi}_2, \cdots, \boldsymbol{\Psi}_N)$ 是正交基矩阵；$\boldsymbol{\alpha}=[\boldsymbol{\alpha}_1, \boldsymbol{\alpha}_2, \cdots, \boldsymbol{\alpha}_N]^{\mathrm{T}}$ 是在该正交基下的系数向量。

由式(1.3.2)可得

$$\boldsymbol{\alpha} = \boldsymbol{\Psi}^{\mathrm{T}} \boldsymbol{s} \tag{1.3.3}$$

显然，向量 $\boldsymbol{s}$ 和 $\boldsymbol{\alpha}$ 是同一个信号在不同基下的表现形式：$\boldsymbol{s}$ 是时域，$\boldsymbol{\alpha}$ 是变换域。如果向量 $\boldsymbol{\alpha}$ 中大部分元素为零(或接近于零)，则称信号 $\boldsymbol{s}$ 在正交基 $\boldsymbol{\Psi}$ 下是稀疏的；如果 $\boldsymbol{\alpha}$ 中非零元素的个数为 K，则称信号 $\boldsymbol{s}$ 是 K - 稀疏，或称信号 $\boldsymbol{s}$ 在正交基 $\boldsymbol{\Psi}$ 下的稀疏度为 K。矩阵 $\boldsymbol{\Psi}$ 为信号 $\boldsymbol{s}$ 的稀疏基。

一般情况下，信号在时域并不稀疏。所以，压缩感知的前提是寻找信号的稀疏基，确保信号在该基下能够稀疏表示。针对通信系统中的无线信号，稀疏基一般是傅里叶正交基。对于信号的稀疏表示的一个研究热点是通过冗余字典代替

正交基矩阵[51-52] 对信号进行更好的稀疏分解。

压缩感知的第二步是对信号的线性测量。利用测量矩阵 $\boldsymbol{\Phi}$ 对信号 $\boldsymbol{s}$ 进行线性映射,得到 M 个观测值,这里线性映射的过程本质上是矩阵与向量的相乘。在信号重构过程中,要通过 M 个观测值恢复出信号 $\boldsymbol{s}$。在进行线性测量过程中,测量矩阵的设计对信号的重构非常重要。

线性测量利用测量矩阵 $\boldsymbol{\Phi}=[\boldsymbol{\Phi}_1,\boldsymbol{\Phi}_2,\cdots,\boldsymbol{\Phi}_N]$ 与信号 $\boldsymbol{s}=[s_1,s_2,\cdots,s_N]^{\mathrm{T}}$ 相乘,得到长度为 M 的观测值 $\boldsymbol{y}=\boldsymbol{\Phi s}$。考虑到信号 $\boldsymbol{s}$ 在正交基 $\boldsymbol{\Psi}$ 下稀疏,线性测量可以表示成

$$\boldsymbol{y}=\boldsymbol{\Phi}\boldsymbol{s}=\boldsymbol{\Phi\Psi\alpha}=\boldsymbol{\Theta\alpha} \tag{1.3.4}$$

式中,$\boldsymbol{\alpha}$ 是信号 $\boldsymbol{s}$ 在正交基 $\boldsymbol{\Psi}$ 下的稀疏表示,即 $\boldsymbol{s}=\boldsymbol{\Psi\alpha}$;$\boldsymbol{\Theta}=\boldsymbol{\Phi\Psi}$ 为算子矩阵。

图 1.3.3 显示了压缩感知中对信号进行线性测量的过程。

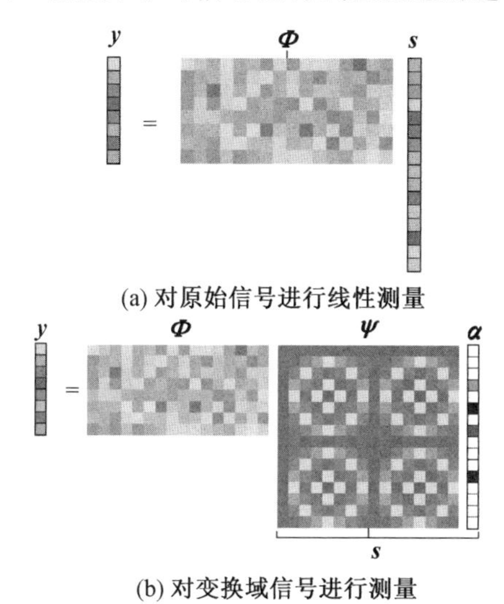

图 1.3.3　压缩感知中对信号进行线性测量过程示意图(彩图见附录)

由式(1.3.4)可知,经过线性测量得到长度为 M 的观测值 $\boldsymbol{y}$ 后,因为有 M 个方程,N 个未知数,所以重构出原始信号 $\boldsymbol{\alpha}$ 是一个欠定方程的求解问题。如果已知信号 $\boldsymbol{\alpha}$ 的非零值的位置,即

$$\Omega=\mathrm{supp}(\boldsymbol{\alpha}) \tag{1.3.5}$$

定义信号向量中非零值的位置序号的集合为信号的支撑集,用 $\mathrm{supp}(\boldsymbol{s})$ 表示。由支撑集的定义可知,式(1.3.4)可以表示为

$$\boldsymbol{y}=\boldsymbol{\Theta}_{\Omega}\boldsymbol{\alpha}_{\Omega} \tag{1.3.6}$$

式中,$\boldsymbol{\Theta}_{\Omega}$ 为矩阵 $\boldsymbol{\Theta}$ 中序号为 Ω 的列组成的矩阵;$\boldsymbol{\alpha}_{\Omega}$ 为向量 $\boldsymbol{\alpha}$ 中序号为 Ω 的列组成的向量。如果信号 $\boldsymbol{\alpha}$ 中的非零值个数为 K,且满足 $K<M$,则信号 $\boldsymbol{\alpha}$ 可以表示为

$$\boldsymbol{\alpha}_{\Omega}=\boldsymbol{\Theta}_{\Omega}^{\dagger}\boldsymbol{y}=(\boldsymbol{\Theta}_{\Omega}^{\mathrm{T}}\boldsymbol{\Theta}_{\Omega})^{-1}\boldsymbol{\Theta}_{\Omega}^{\mathrm{T}}\boldsymbol{y} \tag{1.3.7}$$

式中，$\boldsymbol{\Theta}^{\dagger}$ 为伪逆运算，即 $\boldsymbol{\Theta}_{\Omega}^{\dagger}=(\boldsymbol{\Theta}_{\Omega}^{\mathrm{T}}\boldsymbol{\Theta}_{\Omega})^{-1}$。但是，很多时候并不知道信号 $\boldsymbol{\alpha}$ 的非零值的位置。在这种情况下，为了保证信号 $\boldsymbol{\alpha}$ 能够正确恢复，文献[53,54]给出了矩阵 $\boldsymbol{\Theta}$ 需要满足的 RIP 性质，即对于任意小于 K 项的稀疏信号 $\boldsymbol{\alpha}\in\mathbb{R}^{N}$，若式(1.3.8)成立，则称算子矩阵 $\boldsymbol{\Theta}$ 满足(K,δ_{k})阶的 RIP 性质。

$$1-\delta_{\mathrm{k}}\leqslant\frac{\|\boldsymbol{\Theta\alpha}\|_2^2}{\|\boldsymbol{\alpha}\|_2^2}\leqslant 1-\delta_{\mathrm{k}} \tag{1.3.8}$$

式中，常数 $\delta_{\mathrm{k}}\in[0,1)$；$\|\cdot\|_2^2$ 代表求取向量的二范数算子。文献[53,54]表明，RIP 性质是压缩感知信号唯一重建的充分条件。

然而，判断一个矩阵 $\boldsymbol{\Theta}$ 是否满足 RIP 性质是一个复杂的过程，因为需要枚举所有小于 K 项稀疏信号 $\boldsymbol{\alpha}\in\mathbb{R}^{N}$ 的情况。有一些易于操作的方法来代替判断矩阵的 RIP 性质。文献[53,54]表明，当测量矩阵 $\boldsymbol{\Phi}$ 与稀疏基矩阵 $\boldsymbol{\Psi}$ 不相关时，算子矩阵 $\boldsymbol{\Theta}=\boldsymbol{\Phi\Psi}$ 可能满足 RIP 性质。文献[54]指出，因为高斯随机矩阵与稀疏基矩阵不相关，所以可以选择高斯随机矩阵作为测量矩阵。

CS 理论的核心问题是信号重构问题，即如何从压缩感知后的测量信号 $\boldsymbol{y}$ 中获得初始信号 $\boldsymbol{s}$ 的问题。如果矩阵 $\boldsymbol{\Psi}$ 为信号 $\boldsymbol{s}$ 的稀疏基，信号重构的过程就是求解满足 $\boldsymbol{y}=\boldsymbol{\Phi\Psi\alpha}$ 条件下最稀疏的信号 $\boldsymbol{\alpha}$，这里所说的最稀疏指的是使得 $\boldsymbol{\alpha}$ 的 l_0 范数最小。具体来说，就是求解 l_0 范数优化问题

$$\hat{\boldsymbol{\alpha}}=\arg\min\|\boldsymbol{\alpha}\|_0,\quad \text{s.t.}\quad \boldsymbol{y}=\boldsymbol{\Phi\Psi\alpha}=\boldsymbol{\Theta\alpha} \tag{1.3.9}$$

l_0 范数优化模型的求解是 NP-hard 问题，如果信号 $\boldsymbol{\alpha}$ 的非零值个数为 K，则需要枚举 C_N^K 中情况，计算量非常大，所以重构原始信号很困难。相关研究表明，当算子矩阵 $\boldsymbol{\Theta}$ 满足 RIP 性质时，式(1.3.9)的求解可以转化成 l_1 范数优化问题[55-56]，即

$$\hat{\boldsymbol{\alpha}}=\arg\min\|\boldsymbol{\alpha}\|_1,\quad \text{s.t.}\quad \boldsymbol{y}=\boldsymbol{\Phi\Psi\alpha}=\boldsymbol{\Theta\alpha} \tag{1.3.10}$$

通过上述操作，信号的重构转化为式(1.3.10)所示的凸优化问题，虽然相比于式(1.3.9)能够显著降低算法复杂度，但是当信号维度较高时，算法实施仍然较为复杂。因此，能够显著降低算法复杂度的贪婪算法受到广大学者的关注。

1.3.2 重构算法

本节将针对前面压缩感知的理论知识，结合压缩感知正交匹配追踪算法和压缩采样匹配追踪算法等重构算法[31,36]，针对压缩感知对信号进行处理的过程进行仿真实现。

1. 正交匹配追踪算法

OMP 算法在每次迭代过程中，对测量信号的残差与算子矩阵做相关性测试，选出算子矩阵 $\boldsymbol{\Theta}$ 中与残差相关性最大的列，把该列的序号放入支撑集 Ω 中。

然后用算子矩阵中支撑集所对应的列张成的空间表示测量信号 $\boldsymbol{y}$,并求取新的残差。反复迭代直至重构出原始信号。当信号稀疏度为 K 时,OMP 算法需要迭代 K 次才能重构出稀疏信号,所以 OMP 算法需要信号的稀疏度作为先验知识,其流程如图 1.3.4[31] 所示。

输入:测量向量 $\boldsymbol{y}$,压缩感知算子矩阵 $\boldsymbol{\Theta}$,稀疏度 K

初始化:支撑集 $\Omega^0 = \phi$,残差 $\boldsymbol{R}^0 = \boldsymbol{y}$,迭代计数器 $i = 0$

循环:

　$i = i + 1$

　$\boldsymbol{C} = \boldsymbol{\Theta}^{\mathrm{T}} \boldsymbol{R}^i$,相关性测试

　$\Omega^i = \Omega^{i-1} \cup \sup(\max(\boldsymbol{C}, 1))$,更新支撑集

　$\boldsymbol{\alpha}_p = \boldsymbol{\Theta}_{\Omega^i}^{\dagger} \boldsymbol{y}$,求取稀疏表示

　$\boldsymbol{R}^{i+1} = \boldsymbol{y} - \boldsymbol{\Theta}_{\Omega^i} \boldsymbol{\alpha}_p$,求取残差

　终止条件:Ω^i 中的元素个数为稀疏度 K

输出:Ω^i

图 1.3.4　OMP 算法流程

采用 OMP 算法对一维信号进行仿真,仿真条件设置为:稀疏信号长度为 512,稀疏度为 30,压缩感知测量信号长度为 128,采用的算子矩阵为 128×512 的高斯随机矩阵。仿真结果如图 1.3.5 所示。

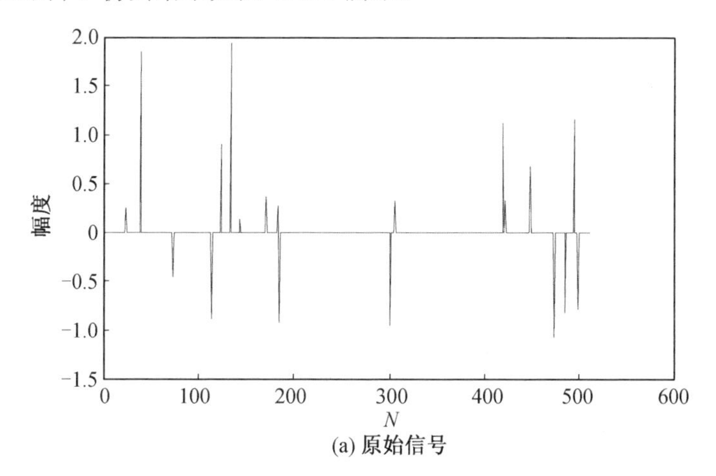

(a) 原始信号

图 1.3.5　一维信号 OMP 重构结果

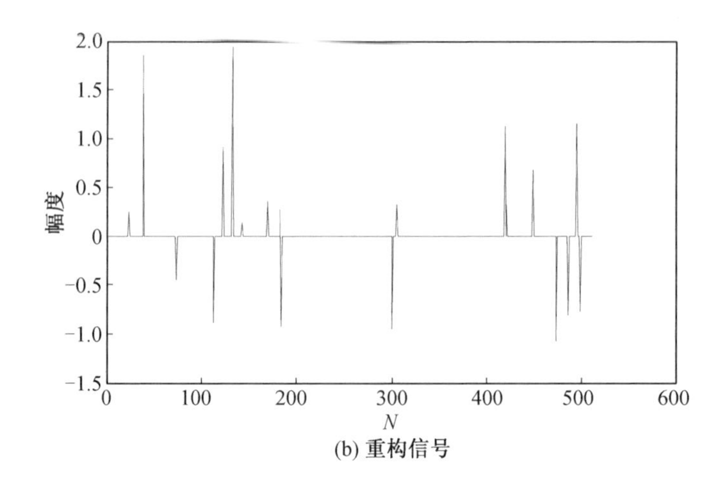

(b) 重构信号

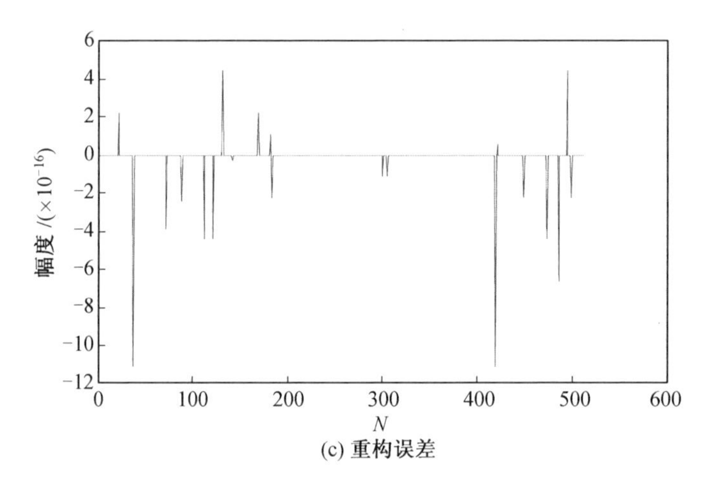

(c) 重构误差

续图 1.3.5

从图 1.3.5 中可以看出，稀疏信号的长度为 512，其中只有 20 个非零元素，满足系数条件。经过压缩采样后，利用 OMP 重构算法，经过 20 次迭代过程，能够进行准确的重构。重构误差在 10^{-15} 量级，基本为零。

2. 压缩采样匹配追踪算法

OMP 算法在迭代过程中，支撑集是不断增大的，每次迭代向支撑集中新加入一个元素。但是如果在某次迭代中错误的元素被加入支撑集中，在后续迭代过程中这个错误的元素不会被剔除，所以会影响重构结果的准确性。作为 OMP 算法的改进算法，CoSaMP 算法引入了回溯机制，能够更好地重构信号，其流程如图 1.3.6[36] 所示。

输入：测量向量 $\boldsymbol{y}$，压缩感知矩阵 $\boldsymbol{\Theta}$，稀疏度 K

初始化：支撑集 $\Omega^0 = \phi$，残差 $\boldsymbol{R}^0 = \boldsymbol{y}$，迭代计数器 $i = 0$
循环：
　$\boldsymbol{C} = \boldsymbol{\Theta}^{\mathrm{T}} \boldsymbol{R}^i$，相关性测试
　$\Omega^i = \Omega^{i-1} \cup \mathrm{sup}(\max(\boldsymbol{C}, 2K))$，更新支撑集
　$\hat{\boldsymbol{\alpha}} = \boldsymbol{\Theta}_{\Omega^i}^{\dagger} \boldsymbol{y}$，求取稀疏表示
　$\Xi = \mathrm{supp}(\max(\hat{\boldsymbol{\alpha}}, K))$
　$\hat{\boldsymbol{\alpha}}_{\Xi^C} = 0$，裁剪支撑集
　$\boldsymbol{R}^{i+1} = \boldsymbol{y} - \boldsymbol{\Theta}_{\Omega^i} \hat{\boldsymbol{\alpha}}$，求取残差
　$i = i + 1$
　终止条件：$\| \boldsymbol{R}^i \|_2 > \| \boldsymbol{R}^{i-1} \|_2$
输出：Ω^i

图 1.3.6　CoSaMP 算法流程

在每次迭代过程中，CoSaMP 算法选取与残差相关性最大的 $2K$ 个元素加入支撑集中，并与上次迭代的支撑集合并，再根据信号稀疏度 K 对支撑集进行裁剪，并求取新的残差，然后反复迭代直至重构出原始信号。与 OMP 算法不同的是，CoSaMP 算法的迭代次数与信号稀疏度无关，但是在支撑集裁剪过程中，同样也需要信号的稀疏度作为先验信息。

下面采用 CoSaMP 算法对一维信号进行仿真。仿真条件为：稀疏信号长度为 512，稀疏度为 20，压缩感知测量信号长度为 128，采用的算子矩阵为 128×512 的高斯随机矩阵。仿真结果如图 1.3.7 所示。

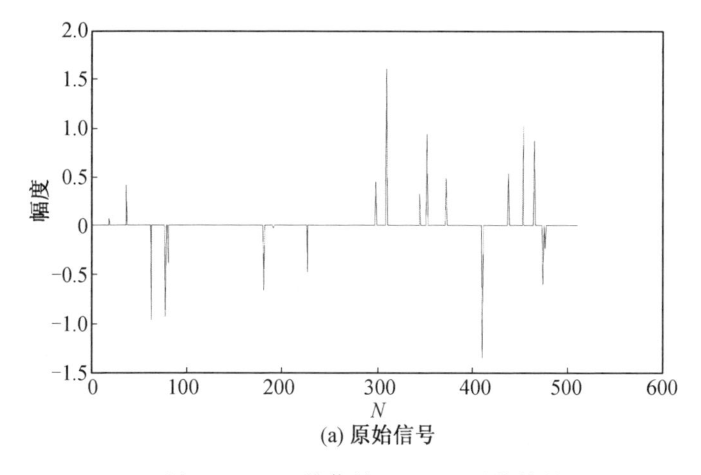

(a) 原始信号

图 1.3.7　一维信号 CoSaMP 重构结果

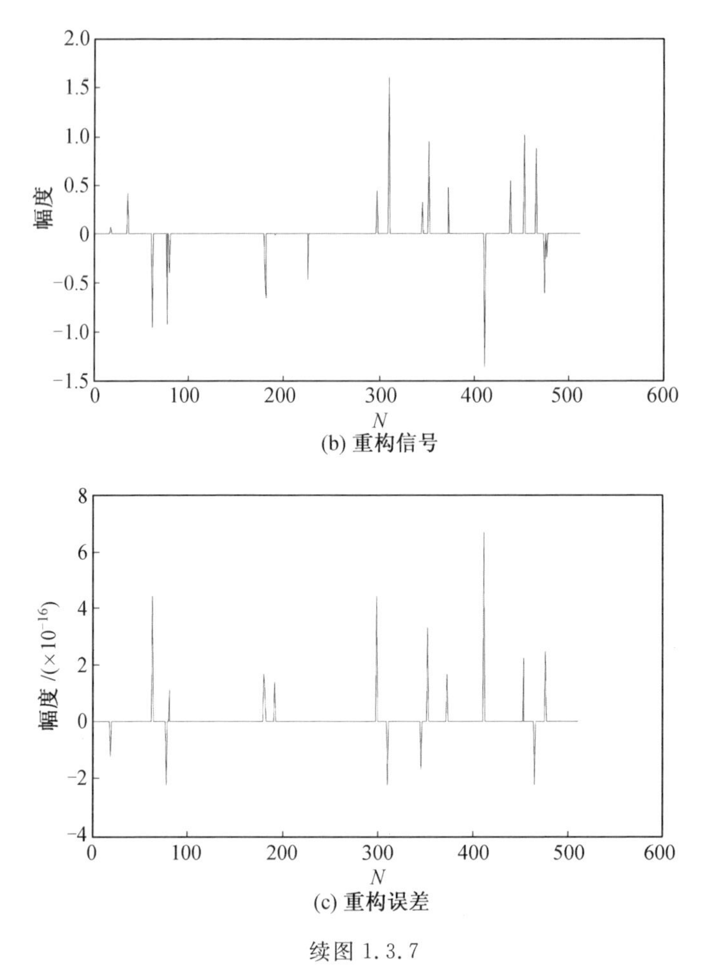

(b) 重构信号

(c) 重构误差

续图 1.3.7

从图 1.3.7 中可以看出，稀疏信号的长度为 512，其中只有 20 个元素非零，满足系数条件。经过压缩采样后，采用 CoSaMP 重构算法，能够进行准确的重构。重构误差在 10^{-15} 量级，基本为零。

1.3.3 随机矩阵理论

简单来讲，随机矩阵是指以随机变量为基本元素的矩阵。随机矩阵的概念由 Wishart 等人于 20 世纪 30 年代提出并进行研究；1955 年 Wigner 首次将其应用于核物理的研究中，并发现了著名的半圆律(Semi Circular Law)。由此，随机矩阵引起了研究者的极大兴趣，一些基础性学术论文陆续发表。到 1967 年，Marčenko 和 Pastur 发现了著名的 M－P 律(Marčenko－Pastur Law)。从此，随机矩阵在数学和物理学的很多领域都得到了应用，并逐渐形成了随机矩阵理论[57-59]。

与无线通信密切相关的随机矩阵理论有两个重要的分支理论[60]：谱理论(Spectrum Theory)和自由概率理论(Free Probability Theory,FPT)。其中每个分支又分为渐近理论和非渐近理论,如图1.3.8所示。

- 随机矩阵理论
  - 谱分析理论
    - 渐近谱理论
    - 非渐近谱理论
  - 自由概率理论
    - 渐近自由概率理论
    - 非渐近自由概率理论

图1.3.8　随机矩阵理论分支

渐近理论研究随机矩阵的极限收敛特性,当样本数量较大时,可以认为近似满足极限收敛特性;非渐近理论研究的是随机矩阵在有限维空间中的收敛特性,适用于实际中小样本情况。另外,随机矩阵理论涉及多种类型的随机矩阵,在通信系统中要根据实际选用合适的随机矩阵。因此,在介绍随机矩阵理论之前,简单介绍几种常用的随机矩阵。

常用的随机矩阵主要有高斯随机矩阵、Wigner随机矩阵、Wishart随机矩阵、Haar随机矩阵、样本协方差矩阵等[61-62]。

1. 高斯随机矩阵

如果一个 $m\times n$ 的随机矩阵 $\boldsymbol{H}$ 的元素是独立同分布(Independent and Indentically Distributed,i.i.d.)的高斯随机变量,且均值为0,方差为 $\sigma^2=\frac{1}{m}$,则称其为标准的高斯随机矩阵。对于均值为0、方差为 σ^2 的复高斯随机矩阵,其概率密度函数(Probability Density Function,PDF)为

$$f_{\boldsymbol{H}}=(\pi\sigma^2)^{-mn}\exp\left[-\frac{\operatorname{tr}\{\boldsymbol{H}\boldsymbol{H}^{\dagger}\}}{\sigma^2}\right] \tag{1.3.11}$$

2. Wigner随机矩阵

对于一个 $n\times n$ 的Hermitian矩阵 $\boldsymbol{W}_n$,如果它的对角线元素和非对角线元素独立,且上三角元素是零均值独立同分布的高斯随机变量,则该矩阵就称为Wigner随机矩阵。如果其方差为 $\frac{1}{n}$,则称为标准Wigner随机矩阵。Wigner随机矩阵的广义定义,仅要求矩阵是对称阵,对角线元素和上三角元素相互独立。其概率密度函数为

$$f_{W_n}=2^{-n/2}\pi^{-n^2/2}\exp\left[-\frac{\operatorname{tr}\{\boldsymbol{W}_n^2\}}{2}\right] \tag{1.3.12}$$

并且,其有序特征值 $\lambda_1\geqslant\lambda_2\geqslant\cdots\geqslant\lambda_n$ 的联合概率密度函数为

$$f_{\lambda_1\lambda_2\cdots\lambda_n}=\frac{1}{(2\pi)^{n/2}}\exp\left(-\frac{1}{2}\sum_{i=1}^{n}\lambda_i^2\right)\prod_{i=1}^{n-1}\frac{1}{i!}\prod_{i<j}^{n}(\lambda_i-\lambda_j)^2 \tag{1.3.13}$$

3. Wishart 随机矩阵

设矩阵 $\boldsymbol{X}$ 是一个 $N \times n$ 的随机矩阵，矩阵每列都是零均值、独立同分布的高斯向量，协方差矩阵为 $\boldsymbol{\Sigma}$，那么称 $N\times N$ 的随机矩阵 $\boldsymbol{W}=\boldsymbol{X}\boldsymbol{X}^{\mathrm{H}}$ 或 $\boldsymbol{W}=\boldsymbol{X}\boldsymbol{X}^{\mathrm{T}}$ 为中心 Wishart 矩阵，自由度为 n，协方差矩阵为 $\boldsymbol{\Sigma}$。对于实 Wishart 矩阵，记为

$$\boldsymbol{W}=\boldsymbol{X}\boldsymbol{X}^{\mathrm{T}} \sim w_N(n,\boldsymbol{\Sigma}) \tag{1.3.14}$$

对于复 Wishart 矩阵，记为

$$\boldsymbol{W}=\boldsymbol{X}\boldsymbol{X}^{\mathrm{T}} \sim Cw_N(n,\boldsymbol{\Sigma}) \tag{1.3.15}$$

4. Haar 随机矩阵

对于定义在波雷尔 σ 域 B_{op} 上的概率测度(Probability Measure)h_p，如果对于任何波雷尔集 $A \in B_{\mathrm{op}}$ 和正交矩阵 $\boldsymbol{O}$ 都有

$$h_p(\boldsymbol{O}A)=h_p(A) \tag{1.3.16}$$

式中，$\boldsymbol{O}A$ 表示所有 $\boldsymbol{OA}$ 的集合，矩阵 $\boldsymbol{A} \in A$，则称 h_p 为 Haar 测度。

如果一个 $p\times p$ 的正交随机矩阵 $\boldsymbol{H}_p$ 的分布符合 Haar 测度 h_p，则称它为 Haar 矩阵。Haar 矩阵是酉矩阵，满足

$$\boldsymbol{H}_p\boldsymbol{H}_p^{\mathrm{H}}=\boldsymbol{H}_p^{\mathrm{H}}\boldsymbol{H}_p=\boldsymbol{I} \tag{1.3.17}$$

性质：对于一个 $p\times p$ 的矩阵 $\boldsymbol{Z}$，如果它的元素服从标准高斯分布，则矩阵 $\boldsymbol{U}=\boldsymbol{Z}(\boldsymbol{Z}'\boldsymbol{Z})^{-1/2}$ 和矩阵 $\boldsymbol{V}=(\boldsymbol{Z}\boldsymbol{Z}')^{-1/2}\boldsymbol{Z}$ 都是 Haar 矩阵。

5. 样本协方差矩阵

设 $\boldsymbol{X}_n=(x_{ij})_{p\times n}$，$1\leqslant i\leqslant p$，$1\leqslant j\leqslant n$，是一个 $p\times n$ 的观测矩阵，维数为 p，样本容量为 n，$\boldsymbol{x}_j$ 是 $\boldsymbol{X}_n$ 的第 j 列。则称矩阵 $\boldsymbol{S}_n$ 为样本协方差矩阵，具体表示为

$$\boldsymbol{S}_n=\frac{1}{n-1}\sum_{j=1}^{n}(\boldsymbol{x}_j-\bar{x})(\boldsymbol{x}_j-\bar{x})^{\mathrm{H}} \tag{1.3.18}$$

式中，$\bar{x}=n^{-1}\sum_{j=1}^{n}x_j$。

根据随机矩阵相关理论，中心 $\bar{x}$ 不影响极限分布，所以通常将矩阵 $\boldsymbol{S}_n$ 简化为矩阵

$$\boldsymbol{B}_n=\frac{1}{n}\sum_{j=1}^{n}\boldsymbol{x}_j\boldsymbol{x}_j^{\mathrm{H}}=\frac{1}{n}\boldsymbol{X}_n\boldsymbol{X}_n^{\mathrm{H}} \tag{1.3.19}$$

矩阵 $\boldsymbol{S}_n$ 和 $\boldsymbol{B}_n$ 的经验谱分布具有相同的极限分布。

在随机矩阵谱理论中，主要研究随机矩阵的经验谱分布及其极限谱分布。经验谱分布的极限就是极限谱分布，通常情况下极限谱分布都是非随机分布[63]。下面给出经验谱分布的定义，并介绍两个著名的极限谱分布定理 —— 半圆律和 M－P 律。

6. 经验谱分布的定义

设 $\boldsymbol{A}$ 是一个 $n \times n$ 的矩阵，其特征值为 $\lambda_j, j=1,2,\cdots,n$。如果所有的特征值都是实数(例如 $\boldsymbol{A}$ 是对称矩阵或者复的 Hermite 矩阵)，则称下面的分布函数为矩阵 $\boldsymbol{A}$ 的经验谱分布：

$$F^{A}(x)=\frac{1}{n}\sum_{j=1}^{n}\mathrm{II}\{\lambda_j \leqslant x\} \tag{1.3.20}$$

式中，$\sum_{j=1}^{n}\mathrm{II}\{\lambda_j \leqslant x\}$ 称为示性函数，表示集合 $\{j \leqslant n, \lambda_j \leqslant x\}$ 中的元素个数。

如果 $\lambda_j, j=1,2,\cdots,n$ 不全是实数，可以定义如下的二维经验谱分布函数：

$$F^{A}(x)=\frac{1}{n}\sum_{j=1}^{n}\mathrm{II}\{\mathrm{Re}(\lambda_j) \leqslant x, \mathrm{Im}(\lambda_j) \leqslant y\} \tag{1.3.21}$$

7. 半圆律

设 $\boldsymbol{W}_n=\{x_{ij}\}$ 是一个 $n \times n$ 的标准 Wigner 矩阵，如果对于某些常数 κ 和足够大的 n，满足

$$\max_{1 \leqslant i \leqslant j \leqslant n} E[\mid x_{i,j} \mid^4] \leqslant \frac{\kappa}{n^2} \tag{1.3.22}$$

则 $n \to \infty$ 时，矩阵 $\boldsymbol{W}_n$ 的经验谱分布以概率 1(almost surely，a. s.) 收敛于半圆律，其概率密度函数为

$$F'(x)=\begin{cases}\dfrac{1}{2\pi}\sqrt{4-x^2}, & \mid x \mid \leqslant 2 \\ 0, & \text{其他}\end{cases} \tag{1.3.23}$$

8. M－P 律

对于一个 $p \times n$ 的矩阵 $\boldsymbol{X}_n=\{x_{ij}, 1 \leqslant i \leqslant p, 1 \leqslant j \leqslant n\}$，其中 x_{ij} 是均值为 0、方差为 σ^2 的独立同分布的复随机变量。则当 $p/n \to y$ 时，样本协方差矩阵 $\boldsymbol{B}_n$ 的经验谱分布以概率 1 收敛到 M－P 律，其概率密度函数为

$$F'_y(x)=\begin{cases}\dfrac{1}{2\pi yx\sigma^2}\sqrt{(b-x)(x-a)}, & a \leqslant x \leqslant b \\ 0, & \text{其他}\end{cases} \tag{1.3.24}$$

式中，$a=\sigma^2(1-\sqrt{y})^2$；$b=\sigma^2(1+\sqrt{y})^2$。

上述极限谱分布就是参数为 y 和 σ 的 M－P 律。如果 $\sigma^2=1$，则称为标准的 M－P 律，当 y 取不同值时，其概率密度函数示意图如图 1.3.9 所示。

自由概率理论与经典的概率论不同，它是一种全新的数学理论。它在非交换空间(Non-commutative Probability Space) 中引入了“自由”的概念，类似于经典概率论中的“独立”。它还定义了一些新的算子，以解决某些在传统数学理论中难以解决的问题。例如，一般情况下，即使知道两个随机矩阵各自的经验谱

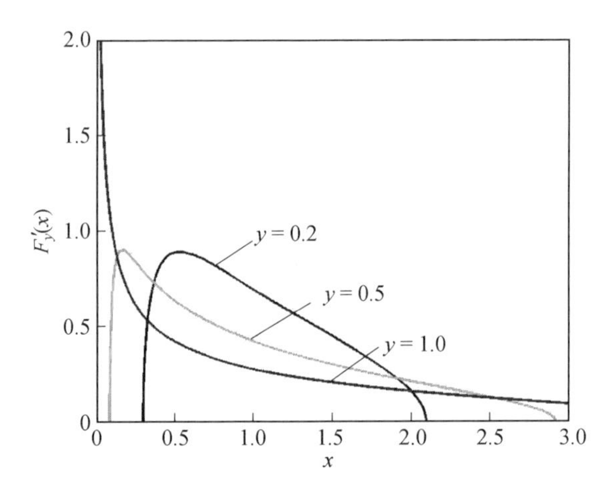

图 1.3.9　不同 y 参数的标准 M－P 律概率密度函数示意图

分布，也无法得到这两个矩阵的和或者乘积的经验谱分布。但是在自由概率理论中，如果渐近自由的条件得到满足，并且已知矩阵 $\mathbf{A}_{1n}$ 的经验谱分布收敛到 μ_1，$\mathbf{A}_{2n}$ 的经验谱分布收敛到 μ_2，则 $\mathbf{A}_{1n}+\mathbf{A}_{2n}$ 的经验谱分布将收敛到 $\mu_1 \oplus \mu_2$。这里，$\oplus$ 是在非交换空间中定义的"加法自由卷积"算子[64]。

1.4　本书结构

第 1 章为非重构频谱感知概述及其基本理论，主要介绍了本书的研究背景、意义以及相关的基本理论。首先介绍了非重构频谱感知的研究背景和意义，阐述了频谱感知的发展历程，并对频谱感知存在的问题进行了总结。然后，介绍了压缩感知和随机矩阵理论，为后续算法和理论的阐述奠定了基础。最后给出了本书的主要研究内容以及各章之间的逻辑关系。

第 2 章主要阐述了基于稀疏表示的非重构频谱感知。根据压缩感知理论和非重构频谱感知思想，首先研究了作为课题基础的信号稀疏表示算法。针对单天线的情况，结合 MOD 算法和 K－SVD 算法提出了 O－KSVD 字典学习算法。结合联合稀疏模型，将普通的字典训练算法拓展为多天线联合训练字典算法。联合字典训练算法能够在同样的训练次数的情况下，获得更好的稀疏表示效果。根据稀疏表示的优势，针对不同场景提出了基于稀疏分解的频谱感知算法。

第 3 章主要介绍了非重构框架下的能量频谱感知算法。系统介绍了时域能量频谱感知算法、频域能量频谱感知算法、衰落信道下的频谱感知算法以及它们的性能。

由于测量矩阵会影响非重构频谱感知算法的检测效果，第 4 章针对单天线和多天线场景，分别以能量感知和基于稀疏分解的频谱感知为例研究了测量矩阵优化方法。在此基础上，把测量矩阵优化算法应用于非重构框架下特征值感知算法，证明了压缩感知应用于特征值检测的可行性，指明了测量矩阵的优化方向。

第 5 章在不采用压缩感知的情况下研究了基于随机矩阵的频谱感知算法。针对多天线场景对 GSV 算法进行改进，提出了 MT－GSV 算法。为了充分利用协方差矩阵的信息，研究了基于最大最小特征值和主特征向量的双特征频谱感知算法。另外，结合随机矩阵单环定理，选取"平均特征值半径"作为算法的检验统计量，提出了基于单环定律的频谱感知方法。通过研究发现，非重构思想能免去数据重构，减少运算数据量，随机矩阵理论能使频谱感知算法减少对主用户、信道和噪声等先验信息的依赖，克服噪声不确定性，提高算法在低信噪比下的性能。

第 6 章把非重构思想扩展到宽带频谱感知的情况，设计了相应的宽带频谱感知模型。根据认知无线电盲识别的要求，提出了一种信号稀疏度估计方法。在此基础上，为了实现采样率的动态调整，研究了压缩采样系统输入和输出信噪比的关系，得到压缩采样后信噪比的表达式，提出了基于动态采样的宽带频谱算法。

本章参考文献

[1] MITOLA J, MAGUIRE G. Cognitive radio: making software radio more personal[J]. IEEE Personal Communications, 1999, 6:13-18.

[2] HAYKIN S. Cognitive radio brain-empowered wireless communications[J]. IEEE Journal on Selected Areas in Communications, 2005, 23(2):201-220.

[3] DONOHO D L. Compressed sensing[J]. IEEE Transactions on Information Theory,2006, 52(4): 1289-1306.

[4] WILD B, RAMCHANDRAN K. Detecting primary receivers for cognitive radio applications[C]. IEEE International Symposium on New Frontiers in Dynamic Spectrum Access Networks, 2005:124-130.

[5] KOLODZY P. Spectrum policy task force[J]. Rep. et Docket Nov, 2002, 40(4):147-158.

[6] GHOZZI M, MARX F, DOHLER M, et al. Cyclostatilonarilty-based test for detection of vacant frequency bands[C]. IEEE International Conference on Cognitive Radio Oriented Wireless Networks and Communications, 2006:1-5.

[7] 徐泽芳. 基于压缩感知的宽带频谱感知的研究[D]. 杭州:杭州电子科技大学，2014.

[8] SUN H, LAURENSON D I, WANG C X. Computationally tractable model of energy detection performance over slow fading channels[J]. IEEE Communications Letters, 2010, 14(10): 924-926.

[9] CABRIC D, TKACHENKO A, BRODERSEN R W. Spectrum sensing measurements of pilot, energy and collaborative detection[C]. IEEE Military Communications Conference, 2007: 2342-2348.

[10] DIGHAM F F, ALOUINI M S, SIMON M K. On the energy detection of unknown signals over fading channels[J]. IEEE Transactions on Communications, 2007, 5(1): 21-24.

[11] 赵敏. 认知无线电中频谱检测技术的研究[D]. 南京:南京邮电大学，2011.

[12] 邓凡. 认知无线电网络中宽带频谱压缩感知算法研究[D]. 长沙:湖南大学，2010.

[13] QUAN Z, CUI S, SAYED A H, et al. Optimal multiband joint detection for spectrum sensing in cognitive radio networks[J]. IEEE Transactions on Signal Processing, 2009, 57(3):1128-1140.

[14] SUN H, NALLANATHAN A, WANG C X, et al. Wideband spectrum sensing for cognitive radio networks: a survey[J]. IEEE Wireless Communications, 2013, 20(2): 74-81.

[15] FARHANG-BOROUJENY B. Filter bank spectrum sensing for cognitive radios[J]. IEEE Transactions on Signal Processing, 2008, 56(5):1801-1811.

[16] TIAN Z, GIANNAKIS G B. A wavelet approach to wideband spectrum sensing for cognitive radios[C]. IEEE International Conference on Cognitive Radio Oriented Wireless Networks and Communications, 2006:1-5.

[17] ALI A, HAMOUDA W. Advances on spectrum sensing for cognitive radio networks: theory and applications[J]. IEEE Communications Surveys & Tutorials, 2017: 1277-1304.

[18] WANG Y, TIAN Z, FENG C. A two-step compressed spectrum sensing scheme for wideband cognitive radios[C]//2010 IEEE Global Telecommunications Conference (GLOBECOM 2010), 2010: 1-5.

[19] WANG Y, TIAN Z, FENG C. Sparsity order estimation and its application in compressive spectrum sensing for cognitive radios[J]. IEEE Transactions on Wireless Communications, 2012, 11(6): 2116-2125.

[20] WANG X, GUO W, LU Y, et al. Adaptive compressive sampling for wideband signals[C]// 2011 IEEE 73rd Vehicular Technology Conference (VTC Spring), 2011: 1-5.

[21] SUN H, CHIU W Y, NALLANATHAN A. Adaptive compressive spectrum sensing for wideband cognitive radios[J]. IEEE Communications Letters,2012, 16(11): 1812-1815.

[22] YIN W, WEN Z, LI S, et al. Dynamic compressive spectrum sensing for cognitive radio networks[C]//Information Sciences and Systems (CISS), 2011 45th Annual Conference on. IEEE, 2011: 1-6.

[23] ZHANG Z, LI H, YANG D, et al. Collaborative compressed spectrum sensing: what if spectrum is not sparse? [J]. Electronics letters, 2011, 47(8): 519-520.

[24] TROPP J, LASKA J N, DUARTE M F, et al. Beyond Nyquist: efficient sampling of sparse bandlimited signals[J]. IEEE Transactions on Information Theory, 2010, 56(1): 520-544.

[25] MISHALI M, ELDAR Y C. From theory to practice: sub-Nyquist sampling of sparse wideband analog signals[J]. IEEE Journal of Selected Topics in Signal Processing, 2010, 4(2): 375-391.

[26] LEXA M A, DAVIES M E, THOMPSON J S. Reconciling compressive sampling systems for spectrally sparse continuous-time signals[J]. IEEE Transactions on Signal Processing, 2012, 60(1): 155-171.

[27] SHARMA S K, CHATZINOTAS S, OTTERSTEN B. Compressive sparsity order estimation for wideband cognitive radio receiver[J]. IEEE Transactions on Signal Processing, 2014, 62(19): 4984-4996.

[28] TIAN W, RUI G, KANG J. Divide and conquer method for sparsity estimation within compressed sensing framework[J]. Electronics Letters, 2014, 50(9): 677-678.

[29] SUN Z, LANEMAN J N. Performance metrics, sampling schemes, and detection algorithms for wideband spectrum sensing[J]. IEEE Transactions on Signal Processing, 2014, 62(19): 5107-5118.

[30] HUGGINS P S, ZUCKER S W. Greedy basis pursuit[J]. IEEE Transactions on Signal Processing, 2007, 55(7): 3760-3772.

[31] TROPP J, GILBERT A C. Signal recovery from random measurements via orthogonal matching pursuit[J]. IEEE Transactions on Information Theory, 2007, 53(12): 4655-4666.

[32] DAVENPORT M, WAKIN M B. Analysis of orthogonal matching pursuit using the restricted isometry property[J]. IEEE Transactions on Information Theory, 2010, 56(9): 4395-4401.

[33] DING J, CHEN L, GU Y. Perturbation analysis of orthogonal matching pursuit[J]. IEEE Transactions on Signal Processing, 2013, 61(2): 398-410.

[34] DONOHO D L, TSAIG Y, DRORI I, et al. Sparse solution of underdetermined systems of linear equations by stagewise orthogonal matching pursuit[J]. IEEE Transactions on Information Theory, 2012, 58(2): 1094-1121.

[35] NEEDELL D, VERSHYNIN R. Signal recovery from incomplete and inaccurate measurements via regularized orthogonal matching pursuit[J]. IEEE Journal of Selected Topics in Signal Processing, 2010, 4(2): 310-316.

[36] NEEDELL D, TROPP J A. CoSaMP: iterative signal recovery from incomplete and inaccurate samples[J]. Applied and Computational Harmonic Analysis, 2009, 26(3): 301-321.

[37] DAI W, MILENKOVIC O. Subspace pursuit for compressive sensing signal reconstruction[J]. IEEE Transactions on Information Theory, 2009, 55(5): 2230-2249.

[38] DO T T, GAN L, NGUYEN N, et al. Sparsity adaptive matching pursuit algorithm for practical compressed sensing[C]// IEEE 2008 42nd Asilomar Conference on Signals, Systems and Computers, 2008: 581-587.

[39] ALI A, HAMOUDA W. Advances on spectrum sensing for cognitive radio networks: theory and applications[J]. IEEE Communications Surveys & Tutorials, 2017: 1277-1304.

[40] TIAN Z, GIANNAKIS G B. A wavelet approach to wideband spectrum sensing for cognitive radios[C]. IEEE International Conference on Cognitive Radio Oriented Wireless Networks and Communications, 2006:1-5.

[41] TIAN Z, GIANNAKIS G B. Compressed sensing for wideband cognitive radios[C]. IEEE International Conference on Acoustics, Speech and Signal Processing, 2007: 1357-1360.

[42] TIAN Z, TAFESSE Y, SADLER B M. Cyclic feature detection with sub-Nyquist sampling for wideband spectrum sensing[J]. IEEE Journal

of Selected Topics in Signal Processing, 2012, 6(1):58-69.

[43] HONG S. Multi-resolution bayesian compressive sensing for cognitive radio primary user detection[C]. IEEE Global Telecommunications Conference, 2011.

[44] VERLANT-CHENET J, BOURDOUX A, DRICOT J, et al. Wideband compressed sensing for cognitive radios using optimum detector with no reconstruction[C]. IEEE International Conference on Computing, Networking and Communications, 2012: 887-891.

[45] STOICA P, TANGY G, YANGZ Z, et al. Gridless compressive-sensing methods for frequency estimation: points of tangency and links to basics[C]. IEEE Signal Processing Conference, 2014:1831-1835.

[46] BHASKAR B N, TANG G, RECHT B. Atomic norm denoising with applications to line spectral estimation[J]. IEEE Transactions on Signal Processing, 2012, 61(23): 5987-5999.

[47] 王悦. 认知无线电宽带频谱感知技术研究[D]. 北京:北京邮电大学, 2011.

[48] 赵知劲, 张鹏, 王海泉, 等. 基于OMP算法的宽带频谱感知[J]. 信号处理, 2012, 28(5):723-728.

[49] 宋洋, 黄志清, 张严心, 等. 基于压缩感知的无线传感器网络动态采样调度方法[J]. 计算机应用, 2017, 37(1):183-187, 196.

[50] 马庆涛. 压缩感知中的信号重构算法研究[D]. 南京:南京邮电大学, 2013.

[51] ZHANG C M, YIN Z K, CHEN X D, et al. Signal overcomplete representation and sparse decomposition based on redundant dictionaries[J]. Chinese Science Bulletin, 2005, 50(23): 2672-2677.

[52] MALLAT S G, ZHANG Z. Matching pursuits with time-frequency dictionaries[J]. IEEE Transactions on Signal Processing, 1993, 41(12): 3397-3415.

[53] CANDES E J, ROMBERG J K, TAO T. Stable signal recovery from incomplete and inaccurate measurements[J]. Communications on pure and applied mathematics, 2006, 59(8): 1207-1223.

[54] BARANIUK R G. Compressive sensing[J]. IEEE signal processing magazine, 2007, 24(4):118-121.

[55] KIM S J, KOH K, LUSTIG M, et al. An interior-point method for large-scale l_1-regularized least squares[J]. IEEE Journal of Selected Topics in Signal Processing, 2007, 1(4): 606-617.

[56] FIGUEIREDO M A T, NOWAK R D, WRIGHT S J. Gradient projection for sparse reconstruction: application to compressed sensing

and other inverse problems[J]. IEEE Journal of Selected Topics in Signal Processing,2007, 1(4): 586-597.

[57] MARČHENKO V A, PASTUR L A. Distribution of eigenvalues for some sets of random matrices[J]. Mathematics of the USSR-Sbornik, 1967, 1(1):507-536.

[58] WIGNER E P. Characteristic vectors of bordered matrices with infinite dimensions Ⅱ[M]. Berlin Heidelberg: Springer, 1993.

[59] TULINO A M, SERGIO V. Random matrix theory and wireless communications[J]. Communications & Information Theory, 2004, 1(1):1-182.

[60] COUILLER R, DEBBAH M. Random matrix methods for wireless communications[M]. Cambridge: Cambridge University Press, 2011.

[61] TULINO A M, VERDÚ, SERGIO. Random matrix theory and wireless communications[J]. Communications & Information Theory, 2004, 1(1):1-182.

[62] BAI Z D, SILVERSTEIN J W. Spectral analysis of large dimensional random matrices[M]. Beijing: Science Press, 2006.

[63] 王小英. 大维样本协方差矩阵的线性谱统计量的中心极限定理[D]. 长春: 东北师范大学, 2009.

[64] PEACOCK M J M, COLLINGS I B, HONIG M L. Eigenvalue distributions of sums and products of large random matrices via incremental matrix expansions[J]. IEEE Transactions on Information Theory, 2008, 54(54):2123-2138.

第2章

基于稀疏表示和字典训练的频谱感知

稀疏表示是压缩感知的基础，也是信号处理的重点研究领域，应用信号的稀疏表示特征来取代原有信号可以减少信号传输和处理的成本。其核心思想是找个合适的字典对信号进行分解。因此，字典学习成为信号稀疏表示的关键问题。为了让读者对稀疏表示有个清晰的了解，2.1 节首先介绍稀疏表示的基本方法，主要包括基追踪算法和匹配类算法，其中基追踪算法属于凸优化算法或最优化逼近方法，而匹配类算法属于贪婪算法。以此为基础，2.2 节介绍字典学习方法，主要包括 MOD 算法和 KSVD 算法，吸取上述两种算法的优点，提出了 O－KSVD 方法。然后，把 2.2 节的稀疏字典学习方法扩展到 2.3 节的通信多天线场景，针对等增益合并、分组合并和并联合并三种情况进行了详细的性能分析。2.4 节根据稀疏表示本身的去噪特性研究频谱感知算法提高算法的感知性能。2.5 节阐述了多天线场景下基于联合重构的频谱感知算法及其性能分析。2.6 节采用字典训练算法得到的字典对多天线场景下的信号进行频谱感知。需要注意的是，本章的重构是根据稀疏表示结果对原始信号进行重构，而不是压缩感知中根据压缩测量结果对信号进行重构，二者有着本质的区别。

2.1　稀疏表示的基本方法

传统的信号稀疏表示就是将信号在一个正交基下分解得到相应的变换系数，当只有较少部分变换系数的绝对值偏大，而其他变化系数都为零或者近似为零时，将此种正交基下的分解称为稀疏变换。信号的稀疏表示可以看作对传统信号的一种变换域简洁表示，而信号在某个变换域下可以稀疏表示也是压缩感知的必要条件之一。常用的变换基有离散傅里叶基、离散小波基、离散余弦基、快速傅里叶基、Gabor 基等。

对于一个已知的向量集合 $\boldsymbol{D}=\{\boldsymbol{d}_i, i=1,2,\cdots,M\}$，它可以表示完整的向量空间，其中的每一个向量都可以称作原子，且 $M>N$，即原子的个数大于其维数，该集合是冗余的，称该集合为过完备字典。假设 $\boldsymbol{s}$ 是任意给定的时域采样信号，在字典 $\boldsymbol{D}$ 下将信号 $\boldsymbol{s}$ 写作

$$\boldsymbol{s}=\boldsymbol{D}\boldsymbol{\alpha} \tag{2.1.1}$$

式中，$\boldsymbol{\alpha}$ 为展开系数。

式(2.1.1) 表示的是在集合 $\boldsymbol{D}$ 的字典中选取几个原子对信号 $\boldsymbol{s}$ 进行线性逼近。对于过完备字典，由于字典 $\boldsymbol{D}$ 中的任意两个原子都不是正交的，因此分解并不唯一。

表示系数的不唯一性也就代表着可以根据自身需要选择最合适的表示原子和表示系数。在稀疏表示的结果中，最好的情况是表示系数中展开系数向量 $\boldsymbol{\alpha}$ 的大部分分量为零，仅有少部分数值为非零，因此这少部分的非零系数必然能代表信号的内部特征。采用 l_0 范数，稀疏表示过程可以表示为

$$\arg\min_{\boldsymbol{\alpha}} \|\boldsymbol{\alpha}\|_0 \quad \text{s.t.} \quad \boldsymbol{s}=\boldsymbol{D}\boldsymbol{\alpha} \tag{2.1.2}$$

式中，l_0 范数为 l_p 范数 $p \to 0$ 时的极限表达形式，即表示系数中非零项的个数。

当字典为正交基时，只需要进行一个逆变换即可得到信号对应的稀疏表示。但是当字典为过完备字典时，由于未知量的位置不定，信号稀疏表示是一个 NP－hard 问题。

自从 1993 年 Mallat 和 Z. Zhang 提出应用过完备字典对信号进行稀疏表示的思想以来[1]，研究者们为求解此最优化问题，按照不同的思路提出了不同的算法。研究者们提出的各个算法都有其各自的优缺点，比如基追踪算法收敛性好[2]，但算法复杂度高，耗费时间多，计算量大等；匹配追踪算法以及其演变算法复杂度不高且易于求解，但收敛性得不到保障[3-4]。下面阐述几种著名的稀疏表示方法。

2.1.1　基追踪算法

之前的阐述已经表明，想要找到信号最理想的稀疏表示，等同于求解式(2.1.2)。然而当字典为过完备字典时，由于未知量的位置是不定的，该问题的解也是一个非确定性的问题，为此，基追踪算法将其转化为求解最小 L_1 范数的问题，从而使得该问题可以通过线性规划来求解，即

$$\min \|\boldsymbol{\alpha}\|_1 \quad \text{s.t.} \quad \boldsymbol{s}=\boldsymbol{D}\boldsymbol{\alpha} \tag{2.1.3}$$

基追踪算法的基本原理是将式(2.1.2)零范数的问题转化为式(2.1.3)中L_1范数的问题来求解[2]，这一变化改变了问题的本质。虽然基追踪(Basis Pursuit,BP)算法将零范数的问题变为L_1范数提供了很好的解决问题的思路，但利用线性规划解决该L_1范数问题仍然具有相当大的计算复杂度，对于内部结构特性不理想的过完备字典来说并不是一种可靠且简单的算法。

2.1.2　匹配追踪算法

Mallat 和 Z. Zhang 于1993年提出在过完备字典上稀疏表示时便提出了M－P算法[1]。它的基本思想是在每次循环中，从给定的过完备字典中挑选与残差最匹配的一列，然后将残差在其上进行投影，再用残差减去该投影，获得新的信号残差，依次迭代，直到残差信号的能量低于设定的门限值(或迭代次数大于设定的固定值)为止。该算法的优点是相较于之前的基追踪算法复杂度不高，且容易求解，缺点是不能保证算法的收敛性。

具体步骤如下。

(1) 令初始残差$\boldsymbol{r}^0=\boldsymbol{s}$，初始迭代次数$n=1$。

(2) 计算余量和字典每一列的内积，$\boldsymbol{g}^n=\boldsymbol{D}^{\mathrm{T}}\boldsymbol{r}^{n-1}$。

(3) 找出内积中最大值的位置，即$k=\underset{i\in\{1,2,\cdots,M\}}{\operatorname{argmax}}|\boldsymbol{g}^n[i]|$。

(4) 计算近似解，$\boldsymbol{s}^n=\boldsymbol{s}^{n-1}+\boldsymbol{g}^n[k]\cdot\boldsymbol{d}_k$。

(5) 更新余量$\boldsymbol{r}^n=\boldsymbol{r}^{n-1}-\boldsymbol{g}^n[k]\cdot\boldsymbol{d}_k$。

(6) 若满足迭代停止条件，则令$\hat{\boldsymbol{s}}=\boldsymbol{s}^n$，$\boldsymbol{r}=\boldsymbol{r}^n$；否则转入步骤(2)。

该算法通过依次选取与残差相关性最大的列，来得到其稀疏表示的原子，用原子向量的线性运算去逐渐逼近原有信号，最后达到给定的稀疏度，因此是一种贪婪算法。

2.1.3　正交匹配追踪算法

正交匹配追踪算法相较于匹配追踪算法的改进之处在于，每一次的循环中对已挑选的原子依次进行正交化处理，这使其能够尽快达到收敛。具体步骤如下[3]。

(1) 令初始残差$\boldsymbol{r}^0=\boldsymbol{s}$，初始迭代次数$n=1$。

(2) 计算余量和字典每一列的内积，$\boldsymbol{g}^n=\boldsymbol{D}^{\mathrm{T}}\boldsymbol{r}^{n-1}$。

(3) 找出内积中最大值的位置，即$k=\underset{i\in\{1,2,\cdots,M\}}{\operatorname{argmax}}|\boldsymbol{g}^n[i]|$。

(4) 更新索引集$\boldsymbol{\delta}^n=\boldsymbol{\delta}^{n-1}\cup\{k\}$及原子集合$\boldsymbol{D}_{\Gamma^n}=\boldsymbol{D}_{\Gamma^{n-1}}\cup\{\boldsymbol{d}_k\}$。

(5) 利用最小二乘法求得近似解$\boldsymbol{s}^n=(\boldsymbol{D}_{\Gamma^n}^{\mathrm{T}}\boldsymbol{D}_{\Gamma^n})^{-1}\boldsymbol{D}_{\Gamma^n}^{\mathrm{T}}\boldsymbol{s}$。

(6) 更新余量，$\boldsymbol{r}^n=\boldsymbol{s}-\boldsymbol{D}_{\Gamma^n}\boldsymbol{g}^n$。

(7) 若满足迭代停止条件，则令 $\hat{s}=s^n$，$r=r^n$；否则转入步骤(2)。

通过与 M－P 算法的比较可以看出，该算法在获得与信号最匹配的原子后，将对原子集合进行正交化处理，而这正是该算法收敛速度更快的核心所在。

2.2 基于过完备字典的稀疏表示算法

对信号进行稀疏表示，在选取一定的稀疏表示算法基础上，其性能好坏的关键因素在于字典的选择。在一般情况下，可以通过以下两类方式获取字典：一类是一些常见的正交基以及其演变得到的分析字典，比如傅里叶基、DCT 字典等；另外一类是基于一系列已知信号通过字典学习算法得到的学习字典，也称为训练字典[5-8]。

2.2.1 分析字典

很早以来，对信号的处理是基于某种变换，如典型的傅里叶变换、离散余弦变换等。傅里叶变换明确地给出了信号的时频对应关系，反映了信号在全时段范围内的频率成分。傅里叶基的表达式为

$$\boldsymbol{\Psi}=\{\varphi_n(x)=\mathrm{e}^{\mathrm{i}nx}\}_{n\in\mathbf{Z}^+} \tag{2.2.1}$$

傅里叶变换能很好地表示一般平稳信号，但具有较差的频域定位能力，使其不能有效地反映非平稳信号在某些区域的频谱特征及对应关系[9]。但是在实际的信号处理中，经常遇到非平稳信号，当信号发生时域突变时，傅里叶基不能根据时域突变来自适应与其匹配。

为了解决信号时域突变的问题，达到信号稀疏表示的目的，将傅里叶变换拓展为短时傅里叶变换。在这之中，当信号在时域发生畸变时，傅里叶变换可以被局限于信号的某一部分，能够揭示出其中的时频关系。

Gabor 变换(窗口傅里叶变换)也是基于傅里叶变换的一种延伸。基于一维信号的 Gabor 字典也包含了一个窗口函数

$$\boldsymbol{\Psi}=\{\varphi_{n,m}(x)=w(x-\beta m)\mathrm{e}^{\mathrm{i}2\pi\alpha nx}\}_{n,m\in\mathbf{Z}^+} \tag{2.2.2}$$

式中，$w(\cdot)$ 是一个窗口函数；α 和 β 可以控制傅里叶变换在时域和频域的分辨率。

Gabor 变换中时间窗口与频率是无关的，因此其还是一种恒定分辨率的分析。对不同时域段的频率特性，可以通过移动窗口来得到。然而在通常的实际情况中，信号的高频部分短时内就需要到达较高的精度，这时必然要求很高的时间分辨率，而对频率分辨率的要求就很低。相反地，在分析低频部分时，必须要

较长的时间才能够完整地体现信息，对时间分辨率的要求不高。傅里叶变换在遇到这种问题时，不能满足时频分析的要求，因此需要找到一种能够展现信号本身规律的时频分析方法，对此学者们在傅里叶变换的基础上提出了小波变换理论。

小波变换能够有效地解决信号分辨率的要求，提供精确的定位。小波的基函数组通过对母函数位移和延展得到，它保存了母函数对于位移和频率的变化需求，一维小波基函数的表示为

$$\psi_{J,K}(t)=2^{-J/2}\psi(2^{-J}t-K),\quad J,K\in\mathbf{Z}^{+} \tag{2.2.3}$$

$$\varphi_{J_0,K}(t)=2^{-J_0/2}\psi(2^{-J_0}t-K),\quad J_0,K\in\mathbf{Z}^{+} \tag{2.2.4}$$

式中，$\psi(2^{-J}t-K)$ 是小波母函数；J 是母函数伸缩程度的尺度系数；J_0 是最小的尺度值；K 表示母函数平移后所在的位置。

信号可以表示为

$$z(t)=\sum_{K}u_K\varphi_{J_0,K}(t)+\sum_{J=-\infty}^{J_0}\sum_{K}w_{J,K}\psi_{J,K}(t) \tag{2.2.5}$$

很显然，小波函数相较于傅里叶变换对一维分段光滑函数具有更强的稀疏表示能力。因此，在处理随时间极速变化的信号时，小波函数能对该部分信号进行匹配，是最佳的选择，它能有效地反映出信号畸变点的位置。

2.2.2　学习字典

学习字典是字典构造研究出现的一个较新的理论，它的提出对于信号稀疏表示理论有着举足轻重的作用。它的优越性表现在对于一些现实信号的处理能够取得一些最优结果。但学习字典不像分析字典有着确定的内部结构和构成方法。

1. MOD 算法

最优方向（Method of Optimal Direction，MOD）算法最早是由 Engand 等人提出的[6]，并且是最早应用于训练信号稀疏表示学习字典的算法之一。假设信号 s_n 属于空间 Ω，对于一组已知的训练信号 $\boldsymbol{S}=[\boldsymbol{s}_1,\boldsymbol{s}_2,\cdots,\boldsymbol{s}_n]$，MOD 算法的最终目标是找到一个训练后的字典 $\boldsymbol{D}$ 和一个训练信号在该字典 $\boldsymbol{D}$ 上的稀疏表示矩阵 $\boldsymbol{\Gamma}$，使得训练信号在该字典上的稀疏表示误差最小，可以表示为

$$\min\|\boldsymbol{S}-\boldsymbol{D\Gamma}\|_F^2\quad \text{s.t.}\quad \|\boldsymbol{\alpha}_i\|_0\leqslant K\ \forall i \tag{2.2.6}$$

式中，$\boldsymbol{\alpha}_i$ 是矩阵 $\boldsymbol{\Gamma}$ 的每一列，$\|\boldsymbol{\alpha}_i\|_0\leqslant K$ 是指稀疏表示中非零值的个数小于或等于 K。

求解的过程类似于求解 MP 算法的 NP－hard 问题。因为该问题是非凸问题，最多能够得到一个局部问题解的最小值。与其他字典训练方法类似，MOD

算法是一种在字典更新和稀疏编码两个过程中间交替循环的迭代过程。稀疏编码就是对所有训练信号通过匹配追踪等稀疏表示算法进行编码。对于字典的更新过程，通过求解方程 $\boldsymbol{D}=\boldsymbol{S\Gamma}^{+}$（$\boldsymbol{\Gamma}^{+}$ 指伪逆）的解来求解式(2.2.6)。

MOD算法的主要原理是将字典 $\boldsymbol{D}$ 看作一个矩阵来进行训练，其过程主要有两个步骤循环：训练信号的稀疏编码和学习字典的更新过程。

初始化时，任意产生一个字典矩阵（可以是随机矩阵，一般情况下采用 DCT 字典)，并将其按列归一化，即初始字典矩阵 $\boldsymbol{D}_0\in\mathbb{R}^{n\times m}$。主要迭代过程如下。

(1) 稀疏编码。

在这一阶段中，字典 $\boldsymbol{D}_{k-1}$ 保持不变，在保证信号稀疏度为 K 的情况下，求解信号集合 $\boldsymbol{s}_i$，在该字典 $\boldsymbol{D}_{k-1}$ 下的稀疏近似 $\boldsymbol{\alpha}_i$，即

$$\boldsymbol{\alpha}_i=\arg\min\|\boldsymbol{s}_i-\boldsymbol{D}_{k-1}\boldsymbol{\alpha}_i\|_2^2,\quad \text{s.t.}\quad \|\boldsymbol{\alpha}_i\|_0\leqslant K \tag{2.2.7}$$

式中，$1\leqslant i\leqslant M$ 为训练样本数量的标号；K 为稀疏表示算法的循环次数，也是训练信号的稀疏度。把所有稀疏表示向量并行排列即可得到稀疏表示矩阵 $\boldsymbol{\Gamma}_k$。

(2) 字典更新。

利用稀疏编码得到的稀疏表示矩阵 $\boldsymbol{\Gamma}_k$ 作为已知条件，通过求解以下的目标函数来更新字典 $\boldsymbol{D}$，即

$$\boldsymbol{D}_k=\arg\min\|\boldsymbol{S}-\boldsymbol{D\Gamma}_k\|_2^2=\boldsymbol{S\Gamma}_k^{\mathrm{T}}(\boldsymbol{\Gamma}_k\boldsymbol{\Gamma}_k^{\mathrm{T}})^{-1} \tag{2.2.8}$$

(3) 停止迭代条件。

根据前两步求解得到的稀疏表示矩阵 $\boldsymbol{\Gamma}_k$ 和字典 $\boldsymbol{D}_k$ 计算残差 $\|\boldsymbol{S}-\boldsymbol{D}_k\boldsymbol{\Gamma}_k\|_2^2$，若满足以下条件，即

$$\|\boldsymbol{S}-\boldsymbol{D}_k\boldsymbol{\Gamma}_k\|_2^2\leqslant\varepsilon \tag{2.2.9}$$

或者循环次数满足预设的值，即 $k\geqslant K_0$，则迭代停止，输出训练后的字典 $\boldsymbol{D}_k$；否则，继续之前两步的迭代。

将之前的字典更新过程用流程图的形式表示如图 2.2.1 所示。

2.K－SVD 算法

为了更加精确地训练一个可以用于稀疏信号表示的学习字典，研究人员在MOD算法的基础上提出了 K－SVD 算法[7]。该训练算法的思路与 MOD 算法类似。K－SVD 算法的主要创新之处在于算法的第二部分，它通过精确的奇异值分解对字典的每个原子分别进行处理，而非采用对矩阵整体求逆整体更新的方法。因此，该算法是一种更稳定和高效的算法。

K－SVD算法的名字取自于算法中对字典原子更新的主要步骤：根据字典中原子的个数 M，重复 M 次奇异值分解过程。任意一个已知的字典的列，式(2.2.6) 中的二次项可以写成

$$\left\| \boldsymbol{S} - \sum_{j \neq m} \boldsymbol{d}_j \boldsymbol{\alpha} \boldsymbol{\alpha}_j^{\mathrm{T}} - \boldsymbol{d}_m \boldsymbol{\alpha}_m^{\mathrm{T}} \right\|_F^2 = \left\| \boldsymbol{E}_m - \boldsymbol{d}_m \boldsymbol{\alpha}_m^{\mathrm{T}} \right\|_F^2 \tag{2.2.10}$$

式中，$\boldsymbol{\alpha}_j^{\mathrm{T}}$ 是 $\boldsymbol{\Gamma}$ 的行向量；$\boldsymbol{d}_m$ 是字典 $\boldsymbol{D}$ 的第 m 个原子；$\boldsymbol{E}_m$ 是除去第 m 个原子 $\boldsymbol{d}_m$ 与 $\boldsymbol{\alpha}_j^{\mathrm{T}}$ 乘积之后的残差矩阵。

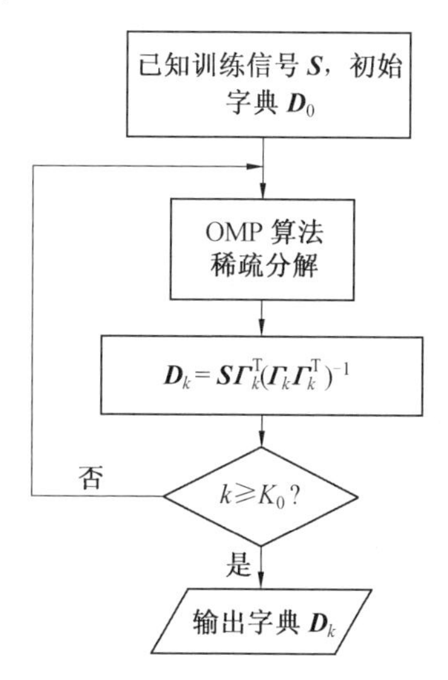

图 2.2.1　MOD 算法流程图

为了使式(2.2.10)的误差最小，需使 $\boldsymbol{E}_m$ 与 $\boldsymbol{d}_m \boldsymbol{\alpha}_m^{\mathrm{T}}$ 最接近，因此，将 $\boldsymbol{S} - \sum_{j \neq m} \boldsymbol{d}_j \boldsymbol{\alpha}_j^{\mathrm{T}}$ 通过奇异值分解后得到的分解矩阵平均分配于 $\boldsymbol{d}_m \boldsymbol{\alpha}_m^{\mathrm{T}}$ 之间，则会最大程度上降低式(2.2.10)的误差。另外，为了避免在分解中在之前的零值区间引入非零系数，在更新时，只能使用当前 $\boldsymbol{\alpha}_m^{\mathrm{T}}$ 非零值位置表示的数据集。

通过之前的叙述可以看出，K－SVD 算法与 MOD 算法的过程原理是类似的，都分为稀疏表示和字典更新两个环节，不同之处在于 K－SVD 算法的字典更新部分不是采用 MOD 算法中对字典取逆的方法，而是对字典中的所有原子通过奇异值分解算法依次更新。

初始化时，任意产生一个字典矩阵(可以是随机矩阵，一般情况下采用 DCT 字典)，并将其按列归一化，即初始字典矩阵 $\boldsymbol{D}_0 \in \mathbb{R}^{n \times m}$。主要迭代过程如下[10]。

(1) 稀疏编码。

在这一阶段中，将字典 $\boldsymbol{D}_{k-1}$ 固定，在保证信号稀疏度为 K 的情况下，求解信号集合 $\boldsymbol{s}_i$ 在该字典 $\boldsymbol{D}_{k-1}$ 下的稀疏近似 $\boldsymbol{\alpha}_i$，即

$$\boldsymbol{\alpha}_p = \operatorname{argmin} \left\| \boldsymbol{s}_p - \boldsymbol{D}_{k-1} \boldsymbol{\alpha}_p \right\|_2^2, \quad \text{s.t.} \quad \left\| \boldsymbol{\alpha}_p \right\|_0 \leqslant K \tag{2.2.11}$$

式中，$1 \leqslant p \leqslant P$ 为训练样本数量的标号；K 为稀疏表示算法的循环次数，也是训练信号的稀疏度。把所有稀疏表示向量并行排列即可得到稀疏表示矩阵 $\boldsymbol{\Gamma}_k$。

(2) 字典更新。

设 $\boldsymbol{d}_{j_0}$ 是要更新的字典中的第 j_0 个原子,也是字典 $\boldsymbol{D}$ 中的第 j_0 列向量,此时字典对训练样本的表示误差为

$$\| \boldsymbol{S} - \boldsymbol{D}_{k-1}\boldsymbol{\Gamma}_k \|_2^2 = \left\| \left(\boldsymbol{S} - \sum_{j \neq j_0} \boldsymbol{d}_j \boldsymbol{\alpha}_{\mathrm{T}}^j\right) - \boldsymbol{d}_{j_0} \boldsymbol{\alpha}_{\mathrm{T}}^{j_0} \right\|_2^2 \tag{2.2.12}$$

式中,$\boldsymbol{\alpha}_{\mathrm{T}}^j$ 为稀疏表示矩阵 $\boldsymbol{X}$ 的第 j 行向量,$j=1,2,\cdots,m$。令 $\boldsymbol{E}_{j_0}=\boldsymbol{S}-\sum\limits_{j \neq j_0}\boldsymbol{d}_j\boldsymbol{\alpha}_{\mathrm{T}}^j$,式(2.2.12) 可以重写为

$$\| \boldsymbol{S} - \boldsymbol{D}_{k-1}\boldsymbol{\Gamma}_k \|_2^2 = \| \boldsymbol{E}_{j_0} - \boldsymbol{d}_{j_0} \boldsymbol{\alpha}_{\mathrm{T}}^{j_0} \|_2^2 \tag{2.2.13}$$

在式(2.2.13) 中 $\boldsymbol{E}_{j_0}$ 表示去除字典中第 j_0 个原子后,在剩余字典中造成的误差。为了通过奇异值分解更新 $\boldsymbol{d}_{j_0}$ 和 $\boldsymbol{\alpha}_{\mathrm{T}}^{j_0}$,需通过以下处理。

$$\begin{cases} \Omega_{j_0} = \{ i \mid 1 \leqslant i \leqslant M, \boldsymbol{\alpha}_{\mathrm{T}}^{j_0}(i) \neq 0 \} \\ \boldsymbol{x}_{\mathrm{R}}^{j_0} = \boldsymbol{x}_{\mathrm{T}}^{j_0} \Omega_{j_0} \\ \boldsymbol{S}_{\mathrm{R}}^{j_0} = \boldsymbol{S}\Omega_{j_0} \\ \boldsymbol{E}_{\mathrm{R}}^{j_0} = \boldsymbol{E}_{j_0}\Omega_{j_0} \end{cases} \tag{2.2.14}$$

故式(2.2.14) 可以表示为

$$\| \boldsymbol{E}_{j_0}\Omega_{j_0} - \boldsymbol{d}_{j_0}\boldsymbol{\alpha}_{\mathrm{T}}^{j_0}\Omega_{j_0} \|_2^2 = \| \boldsymbol{E}_{\mathrm{R}}^{j_0} - \boldsymbol{d}_{j_0}\boldsymbol{\alpha}_{\mathrm{R}}^{j_0} \| \tag{2.2.15}$$

式中,$\boldsymbol{\alpha}_{\mathrm{R}}^{j_0}$、$\boldsymbol{S}_{\mathrm{R}}^{j_0}$、$\boldsymbol{E}_{\mathrm{R}}^{j_0}$ 分别为 $\boldsymbol{\alpha}_{\mathrm{T}}^{j_0}$、$\boldsymbol{Y}$、$\boldsymbol{E}_{j_0}$ 去掉零输入之后收缩得到的结果。

利用 SVD 对 $\boldsymbol{E}_{\mathrm{R}}^{j_0}$ 分解,得到

$$\boldsymbol{E}_{\mathrm{R}}^{j_0} = \boldsymbol{U}\Delta\boldsymbol{V}^{\mathrm{T}} \tag{2.2.16}$$

用矩阵 $\boldsymbol{U}$ 的第一列 $\boldsymbol{u}_1$ 更新 $\boldsymbol{d}_{j_0}$,$\Delta(1,1)\cdot\boldsymbol{v}_1$ 更新 $\boldsymbol{\alpha}_R^{j_0}$,即

$$\begin{cases} \boldsymbol{d}_{j_0} = \boldsymbol{u}_1 \\ \boldsymbol{\alpha}_{\mathrm{R}}^{j_0} = \Delta(1,1)\cdot\boldsymbol{v}_1 \end{cases} \tag{2.2.17}$$

依次更新完字典中的所有原子。

(3) 停止迭代条件。

根据上两步求解得到的字典 $\boldsymbol{D}_k$ 和稀疏表示矩阵 $\boldsymbol{\Gamma}_k$ 计算残差 $\| \boldsymbol{S}-\boldsymbol{D}_k\boldsymbol{\Gamma}_k \|_2^2$,若满足条件

$$\| \boldsymbol{S} - \boldsymbol{D}_k\boldsymbol{\Gamma}_k \|_2^2 \leqslant \varepsilon \tag{2.2.18}$$

或者循环次数满足预设的值,即 $k \geqslant K_0$,则迭代停止,输出训练后的字典 $\boldsymbol{D}_k$;否则,继续之前两步的迭代。

将之前的字典更新过程用流程图的形式表示,如图 2.2.2 所示。

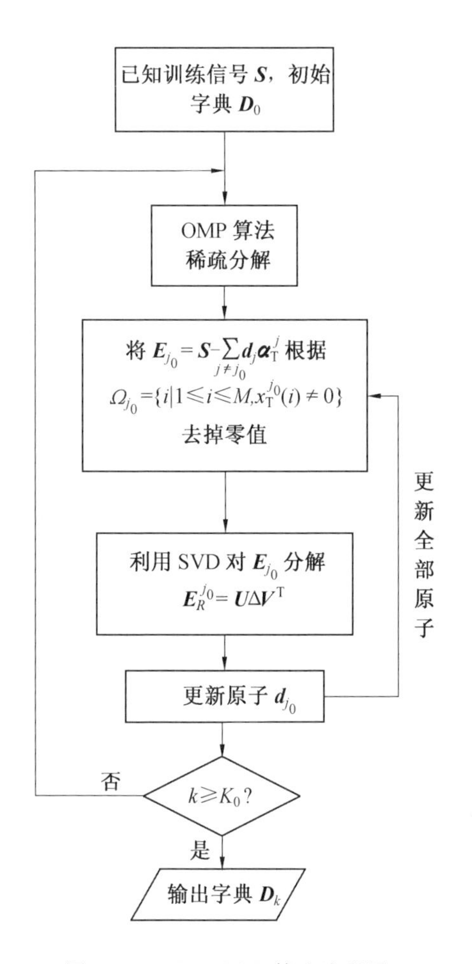

图 2.2.2　K－SVD 算法流程图

2.2.3　改进的字典训练方法

字典训练主要过程分为训练信号的稀疏编码和学习字典的更新过程。在稀疏表示部分，所有的稀疏表示算法都可以使用，目前比较成熟有效的方法为 OMP 算法。然而在字典更新阶段，由于学习字典理论出现时间并不长，目前主要有 MOD 算法以及 K－SVD 算法。

MOD 算法的主要思想是在将训练信号稀疏编码后，保持编码不变，将字典 $\boldsymbol{D}$ 作为未知量，将求解该未知量看作更新的过程。它的更新方式是根据 $\boldsymbol{D}_k=\boldsymbol{S}\boldsymbol{\Gamma}_k^{\mathrm{T}}(\boldsymbol{\Gamma}_k\boldsymbol{\Gamma}_k^{\mathrm{T}})^{-1}$ 而来。而 K－SVD 算法是将字典中所有原子通过对误差的近似化(奇异值分解算法)处理来依次更新。这两种字典更新方式对于字典都是有效的，因此，可以考虑结合两种算法的优势。首先，采用普遍的稀疏编码算法，即正交匹配追踪等算法，在保持稀疏编码恒定的条件下，对字典更新。根据 MOD 算法原理，使得字典在大方向上取得更新，再用奇异值分解方法对所有列依次更新。最优 K 次奇异值分解（Optimal K Singular Value Delomposition，O－KSVD）算法流程图如图 2.2.3 所示。

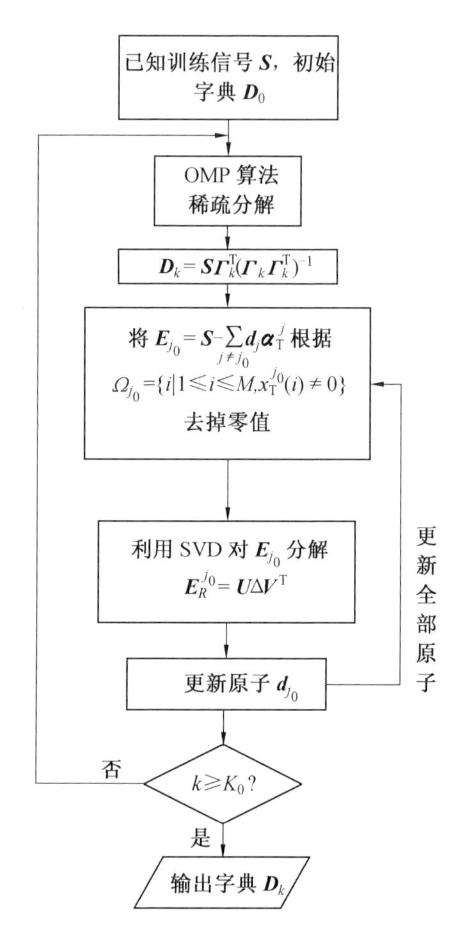

图 2.2.3　O－KSVD 算法流程图

本书在归纳了已有的字典训练算法后，根据字典更新方面的不足，拓展出了一种更高效的字典学习算法，该方法结合了两种算法在字典更新方面的优势。为了验证算法的有效性以及与之前的两种算法做比较，做了性能仿真。

在仿真中，稀疏表示部分选取目前比较流行的正交匹配追踪算法。训练信号是在离散余弦基下完全稀疏表示的，且所取训练信号的长度为 $N=64$，总共取 $M=384$ 段信号作为训练信号，稀疏度为 $K=4$。字典训练的效果通过每一次对字典训练之后，该字典对于所有参与训练的信号稀疏近似相对误差来衡量。

由图 2.2.4 可以看出，在每一次经过字典训练后，O－KSVD 算法得到的字典对所有训练信号进行稀疏表示之后，与原始信号相比相对误差最小，即性能最佳，K－SVD 算法次之，MOD 算法最差。仿真结果表明，在经历同样的训练次数时，新算法相较于之前的算法表现出了足够的优势。然而，由于算法的复杂度与较之前两种算法相比较高，因此，考虑信号稀疏表示的要求，对训练终端的计算能力要求较高。

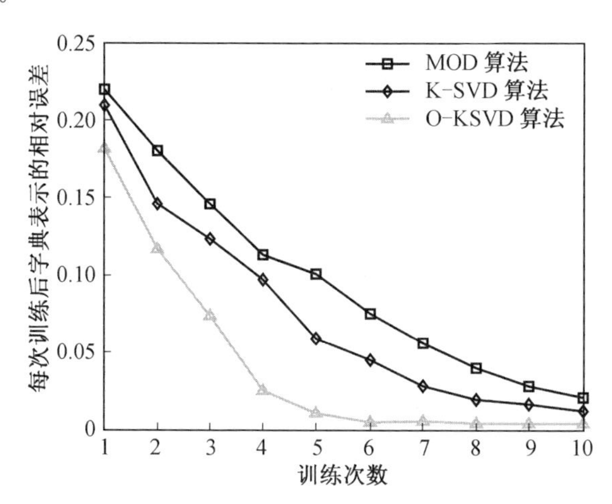

图 2.2.4　三种字典训练算法的性能比较

2.3　多天线场景下的联合字典训练算法

2.3.1　联合稀疏模型

由于经过联合训练得到的字典对多天线信号是共同的稀疏基，而根据分布式压缩感知理论，具有共同稀疏基的信号符合联合稀疏模型的特点，因此可以将联合训练字典作为多天线信号的稀疏基。下面对联合稀疏模型进行简要的分析。

普通的稀疏概念是以单信号为模型，各个信号相互之间没有关系，只是具有共同的稀疏矩阵。随着通信技术的飞速发展，多天线技术得到了越来越多的应用，如何将一般的单天线信号处理方式拓展到多天线多信号应用中也成了一个必要而紧急的任务。

在不同的应用环境中，信号集合有不同的特点，文献[11]针对不同背景分别给出了三种联合稀疏模型的描述。其中第二联合稀疏模型正是适合多输入多输出(Mutiple Input Mutiple Output,MIMO)多天线的条件,符合要求的联合稀疏的目的。下面会分别针对不同环境下的联合稀疏模型做具体的介绍。

首先给出联合稀疏模型和多信号会用到的一些符号:令信号群中的奈奎斯特采样信号表示为 $\boldsymbol{S}_j, j \in \{1,2,\cdots,J\}$,并假设每个信号采样长度为 N,即 $\boldsymbol{S}_j \in \mathbb{R}^N$;$\boldsymbol{S}_j(n)$ 表示第 j 个信号中的第 n 个奈奎斯特采样值,即向量 $\boldsymbol{S}_j$ 中的第 n 项的值;$\boldsymbol{\Psi} \in \mathbb{R}^N$ 是信号群的稀疏基,即信号 $\boldsymbol{S}_j$ 可以在基 $\boldsymbol{\Psi}$ 上稀疏表示;矩阵 $\boldsymbol{\Phi}_j$ 是信号 $\boldsymbol{S}_j$ 的测量矩阵,一般情况下,把 $\boldsymbol{\Phi}_j$ 取为高斯随机矩阵,且对不同的信号 $\boldsymbol{S}_j$,$\boldsymbol{\Phi}_j$ 也不同。测量值 $\boldsymbol{Y}_j = \boldsymbol{\Phi}_j \boldsymbol{S}_j$,则 $\boldsymbol{Y}_j$ 可以看作矩阵 $\boldsymbol{\Phi}_j$ 对信号随机测量得到的。

在多信号的情况下,各个信号之间或多或少存在着相互关系,而正是根据这个特点,文献[11]按照信号的不同部分的稀疏性与否,给出了以下联合稀疏模型的划分。

1. 第一联合稀疏模型(Joint Sparse Model-1,JSM-1)

在这一模型中,所有的接收信号都可以被分为两种组成成分,分别为共同稀疏成分和特有部分。本模型可以对应所有的信号感知节点位于一个共同的大环境下的情况。另外,各个节点还受到不同小因素的影响。上述模型用公式表示为

$$\boldsymbol{S}_j = \boldsymbol{Z}_C + \boldsymbol{Z}_j, \quad j \in \{1,2,\cdots,J\} \tag{2.3.1}$$

式中,$\boldsymbol{Z}_C = \boldsymbol{\Psi}_C \cdot \boldsymbol{\Theta}_C$,$\| \boldsymbol{\Theta}_C \|_0 = K_C$;$\boldsymbol{Z}_j = \boldsymbol{\Psi}_j \cdot \boldsymbol{\Theta}_j$,$\| \boldsymbol{\Theta}_j \|_0 = K_j$。

式(2.3.1)中将信号 $\boldsymbol{S}_j$ 分成了稀疏的公共部分 $\boldsymbol{Z}_C$ 和特有部分 $\boldsymbol{Z}_j$,并且公共部分的表示完全相同,有相同的稀疏度 K_C,而特有部分的稀疏程度并不一定相同。

第一联合稀疏模型的一个典型应用场景就是一片由传感器网络监测的区域的温度。假设某一个传感器在某一时段监测到得温度值为 $\boldsymbol{S}_j(n)$,其中 n 表示该时间段的采样时间,j 表示不同的传感器。则信号 $\boldsymbol{S}_j$ 内部各采样点之间具有时间相关性,来自各个传感器的信号因位置差异而在空间上有一定程度的相关性。温度、天气对整个大环境都相同,是全局变量,即为 $\boldsymbol{Z}_C$ 部分;而树荫、多云、动物的变动只是对个别传感器的值造成影响,是局部变量,即为 $\boldsymbol{Z}_j$ 部分。

2. 第二联合稀疏模型(JSM-2)

本模型中所有的信号都在一个共同的变换矩阵下取得稀疏形式,但每个信号的稀疏形式却各不相同,它们有共同的稀疏位置,但稀疏位置的值不尽相同,表示为

$$\boldsymbol{S}_j = \boldsymbol{\Psi}\boldsymbol{\Theta}_j, \quad j \in \{1,2,\cdots,J\} \tag{2.3.2}$$

式中,每一个稀疏表示向量 $\boldsymbol{\Theta}_j$ 都对应着一个指标集 $\boldsymbol{I}_j \subset \{1,2,\cdots,N\}$,并且 $\boldsymbol{I}_j$ 中只有 K 个元素非零,即 $\| \boldsymbol{I}_j \|_0 = K$,就是说,每个接收信号 $\boldsymbol{S}_j$ 的稀疏度都是 K。

对于同一时间段接收信号 $\boldsymbol{S}_j$ 具有共同的指标集，而不同时段的接收信号指标集则不尽相同。

对于第二联合稀疏模型来说，典型的场景是在空间中传播的无线信号，在经过散射、衍射等多径传播后，造成信号不同程度地衰落与延迟，结果可能导致信号在某一个域上稀疏。

MIMO 多天线接收信号模型假设发射信号在某一个域上稀疏，在经过多径衰落的传播之后，可能导致信号在该域稀疏位置的值发生不同程度的衰落。因此，可以说在接收端 MIMO 信号在该域上符合 JSM－2 模型。

$\boldsymbol{\Phi}_j$ 表示第 j 个信号的测量矩阵，其中的每一个元素值都服从高斯分布，根据分布式压缩感知理论有 $\boldsymbol{y}_j=\boldsymbol{\Phi}_j\boldsymbol{S}_j$，因此有

$$\boldsymbol{y}_j=\boldsymbol{\Phi}_j\boldsymbol{S}_j=\boldsymbol{\Phi}_j\boldsymbol{\Psi}\boldsymbol{\alpha} \tag{2.3.3}$$

记 $\boldsymbol{\Gamma}_j=\boldsymbol{\Phi}_j\boldsymbol{\Psi}$ 为感知矩阵，因此分布式压缩感知理论可写为

$$\boldsymbol{y}_j=\boldsymbol{\Gamma}_j\boldsymbol{\alpha}_j$$

3. 第三联合稀疏模型(JSM－3)

本模型与第一联合稀疏模型存在一定的相关性，其中，信号的构成依然分为公共和特有两部分。这里的公共部分并没有要求，只是作为一个整体部分，可以不稀疏。所以，第三联合稀疏模型可以看成对第一联合稀疏模型的进一步拓展，可以表示为

$$\boldsymbol{S}_j=\boldsymbol{Z}_C+\boldsymbol{\Psi}\cdot\boldsymbol{\Theta}_j,\quad j\in\{1,2,\cdots,J\},\|\boldsymbol{\Theta}_j\|=K \tag{2.3.4}$$

公共部分 $\boldsymbol{Z}_C$ 并不一定稀疏，所以需用特有的重构算法对信号的不同部分进行重构。

第三联合稀疏模型的一个典型应用场景就是不同的传感器同时测量多个信源，并伴有一个非稀疏的环境信号。例如，利用相机对生产线上的部分产品进行拍照，计算机系统处理相片中的内容，用来保证生产线正常运行。尽管每一张照片都会很复杂，包含很多信息内容，但是所有照片都具有很高的相关性，这是因为它们之间只有很细微的区别。

根据之前的介绍可知，第三联合稀疏模型比较适用于那些信号内部的相关性较弱而信号之间的相关性较强的情况。

在之前的研究中，关于过完备字典的训练算法，是对单天线或者单信源在不同时间段接收到的能够反映信号基本特征的训练信号集合进行训练过程。而在 MIMO 环境下，接收天线并不是只有一根，接收到的信号来自多根天线，它们之间具有一些相互关系，因此需要将单天线信号的训练拓展为多天线多信号的联合训练。基于此，结合目前比较成熟的单天线 K－SVD 字典训练算法，本节提出了三种不同的联合方式。

2.3.2 等增益合并字典训练算法

在MIMO环境下，由之前的联合稀疏模型分析可知，天线接收到的信号具有共同的稀疏基，且同一时间段的信号具有相同的稀疏位置，只是受到信道衰落的影响，稀疏位置的值并不相同。由于衰落的随机性，可以假设稀疏位置的值在原始信号的基础上服从高斯分布。

在接收机前端，信号采样时不可避免地受到加性高斯白噪声的影响，因而考虑将 J 根天线的信号直接加和以获得信噪比的改善，如图 2.3.1 所示。

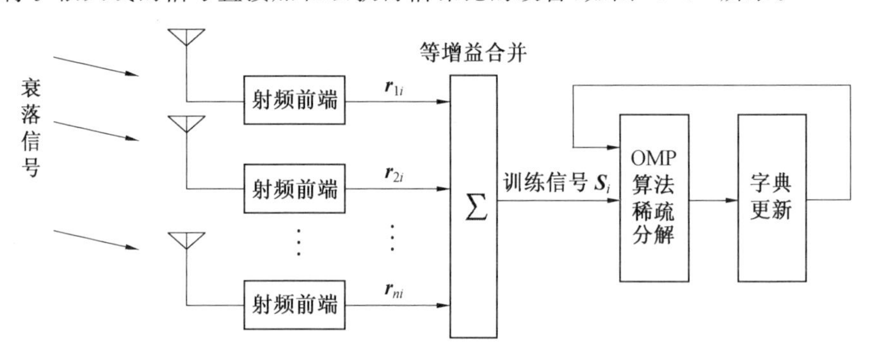

图 2.3.1　等增益合并字典训练算法示意图

合并后的训练信号可以表示为 $\boldsymbol{S}_i=\sum_{j=1}^{n}\boldsymbol{r}_{ji}, i=1,2,\cdots$，其中 i 表示采样时间段，j 表示不同天线，经过多次稀疏表示和字典更新环节，即可得到信号等增益合并后的训练字典。下面为信号等增益合并字典训练的具体过程，以及在得到训练字典后对该字典的性能评价。

将同一时间段接收到的信号等增益合并作为训练信号 $\boldsymbol{y}_1'=\sum_{j=1}^{n}\boldsymbol{y}_{j1}, \boldsymbol{y}_2'=\sum_{j=1}^{n}\boldsymbol{y}_{j2}, \cdots, \boldsymbol{y}_M'=\sum_{j=1}^{n}\boldsymbol{y}_{jM}$。

初始稀疏表示：$[\boldsymbol{y}_1', \boldsymbol{y}_2', \cdots, \boldsymbol{y}_M']=\boldsymbol{D}_0[\boldsymbol{S}_1, \boldsymbol{S}_2, \cdots, \boldsymbol{S}_M]$，$\|\boldsymbol{S}_m\|_0=K_0$，其中 $\boldsymbol{D}_0$ 为按列归一化初始矩阵，可以为随机矩阵或级联字典。

在经过 K 次训练后，得到最终的字典 $\boldsymbol{D}$，其对合并信号的稀疏表示为$[\boldsymbol{y}_1', \boldsymbol{y}_2', \cdots, \boldsymbol{y}_M']=\boldsymbol{D}[\boldsymbol{S}_1^K, \boldsymbol{S}_2^K, \cdots, \boldsymbol{S}_M^K]$，$\|\boldsymbol{S}_m^K\|_0=K_0$。

最终的训练字典 $\boldsymbol{D}$ 的稀疏表示能力，可以通过其对合并信号的稀疏表示的相对误差来衡量，其稀疏表示的相对误差可以表示为

$$\begin{aligned}E_{\mathrm{rr}}=&(\boldsymbol{y}_{11}-\boldsymbol{D}\boldsymbol{S}'_{11})^2+(\boldsymbol{y}_{12}-\boldsymbol{D}\boldsymbol{S}'_{12})^2+\cdots+(\boldsymbol{y}_{1M}-\boldsymbol{D}\boldsymbol{S}'_{1M})^2+\\&(\boldsymbol{y}_{21}-\boldsymbol{D}\boldsymbol{S}'_{21})^2+(\boldsymbol{y}_{22}-\boldsymbol{D}\boldsymbol{S}'_{22})^2+\cdots+(\boldsymbol{y}_{2M}-\boldsymbol{D}\boldsymbol{S}'_{2M})^2+\cdots+\\&(\boldsymbol{y}_{n1}-\boldsymbol{D}\boldsymbol{S}'_{n1})^2+(\boldsymbol{y}_{n2}-\boldsymbol{D}\boldsymbol{S}'_{n2})^2+\cdots+(\boldsymbol{y}_{nM}-\boldsymbol{D}\boldsymbol{S}'_{nM})^2\end{aligned}\tag{2.3.5}$$

式中，$\boldsymbol{y}_{jm} \approx \boldsymbol{DS}'_{jm}(j=1,2,\cdots,J;m=1,2,\cdots,M)$。

通过对该误差的分析即可得到联合训练字典 $\boldsymbol{D}$ 对所有训练信号的稀疏表示能力的评价。

2.3.3　分组合并字典训练算法

在联合稀疏模型的讨论中，已经假设所有信号为稀疏信号，且拥有共同的稀疏矩阵，在同一时间段不同天线接收到的衰落信号在其共同稀疏基下的稀疏表示必定有相同的位置。因此，将同一时间段不同天线上的接收信号作为一组，联合稀疏表示，能更准确地获得联合稀疏位置。

在 K－SVD 字典训练算法中，训练过程分为稀疏表示与字典原子更新两个部分。根据 MIMO 多信号之间的关系，采用联合正交匹配追踪（Joint Orthogonal Mathching Pursuit，JOMP）算法进行联合稀疏表示，再采用奇异值分解法对字典进行更新。分组合并字典训练算法示意图如图 2.3.2 所示。

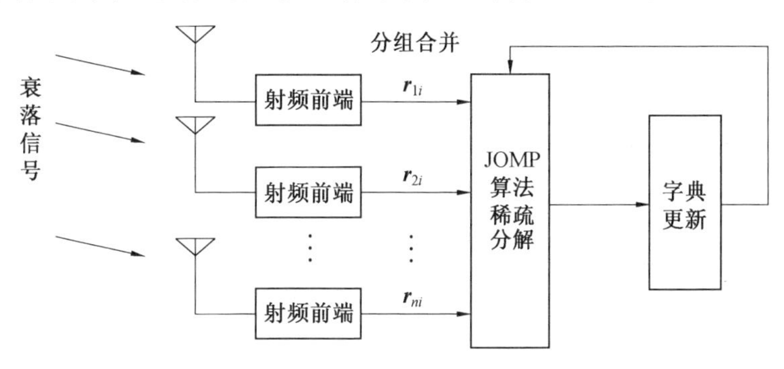

图 2.3.2　分组合并字典训练算法示意图

JOMP 算法步骤如下。

(1) 初始化。k 表示迭代次数（从 1 到 K，K 为稀疏度，即总的迭代次数），$\boldsymbol{\Omega}$ 用来表示由待重构的系数向量所张成的空间，令 $\boldsymbol{\Omega}=[\cdot]$，$\boldsymbol{r}_{j,k}$ 表示每根天线经过匹配后的残余，令 $\boldsymbol{r}_{j,0}=\boldsymbol{y}_j$。

(2) 相关性判断。从 $\boldsymbol{\Psi}$ 中选出与残差 $\boldsymbol{r}_{j,k-1}$ 相关性最大的列：$\xi_k = \underset{n\in\{1,2,\cdots,N\}}{\arg\max}\sum_{j=1}^{J}|\langle \boldsymbol{r}_{j,k-1},\boldsymbol{d}_{j,n}\rangle|$，每次选择的位置从 1 到 N，$\boldsymbol{\Omega}=[\boldsymbol{\Omega}\ \xi_k]$。

(3) 更新残缺基。$\boldsymbol{\Lambda}_{j,k}=\boldsymbol{D}_{j,\Omega}$，$\boldsymbol{D}_{j,\Omega}$ 表示根据 $\boldsymbol{\Omega}$ 选择的每个测量矩阵的列组合。

(4) 更新残余量。$\boldsymbol{\alpha}_{j,k}=(\boldsymbol{\Lambda}'_{j,k}\boldsymbol{\Lambda}_{j,k})^{-1}\boldsymbol{\Lambda}'_{j,k}\boldsymbol{y}_j$ 为每一次迭代后的稀疏表示。残差为 $\boldsymbol{r}_{j,k}=\boldsymbol{y}_j-\boldsymbol{\Lambda}_{j,k}\boldsymbol{\alpha}_{j,k}$。

(5) 当 $k>K$ 时，迭代停止。

在经过联合稀疏表示后，信号在同一稀疏基上的稀疏表示有共同的稀疏位置，且稀疏位置的值不尽相同，这刚好符合了MIMO多天线信号所具有的JSM－2模型的特点。

训练信号联合稀疏表示为

$$\begin{cases}[\boldsymbol{y}_{11},\boldsymbol{y}_{21},\cdots,\boldsymbol{y}_{J1}]=\boldsymbol{D}_l[\boldsymbol{S}_{11},\boldsymbol{S}_{21},\cdots,\boldsymbol{S}_{J1}]\\ [\boldsymbol{y}_{12},\boldsymbol{y}_{22},\cdots,\boldsymbol{y}_{J2}]=\boldsymbol{D}_l[\boldsymbol{S}_{12},\boldsymbol{S}_{22},\cdots,\boldsymbol{S}_{J2}]\\ \quad\vdots\\ [\boldsymbol{y}_{1M},\boldsymbol{y}_{2M},\cdots,\boldsymbol{y}_{JM}]=\boldsymbol{D}_l[\boldsymbol{S}_{1M},\boldsymbol{S}_{2M},\cdots,\boldsymbol{S}_{JM}]\end{cases},\ \|\boldsymbol{S}_{jm}\|_0=K \quad (2.3.6)$$

式中，$\boldsymbol{S}_{jm}(j=1,2,\cdots,J;m=1,2,\cdots,M)$有共同的稀疏位置。

各次训练过程得到的字典$\boldsymbol{D}_l$的稀疏表示能力，可以通过其对合并信号的稀疏表示的相对误差来衡量，其稀疏表示的相对误差为

$$\begin{aligned}E_{\mathrm{rr}}=&(\boldsymbol{y}_{11}-\boldsymbol{D}_l\boldsymbol{S}'_{11})^2+(\boldsymbol{y}_{12}-\boldsymbol{D}_l\boldsymbol{S}'_{12})^2+\cdots+(\boldsymbol{y}_{1M}-\boldsymbol{D}_l\boldsymbol{S}'_{1M})^2+\\&(\boldsymbol{y}_{21}-\boldsymbol{D}_l\boldsymbol{S}'_{21})^2+(\boldsymbol{y}_{22}-\boldsymbol{D}_l\boldsymbol{S}'_{22})^2+\cdots+(\boldsymbol{y}_{2M}-\boldsymbol{D}_l\boldsymbol{S}'_{2M})^2+\cdots+\\&(\boldsymbol{y}_{J1}-\boldsymbol{D}_l\boldsymbol{S}'_{J1})^2+(\boldsymbol{y}_{J2}-\boldsymbol{D}_l\boldsymbol{S}'_{J2})^2+\cdots+(\boldsymbol{y}_{JM}-\boldsymbol{D}_l\boldsymbol{S}'_{JM})^2\end{aligned} \quad (2.3.7)$$

式中，$\boldsymbol{y}_{jm}\approx\boldsymbol{D}_l\boldsymbol{S}'_{jm}(j=1,2,\cdots,J;m=1,2,\cdots,M)$。

2.3.4 并联合并字典训练算法

根据字典训练理论，参与的训练信号越多，得到的字典对该类型信号的稀疏表达能力越强。因此，多天线通信系统的优势也可以通过同一时间段接收到更多的信号来体现。将多天线的信号并联进行字典训练，其效果必将优于单天线的情况。

将J根天线上的信号并联，全部作为训练信号，采用常规的OMP算法稀疏表示，并将并联后的信号矩阵作为整体进行字典更新，依次循环进行训练，过程如图2.3.3所示。

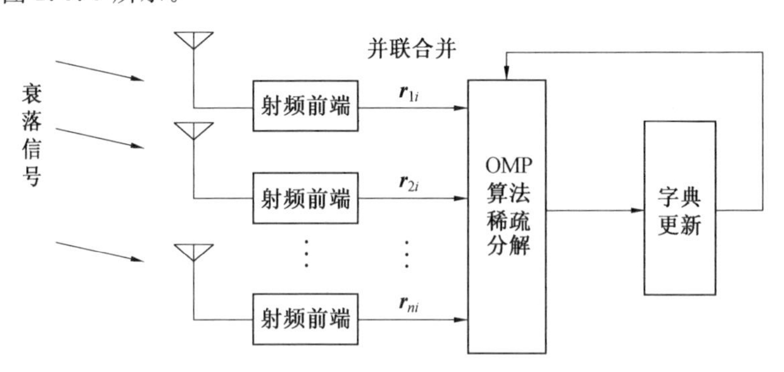

图2.3.3　并联合并字典训练算法示意图

将MIMO信号并联且在字典$\boldsymbol{D}$上进行稀疏表示

$$[\boldsymbol{y}_{11},\boldsymbol{y}_{12},\cdots,\boldsymbol{y}_{1M},\boldsymbol{y}_{21},\boldsymbol{y}_{22},\cdots,\boldsymbol{y}_{2M},\boldsymbol{y}_{J1},\boldsymbol{y}_{J2},\cdots,y_{JM}]$$
$$\approx \boldsymbol{D}[\boldsymbol{S}_{11},\boldsymbol{S}_{12},\cdots,\boldsymbol{S}_{1M},\boldsymbol{S}_{21},\boldsymbol{S}_{22},\cdots,\boldsymbol{S}_{2M},\cdots,\boldsymbol{S}_{J1},\boldsymbol{S}_{J2}\cdots,\boldsymbol{S}_{JM}] \tag{2.3.8}$$

在经过每一次的字典训练迭代循环之后，依然可以通过字典对合并信号稀疏表示的相对误差来衡量该训练字典 $\boldsymbol{D}_l$ 的稀疏表示性能，其稀疏表示的相对误差为

$$\begin{aligned}E_{\rm rr}=&(\boldsymbol{y}_{11}-\boldsymbol{D}_l\boldsymbol{S}'_{11})^2+(\boldsymbol{y}_{12}-\boldsymbol{D}_l\boldsymbol{S}'_{12})^2+\cdots+(\boldsymbol{y}_{1M}-\boldsymbol{D}_l\boldsymbol{S}'_{1M})^2+\\&(\boldsymbol{y}_{21}-\boldsymbol{D}_l\boldsymbol{S}'_{21})^2+(\boldsymbol{y}_{22}-\boldsymbol{D}_l\boldsymbol{S}'_{22})^2+\cdots+(\boldsymbol{y}_{2M}-\boldsymbol{D}_l\boldsymbol{S}'_{2M})^2+\cdots+\\&(\boldsymbol{y}_{J1}-\boldsymbol{D}_l\boldsymbol{S}'_{J1})^2+(\boldsymbol{y}_{J2}-\boldsymbol{D}_l\boldsymbol{S}'_{J2})^2+\cdots+(\boldsymbol{y}_{JM}-\boldsymbol{D}_l\boldsymbol{S}'_{JM})^2\end{aligned} \tag{2.3.9}$$

式中，$\boldsymbol{y}_{jm}\approx \boldsymbol{D}\boldsymbol{S}'_{jm}(j=1,2,\cdots,J;m=1,2,\cdots,M)$。

2.3.5　仿真与分析

在仿真中，假设训练信号在离散余弦基下稀疏表示，信号长度 $N=64$，稀疏度 $K=4$，受到加性高斯白噪声影响，信噪比 SNR＝20 dB。训练信号个数为 64，其中初始字典选择为 64×128 的按列归一化的高斯随机矩阵。根据 JSM－2 模型，在多天线信号中，同一时间段的接收信号在离散余弦基下有共同的稀疏位置，只是不同天线稀疏位置的值各不相同。字典训练的效果通过每一次字典更新后字典对于所有训练信号的稀疏表示相对误差来表示。分别比较单天线信号训练，多天线信号联合训练字典的性能。

三种合并方式训练字典的效果如图 2.3.4 所示。

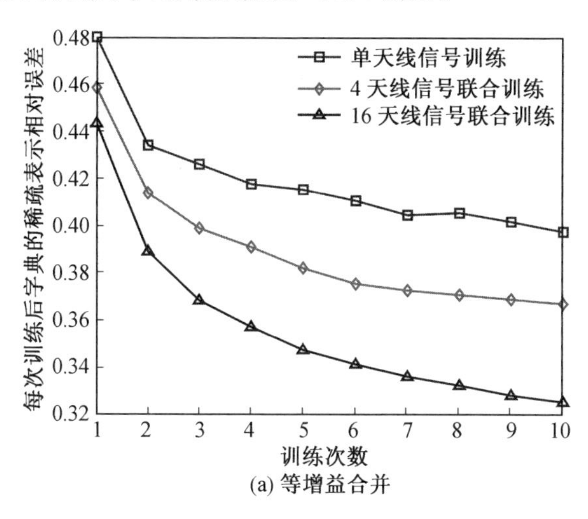

(a) 等增益合并

图 2.3.4　三种合并方式训练字典的效果

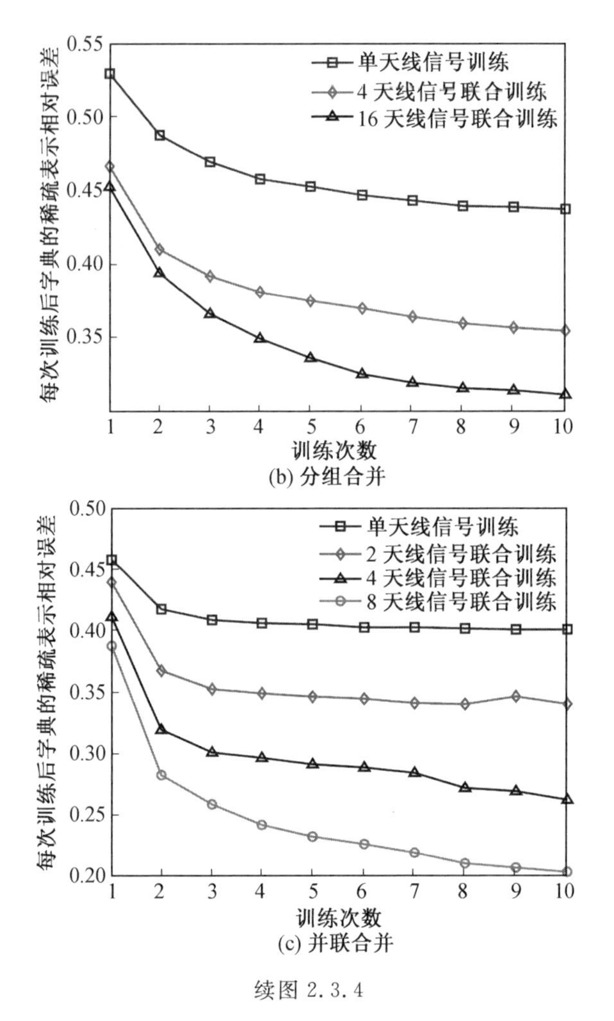

(b) 分组合并

(c) 并联合并

续图 2.3.4

由图 2.3.4 可以直接看出:随着训练次数的不断增加,训练字典对训练信号的稀疏表示效果越来越好;采用多天线等增益合并方式来进行字典训练性能明显优于单天线。而且,根据图 2.3.4 可以明显看出,随着天线数的增多,字典的稀疏表示性能变好。以等增益合并方式为例,当训练次数达到 10 次时,单天线得到的字典对所有训练信号的稀疏表示相对误差为 40.1%,4 天线为 35.9%,而 16 天线为 32.3%。

2.4　单天线环境下的稀疏表示去噪频谱感知算法

2.4.1　稀疏表示去噪原理

在稀疏表示去噪理论中，根据信号能否在变换域稀疏表示将信号分为稀疏信号和噪声[12]。在一般的数学模型中，接收信号可以表示为

$$\boldsymbol{y}=\boldsymbol{s}+\boldsymbol{n} \tag{2.4.1}$$

式中，$\boldsymbol{s}$ 是原始的有用信号，也是稀疏信号；$\boldsymbol{n}$ 是随机噪声；$\boldsymbol{y}$ 是有用信号和噪声叠加得到的混合信号。

通常来讲，有用信号因包含一定信息，内部必然有一定的规律性，因此认为它可以通过对混合信号的稀疏表示获取某种特性而被提取出来，而高斯白噪声因其杂乱无章性，不具有固定特点，并不能提取出来。根据这个特点，按照有用信号的特性来构造相应的冗余字典。

混合信号的稀疏表示为

$$\boldsymbol{y}=\boldsymbol{s}+\boldsymbol{n}=\boldsymbol{D\alpha}+\boldsymbol{n} \tag{2.4.2}$$

式中，$\boldsymbol{\alpha}$ 是无噪信号 $\boldsymbol{s}$ 在字典 $\boldsymbol{D}$ 上稀疏表示得到的系数向量。假设高斯白噪声 $\boldsymbol{n}$ 也在字典 $\boldsymbol{D}$ 上强行分解，分解得到的系数向量为 $\boldsymbol{w}$，则混合信号稀疏表示可以改写为

$$\boldsymbol{y}=\boldsymbol{s}+\boldsymbol{n}=\boldsymbol{D\alpha}+\boldsymbol{Dw}=\boldsymbol{D}(\boldsymbol{\alpha}+\boldsymbol{w}) \tag{2.4.3}$$

由于噪声不能在字典 $\boldsymbol{D}$ 上稀疏表示，即分解系数 $\boldsymbol{w}$ 并不稀疏，遍布整个变换域，且其比较平均，因此稀疏系数一般来说较有用信号在字典 $\boldsymbol{D}$ 上的分解系数小。纯稀疏信号 $\boldsymbol{s}$ 在字典上的分解系数 $\boldsymbol{\alpha}$ 是稀疏的，只有 K 个非零值。因此，总体来说，含有噪声的信号 $\boldsymbol{y}$ 在字典 $\boldsymbol{D}$ 下的稀疏表示($\boldsymbol{\alpha}+\boldsymbol{w}$)只有 K 个大系数值，而其包含了绝大部分的原始有用信号和少量噪声信号，将这 K 个大系数在变换域提取出来便实现了降噪的目的。

2.4.2　能量频谱感知算法

能量频谱感知算法是最早提出也是最基本的频谱感知方法，它是在一定时间内对信号能量进行积累，并与预先设定好的门限相比较，从而得到频谱判决结果。

信号在经过滤波之后，通过模数转换器采样信号，计算采样信号能量并与门限进行判决，能量检测接收机框图如图 2.4.1 所示。

频谱感知从根本上来说就是根据信号特点做出授权用户存在与否的判决。

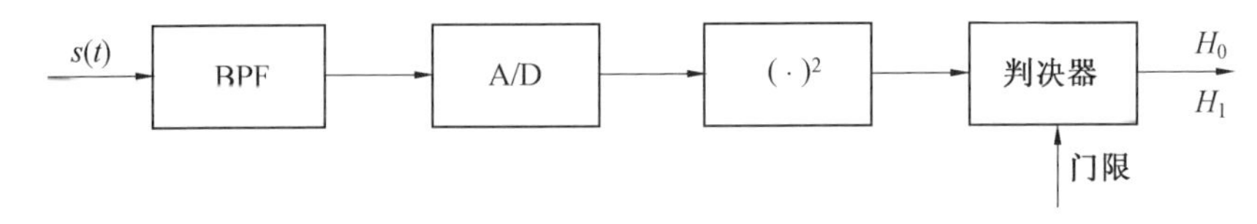

图 2.4.1 能量检测接收机框图

$s(n)$ 是授权用户的发射信号，$w(n)$ 是独立同分布加性高斯白噪声，$y(n)$ 是接收信号，则二元假设模型可表示为

$$y(n)=\begin{cases}w(n), & H_0\\ s(n)+w(n), & H_1\end{cases} \tag{2.4.4}$$

检验统计量为 $Z=\sum_{n=1}^{2TW} y(n)^2$，$2TW$ 是接收信号的长度，T 是观察时间，W 是信号带宽。为了讨论方便，接收信号被噪声标准差归一化为 $w'(n)=w(n)/\sigma_w$，$s'(n)=s(n)/\sigma_w$，检验统计量变为 $Z=\sum_{n=1}^{N} y'(n)^2$，因此二元假设模型变为

$$Z=\begin{cases}\sum_{n=1}^{2TW} w'(n)^2, & H_0\\ \sum_{n=1}^{2TW} (s'(n)+w'(n))^2, & H_1\end{cases} \tag{2.4.5}$$

对信号采样值进行归一化处理后，当授权用户信号不存在时，即接收到的信号只有噪声，检验统计量服从自由度为 $2TW$ 的中心卡方分布；而当主用户信号存在时，即有用信号和噪声并存，其满足非中心卡方分布，且其非中心系数为

$$\delta=\sum_{n=1}^{2TW} s'(n)^2=\sum_{n=1}^{2TW}\left(\frac{s(n)}{\sigma_w}\right)^2=\frac{\sum_{n=1}^{2TW} s(n)^2}{\sigma_w^2}=\frac{2TWP_s}{P_n}=2TW\gamma \tag{2.4.6}$$

检测的效果可以用检测概率和虚警概率来表示。虚警概率定义为主用户未使用该信号，而错判其存在的概率，检测概率定义为主用户使用该信号，也能正确判决出其正在使用的概率。能量频谱感知算法计算信号在一段时间内的能量积累值，然后与在目前信噪比下预先设定好的门限进行比较，做出判决获得检测结果。检测概率和虚警概率可以表示为

$$P_d=P(Z>\lambda \mid H_1)=Q_u(\sqrt{\delta},\sqrt{\lambda}) \tag{2.4.7}$$

$$P_f=P(Z>\lambda \mid H_0)=\frac{\Gamma(u,\frac{\lambda}{2})}{\Gamma(u)} \tag{2.4.8}$$

式中，$\Gamma(\cdot)$ 是伽马函数；$\Gamma(\cdot,\cdot)$ 是不完全伽马函数；$Q_u(\cdot,\cdot)$ 是广义 Marcum Q 函数；λ 是预先设定的门限；$u=TW$ 是时间带宽积。

因为信号的能量未知，通常把虚警概率设为一个常数值，即为恒虚警概率，然后可求得判决门限，再通过式(2.4.7) 可以求得检测概率。

2.4.3　噪声估计

能量频谱感知算法的效果与天线接收到的信号的信噪比直接相关：在恒虚警概率的条件下，检测概率在一定范围内随信噪比的提高而逐渐提升。在经过稀疏表示去噪后，进入频谱判决阶段，判决门限与此时的信噪比直接相关。因此，对稀疏表示去噪后的信号重新进行信噪比估计十分必要。

原始信号模型依然如式(2.4.1) 所示，假设混合信号 $\boldsymbol{y}$ 在经过稀疏表示去噪的过程后，有用的稀疏信号部分不损失，即在通过变换域提取信号时，不发生误判，则去噪后的信号表示形式可记为

$$\boldsymbol{y}' = \boldsymbol{s} + \boldsymbol{n}' \tag{2.4.9}$$

将式(2.4.1) 与式(2.4.9) 进行比较，可以推出被去除的噪声能量为

$$E_{\mathrm{denoi}} \approx E_n - E_{n'} = E_y - E_{y'} \tag{2.4.10}$$

因此，在经过稀疏表示去噪后，新的信号中噪声的能量可以表示为 $E_{\mathrm{renew\_n}} = E_n - E_{\mathrm{denoi}} \approx E_n - (E_y - E_{y'})$；噪声的方差可以表示为 $\sigma^2_{\mathrm{renew\_n}} = E_{\mathrm{renew\_n}}/N$。

在得到经过去噪后信号的噪声方差后，根据所设定的恒虚警概率和式(2.4.8) 即可以求得新的门限，再根据门限可以求得检测概率。因为混合信号在经过稀疏表示去噪过程之后信噪比会有所提升，所以能量频谱感知算法的效果也必然随之提高。

2.4.4　仿真结果及分析

信号在接收过程中，不可避免地受到接收机热噪声的影响，混入了高斯白噪声。因此，在接收到该混合信号时，用稀疏表示方法去除噪声之后，将去噪后的信号应用于频谱感知过程。

稀疏表示去噪的频谱感知系统仿真假设信号接收时分段接收，分段信号长度 $N = 64$，在离散余弦基下能够完全稀疏表示，且稀疏度 $K = 4$，稀疏点的值取均值为 50、方差为 10 的随机变量。受到接收机热噪声的影响，接收信号的信噪比为 5 dB。图 2.4.2 为纯稀疏信号(有用信号) 与带噪信号(混合信号) 的时域表示。

从图 2.4.2 中可以看出，在接收机端受到加性高斯白噪声的影响后，纯稀疏信号的幅度受到了较大的影响，有用信号(纯稀疏信号) 的一般性规律受到一定程度的破坏。因此，噪声的引入对于之后信号接下来的分析，如频谱感知效果都造成了影响，必须在信号进入后端处理之前考虑对其进行去噪，一定程度上恢复出原始有用信号(纯稀疏信号) 的一般规律。

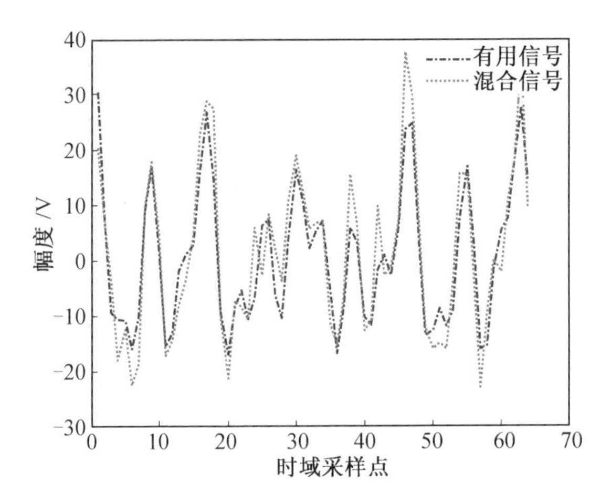

图 2.4.2　纯稀疏信号与带噪信号的时域表示(彩图见附录)

已经假设有用信号在离散余弦基下完全稀疏，且稀疏度 $K=4$ 已知，因此，分别对有用信号和混合信号在该基下进行稀疏表示，并将变换域的表示通过图 2.4.3 表示。

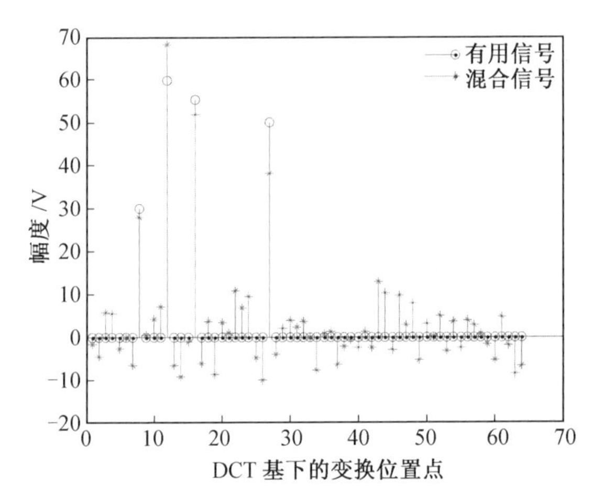

图 2.4.3　纯稀疏信号与带噪信号在 DCT 基下的表示(彩图见附录)

由图 2.4.3 可以看出，由于有用信号在离散余弦基下完全稀疏，因此在其下的稀疏表示只有 $K=4$ 个非零值，而高斯白噪声在任意基下都不稀疏，在离散余弦基下稀疏表示在整个域上都有分布，杂乱无章且数值较小。通过比较可以看出，变换域的稀疏表示可以明显区分出有用信号部分和噪声部分，继而可以将噪声部分去除。

在图 2.4.3 中，混合信号在变换基下的稀疏表示中，由于已知原始有用信号的稀疏度为 4，因此在变换域只取 $K=4$ 个大系数，这样既保证取出了所有有用信

号成分,又去除了分布于变换域各个点的高斯噪声。再将该稀疏变换系数经过离散余弦反变换得到时域信号,即已去除掉在信号上的大部分噪声。经过稀疏表示的去噪后信号以及未经噪声污染的有用信号的时域表示如图 2.4.4 所示。

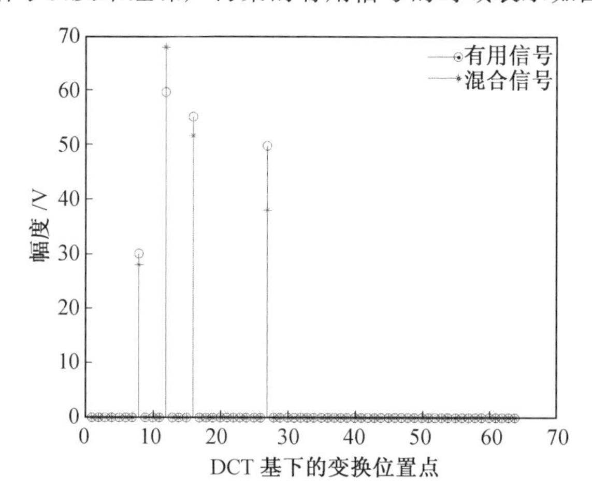

图 2.4.4　纯稀疏信号与降噪后信号的时域表示(彩图见附录)

通过图 2.4.4 与图 2.4.2 的比较可以看出,混合信号在去噪后与原始有用信号已经明显接近,即去噪效果明显。在经过稀疏表示去噪后,由于在变换域已将具有稀疏信号特性的大系数提取出来,故在混合信号中的大量噪声已经被消减掉,因此对于信号的后续处理十分有利。

在认知无线电系统中,频谱感知是最基础和重要的部分,而噪声又是影响能量频谱感知性能的关键因素。因此在认知用户前端加入稀疏表示去噪部分,当所接收到的信号来自主用户时,则通过稀疏表示即可提取出信号的主要成分,并除去叠加在信号上的高斯噪声,取得更好的频谱检测效果。在经过上述去噪过程之后,随着信噪比的增加,频谱感知的性能也必然提升。

在仿真中,设定频谱感知的恒虚警概率为 $P_f=0.05$,通过观察检测概率的变化来评价频谱感知性能。在认知用户端接收到信号后,通过稀疏表示得到去噪后的信号,根据 2.4.3 节中对于噪声的估计,得到新的噪声方差,并根据式(2.4.8)求得判决门限,继而求得检测概率。对接收信号信噪比从 −15 dB 到 10 dB 的变化过程进行仿真,检测概率的变化程度如图 2.4.5 所示。

由图 2.4.5 可以看出,在经过稀疏表示去噪后,由于信噪比的提升,在恒虚警概率 $P_f=0.05$ 的条件下,检测概率得到了较大的提升。例如,在所取信号采样点数 $N=64$,信噪比 SNR = −5 dB 时,检测概率为 47.9%,而经过稀疏表示去噪过程之后,在同样虚警概率的情况下,检测概率变为 98.7%。

本节以能量频谱感知为背景,结合稀疏表示能够去除噪声的作用,提出了一种先去噪后检测的频谱感知方法。在第一部分，首先介绍了稀疏表示去噪的原理，根据所分析有用信号的规律，构造相应的过完备字典，并在正确估计稀疏度的基础上，能有效地去除叠加在稀疏信号之上的噪声。能量频谱感知算法是最早提出的频谱感知方法，本节第二部分介绍了其具体的流程以及原理步骤，在加性高斯白噪声的模型下，详细推演了根据检验统计量和门限来判决得到的 P_f 和 P_d 的闭合表达式，并结合信号检测中常用的恒虚警概率条件，给出了门限设定方法。在最后的仿真部分，以具体的稀疏信号为例，给出了信号去噪的整个过程，并把它应用到能量频谱感知中。分析结果表明在恒虚警概率的情况下，本书提出的去噪方法能有效提升频谱感知的检测概率。

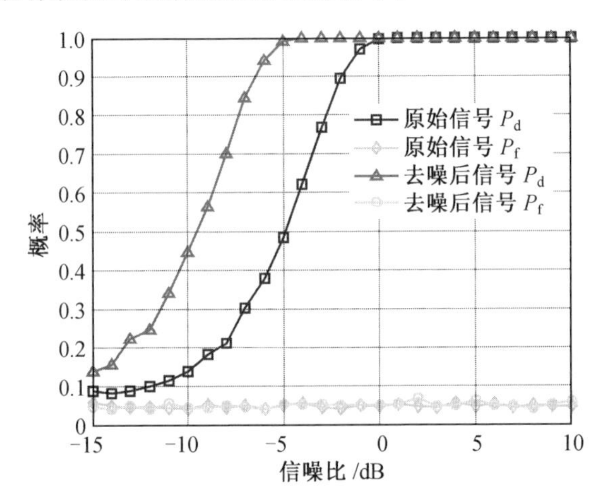

图 2.4.5　去噪前后频谱感知性能的变化(彩图见附录)

2.5　多天线场景下基于联合重构的频谱感知方法

2.5.1　算法描述

在 MIMO 通信系统中，多天线接收到的信号符合第二联合稀疏模型(JSM－2)，因此可以利用分布式压缩感知理论对多天线信号进行联合采样，并利用压缩采样数据重构信号，最终进行频谱判决。分布式压缩感知重构算法不同于普通的压缩感知重构算法，其面对的是多天线的数据。

已知 $\boldsymbol{y}_1=\boldsymbol{\Phi}_1\boldsymbol{S}_1=\boldsymbol{\Phi}_1\boldsymbol{\Psi}\boldsymbol{\alpha}_1$，$\boldsymbol{y}_2=\boldsymbol{\Phi}_2\boldsymbol{S}_2=\boldsymbol{\Phi}_2\boldsymbol{\Psi}\boldsymbol{\alpha}_2$，…，$\boldsymbol{y}_J=\boldsymbol{\Phi}_J\boldsymbol{S}_J=\boldsymbol{\Phi}_J\boldsymbol{\Psi}\boldsymbol{\alpha}_J$ 是对每根天线上的 N 维信号 $\boldsymbol{S}_j$ 通过压缩感知得到 M 维信号数据 $\boldsymbol{y}_j$，其中 j 表示天线编号。

采用分布式压缩感知联合重构(Distributed Compressed Sensing Joint Orthogonal Matching Pursuit,DCS－JOMP)算法,步骤如下。

(1) 初始化。k 表示迭代次数(从 1 到 K,K 为稀疏度),$\boldsymbol{\Omega}$ 用来表示由待恢复的系数向量所张成的空间,令 $\boldsymbol{\Omega}=[\cdot]$,$\boldsymbol{r}_{j,k}$ 表示每根天线经过匹配后的残余,令 $\boldsymbol{r}_{j,0}=\boldsymbol{y}_j$。

(2) 相关性判断。从 $\boldsymbol{\Phi}_j\boldsymbol{\Psi}$ 中选出与残差 $\boldsymbol{r}_{j,k-1}$ 相关性最大的列:$\xi_k=\underset{n\in\{1,2,\cdots,N\}}{\arg\max}\sum_{j=1}^{J}|\langle\boldsymbol{r}_{j,k-1},\boldsymbol{\Phi}_{j,n}\rangle|$,每次选择的位置从 1 到 N,$\boldsymbol{\Omega}=[\boldsymbol{\Omega}\,\xi_k]$。

(3) 更新残缺基。$\boldsymbol{\Lambda}_{j,k}=\boldsymbol{\Phi}_{j,\Omega}$,$\boldsymbol{\Phi}_{j,\Omega}$ 表示根据 $\boldsymbol{\Omega}$ 选择的每个测量矩阵的列组合。

(4) 更新残余量。$\boldsymbol{\alpha}_{j,k}=(\boldsymbol{\Lambda}_{j,k}{'}\boldsymbol{\Lambda}_{j,k})^{-1}\boldsymbol{\Lambda}_{j,k}{'}\boldsymbol{y}_j$ 为每一次迭代后的稀疏表示。残差为 $\boldsymbol{r}_{j,k}=\boldsymbol{y}_j-\boldsymbol{\Lambda}_{j,k}\boldsymbol{\alpha}_{j,k}$。

(5) 当 $k>K$ 时,迭代停止。

在利用 DCS－JOMP 算法对压缩信号进行联合重构之后获得重构后的时域信号。利用重构后的信号进行频谱感知可以降低前端对采样率的要求。

对重构后的信号进行误差与噪声估计得到重构信号后的信噪比,设定门限,根据能量频谱感知算法对各天线数据进行频谱判决,判断该频段是否被占用,整个过程如图 2.5.1 所示。

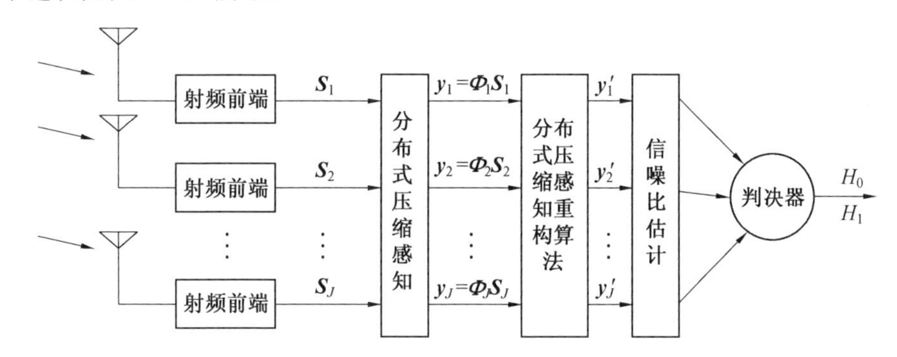

图 2.5.1　基于分布式压缩感知重构的频谱感知示意图

由图 2.5.1 可知,利用分布式压缩感知重构的频谱感知方法可降低射频前端由频带过宽导致的信号采样率过高的问题,采用分布式压缩感知方法保证了采样数据信息的完整性,继而对后续的信息处理取得了较理想的效果。但将分布式压缩感知引入频谱感知的采样前端也造成了后续重构误差的增大,这对于该方法的频谱感知效果又是一个劣势。因此,应该在正确衡量信号采样以及后续信号处理复杂度的前提下采取相应的措施。接下来,对采用分布式压缩感知重构信号的频谱感知方法进行仿真。

2.5.2 仿真与分析

由于利用了 MIMO 系统各天线之间的相关性，将单信号的稀疏性质拓展到了一组信号的联合稀疏模型上，因此，在多天线环境下，采用分布式压缩感知重构理论，在相同的测量值条件下，重构性能要优于各天线分别采用压缩感知理论进行重构的性能。

本节仿真依然假设接收信号在离散余弦基下稀疏，信号长度为 $N=64$，稀疏度为 $K=4$，受到加性高斯白噪声影响，信噪比 SNR=10 dB。压缩感知的重构方法采用常见的正交匹配追踪算法；分布式压缩感知重构方法采用的是 DCS－JOMP 算法，重构算法假设已知信号的稀疏基为离散余弦基。信号的重构性能通过重构信号与原信号之间的重构误差来衡量。采用蒙特卡洛仿真，取 500 次做平均。在不同天线数目的条件下，采用分布式压缩感知理论重构信号与各天线采用压缩感知理论重构信号的相对误差如图 2.5.2 所示。

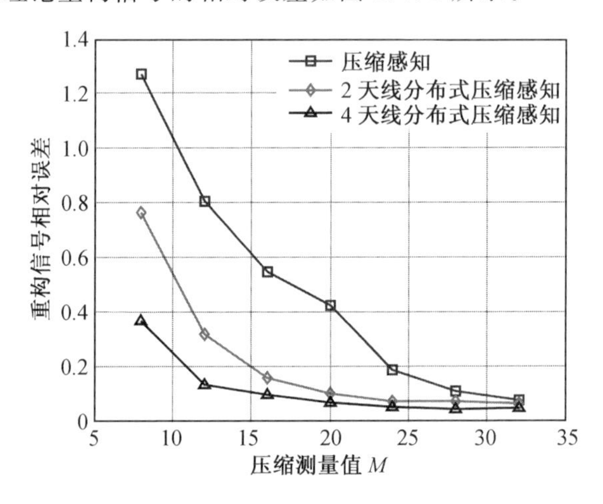

图 2.5.2 压缩测量值 M 与重构信号相对误差的关系

由图 2.5.2 可以看出，随着压缩测量值 M 的提高，重构信号与原信号之间的相对误差在降低，这符合压缩感知的规律；在相同压缩测量值的条件下，分布式压缩感知重构误差小于普通单天线压缩感知重构误差；另外，在分布式压缩感知中，天线个数越多重构误差就越小。例如，在压缩测量值 $M=20$ 时，普通单天线压缩感知的重构误差为 33.8%，2 天线分布式压缩感知的重构误差为 10.6%，4 天线分布式压缩感知的重构误差为 7.4%。

在利用重构算法得到重构出的信号后，将其与原始信号的误差作为新的噪声，对噪声大小进行估计，并根据能量频谱感知原理，在恒虚警概率的条件下求出判决门限，继而求得检测概率。

将上述经过重构的信号用于能量频谱感知。其中，为了更明显地观察 2 天线分布式压缩感知效果与 4 天线的区别，将上一步仿真中信号的信噪比取为3 dB。通过恒虚警条件下的检测概率来评价频谱感知性能结果，如图 2.5.3 所示。

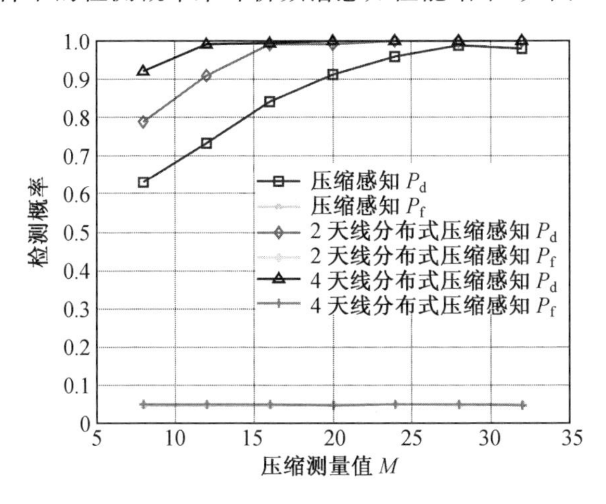

图 2.5.3　压缩测量值 M 与频谱感知性能的关系(彩图见附录)

从图 2.5.3 可以看出，在恒虚警概率 $P_f=0.05$ 的条件下，多天线分布式压缩感知后重构信号的频谱感知性能明显优于普通压缩感知的重构信号，并且天线个数越多，检测概率越高，性能越好。例如，在压缩测量值 $M=20$ 时，普通压缩感知重构信号的检测概率为 82.1%，2 天线分布式压缩感知重构信号的检测概率为 97.3%，而采用 4 天线分布式压缩感知重构信号，其检测概率为 99.4%。

为了继续观察信噪比对检测性能造成的影响，仿真在其从 −15 dB 到 10 dB 的改变过程中，在分布式压缩感知条件下对测量信号进行重构并评价频谱感知效果。

另外，为了与非压缩采样信号频谱感知的效果进行比较，给出信号没有经过压缩感知，直接对采样信号进行能量频谱感知的性能曲线。设定频谱感知的虚警概率为常数 $P_f=0.05$，天线个数设为 $J=4$，分布式压缩感知采样值为 $M=4K=16$，并根据式(2.4.8)求得判决门限，继而求得检测概率。信噪比与频谱感知性能关系如图 2.5.4 所示。图中，DCS 为分布式压缩感知(Distributed Compressed Sensing)。

从图 2.5.4 中可以看出，在恒虚警概率的条件下，随着信噪比的提高，检测概率也在不断提升。通过两条曲线的比较可以发现，用奈奎斯特采样方式直接进行频谱感知的性能要优于用分布式压缩感知重构信号后进行频谱感知的性能。这是由于尽管采用压缩感知技术降低了前端的采样数据量，但必然对信号的重构性能造成影响，继而影响到后来的频谱感知性能。例如，在接收信号信噪比为

5 dB 时，采用奈奎斯特采样方式采样 64 点信号，获得的频谱感知的检测概率为 100%。而当采用 4 天线分布式压缩感知，每根天线的压缩采样值为 $M=13$ 时，4 根天线的采样数据总量为 52 点，采用 DCS－JOMP 算法重构信号后频谱感知，其检测概率也为 100%。尽管采用多天线分布式压缩感知可以降低采样率，但重构算法对信号处理端计算能力要求也比较高。

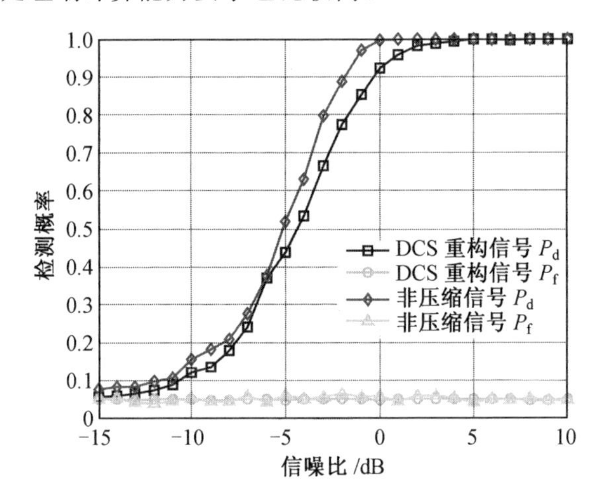

图 2.5.4　信噪比与频谱感知性能关系（彩图见附录）

2.6　多天线场景下基于联合字典训练的频谱感知方法

2.6.1　算法描述

通过前面的叙述可知，在 MIMO 系统中，由于各接收天线之间的信号之间的相关性，满足第二联合稀疏模型，即具有共同的稀疏基和稀疏位置，只是不同信号稀疏位置的值各不相同。故而可以将单天线信号字典训练算法拓展到多天线场景。

在经过多天线字典训练之后，多天线接收信号在联合稀疏模型的框架下将更加稀疏。因此，分布式压缩感知在相同采样值的条件下，信号的重建性能将更高，即重构信号与奈奎斯特采样信号之间的误差将更小。或者说，达到同样的重构性能所需压缩测量值更少。基于此，具体的系统示意图如图 2.6.1 所示。

综上所述，在频谱感知的背景下，利用压缩感知技术可以降低采样数据量。对重构信号进行误差估计，得到对应的信噪比，再求出对应门限，即可求得频谱感知效果。与传统的分布式压缩感知重构并频谱感知方法相比较，该方法将分

布式压缩感知的联合重构算法拓展为基于联合字典训练的重构，因为经过多天线联合训练后，字典较一般的字典具有更好的稀疏表示能力，所以利用该方法得到的信号重构性能较好。进一步，以该重构信号为基础的频谱感知性能优于一般的字典重构信号。

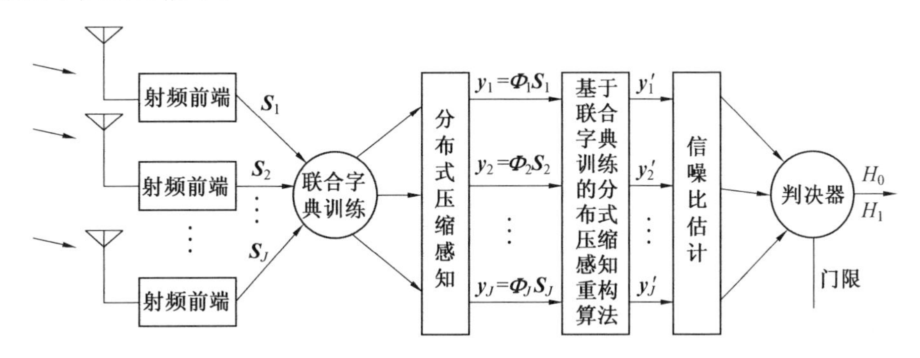

图 2.6.1　基于联合字典训练的频谱感知方法示意图

2.6.2　仿真结果及分析

1. 信号重构部分的仿真结果

将通过三种训练方式得到的训练字典，应用于分布式压缩感知重构技术中，分别与常见的傅里叶基、理想离散余弦基相比较，通过观察重构信号与原信号之间的相对误差来衡量优劣。

仿真中依然假设信号在离散余弦基下稀疏，仿真信号与 2.6.1 节中的训练信号相同。在分布式压缩感知中，天线个数为 $J=4$，经过字典训练后的字典规模为 64×128，重构算法采用之前提出的 DCS－JOMP 算法。具体的性能仿真如图 2.6.2 所示。

由图 2.6.2 可以看出，随着压缩感知测量值 M 的提升，重构信号与原信号之间的相对误差在不断降低。使用多天线联合字典训练得到的字典进行重建，其重构误差明显小于使用单天线字典训练，且使用理想状态下的离散余弦基性能最优，常见的傅里叶基效果要比经过字典训练后的字典重构效果差，这是因为经过训练的字典更切合信号的特征，而在一般情况下，人们无法预知信号的理想稀疏基。这证明了采用多天线字典训练方式的优势所在。

具体来说，在相同压缩测量值的条件下，使用离散余弦基的重构相对误差比使用多天线联合字典训练方式得到的字典效果更好，单天线字典训练方式次之，傅里叶基效果最差。在压缩测量值 $M=20$ 时，使用离散余弦基的信号重构误差为 6.4%；使用多天线联合训练字典的误差为 10.2%；使用单天线联合训练字典的误差为 39.4%；使用傅里叶基的误差为 48.2%。

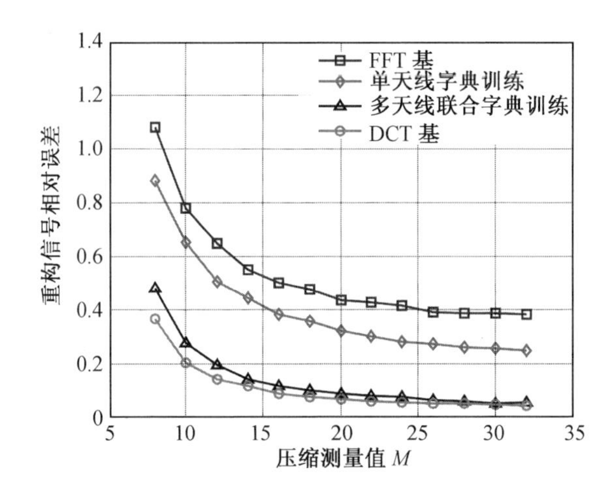

图 2.6.2　不同稀疏基重构中压缩测量值与重构信号相对误差的关系

同样，为了证明 2.5 节中分布式压缩感知中天线个数与信号重构性能的关系，本节使用多天线联合训练字典作为重构稀疏基，分别观察 2 天线、4 天线和 6 天线时重构相对误差的变化。结果如图 2.6.3 所示。

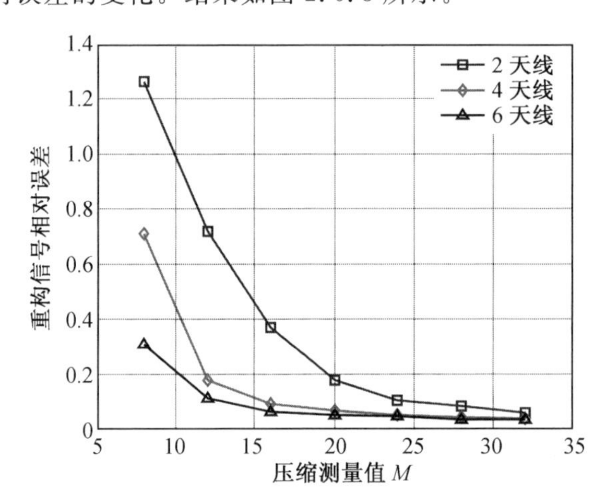

图 2.6.3　DCS 中天线个数与重构信号相对误差的关系

图 2.6.3 也证明了在分布式压缩感知中，天线个数越多信号重构性能越好，与采用何种稀疏基并无关系。具体来说，在压缩测量值 $M=16$ 时，2 天线分布式压缩感知重构误差为 38.8%，4 天线分布式压缩感知重构误差为 11.1%，6 天线分布式压缩感知重构误差为 8.4%。

2. 能量频谱感知部分的仿真结果

在认知无线电系统中，利用上面的压缩感知技术降低采样数据量，在数据处理端，利用重构算法重构信号，并应用到频谱感知中。本书进行理论分析，可以

认为已知认知用户端的接收信号，并以此对重构后的噪声进行估计。在以后的研究中，准备考虑在未知认知用户信号的情况下对噪声进行评估的方法。

在上一部分的仿真中已经证明了稀疏基在重构中的优劣关系，因此在本部分的仿真中只比较本节提出的多天线联合训练字典和单天线训练字典之间的性能优劣。

仿真利用分布式压缩感知重构算法得到信号，将其与原始信号误差作为新的噪声，对噪声大小进行估计，并根据能量频谱感知原理，在恒虚警概率的条件下，求出判决门限，继而求得检测概率。为了更明显地观察到两种字典重构信号检测概率的异同，固定信噪比环境为 3 dB，天线个数 $J=4$，感知性能通过恒虚警概率条件下的检测概率来评价，如图 2.6.4 所示。

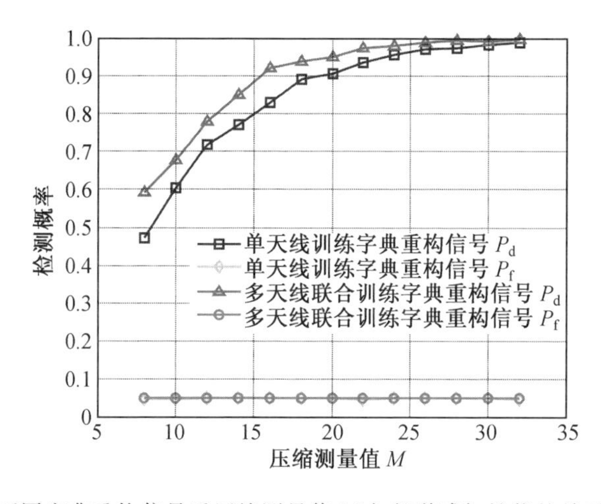

图 2.6.4　不同字典重构信号后压缩测量值 M 与频谱感知性能的关系(彩图见附录)

从图 2.6.4 中可以看出，在恒虚警概率 $P_f=0.05$ 的条件下，随着压缩测量值的增加两种重构信号的检测概率都随之提升，这与信号的重构概率的提升相一致。另外，根据两条曲线之间的关系可以得出，采用多天线联合训练字典进行重构所获得的信号用于频谱感知的检测概率优于采用单天线训练字典重构所获得的信号。例如，在压缩测量值 $M=16$ 时，虚警概率 P_f 维持 0.05 不变的情况下，采用多天线联合训练字典重构信号并频谱感知的检测概率为 90.3%，而采用单天线训练字典重构信号并频谱检测的检测概率为 81.3%。这可以体现出多天线联合训练字典重构信号的优势所在。

为了继续观察在信噪比改变的情况下采用不同稀疏基对检测性能造成的影响，仿真信噪比设置为 −15 dB 至 10 dB，利用分布式压缩感知方法对信号进行重构并评价频谱感知效果。设定频谱感知的虚警概率为常数 $P_f=0.05$，天线个数设为 $J=4$，分布式压缩感知采样值为 $M=4K=16$，并根据式(2.4.8)求得判决门限，继而求得检测概率，如图 2.6.5 所示。

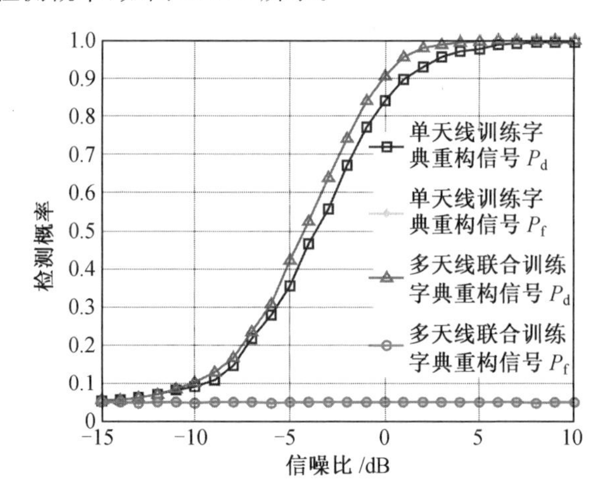

图 2.6.5　不同稀疏基重构信号频谱感知性能随信噪比变化关系(彩图见附录)

从图 2.6.5 中可以看出，在虚警概率恒定的条件下，采用多天线联合训练字典进行重构所获得的信号用于频谱感知的检测概率优于采用单天线训练字典进行重构所获得的信号用于频谱感知的检测概率。以多天线接收信号的信噪比 SNR＝0 dB 为例，在虚警概率 P_f 维持 0.05 不变的情况下，采用多天线联合训练字典重构信号并频谱感知的检测概率为 90.6%，而采用单天线训练字典重构信号并频谱检测的概率为 81.3%。这可以体现出多天线联合训练字典的优势。

本章参考文献

[1] MALLAT S G, ZHANG Z. Matching pursuits with time-frequency dictionaries[J]. IEEE Transactions on Signal Processing, 1993, 41(12): 3397- 3415.

[2] HUGGINS P S, ZUCKER S W. Greedy basis pursuit[J]. IEEE Transactions on Signal Processing, 2007, 55(7): 3760-3772.

[3] TROPP J, GILBERT A C. Signal recovery from random measurements via orthogonal matching pursuit[J]. IEEE Transactions on Information Theory, 2007, 53(12): 4655-4666.

[4] NEEDELL D, TROPP J A. CoSaMP: iterative signal recovery from incomplete and inaccurate samples[J]. Applied and Computational Harmonic Analysis, 2009, 26(3): 301-321.

[5] FANG Leyuan, LI Shutao. An efficient dictionary learning algorithm for sparse representation[C]. Chinese Conferemce Pattern Recognition,

2010:1-5.
[6] ENGAND K, AASE S O, HAKON-HUSOY J H. Method of optimal directions for frame design [C]. IEEE International Conference on Acoustics, Speech, and Signal Processing, 1999, 5: 2443-2446.
[7] AHARON M, ELAD M, BRUCKSTEIN A. K-SVD: an algorithm for designing overcomplete dictionaries for sparse representation [J]. IEEE Transactions on Signal Processing, 2006, 54(11): 4311-4322.
[8] RUBINSTEIN R, PELEG T, ELAD M. Analysis K-SVD: a dictionary-learning algorithm for the analysis sparse model[J]. IEEE Transactions on Signal Processing, 2013, 61(3): 661-677.
[9] 徐勇俊. 基于信号稀疏表示的字典设计[D]. 南京: 南京理工大学, 2013:13-18.
[10] 查长军. 分布式压缩感知及轮廓识别研究[D]. 合肥: 安徽大学, 2013:22-26.
[11] DUARTE M F, SARVOTHAM S, BARON D,et al. Distributed compressed sensing of jointly sparse signals[C]. IEEE Conference on Signals System&Computers, 2005:1537-1541.
[12] 史丽丽. 基于稀疏分解的信号去噪方法研究[D]. 哈尔滨:哈尔滨工业大学,2013:23-45.

第3章

非重构框架下的能量频谱感知

能量频谱感知算法是频谱感知最成熟、最常用的算法，它以结构简单、性能良好而著称。本章首先分析了能量频谱感知算法并对其性能进行了仿真，针对功率型能量频谱感知算法易受噪声不确定性影响的问题，本章研究了自适应门限算法。为了对比，在3.2节以频域为切入点，把频域的最大值作为检验统计量进行频谱感知。在3.3节研究了能量频谱感知算法在衰落信道下的检测性能，并与高斯信道下检测性能进行了对比。最后，根据前述研究成果，本章引入压缩感知理论，采用非重构思想提出了非重构框架下的频谱感知算法，并对其性能进行了详细分析。

3.1 时域能量频谱感知算法

能量频谱感知算法由于不需要授权用户信号的先验信息，以及在各种信道条件下具有较强的适应性，在频谱感知算法中是较为常用的一种算法。单从传统能量检测算法来看，在各种信道条件下的频谱感知性能不尽相同，甚至会有很大差别。因此，“适应性”不是简简单单地采用同一种能量检测算法，而是在不同的信道条件下对传统能量检测算法的优化。传统能量检测算法根据其信号能量乘法系数的不同分为两种，即功率型能量检测算法和噪声功率归一化型能量检测算法[1-2]。

3.1.1　时不变噪声场景的能量频谱感知算法

能量检测算法的系统模型是简单的二元假设检验模型。此模型有两种假设，H_0 代表当前无线电环境中授权用户信号不存在，H_1 代表授权用户信号存在，具体表示为[1,3]

$$y(t)=\begin{cases}h(t)s(t)+n(t), & H_1\\ n(t), & H_0\end{cases} \tag{3.1.1}$$

式中，$y(t)$ 为认知用户接收信号；$h(t)$ 为信道单位冲激响应；$s(t)$ 为主用户信号；$n(t)$ 为加性高斯白噪声。

一般情况下，认知用户接收到的信号 $y(t)$ 首先通过带通滤波器滤除带外噪声，然后经过平方律元件为求解信号能量做准备，之后便进入积分器或累加器（离散信号）。一般在实际的应用中，都会采用离散信号的处理方式，因此一般会在经过平方律元件之前加入一个模数转换器对信号进行奈奎斯特采样。为了介绍方便，在此假设为高斯白噪声信道，即 $h(t)=1$。二元假设检验模型变为

$$y(i)=\begin{cases}s(i)+n(i), & H_1\\ n(i), & H_2\end{cases} \tag{3.1.2}$$

式中，$i=0,\cdots,N-1$；$y(i)$ 为 $y(t)$ 采样后的信号；$n(i)$ 为噪声，均值为0，方差为 σ_{n}^2，并假设 $s(i)$ 是均值为0、方差为 σ_{s}^2 的高斯平稳过程。

假设判决门限为 λ，并取统计量为

$$Y=\frac{1}{N}\sum_{i=0}^{N-1}y^2(i) \tag{3.1.3}$$

在假设 H_0 条件下，

$$Y=\frac{1}{N}\sum_{i=0}^{N-1}n^2(i) \tag{3.1.4}$$

在假设 H_1 条件下，

$$Y=\frac{1}{N}\sum_{i=0}^{N-1}\left[s(i)+n(i)\right]^2 \tag{3.1.5}$$

当采样点数 N 足够多时，根据中心极限定理，统计量 Y 服从以下参数的高斯分布[4]，具体表示为

$$Y\sim\begin{cases}N\left(\sigma_{\mathrm{n}}^2,\dfrac{2}{N}\sigma_{\mathrm{n}}^4\right), & H_0\\ N\left(\sigma_{\mathrm{s}}^2+\sigma_{\mathrm{n}}^2,\dfrac{2}{N}(\sigma_{\mathrm{s}}^2+\sigma_{\mathrm{n}}^2)^2\right), & H_1\end{cases} \tag{3.1.6}$$

则在二元假设检验模型的判决规则下，检测概率 P_{d} 和虚警概率 P_{f} 分别为[4]

$$P_{\mathrm{d}}=P(Y>\lambda\mid H_1)=\frac{1}{2}\mathrm{erfc}\left[\frac{\lambda-(\sigma_{\mathrm{s}}^2+\sigma_{\mathrm{n}}^2)}{\dfrac{2}{\sqrt{N}}(\sigma_{\mathrm{s}}^2+\sigma_{\mathrm{n}}^2)}\right] \tag{3.1.7}$$

$$P_f = P(Y > \lambda \mid H_0) = \frac{1}{2}\mathrm{erfc}\left(\frac{\lambda - \sigma_n^2}{\frac{2}{\sqrt{N}}\sigma_n^2}\right) \tag{3.1.8}$$

式中，erfc(·) 为互补误差函数，其表达式为

$$\mathrm{erfc}(x) = \frac{2}{\sqrt{\pi}}\int_x^{\infty} e^{-t^2}\,dt \tag{3.1.9}$$

对上述算法进行仿真，研究其在采样点数目为128时检测性能随平均信噪比变化的曲线。不同信噪比下的接收机操作特征（Receiver Operating Characteristic，ROC）曲线如图3.1.1所示。由图3.1.1可以看出，此算法在固定噪声功率、信噪比及采样点数后，其检测概率随虚警概率增加而上升。而由式(3.1.7)和式(3.1.8)也可知，若是虚警概率加大，判决门限 λ 必然减小，结果必然造成检测概率的上升。因此，检测概率和虚警概率是一对矛盾的参数。此外，由图3.1.1还可发现，不同信噪比下曲线斜率不同，在信噪比为 −20 dB 时，曲线近似为线性，说明此时信噪比已经小到几乎可以忽略它对检测的作用，影响检测概率的主要因素为虚警概率。

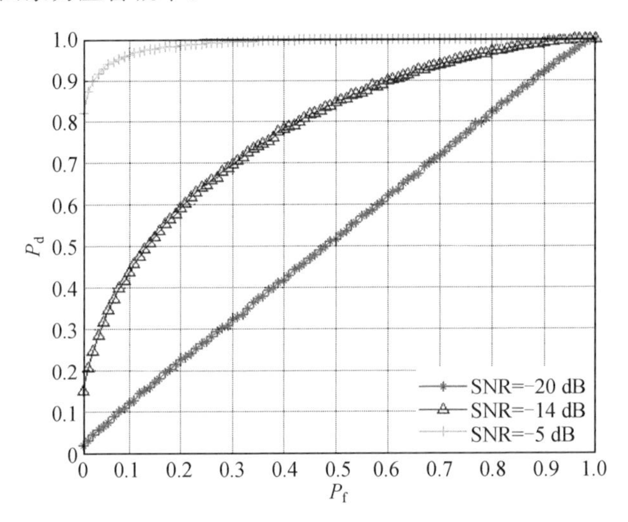

图3.1.1　不同信噪比下的接收机操作特征曲线

随着信噪比的增加，不但在相同虚警概率条件下检测概率有所增加，而且虚警概率的大小在判决中的作用越来越不明显，曲线的斜率发生了质的变化。当信噪比达到 −5 dB 时，由图3.1.1可知，检测概率已经在0.8以上，这时虚警概率的作用已经很弱。由此可见，检测概率和虚警概率这对矛盾的参数可以通过牺牲信噪比来同时接近理想的要求。

在认知无线电系统中，为了提高无线频谱资源的利用率，要求认知用户的虚警概率较小，一般会将 P_f 固定在一个值上，比如取 $P_f=0.1$，这称为恒虚警概率检

测。但是在实际的无线通信环境中，往往存在着除加性高斯白噪声外的其他信号干扰，如其他用户的信号干扰、热噪声等，使噪声具有不确定性。此时式(3.1.2)变为

$$y(i)=\begin{cases}s(i)+n(i)+I(i), & H_1\\ n(i)+I(i), & H_2\end{cases} \tag{3.1.10}$$

式中，$I(i)$为外来干扰的总和，假设其功率为σ_I^2，变化范围为$(\sigma_{IL}^2,\sigma_{IH}^2)$。如果$\sigma_{IH}^2$、$\sigma_n^2$满足

$$\sigma_{IH}^2+\sigma_n^2>\lambda \tag{3.1.11}$$

即在H_0条件下，如果外来干扰的功率恰好达到最大，并且这个功率大到使认知用户获得的功率超过了门限，这样无形中就增加了虚警概率。

此外，还有一种噪声不确定性情况，即无线信道中没有多余的杂波信号造成干扰，但是其高斯噪声的功率不稳定，这同样会造成虚警概率的加大。为了直观地分析这种噪声不确定性给认知用户检测性能带来的影响，本章仿真了虚警概率P_f恒定在0.1时，有噪声不确定性和无噪声不确定性的虚警概率随标称信噪比变化，如图3.1.2所示。

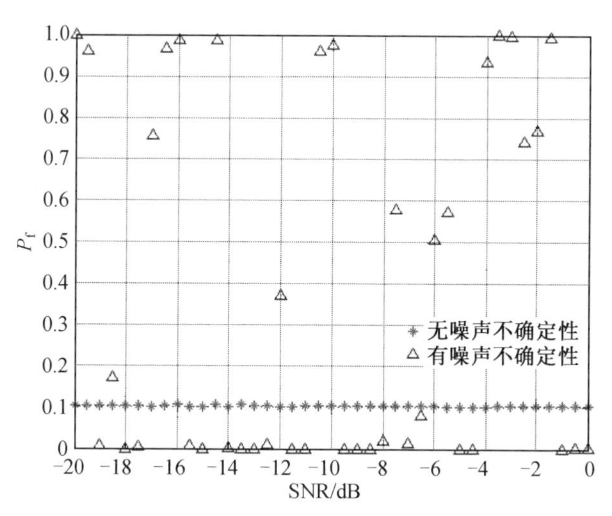

图3.1.2　噪声不确定性对虚警概率的影响

如图3.1.2所示，无噪声不确定性时，在恒虚警概率检测条件下，实际检测中的虚警概率与理论上的虚警概率极度相近，偏差基本可以忽略。但是一旦有噪声不确定性，实际的虚警概率与理论偏差非常大，实际检测中的虚警概率有时甚至能达到1，而且其分布与信噪比或噪声功率(信号功率恒定)无关，呈随机分布。这在实际检测中不可接受。因此，必须寻找更优的算法来消除其影响。其中的一种算法就是下面着重分析的基于噪声功率的自适应门限算法。

3.1.2 时变噪声场景下的自适应门限能量频谱感知算法

由于噪声的功率变化为能量检测带来了不利影响，为了应对噪声功率变化造成的虚警概率变化，需要在虚警概率恒定的情况下根据噪声功率的变化情况调整判决门限的大小。根据式(3.1.8)，可以得到门限与虚警概率的关系为

$$\lambda=\frac{2}{\sqrt{N}}\sigma_{\mathrm{n}}^{2}\mathrm{erfc}^{-1}(2P_{\mathrm{f}})+\sigma_{\mathrm{n}}^{2} \tag{3.1.12}$$

式中，$\mathrm{erfc}^{-1}(\cdot)$ 为互补误差函数 $\mathrm{erfc}(\cdot)$ 的反函数。

由式(3.1.12)可知，要调整判决门限需要对噪声方差即功率做实时的估计，即此算法的关键在于估计噪声方差 σ_{n}^{2}。本算法基于噪声统计模型，对于一个目标检测频段，系统根据自身通信的信号带宽把此带宽分割成 L 个窄带，以噪声统计模型为基础，把各个窄带的 SNR 作为统计量，通过与设定的门限做比较区分出噪声区域(这些窄带中没有信号，只有噪声的存在)，利用噪声区域 SNR 相对稳定的特点对各个窄带的 SNR 进行迭代运算，逼近高斯白噪声 SNR，从而得到噪声的功率谱密度 n_0，计算出 σ_{n}^{2} 的估计值。根据信噪比的定义，将第 i 个窄带的 SNR 表示为

$$\varphi(f_i)=\frac{P_y(f_i)-n_0}{n_0} \tag{3.1.13}$$

式中，f_i 为当前窄带的中心频率；$P_y(f_i)$ 为当前窄带内接收到的信号的功率谱密度(Power Spectral Density，PSD)，它可由周期图法估计得到，即

$$P_y(f_i)=\frac{1}{N}\left|\sum_{n=0}^{N-1}y(i)\mathrm{e}^{-\mathrm{j}2\pi\frac{i}{N}n}\right|^2,\quad 0\leqslant i\leqslant N \tag{3.1.14}$$

当采样点数 N 较大时，$P_y(f_i)$ 趋向于高斯分布，故 $\varphi(f_i)$ 也趋向于高斯分布。由于在有信号存在的窄带中，信噪比的动态变化范围较大，这些窄带不适合用来估计噪声功率，因此需要分离出只有噪声的窄带，利用这些窄带估计噪声方差。当第 i 个窄带只有噪声存在时，其 SNR 为

$$\varphi_n(f_i)=\frac{P_n(f_i)-n_0}{n_0} \tag{3.1.15}$$

式中，$P_n(f_i)$ 为接收信号即噪声的功率谱密度。

求出此窄带的 SNR 期望值为

$$E[\varphi_n(f_i)]=\frac{E[P_n(f_i)]-n_0}{n_0}=0 \tag{3.1.16}$$

方差为

$$\sigma_{\mathrm{SNR\_}i}^{2}=E[(\varphi_n(f_i)-E[\varphi_n(f_i)])^2]=E[\varphi_n^2(f_i)] \tag{3.1.17}$$

因此，$\varphi_n(f_i)$ 的概率密度函数为

$$P(\varphi_n(f_i))=\frac{1}{\sqrt{2\pi}\sigma_{\mathrm{SNR}\_i}}\exp\left(-\frac{\varphi_n^2(f_i)}{2\sigma_{\mathrm{SNR}\_i}^2}\right) \tag{3.1.18}$$

把 $\varphi_n(f_i)$ 作为判决量，判决门限 ξ 根据虚警概率 P_f 来设定，首先根据式(3.1.18)可以得到

$$\begin{aligned}P_\mathrm{f}=P(\varphi_n(f_i)>\xi)&=\int_\xi^\infty \frac{1}{\sqrt{2\pi}\sigma_{\mathrm{SNR}\_i}}\exp\left(-\frac{\varphi_n^2(f_i)}{2\sigma_{\mathrm{SNR}\_i}^2}\right)\mathrm{d}\varphi_n(f_i)\\&=\frac{1}{2}\mathrm{erfc}\left(\frac{\xi}{\sqrt{2}\sigma_{\mathrm{SNR}\_i}}\right)\end{aligned} \tag{3.1.19}$$

于是判决门限为

$$\xi=\sqrt{2}\sigma_{\mathrm{SNR}\_i}\mathrm{erfc}^{-1}(2P_\mathrm{f}) \tag{3.1.20}$$

至此，根据以上分析，可以得到如下估计噪声功率谱密度的迭代算法。

(1) 初始化噪声功率谱密度及判决门限。$\tilde{n}_0^0=\frac{1}{L}\sum_{i=1}^{L}\tilde{P}_y(f_i)$，$\xi^0=0.1$。为了减少不必要的运算量，设定最大迭代次数为 $K_{\max}$，迭代终止条件为 $|\tilde{n}_0^{k+1}-\tilde{n}_0^k|=\nu\tilde{n}_0^k$，$\nu=10^{-5}$。

(2) $\tilde{n}_0^k=\tilde{n}_0^0$，$\xi^{k+1}=\xi^0$。

(3) 识别噪声区域。把 $\varphi^{k+1}(f_i)=\frac{P_y(f_i)-\tilde{n}_0^k}{\tilde{n}_0^k}=\frac{P_y(f_i)}{\tilde{n}_0^k}-1$ 作为判决量，所有满足 $\varphi^{k+1}(f_i)<\xi^k$ 的窄带组成噪声区域，记为 A。

(4) 迭代更新。$\varphi^{k+1}(f_i)$，其中 $|A|$ 为噪声区域的窄带数目。根据式(3.1.17)有 $\tilde{\sigma}_{\mathrm{SNR}}^{2\ k+1}=\frac{1}{|A|}\sum_{f_i\in A}(\varphi^{k+1}(f_i))^2$，将其代入式(3.1.19)有 $\xi^{k+1}=\sqrt{2}\tilde{\sigma}_{\mathrm{SNR}}^{\ k+1}\mathrm{erfc}^{-1}(2P_\mathrm{f})$。

(5) 如果 $k+1>K_{\max}$ 或者 $|\tilde{n}_0^{k+1}-\tilde{n}_0^k|<\nu|\tilde{n}_0^k|$，则直接到步骤(6)；否则，令 $k=k+1$，$\tilde{n}_0^k=\tilde{n}_0^{k+1}$，$\xi^k=\xi^{k+1}$，返回步骤(4)。

(6) $\tilde{n}_0=\tilde{n}_0^{k+1}$，$\tilde{n}_0$ 为噪声功率谱密度 n_0 的估计值。

迭代流程图如图3.1.3所示。在得到实时噪声方差 σ_n^2 后，可以根据式(3.1.12)得到判决门限 λ，在恒虚警概率条件下做出判决。理论分析结果表明，上述算法在信噪比较高时估计出的噪声方差与实际噪声方差非常接近，而随着信噪比逐渐降低，噪声方差的估计值与实际值的偏差也越来越大，可见此算法只能在信噪比较高时使用，在低信噪比环境下还需对此算法进行改进。然而此算法需要估计噪声功率，而噪声功率在实际中具有时变性，因此对噪声功率的估计也必须具有时变性，并且能够跟上噪声变化的速率，故此算法对上文提到的迭代次数与每次迭代时间的乘积有很严格的要求。

本节重点研究了高斯信道下的能量检测算法。由于匹配滤波频谱感知算法需要认知用户掌握授权用户信号的先验信息，所以在很多情况下的应用受到了限制，因此也推动了能量频谱感知算法的出现。能量频谱感知算法不需要知道授权信号的先验信息，实现复杂度低。但其会受到信道条件的影响，在3.1.1节详细分析了功率型能量检测算法，包括其数学原理以及性能的分析，由分析结果可知，能量检测算法对接收信号的信噪比依赖性强，在低信噪比情况下往往达不到理想的效果，而且在不同信噪比下，改变虚警概率，也就是改变门限值，对于检测概率的作用也不同。此外，功率型能量检测算法的一个主要缺点就是会受到噪声不确定性的影响，主要体现在噪声功率的时变性上。因此在3.1.2节分析了一种可以克服这个缺点的算法，即自适应门限算法。这种算法根据判决门限在恒虚警概率条件下与噪声功率的一一映射关系，通过估计噪声功率来得出门限，进而使虚警概率保持恒定，提高频谱利用率。此算法估值的准确性高，可以克服噪声不确定性带来的影响，但同样对实时性要求也较高。

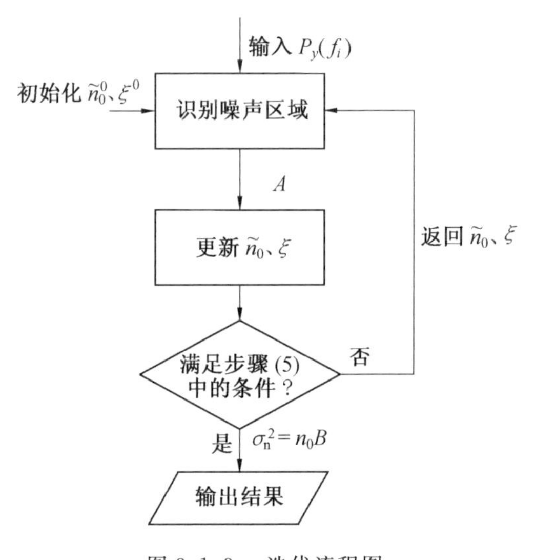

图3.1.3　迭代流程图

3.2　频域能量频谱感知算法

3.2.1　系统模型及算法原理

频谱感知的二元假设模型为

$$y(i)=\begin{cases}n(i), & H_0\\ s(i)+n(i), & H_1\end{cases} \tag{3.2.1}$$

式中，$s(i)$ 为主用户信号；$n(i)$ 是符合独立同分布的高斯随机变量，其均值为零，方差为 σ^2，数据总数为 N。

频域频谱感知就是根据接收信号 $y(t)$ 的功率谱密度判断是否有信号 $s(t)$，如图 3.2.1 所示。

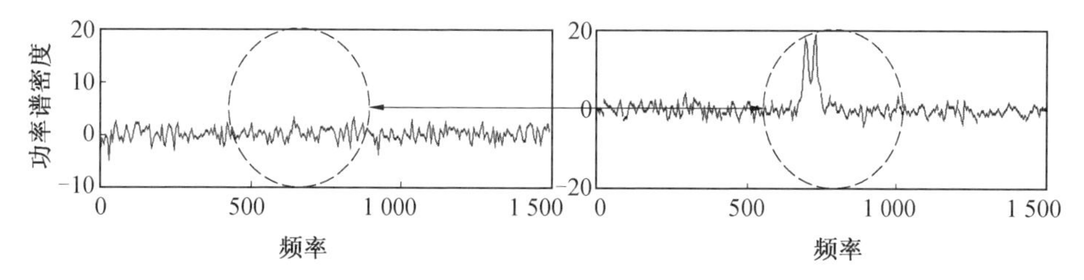

图 3.2.1　基于频域的频谱感知原理

通过图 3.2.1 很容易判断在固定频点(频段)上有无信号存在，有无信号存在的区别在于估计谱上是否有突起。正符合频谱感知中二元假设，即可以通过功率谱估计进行频谱感知(频域能量检测)，这就是采用功率谱密度进行频谱感知的原理和依据。另外，由离散情况下的帕塞瓦尔定理可知

$$\sum_{i=0}^{N-1} |y(i)|^2 = \frac{1}{N}\sum_{n=0}^{N-1} |Y(k)|^2 \tag{3.2.2}$$

即如果信号在频域稀疏，频域能量将会集中在某几个频率点上，这几点就代表了整个时域能量，选取频域某一点作为统计判决变量是可行的(代表了大部分能量)。

虽然通过图 3.2.1 可以很容易地判断有无信号存在，实际中还是要通过门限进行比较。一般而言，对于给定的虚警概率，可以反推出门限(虚警概率和检测概率都与门限有直接关系)，根据门限进而得到检测概率。整个流程如图 3.2.2 所示。从图 3.2.2 中可以看出，基于频域的频谱感知的核心是功率谱估计。

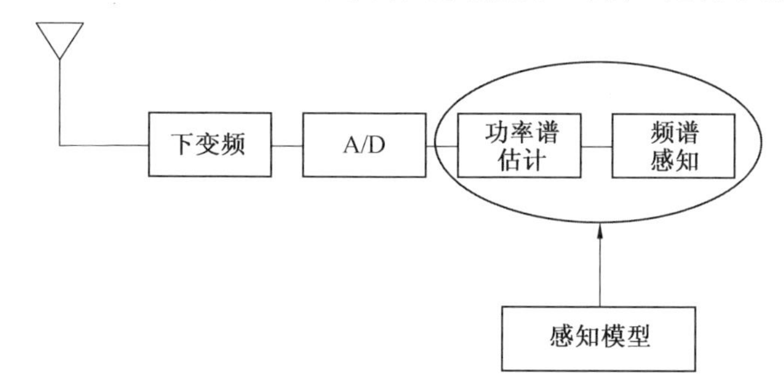

图 3.2.2　基于频域的频谱感知流程

当采用功率谱密度的最大值作为检验统计量时，二元假设模型变为

$$\begin{cases} P_y(K) = P_n(K), & H_0 \\ P_y(K) = P_s(K) + P_n(K), & H_1 \end{cases} \tag{3.2.3}$$

式中，K 为功率谱最大值的索引；下标 s 代表信号，n 代表噪声。目前，一般采用FFT 算法计算功率谱密度，比如周期图方法、Bartlett 方法和 Welch 方法。如果周期图法用来估计功率谱密度的最大值，则其可以表示为

$$P_y(K) = \frac{1}{N}\left|\sum_{i=0}^{N-1} y(i) W_N^{iK}\right|^2 = \frac{1}{N}\left|Y(K)\right|^2 \tag{3.2.4}$$

式中，$Y(K) = \sum_{i=0}^{N-1} y(i) W_N^{iK}$。

图 3.2.3(a) 为周期图方法的示意图。为了减少周期图方法估计的方差，Bartlett 方法被用来估计功率谱密度。首先，N 点采样信号被分成 Q 个不重叠的子部分，如图 3.2.3(b) 所示，每个子部分包含 M 个信号，也就是 $N = QM$。对于每一部分，采用周期图方法估计功率谱密度的最大值，也就是说 $P_{y(q)}(K) = \frac{1}{M}\left|\sum_{i=0}^{M-1} y(i+qM) W_M^{iK}\right|^2$。因此，采用 Bartlett 方法估计的功率谱密度的最大值为

$$P_y(K) = \frac{1}{Q}\sum_{q=0}^{Q-1} P_{y(q)}(K) = \frac{1}{Q}\sum_{q=0}^{Q-1}\frac{1}{M}\left|Y(K,q)\right|^2 \tag{3.2.5}$$

图 3.2.3(c) 是 Welch 方法估计功率谱密度示意图，在该方法中数据被重叠分段，谱估计公式表示为

$$P_Y(k) = \frac{1}{LMU}\sum_{q=0}^{L-1}\left|Y(k,q)\right|^2 \tag{3.2.6}$$

式中，$Y(k,q) = \sum_{i=0}^{M-1} w(i) y(i+qD) W_M^{ik}$，$w(i)$ 为窗函数；D 为相邻两段数据的重叠个数；$U = \frac{1}{M}\sum_{i=0}^{M-1} w^2(i)$；$q$ 为段索引。

为了讨论方便，一般假设窗函数采用矩形窗，即 $w(i) = 1, U = 1$。此时

$$P_Y(k,j) = \frac{1}{LMU}\sum_{j=0}^{L-1}\left|X(k,j)\right|^2 = \frac{1}{LU}\sum_{j=0}^{L-1}\frac{1}{M}\left|\sum_{i=0}^{M-1} r(n) y(i+jD) W_M^{ik}\right|^2 \tag{3.2.7}$$

$$\begin{aligned} Y(k,q) &= \sum_{i=0}^{M-1} r(i) y(i+qD) W_M^{ik} \\ &= \sum_{i=0}^{M-1} r(i) y(i+qD) e^{j\frac{2\pi}{M}ik} \end{aligned}$$

$$
=\sum_{i=0}^{M-1} r(i) y(i+qD) \cos \frac{2\pi}{M} nk + \mathrm{j} \sum_{n=0}^{M-1} r(i) y(i+qD) \sin \frac{2\pi}{M} ik
$$

(3.2.8)

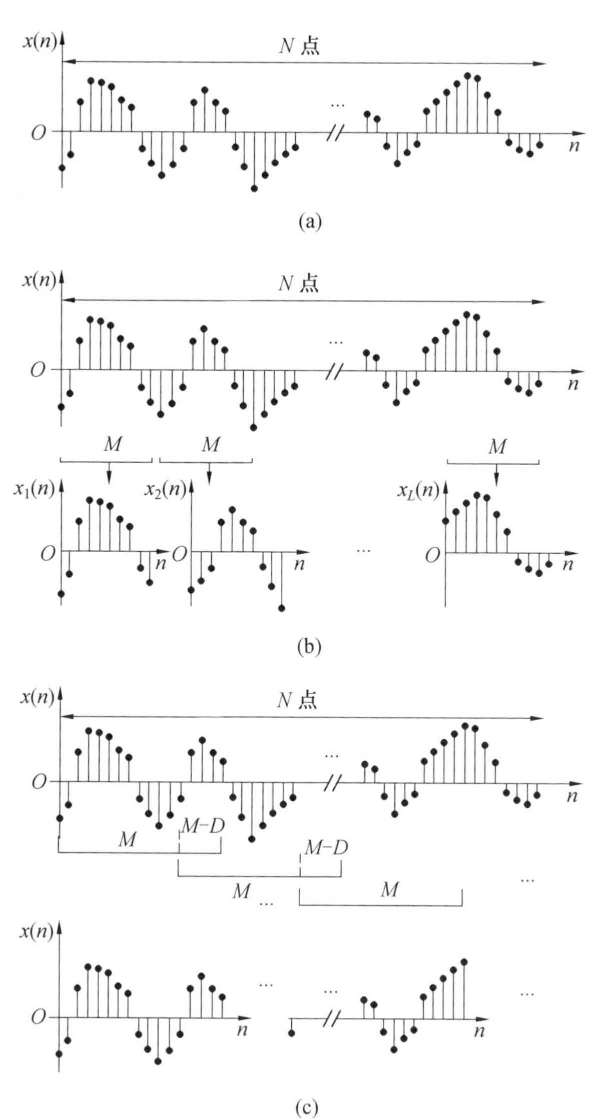

图 3.2.3　功率谱估计方法

3.2.2　H_0 条件下的统计特性分析

首先分析任意一段数据得到的 $Y(k,q)$ 的期望和方差。其期望 $E[Y(k,q)]=$

$\sum_{q=0}^{M-1} r(n) E[y(i+qD)] W_M^{ik}=0$，均方值为

$$E[Y(k,q)Y^*(k,q)]=E\left[\left(\sum_{i=0}^{M-1} g(i)y(i+qD)W_N^{ik}\right)\left(\sum_{m=0}^{M-1} g(m)x(m+qD)W_N^{mk}\right)^*\right]$$
$$=E\left[\sum_{i=0}^{M-1}\sum_{m=0}^{M-1} g(i)g(m)x(i+qD)x^*(m+qD)W_N^{(i-m)k}\right]$$
$$=\sum_{i=0}^{M-1}\sum_{m=0}^{M-1} g(i)g(m)r_{yy}(m-i)W_N^{(i-m)k}$$
$$=\sum_{i=0}^{M-1} g^2(i)r_{yy}(0)=\sigma^2\sum_{i=0}^{M-1} g^2(i) \tag{3.2.9}$$

其方差为 $D[Y(k,q)]=M\sigma^2$，则 $X(k,i)$ 服从复高斯分布，即 $Y(k,q)\sim(0,M\sigma^2)$，均值和方差与段数索引 q 无关，则可以得到 $\frac{1}{\sqrt{MLU}}Y(k,q)$ 的分布为

$$\frac{Y(k,q)}{\sqrt{MLU}}\sim\left(0,\frac{M}{MLU}\sum_{i=0}^{M-1} g^2(i)\sigma^2\right)=\left(0,\frac{1}{L}\sigma^2\right) \tag{3.2.10}$$

此时可将 $\frac{1}{\sqrt{MLU}}Y(k,q)$ 建模为实部和虚部均为实高斯随机变量的复高斯变量，即

$$\frac{1}{\sqrt{MLU}}Y(k,q)=Y_R(k,q)+jY_I(k,q) \tag{3.2.11}$$

$$E\left[\frac{1}{\sqrt{MLU}}Y(k,q)\right]=E[Y_R(k,q)]+jE[Y_I(k,q)]=0 \tag{3.2.12}$$

$$D\left[\frac{1}{\sqrt{MLU}}Y(k,q)\right]=D[Y_R(k,q)]+D[Y_I(k,q)]=\frac{1}{L}\sigma^2 \tag{3.2.13}$$

首先证明同相分量和正交分量的相等性。根据前面的分析，可知

$$Y_R(k,i)=\frac{1}{\sqrt{ML}}\sum_{i=0}^{M-1} x(i+qD)\cos\frac{2\pi}{M}ik \tag{3.2.14}$$

$$Y_I(k,q)=\frac{1}{\sqrt{ML}}\sum_{i=0}^{M-1} y(n+qD)\sin\frac{2\pi}{M}ik \tag{3.2.15}$$

则其均值为

$$E[Y_R(k,i)]=\frac{1}{\sqrt{MLU}}\sum_{i=0}^{M-1} g(i)E[y(i+qD)]\cos\frac{2\pi}{M}ik=0 \tag{3.2.16}$$

$$E[Y_I(k,i)]=\frac{1}{\sqrt{MLU}}\sum_{i=0}^{M-1} g(i)E[y(i+qD)]\sin\frac{2\pi}{M}ik=0 \tag{3.2.17}$$

其方差为

$$D[Y_R(k,q)]=E[Y_R^2(k,q)]-|E[Y_R(k,q)]|^2=E[Y_R^2(k,q)]$$
$$=E\left[\left(\frac{1}{\sqrt{MLU}}\sum_{i=0}^{M-1}g(i)x(i+qD)\cos\left(\frac{2\pi}{M}ki\right)\right)^2\right]\quad(3.2.18)$$

由于 $y(i),i=0,1,\cdots,N-1,m\neq i$ 之间是独立的，交叉项全部为0，因此

$$D[Y_R(k,q)]=\frac{1}{MLU}\sum_{i=0}^{M-1}g^2(i)E[y^2(i+qD)]\cos^2\left(\frac{2\pi}{M}ki\right)$$
$$=\frac{1}{MLU}E[y^2(i+qD)]\sum_{i=0}^{M-1}g^2(i)\cos^2\left(\frac{2\pi}{M}ki\right)$$
$$=\frac{1}{MLU}\frac{\sigma^2}{2}\sum_{i=1}^{M-1}g^2(i)\left(1+\cos\left(2\frac{2\pi}{M}ki\right)\right)=\frac{\sigma^2}{2L}\quad(3.2.19)$$

同理可证，正交分量的方差为

$$D[Y_I(k,q)]=\frac{1}{MLU}E[y^2(i+qD)]\sum_{i=1}^{M-1}g^2(i)\sin^2\left(\frac{2\pi}{M}ki\right)$$
$$=\frac{1}{MLU}\frac{\sigma^2}{2}\sum_{i=1}^{M-1}g^2(i)\left(1-\cos\left(2\frac{2\pi}{M}ki\right)\right)=\frac{\sigma^2}{2L}\quad(3.2.20)$$

可以看出 $D[Y_R(k,q)]=D[Y_I(k,q)]=\frac{\sigma^2}{2L}$，并且和段数索引无关。再证二者之间的相关性。根据

$$P_Y(k)=\sum_{q=0}^{L-1}\left|\frac{1}{\sqrt{LM}}Y(k,q)\right|^2=\sum_{q=0}^{L-1}[Y_R^2(k,q)+Y_I^2(k,q)]\quad(3.2.21)$$

得到的 L 个实部和虚部，它们均为高斯随机变量。因此，需要证明任意的虚部、任意的实部都是相互独立的高斯随机变量。由于在 H_0 条件下，同相分量 $Y_R(k,q)$ 和正交分量 $Y_I(k,q)$ 均值都为0，可以直接用自相关函数代替协方差函数，即

$$\mathrm{Cov}_{Y_RY_I}(m,i)=E[Y_R(k,m)-\mu_R(k,m)][Y_I(k,i)-\mu_I(k,i)]^*$$
$$=E[Y_R(k,m)Y_I^*(k,i)]=R_{Y_RY_I}(m,i)\quad(3.2.22)$$

则

$$R_{Y_RY_I}(m,i)=E[Y_R(k,m)Y_I^*(k,i)]$$
$$=E\left[\left(\frac{1}{\sqrt{MLU}}\sum_{m=0}^{M-1}g(m)y(m)\cos\left(\frac{2\pi}{N}km\right)\right)\left(\frac{1}{\sqrt{MLU}}\sum_{i=0}^{M-1}g(i)y(i)\sin\left(\frac{2\pi}{N}ki\right)\right)^*\right]$$
$$=E\left[\sum_{i=0}^{M-1}\sum_{m=0}^{M-1}g(m)y(m)y^*(i)\cos\left(\frac{2\pi}{M}km\right)\sin^*\left(\frac{2\pi}{M}ki\right)\right]$$
$$=\frac{1}{MLU}\sum_{n=0}^{N-1}\sum_{m=0}^{M-1}g(m)r_{xx}(i-m)\cos\left(\frac{2\pi}{M}km\right)\sin\left(\frac{2\pi}{M}ki\right)\quad(3.2.23)$$

噪声的自相关，只有 $m=i$ 时 $R_{Y_RY_I}$ 才有可能不为0，则式(3.2.23)简化为

$$R_{Y_RY_I}(n,i)=\sigma^2\frac{1}{MLU}\sum_{i=0}^{M-1}g^2(i)\cos\left(\frac{2\pi}{M}ki\right)\sin\left(\frac{2\pi}{M}ki\right)$$

$$=\frac{\sigma^2}{2LMU}\sum_{i=0}^{M-1}g^2(i)\sin\left(\frac{4\pi}{M}ki\right)=0 \tag{3.2.24}$$

按倍角公式展开，可知此项为 0，也就是说无论是否 $m=i$，协方差总为 0(若式(3.2.24) 倍角展开为 1，此时协方差只有在 $m=i$ 时才不为 0，依然不相关)，正交分量和同相分量总是不相关的(二者正交)，由于正交分量和同相分量都是高斯噪声的线性叠加，所以正交分量和同相分量也为高斯噪声，此时不相关即为相互独立。

实部之间的互相关函数为

$$\begin{aligned}R_{Y_RY_R}(m,i)&=E[Y_R(k,m)\times Y_R^*(k,i)]\\&=E\left[\left(\frac{1}{\sqrt{MLU}}\sum_{m=0}^{M-1}g(m)y(m)\cos\left(\frac{2\pi}{M}km\right)\right)\left(\frac{1}{\sqrt{MLU}}\sum_{n=0}^{M-1}g(i)y(n)\cos\left(\frac{2\pi}{M}ki\right)\right)^*\right]\\&=\frac{1}{MLU}E\left[\sum_{i=0}^{M-1}\sum_{m=0}^{M-1}g(m)g(i)y(m)y^*(i)\cos\left(\frac{2\pi}{M}km\right)\cos^*\left(\frac{2\pi}{M}ki\right)\right]\\&=\frac{1}{MLU}\sum_{i=0}^{M-1}\sum_{m=0}^{M-1}g(m)g(i)r_{yy}(i-m)\cos\left(\frac{2\pi}{M}km\right)\cos\left(\frac{2\pi}{M}ki\right)\end{aligned} \tag{3.2.25}$$

只有 $m=i$ 时，$r_{yy}(i-m)\neq 0$。根据定义可知，因为没有任何分段是全部重叠，因此不可能 $m=i$，因此 $r_{yy}(i-m)\neq 0$，可以得出 $R_{Y_RY_R}(m,i)=0$。对于不同数据的两个虚部，有

$$\begin{aligned}R_{Y_IY_I}(m,i)&=E[Y_I(k,m)\times Y_I^*(k,i)]\\&=E\left[\left(\frac{1}{\sqrt{MLU}}\sum_{m=0}^{M-1}g(m)y(m)\sin\left(\frac{2\pi}{N}km\right)\right)\left(\frac{1}{\sqrt{MLU}}\sum_{i=0}^{M-1}g(i)y(i)\sin\left(\frac{2\pi}{N}ki\right)\right)^*\right]\\&=\frac{1}{MLU}E\left[\sum_{i=0}^{M-1}\sum_{m=0}^{M-1}g(m)g(i)y(m)y^*(i)\sin\left(\frac{2\pi}{M}km\right)\sin^*\left(\frac{2\pi}{M}ki\right)\right]\\&=\frac{1}{MLU}\sum_{i=0}^{M-1}\sum_{m=0}^{M-1}r_{yy}(i-m)\sin\left(\frac{2\pi}{M}km\right)\sin\left(\frac{2\pi}{M}ki\right)\end{aligned} \tag{3.2.26}$$

分析可知只有 $m=i$ 时，$r_{yy}(i-m)\neq 0$。由于没有任何数据分段全部重叠，不可能 $m=i$，所以 $r_{yy}(i-m)=0$，可以得出 $R_{Y_RY_R}(m,i)=0$，因此，L 个实部和虚部均为独立同分布的高斯随机变量。功率谱密度 $P_Y(k)=\sum_{q=0}^{L-1}[Y_R^2(k,q)+Y_I^2(k,q)]$ 服从自由度为 $2L$ 的中心卡方分布，其概率密度函数为

$$f_P(p)=\frac{1}{\left(\frac{\sigma^2}{L}\right)^L\Gamma(L)}p^{L-1}\mathrm{e}^{-\frac{Lp}{\sigma^2}},\quad p\geqslant 0 \tag{3.2.27}$$

式中，$n=2L$。

在仿真中，如果令 $\sigma^2=2L$，则 $\sigma_R^2=\frac{1}{2L}\sigma^2=1$，式(3.2.27) 变为

$$f_P(p)=\frac{1}{(2\sigma_R^2)^{n/2}\Gamma(n/2)}p^{n/2-1}\mathrm{e}^{-\frac{p}{2\sigma_R^2}},\quad p\geqslant 0 \tag{3.2.28}$$

其可进一步简化为

$$f_P(p)=\frac{1}{2^L\Gamma(L)}p^{L-1}\mathrm{e}^{-\frac{p}{2}},\quad p\geqslant 0 \tag{3.2.29}$$

3.2.3　H_1 条件下的统计性能分析

其信号可以表示为

$$y(i)=s(i)+n(i) \tag{3.2.30}$$

令 $E[s(n)]=s$，则 $y(i)$ 符合高斯分布，记作 $y(i)\sim(s,\sigma^2)$。此时功率谱密度为

$$P_Y(k)=\sum_{q=0}^{L-1}\frac{1}{MLU}|Y(k,q)|=\sum_{q=0}^{L-1}\left|\frac{1}{\sqrt{MLU}}Y(k,q)\right|^2 \tag{3.2.31}$$

此时 $Y(k,q)\sim(S_{sq}(k,q),M\sigma^2)$，则可以得到结论

$$\frac{1}{\sqrt{ML}}Y(k,q)\sim\left(m(k,q),\frac{1}{L}\sigma^2\right) \tag{3.2.32}$$

可将 $\frac{1}{\sqrt{ML}}Y(k,q)$ 建模为实部和虚部均为实高斯随机变量的复高斯过程，即

$$\begin{aligned}\frac{1}{\sqrt{MLU}}Y(k,q)&=Y_R(k,q)+\mathrm{j}Y_I(k,q)\\&=\frac{1}{\sqrt{MLU}}\sum_{i=0}^{M-1}g(i+qD)[s(i+qD)+n(i+qD)]\cos\left(\frac{2\pi}{M}ki\right)+\\&\quad\mathrm{j}\frac{1}{\sqrt{MLU}}\sum_{i=0}^{M-1}g(i+qD)[s(i+qD)+n(i+qD)]\sin\left(\frac{2\pi}{M}ki\right)\end{aligned} \tag{3.2.33}$$

则其期望为

$$\begin{aligned}E\left[\frac{1}{\sqrt{MLU}}Y(k,q)\right]&=E[Y_R(k,q)]+\mathrm{j}E[Y_I(k,q)]\\&=m_R(k,q)+\mathrm{j}m_I(k,q)\end{aligned} \tag{3.2.34}$$

实部和虚部的期望为 $m_R(k,q)$、$m_I(k,q)$，其方差为

$$D\left[\frac{1}{\sqrt{MLU}}Y(k,q)\right]=D[Y_R(k,q)]+D[Y_I(k,q)]=\frac{1}{L}\sigma^2 \tag{3.2.35}$$

实部 $Y_R(k,q)$ 的方差为

$$\begin{aligned}D[Y_R(k,q)]&=E[Y_R^2(k,q)]-|E[Y_R(k,q)]|^2=E[Y_R^2(k,q)]-m_R^2(k,q)\\&=E\left[\left(\sum_{i=0}^{M-1}g(i)y(i)\cos\left(\frac{2\pi}{M}ki\right)\right)^2\right]-m_R^2(k,q)\end{aligned}$$

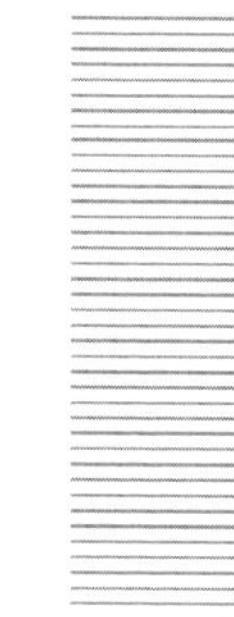

$$=E\left[\sum_{i=0}^{M-1}g(i)y(i)\cos\left(\frac{2\pi}{M}ki\right)\left(\sum_{m=0}^{M-1}g(m)y(m)\cos\left(\frac{2\pi}{M}km\right)\right)^*\right]-m_{\mathrm{R}}^2(k,q)$$

$$=\sum_{i=0}^{M-1}\sum_{m=0}^{M-1}g(i)g(m)E[y(i)y^*(m)]\cos\left(\frac{2\pi}{M}ki\right)\cos\left(\frac{2\pi}{M}km\right)-m_{\mathrm{R}}^2(k,q) \tag{3.2.36}$$

其中

$$E[y(i)y^*(m)]$$
$$=E[w(i)w^*(m)]+E[s(i)n^*(m)]+E[s^*(m)n(i)]+s(i)s(m)$$
$$=E[w(i)w^*(m)]+s(i)s(m) \tag{3.2.37}$$

所以式(3.2.36)可以简化为

$$D[Y_{\mathrm{R}}(k,q)]=\frac{1}{MLU}\sum_{i=0}^{M-1}\sum_{m=0}^{M-1}g(m)g(i)r_{nn}(m-i)\cos\left(\frac{2\pi}{M}ki\right)\cos\left(\frac{2\pi}{M}km\right)+$$
$$\frac{1}{MLU}\sum_{i=0}^{M-1}\sum_{m=0}^{M-1}g(m)g(i)s(i)s(m)\cos\left(\frac{2\pi}{M}km\right)\cos\left(\frac{2\pi}{M}ki\right)-m_{\mathrm{R}}^2(k,q)$$
$$=\frac{1}{MLU}\sum_{i=0}^{M-1}g^2(i)r_{nn}(0)\cos^2\left(\frac{2\pi}{M}ki\right)+$$
$$\frac{1}{MLU}\sum_{i=0}^{M-1}g^2(i)s^2(i)\cos^2\left(\frac{2\pi}{M}ki\right)-m_{\mathrm{R}}^2(k,q) \tag{3.2.38}$$

$$D[Y_{\mathrm{R}}(k,q)]=\frac{\sigma^2}{2L}$$

因为

$$m_{\mathrm{R}}^2(k,i)=E^2[X_{\mathrm{R}}(k,i)]=\frac{1}{MLU}E\left[\sum_{i=0}^{M-1}g(i)(s(n)+n(i))\cos\left(\frac{2\pi}{M}ki\right)\right]^2$$
$$=\frac{1}{MLU}\left[\sum_{i=0}^{M-1}g(i)E[s(i)]\cos\left(\frac{2\pi}{M}ki\right)\right]^2$$
$$=\left[\sum_{i=0}^{M-1}g(i)s(i)\cos\left(\frac{2\pi}{M}ki\right)\right]^2 \tag{3.2.39}$$

所以

$$D[Y_{\mathrm{R}}(k,q)]=\frac{\sigma^2}{2L} \tag{3.2.40}$$

同理可证，$Y_{\mathrm{I}}(k,q)$ 的方差 $D[Y_{\mathrm{I}}(k,q)]=\frac{\sigma^2}{2L}$。再证二者之间的相关性。它们的互相关函数为

$$\mathrm{Cov}_{Y_{\mathrm{R}}Y_{\mathrm{I}}}(i,m)=E\{[Y_{\mathrm{R}}(k,i)-m_{\mathrm{R}}(k,i)][Y_{\mathrm{I}}(k,m)-m_{\mathrm{I}}(k,m)]^*\}$$
$$=E[Y_{\mathrm{R}}(k,i)Y_{\mathrm{I}}^*(k,m)-m_{\mathrm{R}}(k,i)Y_{\mathrm{I}}^*(k,m)-m_{\mathrm{I}}^*(k,m)\cdot$$
$$X_{\mathrm{R}}(k,n)+m_{\mathrm{R}}(k,i)m_{\mathrm{I}}^*(k,m)]$$
$$=E[Y_{\mathrm{R}}(k,n)Y_{\mathrm{I}}^*(k,m)-m_{\mathrm{R}}(k,i)Y_{\mathrm{I}}(k,m)-m_{\mathrm{I}}(k,m)\cdot$$

$$Y_{\mathrm{R}}(k,n)+m_{\mathrm{R}}(k,n)m_{\mathrm{I}}(k,m)]$$

$$=E[Y_{\mathrm{R}}(k,i)\cdot Y_{\mathrm{I}}^{*}(k,m)]-m_{\mathrm{R}}(k,n)\cdot E[Y_{\mathrm{I}}(k,m)]-$$

$$m_{\mathrm{I}}(k,m)[Y_{\mathrm{R}}(k,i)]+m_{\mathrm{R}}(k,i)m_{\mathrm{I}}(k,m)$$

$$=E[Y_{\mathrm{R}}(k,i)Y_{\mathrm{I}}^{*}(k,m)]-m_{\mathrm{R}}(k,i)m_{\mathrm{I}}(k,m) \tag{3.2.41}$$

把具体的表达式代入得到

$$\mathrm{Cov}_{Y_{\mathrm{R}}Y_{\mathrm{I}}}(i,m)=\frac{1}{MLU}E\left[\left(\sum_{i=0}^{M-1}g(i)y(i)\cos\left(\frac{2\pi}{M}ki\right)\right)\left(\sum_{m=0}^{M-1}g(m)y(m)\sin\left(\frac{2\pi}{M}km\right)\right)^{*}\right]-$$

$$m_{\mathrm{R}}(k,i)m_{\mathrm{I}}(k,m)$$

$$=\frac{1}{MLU}\sum_{i=0}^{M-1}\sum_{m=0}^{M-1}g(i)g(m)E[y(i)y^{*}(m)]\cos\left(\frac{2\pi}{N}ki\right)\sin\left(\frac{2\pi}{N}km\right)-$$

$$m_{\mathrm{R}}(k,i)m_{\mathrm{I}}(k,m) \tag{3.2.42}$$

又因为

$$E[y(i)y^{*}(m)]=E[w(i)w^{*}(m)]+s(i)s(m) \tag{3.2.43}$$

所以

$$\mathrm{Cov}_{Y_{\mathrm{R}}Y_{\mathrm{I}}}(i,m)=\frac{1}{MLU}\sum_{i=0}^{M-1}\sum_{m=0}^{M-1}g(i)g(m)r_{ww}(m-i)\cos\left(\frac{2\pi}{N}ki\right)\sin\left(\frac{2\pi}{N}km\right)+$$

$$\frac{1}{MLU}\sum_{i=0}^{M-1}\sum_{m=0}^{M-1}g(i)g(m)s(i)s(m)\cos\left(\frac{2\pi}{M}ki\right)\sin\left(\frac{2\pi}{M}km\right)-$$

$$m_{\mathrm{R}}(k,i)m_{\mathrm{I}}(k,m) \tag{3.2.44}$$

由于噪声的原因，式(3.2.44)变为

$$\mathrm{Cov}_{Y_{\mathrm{R}}Y_{\mathrm{I}}}(i,m)=\frac{1}{MLU}\sum_{i=0}^{M-1}g^{2}(i)r_{ww}(0)\cos\left(\frac{2\pi}{M}ki\right)\sin\left(\frac{2\pi}{M}ki\right)+$$

$$\frac{1}{MLU}\sum_{i=0}^{M-1}g(i)s(i)\cos\left(\frac{2\pi}{N}ki\right)\sum_{m=0}^{M-1}g(m)s(m)\sin\left(\frac{2\pi}{N}km\right)-$$

$$m_{\mathrm{R}}(k,i)m_{\mathrm{I}}(k,m)$$

$$=0+m_{\mathrm{R}}(k,i)m_{\mathrm{I}}(k,m)-m_{\mathrm{R}}(k,i)m_{\mathrm{I}}(k,m)=0 \tag{3.2.45}$$

所以说协方差总为0，即二者不相关，又因为是高斯变量，所以相互独立。可从上面的推导看出正交分量和同相分量大部分情况下都满足方差相等相互独立的条件。采用同样的思路可以证明如下结论。

$$\mathrm{Cov}_{Y_{\mathrm{R}}Y_{\mathrm{R}}}(i,m)=E\{[Y_{\mathrm{R}}(k,i)-m_{\mathrm{R}}(k,i)][Y_{\mathrm{R}}(k,m)-m_{\mathrm{R}}(k,m)]^{*}\}$$

$$=E[Y_{\mathrm{R}}(k,i)Y_{\mathrm{R}}^{*}(k,m)-m_{\mathrm{R}}(k,i)Y_{\mathrm{R}}^{*}(k,m)-$$

$$m_{\mathrm{R}}^{*}(k,m)Y_{\mathrm{R}}(k,i)+m_{\mathrm{R}}(k,i)m_{\mathrm{R}}^{*}(k,m)]$$

$$=E[Y_{\mathrm{R}}(k,i)Y_{\mathrm{R}}^{*}(k,m)-m_{\mathrm{R}}(k,i)Y_{\mathrm{R}}(k,m)-$$

$$m_{\mathrm{I}}(k,m)Y_{\mathrm{R}}(k,i)+m_{\mathrm{R}}(k,i)m_{\mathrm{R}}(k,m)]$$

$$=E[X_{\mathrm{R}}(k,i)X_{\mathrm{R}}^{*}(k,m)]-m_{\mathrm{R}}(k,i)E[X_{\mathrm{R}}(k,m)]-$$

$$m_{\mathrm{R}}(k,m)[X_{\mathrm{R}}(k,i)]+m_{\mathrm{R}}(k,i)m_{\mathrm{R}}(k,m)$$

$$= E[X_R(k,i)X_R^*(k,m)] - m_R(k,i)m_R(k,m) \quad (3.2.46)$$

把具体的表达式代入得到

$$\begin{aligned}\mathrm{Cov}_{Y_RY_R}(i,m) &= \frac{1}{MLU}E\left[\left(\sum_{n=0}^{M-1}g(i)y(i)\cos\left(\frac{2\pi}{M}ki\right)\right)\left(\sum_{m=0}^{M-1}g(m)y(m)\cos\left(\frac{2\pi}{M}km\right)\right)^*\right] - \\ &\quad m_R(k,i)m_R(k,m) \\ &= \frac{1}{MLU}\sum_{i=0}^{M-1}\sum_{m=0}^{M-1}g(i)g(m)E[y(i)y^*(m)]\cos\left(\frac{2\pi}{M}ki\right)\cos\left(\frac{2\pi}{M}km\right) - \\ &\quad m_R(k,i)m_R(k,m)\end{aligned} \quad (3.2.47)$$

又因为

$$E[y(i)y^*(m)] = E[n(i)n^*(m)] + s(i)s(m) \quad (3.2.48)$$

所以

$$\begin{aligned}\mathrm{Cov}_{Y_RY_R}(i,m) &= \frac{1}{MLU}\sum_{i=0}^{M-1}\sum_{m=0}^{M-1}g(i)g(m)r_{nn}(m-i)\cos\left(\frac{2\pi}{N}ki\right)\cos\left(\frac{2\pi}{N}km\right) + \\ &\quad \frac{1}{MLU}\sum_{i=0}^{M-1}\sum_{m=0}^{M-1}g(i)g(m)s(i)s(m)\cos\left(\frac{2\pi}{M}ki\right)\cos\left(\frac{2\pi}{M}km\right) - \\ &\quad m_R(k,i)m_R(k,m) \\ &= \frac{1}{MLU}\sum_{i=0}^{M-1}\sum_{m=0}^{M-1}g(i)g(m)r_{nn}(m-i)\cos\left(\frac{2\pi}{N}ki\right)\cos\left(\frac{2\pi}{N}km\right) + \\ &\quad m_R(k,i)m_R(k,m) - m_R(k,i)m_R(k,m) \\ &= \frac{1}{MLU}\sum_{i=0}^{M-1}\sum_{m=0}^{M-1}r_{nn}(m-i)\cos\left(\frac{2\pi}{N}ki\right)\cos\left(\frac{2\pi}{N}km\right)\end{aligned} \quad (3.2.49)$$

对于两个不同段的实部和虚部,数据不可能完全重复,因此,当 $m \neq i, r_{ww}(m-i)=0$ 时,可以得到

$$\mathrm{Cov}_{Y_RY_R}(i,m) = \sum_{i=0}^{M-1}\sum_{m=0}^{M-1}r_{nn}(m-i)\cos\left(\frac{2\pi}{N}ki\right)\cos\left(\frac{2\pi}{N}km\right) = 0 \quad (3.2.50)$$

所以说协方差总为 0,即二者不相关,又因为是高斯变量,所以相互独立。也就是说不同段的实部相互独立。

采用同样的思路可以证明不同数据段的虚部之间的独立性。可以得到

$$\begin{aligned}\mathrm{Cov}_{Y_IY_I}(i,m) &= E[(Y_I(k,i) - m_I(k,i))(Y_I(k,m) - m_I(k,m))^*] \\ &= E[Y_I(k,i)Y_I^*(k,m) - m_I(k,i)Y_I^*(k,m) - m_I^*(k,m)Y_I(k,\\ &\quad i) + m_I(k,i)m_I^*(k,m)] \\ &= E[Y_I(k,i)Y_I^*(k,m) - m_I(k,i)Y_I(k,m) - m_I(k,m)Y_I(k,\\ &\quad n) + m_I(k,i)m_I(k,m)] \\ &= E[Y_I(k,n)Y_I^*(k,m)] - m_I(k,n)E[Y_I(k,m)] - m_I(k,\\ &\quad m)Y_I(k,n) + m_I(k,n)m_I(k,m) \\ &= E[Y_I(k,n)Y_I^*(k,m)] - m_I(k,n)m_I(k,m)\end{aligned} \quad (3.2.51)$$

把具体的表达式代入得到

$$\begin{aligned}\mathrm{Cov}_{Y_IY_I}(i,m) &= \frac{1}{MLU}E\left[\left(\sum_{i=0}^{M-1} g(i)y(i)\sin\left(\frac{2\pi}{M}ki\right)\right)\left(\sum_{m=0}^{M-1} g(m)y(m)\sin\left(\frac{2\pi}{M}km\right)\right)^*\right]- \\ &\quad m_I(k,i)m_I(k,m) \\ &= \frac{1}{MLU}\sum_{i=0}^{M-1}\sum_{m=0}^{M-1} g(i)g(m)E[y(i)y^*(m)]\sin\left(\frac{2\pi}{M}ki\right)\sin\left(\frac{2\pi}{M}km\right)- \\ &\quad m_I(k,i)m_I(k,m)\end{aligned} \tag{3.2.52}$$

又因为

$$E[y(i)y^*(m)] = E[n(i)n^*(m)] + s(i)s(m) \tag{3.2.53}$$

所以

$$\begin{aligned}\mathrm{Cov}_{Y_IY_I}(i,m) &= \frac{1}{MLU}\sum_{i=0}^{M-1}\sum_{m=0}^{M-1} g(i)y(i)r_{nn}(m-i)\sin\left(\frac{2\pi}{M}kn\right)\sin\left(\frac{2\pi}{M}km\right)+ \\ &\quad \frac{1}{MLU}\sum_{i=0}^{M-1}\sum_{m=0}^{M-1} g(i)y(i)s(i)s(m)\sin\left(\frac{2\pi}{M}kn\right)\sin\left(\frac{2\pi}{M}km\right)- \\ &\quad m_I(k,n)m_I(k,m) \\ &= \frac{1}{MLU}\sum_{i=0}^{M-1}\sum_{m=0}^{M-1} r_{nn}(m-i)\sin\left(\frac{2\pi}{M}ki\right)\sin\left(\frac{2\pi}{M}km\right)+m_I(k,i)m_I(k, \\ &\quad m)-m_I(k,i)m_I(k,m) \\ &= \frac{1}{MLU}\sum_{i=0}^{M-1}\sum_{m=0}^{M-1} r_{nn}(m-i)\sin\left(\frac{2\pi}{M}ki\right)\sin\left(\frac{2\pi}{M}km\right)\end{aligned} \tag{3.2.54}$$

对于两个不同段的实部和虚部，数据不可能完全重复，因此，当 $m \neq i, r_{ww}(m-i)=0$ 时，可以得到

$$\mathrm{Cov}_{Y_IY_I}(i,m) = \sum_{i=0}^{M-1}\sum_{m=0}^{M-1} r_{nn}(m-i)\sin\left(\frac{2\pi}{M}ki\right)\sin\left(\frac{2\pi}{M}km\right)=0 \tag{3.2.55}$$

因此，其实部 $Y_R(k,q) \sim \left(m_R(k,q), \frac{\sigma^2}{2L}\right)$，其虚部 $X_I(k,q) \sim \left(m_I(k,q), \frac{\sigma^2}{2L}\right)$，此时，

$$\left|\frac{1}{\sqrt{ML}}Y(k,q)\right|^2 = \frac{1}{ML}|Y(k,q)|^2 = Y_R^2(k,q)+Y_I^2(k,q) \tag{3.2.56}$$

则 $P_Y(k) = \sum_{q=0}^{L-1}\frac{1}{ML}|Y(k,q)|^2$ 将服从自由度为 $2L$ 的非中心卡方分布，其概率密度函数为

$$f_P(p) = \frac{1}{2\sigma_R^2}\left(\frac{p}{\lambda}\right)^{\frac{i-2}{4}} \mathrm{e}^{-\frac{p+\lambda}{2\sigma_R^2}} I_{i/2-1}\frac{\sqrt{\lambda p}}{\sigma_R^2} \tag{3.2.57}$$

式中，$i=2L$；$\sigma_R^2 = \frac{1}{2L}\sigma^2$；$\lambda = \sum_{q=1}^{2L} m_q^2 = \frac{1}{M}\sum_{q=0}^{L-1}[(m_R(k,q))^2+(m_I(k,q))^2]$。在仿真

中如果令 $\sigma^2=2L$，式(3.2.57)可化简为

$$f_P(p)=\frac{1}{2}\left(\frac{p}{\lambda}\right)^{\frac{L-2}{2}}\mathrm{e}^{-\frac{p+\lambda}{2}}I_{L-1}(\sqrt{\lambda p}) \tag{3.2.58}$$

在 H_0 条件下(取 $\sigma^2=2L$)有

$$f_{P_0}(p)=\frac{1}{2^L\Gamma(L)}p^{L-1}\mathrm{e}^{-\frac{p}{2}},\quad p\geqslant 0 \tag{3.2.59}$$

在 H_1 条件下(取 $\sigma^2=2L$)有

$$f_{P_1}(p)=\frac{1}{2}\left(\frac{p}{\lambda}\right)\frac{L-2}{2}\mathrm{e}^{-\frac{p+\lambda}{2}}I_{L-1}(\sqrt{\lambda p}) \tag{3.2.60}$$

3.2.4 采用功率谱最大值的频谱感知性能

当已知 H_0 和 H_1 条件下统计判决变量的概率密度分布表达式时，很容易求出对应的虚警概率和检测概率表达式。其中，虚警概率可表示为

$$P_\mathrm{f}=1-F_{P_0}(\gamma)=1-\int_0^\gamma f_{P_0}(p)\mathrm{d}p=\mathrm{e}^{-\gamma L/\sigma^2}\sum_{k=1}^{L}\frac{1}{k!}\left(\frac{L\gamma}{\sigma^2}\right)^k \tag{3.2.61}$$

检测概率可表示为

$$\begin{aligned}P_\mathrm{d}&=1-F_{P_1}(\gamma)=1-\int_0^\gamma f_{P_1}(p)\mathrm{d}p\\&=1-\left[1-Q_L\left(\frac{\sqrt{2L\lambda}}{\sigma},\frac{\sqrt{2L\gamma}}{\sigma}\right)\right]\\&=Q_L\left(\frac{\sqrt{2L\lambda}}{\sigma},\frac{\sqrt{2L\gamma}}{\sigma}\right)\end{aligned} \tag{3.2.62}$$

式中，γ 为相应的判决门限，一般是由给定的虚警概率利用式(3.2.61)反解求门限。

$$\begin{aligned}Q_L(a,b)&=\int_b^\infty x\left(\frac{x}{a}\right)^{L-1}\mathrm{e}^{-(x^2+a^2)/2}I_{m-1}(ax)\mathrm{d}x\\&=Q_1(a,b)+\mathrm{e}^{(b^2+a^2)/2}\sum_{k=1}^{L-1}\left(\frac{b}{a}\right)^k I_k(ab)\end{aligned}$$

3.2.5 算法性能仿真和分析

本节首先给出不同的功率谱估计值作为统计判决变量时检测性能的差别，接着作为辅证，给出不同功率谱估计值作为判决变量的概率密度函数，可以看出选取最大值点作为统计判决变量的优势。图 3.2.4 所示为不同频点的功率谱估计值作为统计判决变量的检测概率，可以看到选择最大值频点处(中心频率)的功率谱估计值作为判决变量可以达到最高的检测性能，同时由于功率谱关于中心频点对称，左右偏离相同距离的检测概率一致。正如前文所述，在 H_0 条件下

所有频点处的离散功率谱都服从同样参数的卡方分布，符合高斯白噪声平坦功率谱的特性。但是在 H_1 条件下，不同频点的离散功率谱服从不同参数的非中心卡方分布，非中心参数由该频点处主用户信号功率谱决定。所以当选择最大频点处的功率谱估计值作为判决变量时，会有最大的非中心参数，更容易区分噪声和信号。

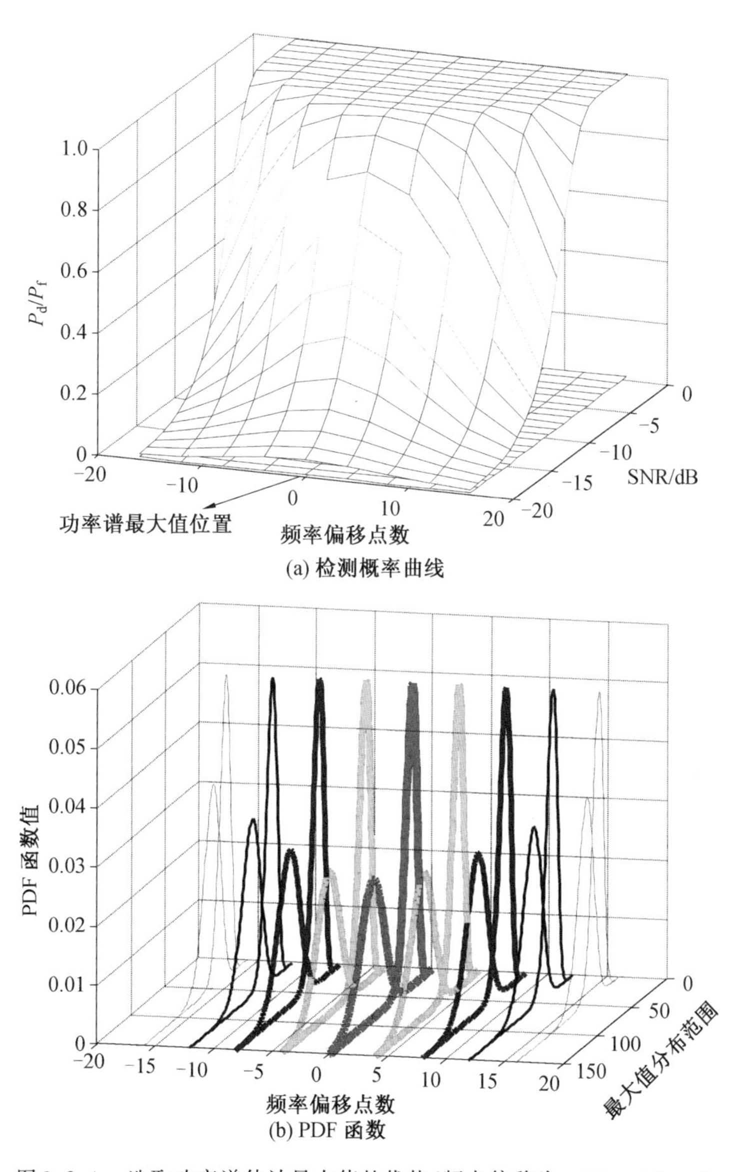

(a) 检测概率曲线

(b) PDF 函数

图 3.2.4　选取功率谱估计最大值的优势(频点偏移为－16、－12、－8、－4、0、4、8、12、16)(彩图见附录)

验证利用卡方分布对功率谱估计最大值统计分布建模的正确性。仿真参数:数据长度 $N=2\ 048$,每段数据长度 M 为 256 或 512 或 1 024,窗函数选取为 Blackman 窗,50% 重叠,SNR=−8 dB。由图 3.2.5 可知仿真结果和理论曲线吻合,说明功率谱最大值统计分布符合卡方分布。

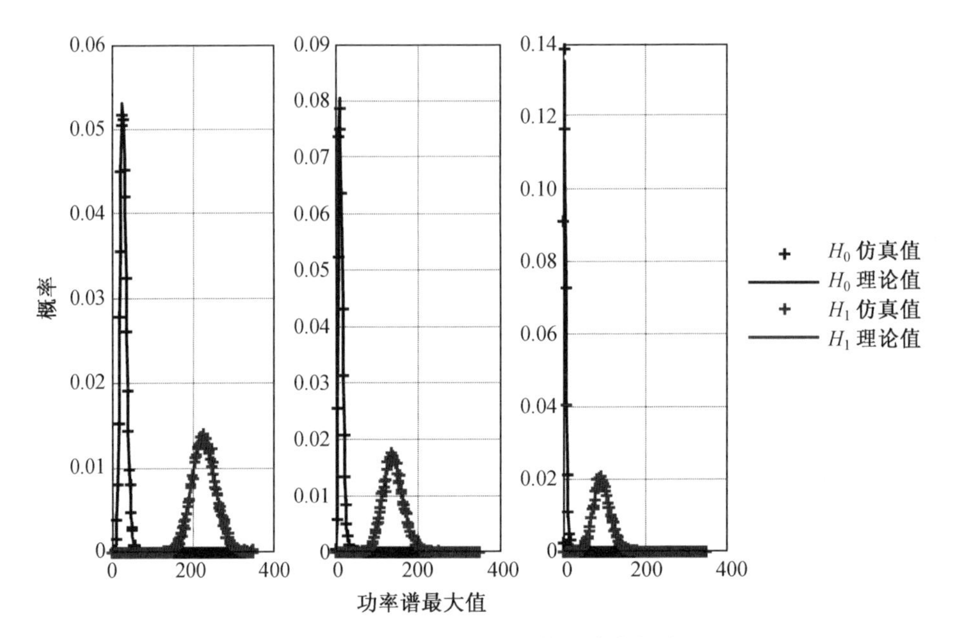

图 3.2.5　功率谱估计最大值统计分布验证

不同点数以及不同检测方法的检测性能如图 3.2.6 所示。从图 3.2.6(a) 中可以看出在数据点数为 4 096 点时,基于 Welch 法的检测性能远远优于时域检测,且周期图法的性能也比时域检测要好,显示了频域检测的优势。由图 3.2.6(b) 可以得到和时域检测同样的结论,即点数越多,可以得到的信息越多,检测性能越好。

Welch 法功率谱不同分段数目对检测性能的影响如图 3.2.7 所示。仿真参数:$N=4\ 096$,虚警概率 $P_{\mathrm{f}}=0.1$。由图 3.2.7 可知,当分段数目 $L<15$ 时,检测概率随分段数据的增加而缓慢增加;分段数目从 $L=15$ 变化到 $L=31$,检测概率急剧增加;当 $L>31$ 时,检测概率随分段数目的增加有减小的趋势。对于固定的数据长度 N,随着分段数据的增加,每段数据 FFT 点数必然减少,频谱分辨率随之降低,此时功率谱位置索引 K 很难反映真实的最大值位置,造成检测概率下降(可参考图 3.2.4)。因此对于固定的数据长度 N,需要合理选择分段数目以获得最大检测概率。

检测算法的接收机工作曲线特性如图 3.2.8 所示。仿真参数:数据长度 $N=2\ 048$,每段数据点数 $M=256$,窗函数选取 Blackman 窗,重叠 50%。

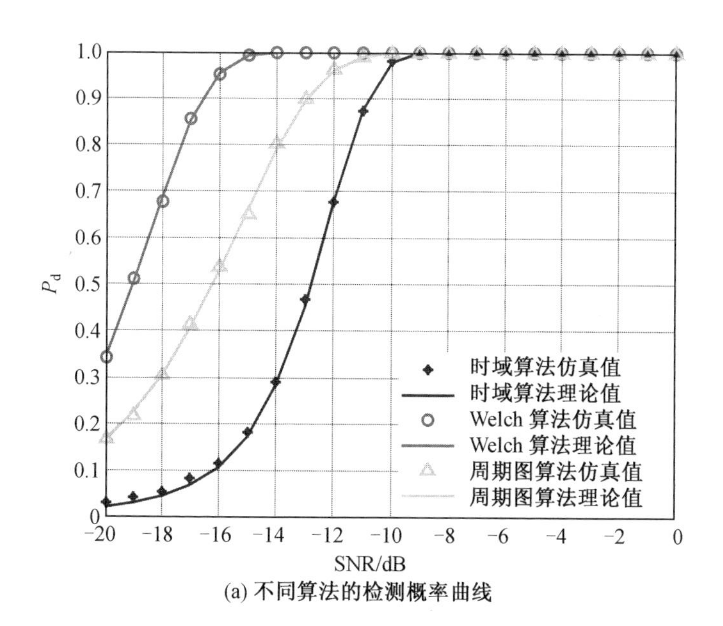

(a) 不同算法的检测概率曲线

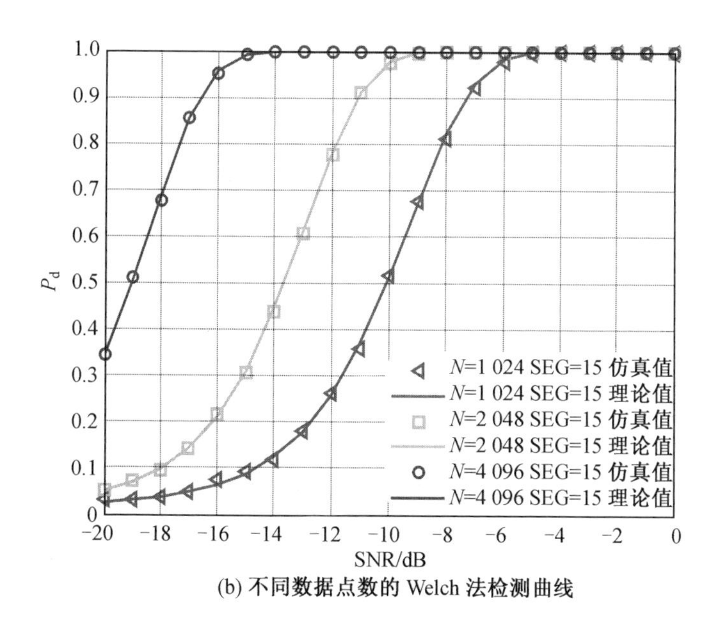

(b) 不同数据点数的 Welch 法检测曲线

图 3.2.6　不同条件下的检测概率对比

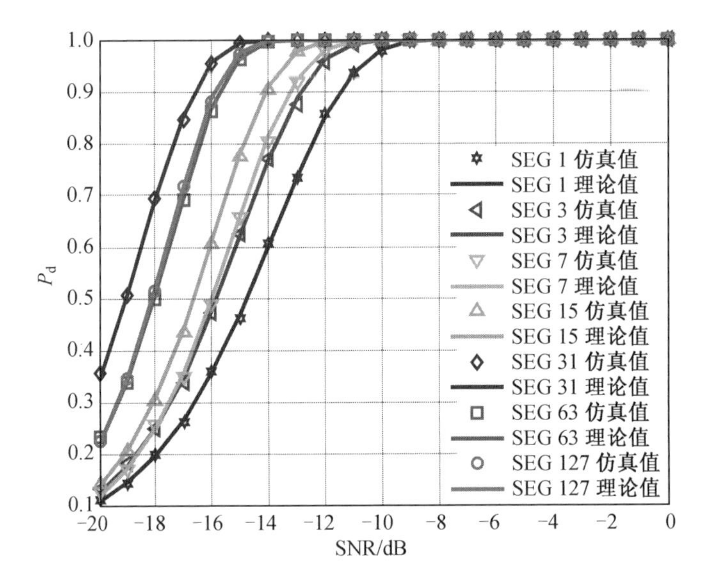

图 3.2.7　功率谱不同分段数目下的检测概率(彩图见附录)

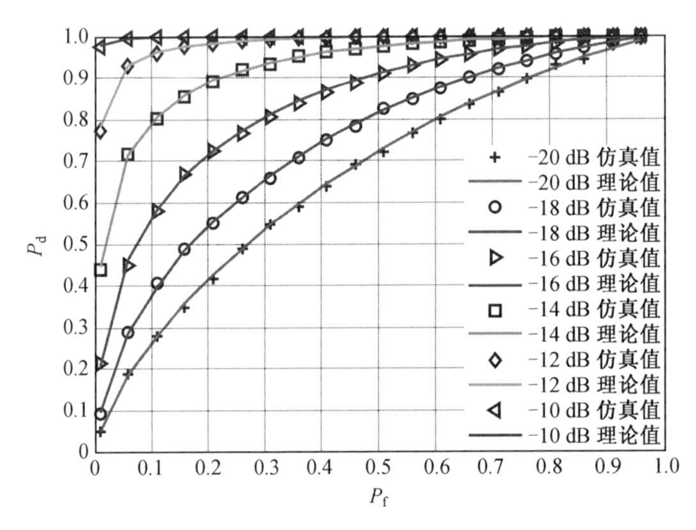

图 3.2.8　接收机工作曲线(ROC 曲线)(彩图见附录)

3.2.6　窗函数选取对频谱感知算法的影响

如果采用合理的窗函数对输入序列进行处理,可以使得 Welch 法每段功率谱最大值之间有非常小的相关性,甚至可以近似为不相关性来处理,如前文分析中,采用 Balckman 窗可使 $\rho \approx 0$。不同窗函数的相关性系数不同,窗函数两侧衰减越大,则相关系数越小。常见窗函数如图 3.2.9 所示。

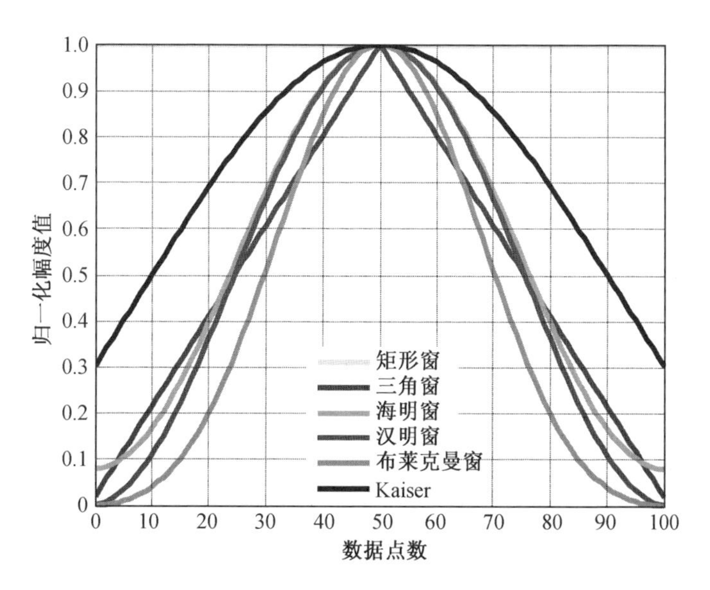

图 3.2.9　常见窗函数(彩图见附录)

下面给出不同的窗函数选取对功率谱估计最大值统计分布的影响。仿真条件:数据长度 $N=2\ 048$,分段数据长度 $M=256$,重叠 50%,信噪比 SNR $=-8$ dB。图 3.2.10 中从外到里分别为矩形窗、三角窗、海明窗、汉明窗、布莱克曼窗的理论和仿真概率密度函数曲线,除了矩形窗外,其他窗函数对卡方分布拟合都很好;不同的窗函数对虚警概率影响不大,但某种程度影响检测概率(衰减

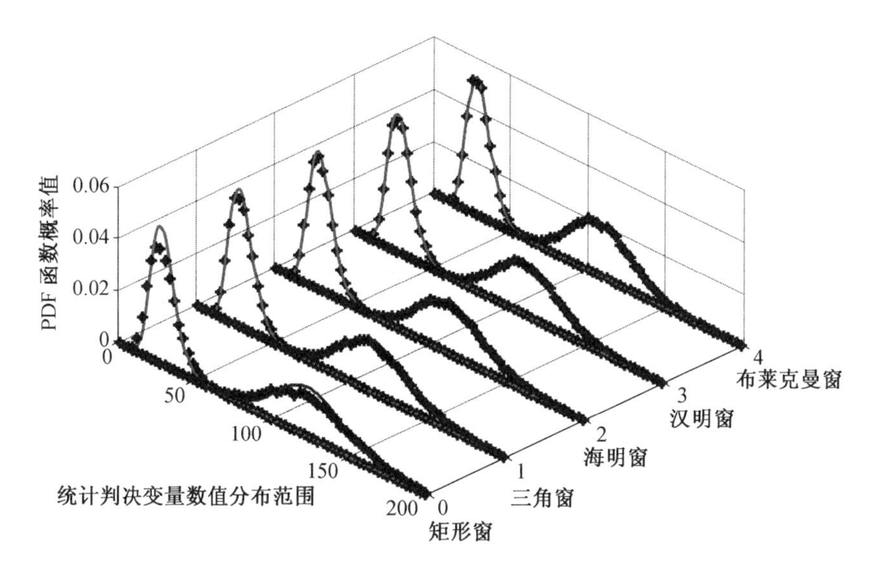

图 3.2.10　不同窗函数的概率密度曲线拟合

信号、非中心参数等)；由图 3.2.11 可明显看出矩形窗下 H_0 和 H_1 对应的概率密度曲线相距更远，频谱感知效果更好，与图 3.2.10 所示拟合度呈相反趋势。

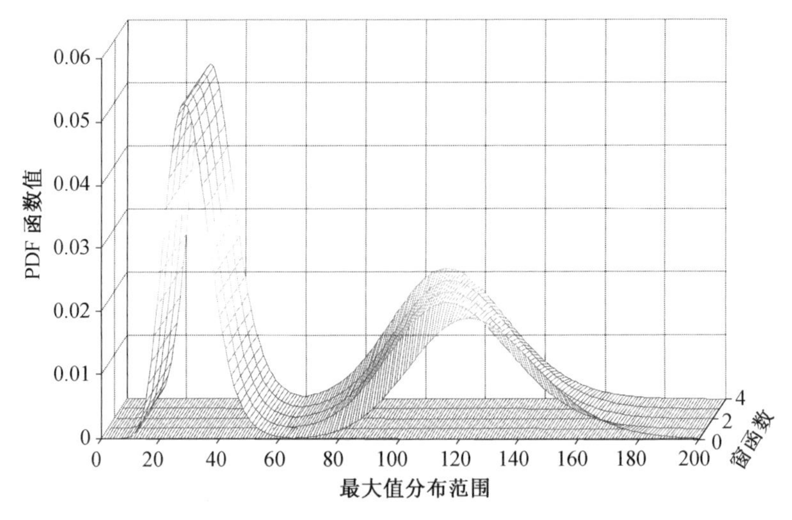

图 3.2.11　不同窗函数对频谱感知性能的影响(彩图见附录)

在谱估计中，添加窗函数减小了重叠部分的相关性，但某种程度上也衰减了信号的能量，而检测确实利用信号的能量，所以会造成上面相反的趋势：矩形窗能完整保留能量，但此时最大值相关性较大，统计分布并不能准确地用卡方分布拟合。

3.2.7　算法复杂度分析

本节比较基于功率谱最大值的频谱感知算法和时域能量频谱感知算法的计算复杂度。在时域频谱感知中，需要 N 次实数乘法和 $N-1$ 次实数加法；对于基于 Welch 法的功率谱估计，每段需要 $2M$ 次实数乘法和 $2(M-1)$ 次实数加法，L 段总共需要 $2LM$ 次实数乘法和 $2L(M-1)+2(L-1)$ 次实数加法；当 Bartlett 法和周期图法用来估计功率谱时 $ML=N$，而采用 Welch 法时 $ML\approx 2N$；尽管基于功率谱最大值的频谱感知算法计算复杂度看起来要比时域频谱感知略高一些，但计算复杂度与数据长度都是线性关系，差距属于可接受的范围，且由仿真来看频域频谱感知的性能要远好于时域频谱感知，所以研究频域频谱感知很有意义。

现在比较频域频谱感知算法与时域能量频谱感知算法。首先，利用了单个分解系数(类似只利用最大特征值)，瞬时信噪比要远大于平均信噪比，感知性能好于时域能量频谱感知算法是肯定的；其次，充分利用了很容易得到的频率信息，无论是对频谱感知还是频谱感知后再处理来说，必须知道载波中心频率，而

在时域能量频谱感知中显然并没有利用这个已知先验信息，基于功率谱估计最大值的感知算法性能则充分利用了先验信息，得到的结果应该会更好；最后，这种频域频谱感知算法很容易扩展到多信道载波系统（如 GSM 系统），算法扩展示意图如图3.2.12 所示。

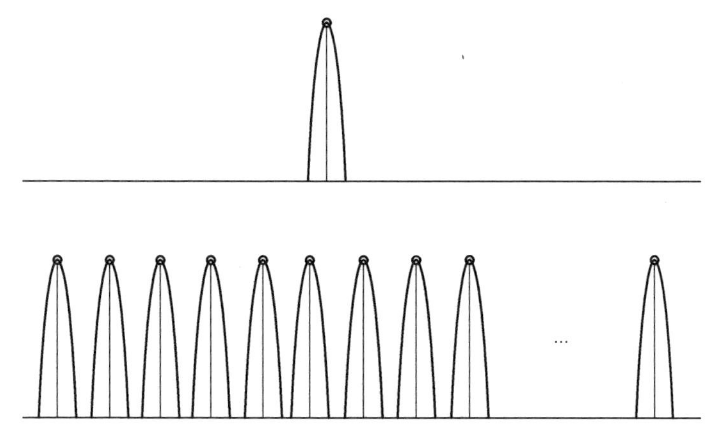

图 3.2.12　算法扩展示意图

对于认知无线电系统来说，理想情况是动态实时地检测整个频带内的频谱空隙，然后随机接入，但上述算法都不适合。首先，对于一个非常宽的频谱范围，按照奈奎斯特理论，现有的 A/D 器件几乎不能直接去处理；其次，即使能够得到采样数据，对于这样高速率的数据也很难做到实时处理，频谱空隙并不能实时保障，此时可以考虑基于压缩感知的宽带检测方法。

3.3　衰落信道下的能量频谱感知算法

由 3.1 节可知，能量频谱感知算法有着广泛的应用，3.1 节分析了功率型能量频谱感知算法在高斯信道下的频谱感知性能并做了仿真。但是能量频谱感知算法在衰落信道环境下会有怎样的频谱感知性能，与在高斯信道下有何不同，在 3.1 节中没有做分析。因此，本节的主要目的就是探讨研究能量频谱感知算法在衰落信道下的频谱感知性能。本节以噪声功率归一化型频谱感知算法为例进行研究。此外，针对能量频谱感知算法在衰落信道中影响频谱感知性能的因素，讨论算法优化也是本节的重点。

3.3.1　噪声功率归一化型能量频谱感知算法

能量频谱感知算法中二元假设检验模型为

$$y(t)=\begin{cases}h(t)s(t)+n(t), & H_1\\ n(t), & H_0\end{cases} \tag{3.3.1}$$

与3.1节中所介绍的功率型能量频谱感知算法不同，根据 Harry Urkowitz 在文献[4]中的描述，噪声功率归一化型能量频谱感知算法应在带通滤波器后加入一个理想带通前置滤波器，它的转移函数为

$$H(f)=\begin{cases}\dfrac{2}{\sqrt{N_0}}, & |f-f_c|\leqslant W\\ 0, & |f-f_c|>W\end{cases} \tag{3.3.2}$$

式中，N_0 为高斯噪声的单边功率谱密度；f_c 为信号的中心频率；W 为信号的带宽。

这样信号通过积分器后的输出就是最终的检验统计量，记为

$$Y=\frac{1}{N_{01}}\int_0^T y^2(t)\mathrm{d}t \tag{3.3.3}$$

式中，T 为观测时间；N_{01} 为双边带功率谱密度，$N_{01}=\dfrac{N_0}{2}$。

假设信号通过的各个模块均为理想模块，噪声 $n(t)$ 的均值为0，方差为 σ^2，根据奈奎斯特采样定理有

$$n(t)=\sum_{i=-\infty}^{+\infty}a_i\mathrm{sinc}(2Wt-i) \tag{3.3.4}$$

式中，$\mathrm{sinc}(x)=\dfrac{\sin \pi x}{\pi x}$。

采样点为

$$a_i=n\left(\frac{i}{2W}\right) \tag{3.3.5}$$

显然 a_i 服从均值为0、方差为 σ_i^2 的高斯分布，其中

$$\sigma_i^2=2N_{01}W \tag{3.3.6}$$

根据

$$\int_{-\infty}^{+\infty}\mathrm{sinc}(2Wt-i)\mathrm{sinc}(2Wt-k)\mathrm{d}t=\begin{cases}\dfrac{1}{2W}, & i=k\\ 0, & i\neq k\end{cases} \tag{3.3.7}$$

可得

$$\int_{-\infty}^{+\infty}n^2(t)\mathrm{d}t=\frac{1}{2W}\sum_{i=-\infty}^{+\infty}a_i^2 \tag{3.3.8}$$

因此在时间间隔 T 内，$n(t)$ 可以近似表示成

$$n(t)=\sum_{i=1}^{2TW}\mathrm{sinc}(2Wt-i),\quad 0<t<T \tag{3.3.9}$$

式中，$2TW$ 为时间带宽积，数值上等于时间间隔 T 内的采样点数 N。

同理，容易得到信号在时间间隔 T 内的能量为

$$\int_0^T n^2(t) = \frac{1}{2W}\sum_{i=1}^{2TW} a_i^2 \tag{3.3.10}$$

将式(3.3.10)代入式(3.3.2)可得

$$Y_0 = \frac{1}{2N_{01}W}\sum_{i=1}^{2TW} a_i^2 \tag{3.3.11}$$

Y_0 为 H_0 假设下的检验统计量，令

$$b_i = \frac{a_i}{\sqrt{2WN_{01}}} \tag{3.3.12}$$

则

$$Y_0 = \sum_{i=1}^{2TW} b_i^2$$

因此，在假设为 H_0 的条件下，统计量 Y_0 为 $2TW$ 个服从标准正态分布的独立随机变量的平方和，即 Y_0 服从自由度为 $2TW$ 的中心卡方分布。

在假设 H_1 下，与在假设 H_0 下同理，认知用户接收到的信号 $s'(t)=h(t)s(t)$ 可以表示为

$$s'(t) = \sum_{i=1}^{2TW} s_i{}'\operatorname{sinc}(2Wt - i) \tag{3.3.13}$$

式中

$$s_i{}' = s'\left(\frac{i}{2W}\right) \tag{3.3.14}$$

信号 $s'(t)$ 的能量也可近似为

$$\int_0^T s'^2(t) = \frac{1}{2W}\sum_{i=1}^{2TW} s_i'^2 \tag{3.3.15}$$

定义变量 β_i 为

$$\beta_i = \frac{s_i'}{\sqrt{2WN_{01}}} \tag{3.3.16}$$

则

$$\frac{1}{N_{01}}\int_0^T s'^2(t)\mathrm{d}t = \sum_{i=1}^{2TW} \beta_i^2 \tag{3.3.17}$$

综合式(3.3.3)和式(3.3.13)可得输入信号为

$$y(t) = \sum_{i=1}^{2TW} (s_i' + a_i)\operatorname{sinc}(2Wt - i) \tag{3.3.18}$$

$y(t)$ 在时间间隔 T 内的能量可近似为

$$\int_{0}^{T} y^{2}(t)=\frac{1}{2W}\sum_{i-1}^{2TW}(s_{i}'+a_{i})^{2} \tag{3.3.19}$$

则在假设 H_1 下，统计量 Y_1 可表示为

$$Y_{1}=\frac{1}{N_{01}}\int_{0}^{T} y^{2}(t)\mathrm{d}t=\sum_{i=1}^{2TW}(b_{i}+\beta_{i})^{2} \tag{3.3.20}$$

若令信噪比为

$$\gamma=\sum_{i=1}^{2TW}\beta_{i}^{2}=\frac{1}{N_{01}}\int_{0}^{T} s'^{2}(t)\mathrm{d}t=\frac{E_{s}'}{N_{01}} \tag{3.3.21}$$

则称 Y_1 服从自由度为 $2TW$ 的非中心卡方分布。

根据以上分析，将两种假设下的统计量统一写为

$$Y\sim\begin{cases}\chi_{2u}^{2}, & H_{0}\\ \chi_{2u}^{2}(2\gamma), & H_{1}\end{cases} \tag{3.3.22}$$

式中，$u=TW$；χ_{2u}^{2} 和 $\chi_{2u}^{2}(2\gamma)$ 分别为中心卡方分布和非中心卡方分布。

由中心卡方分布和非中心卡方分布的概率密度曲线可知统计量 Y 的概率密度函数为

$$f_{Y}(y)=\begin{cases}\dfrac{1}{2^{u}\Gamma(u)}y^{u-1}\mathrm{e}^{-\frac{y}{2}}, & H_{0}\\ \dfrac{1}{2}\left(\dfrac{\gamma}{2\gamma}\right)^{\frac{u-1}{2}}\mathrm{e}^{-\frac{2\gamma+y}{2}}\mathrm{I}_{u-1}(\sqrt{2\gamma y}), & H_{1}\end{cases} \tag{3.3.23}$$

式中，$\Gamma(\cdot)$ 为伽马函数；$\mathrm{I}_{u-1}(\cdot)$ 为第 $u-1$ 阶第一类贝塞尔函数。

对于给定判决门限 λ，在高斯信道下的检测概率和虚警概率分别为

$$P_{\mathrm{d}}=P(Y>\lambda\mid \mathrm{H}_{1})=Q_{u}(\sqrt{2\gamma},\sqrt{\lambda}) \tag{3.3.24}$$

$$P_{\mathrm{f}}=P(Y>\lambda\mid \mathrm{H}_{0})=\frac{\Gamma(u,\lambda/2)}{\Gamma(u)} \tag{3.3.25}$$

式中，$Q_u(a,x)$ 为 Marcum Q 函数；$\Gamma(a,x)$ 为不完全伽马函数。其表达式分别为

$$Q_{u}(a,x)=\frac{1}{a^{u-1}}\int_{x}^{\infty} t^{u}\mathrm{e}^{-\frac{a^{2}+t^{2}}{2}}\mathrm{I}_{u-1}(at)\mathrm{d}t \tag{3.3.26}$$

$$\Gamma(a,x)=\int_{x}^{+\infty} t^{a-1}\mathrm{e}^{-t}\mathrm{d}t \tag{3.3.27}$$

由式(3.3.24)和式(3.3.25)可知，检测概率和虚警概率均与采样点数(等同于观测时间)有关，因此本书针对采样点数 N 对检测性能的影响，在接收信号为 BPSK 信号、不同信噪比条件下做了仿真，采样点数分别取 32、64、128 和 256，结果如图 3.3.1 和图 3.3.2 所示。

仿真结果(图 3.3.1)显示，在相同信噪比、不同的采样点数条件下，能量频谱感知算法的检测性能有差别，在同一虚警概率下，采样点数越多检测概率越大。如图 3.3.2 所示，当检测概率在 0.6 ～ 0.9 之间，且在同一检测概率下，采样点数

每减少 32，其所需的信噪比要增加约 2.5 dB，也就是说采样点数减少的代价是必须增加输入信号的信噪比。而且由图 3.3.2 还可知，在固定虚警概率时，检测概率随信噪比增加而增加。而在信噪比大于 0 dB 时，4 条曲线的检测概率均为 1，此时信噪比已经足够使认知用户检测出授权用户的信号。而在信噪比低于 −15 dB 时，4 条曲线的检测概率相差不大，采样点数的增加或减少已经基本不起多少作用。

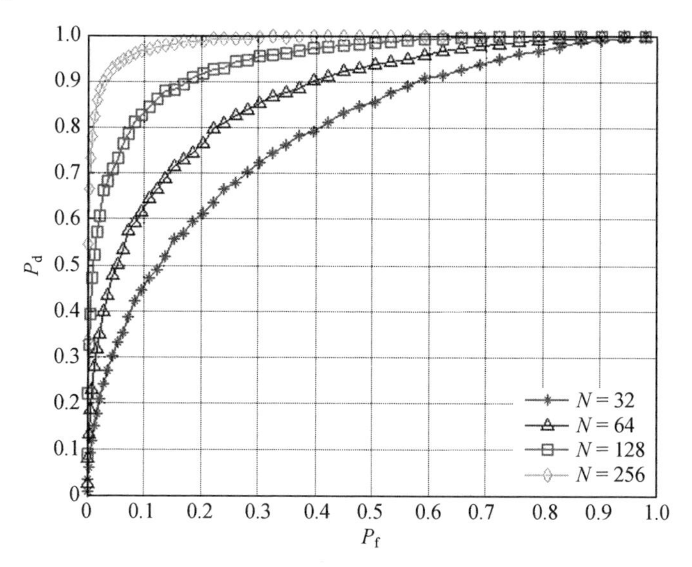

图 3.3.1　不同 N 下的 ROC 曲线(信噪比为 −5 dB)

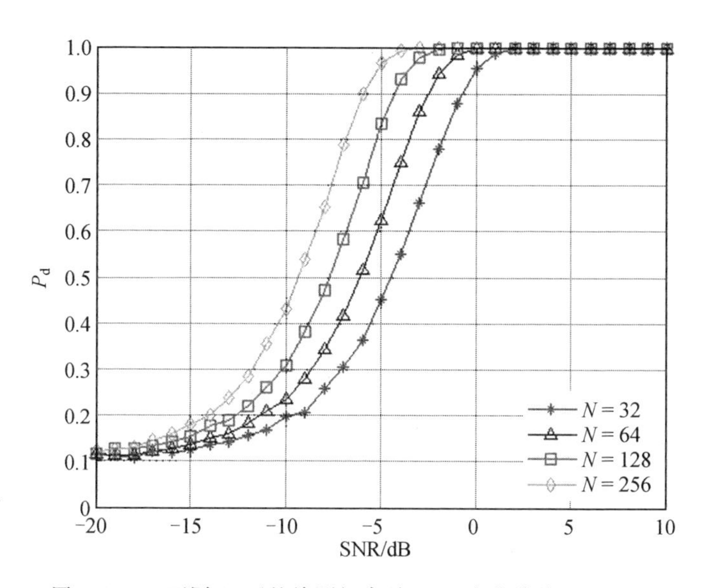

图 3.3.2　不同 N 下的检测概率随 SNR 变化曲线($P_f = 0.1$)

3.3.2 衰落信道下的单用户能量频谱感知算法

3.1 节详细地分析了在高斯信道下的噪声功率归一化型能量频谱感知算法，并对其频谱感知性能进行了仿真。然而，认知用户所处的无线电环境会随着认知用户的位置变化发生改变，信道模型也有可能从高斯信道变为衰落信道。由于衰落信道里多径效应、阴影衰落的作用，授权用户信号到达认知用户时，其信号幅度及相位与原始信号相比都发生了失真[17-20]。但由于能量频谱感知算法的统计量是信号能量，因此信号能量和信号的相位没有关系，只与信号幅度有关系。在不同的衰落信道里，接收信号的包络不同，能量频谱感知算法也有不同的频谱感知性能。

首先针对瑞利信道进行分析。在瑞利信道下，认知用户接收到的信号 $y(t)$ 包络服从瑞利分布，其概率密度为

$$f_{\mathrm{Ray}}(r)=\frac{r}{\sigma^2}\exp\left(-\frac{r}{2\sigma^2}\right),\quad 0\leqslant r\leqslant\infty \tag{3.3.28}$$

式中，σ^2 为接收信号的平均功率。

由于信号的包络是一个关于时间的随机过程，因此接收信号的信噪比 γ 是一个随机变量，其概率密度函数为[18-19]

$$p_{\mathrm{Ray}}(\gamma)=\frac{\gamma}{\bar{\gamma}}\exp\left(-\frac{\gamma}{\bar{\gamma}}\right),\quad \gamma\geqslant 0 \tag{3.3.29}$$

式中，$\bar{\gamma}$ 是接收信号的平均信噪比。

根据式(3.3.24)和式(3.3.29)，在瑞利信道下的平均检测概率为[18-19]

$$\bar{P}_{\mathrm{d,Ray}}=\int_0^{\infty}Q_u(\sqrt{2\gamma},\sqrt{\lambda})\,p_{\mathrm{Ray}}(r)\,\mathrm{d}r \tag{3.3.30}$$

可以得到 $\bar{P}_{\mathrm{d,Ray}}$ 的解析式为

$$\bar{P}_{\mathrm{d,Ray}}=\mathrm{e}^{-\frac{\lambda}{2}}\sum_{n=0}^{u-2}\frac{1}{n!}\left(\frac{\lambda}{2}\right)+\left(\frac{1+\bar{\gamma}}{\bar{\gamma}}\right)^{u-1}\left[\exp\left(-\frac{\lambda}{2(1+\bar{\gamma})}\right)-\exp\left(-\frac{\lambda}{2}\right)\sum_{n=0}^{u-2}\frac{1}{n!}\frac{\lambda\bar{\gamma}}{2(1+\bar{\gamma})}\right] \tag{3.3.31}$$

下面分析莱斯信道的情况。莱斯信道下，认知用户接收信号包络服从莱斯分布，其概率密度函数为

$$f_{\mathrm{Rice}}(r)=\frac{r}{\sigma^2}\exp\left(-\frac{r^2+A^2}{2\sigma^2}\right)\mathrm{I}_0\left(\frac{A^2}{\sigma^2}\right),\quad A\geqslant 0,r\geqslant 0 \tag{3.3.31}$$

式中，A 是主信号的峰值；σ^2 为接收信号的平均功率；$I_0(\cdot)$ 为零阶贝塞尔函数。

接收信号的信噪比 γ 的概率密度函数为

$$p_{\mathrm{Rice}}(\gamma)=\frac{K+1}{\bar{\gamma}}\exp\left(-K-\frac{(K+1)\gamma}{\bar{\gamma}}\right)\mathrm{I}_0\left(2\sqrt{\frac{K(K+1)\gamma}{\bar{\gamma}}}\right),r\geqslant 0 \tag{3.3.32}$$

式中，$\bar{\gamma}$是接收信号的平均信噪比；K是莱斯因子，$K=A^2/2\sigma^2$；$I_0(\cdot)$为零阶贝塞尔函数。

根据式(3.3.24)和式(3.3.32)，在莱斯信道下的平均检测概率为[18-19]

$$\bar{P}_{\mathrm{d,Rice}}=\int_0^{\infty}Q_u(\sqrt{2\gamma},\sqrt{\lambda})p_{\mathrm{Rice}}(r)\mathrm{d}r \tag{3.3.33}$$

为了对比在高斯信道和衰落信道下能量频谱感知算法在频谱感知性能上的差异，以及不同衰落信道之间能量频谱感知算法性能的不同，本书对噪声功率归一化型能量频谱感知算法在不同的条件下进行了仿真。仿真采用的授权用户信号为二进制相移键控(Binary Phase Shift Key，BPSK)信号，信息速率为2 kbit/s，载波频率为8 kHz，奈奎斯特采样率为16 kHz，共采样2 048个点。仿真结果如图3.3.3、图3.3.4所示。

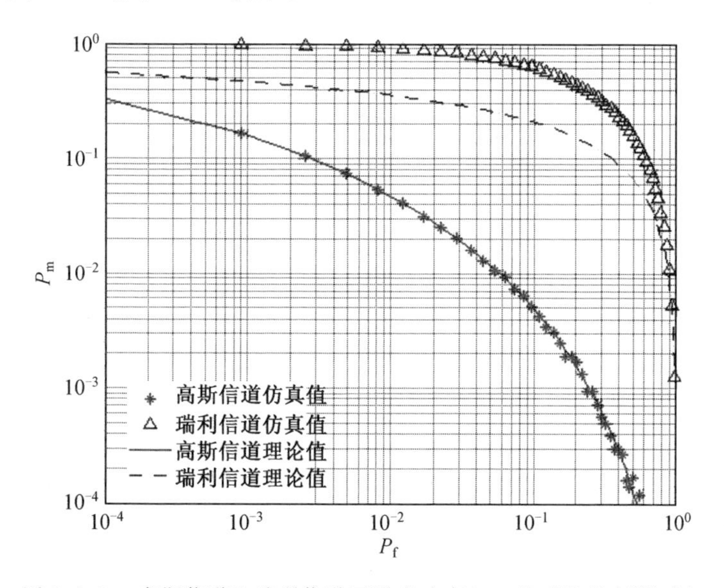

图3.3.3　高斯信道和瑞利信道下噪声功率归一化型能量频谱感知算法频谱感知性能的对比

在图3.3.3中，纵坐标P_m为漏检概率，$P_m=1-P_d$。由图3.3.3可知，对于同一虚警概率，瑞利信道下的漏检概率要大于高斯信道，即无线衰落信道的多径效应和阴影衰落给能量频谱感知带来了不利影响，并且它们之间P_m的差值随着P_f的增大而增大。此外还可以看到，在高斯信道下频谱感知性能曲线的理论值和实际检测值非常相近，即在能量频谱感知算法应用到高斯信道时，其实际的频谱感知性能与期望值不会有太多的误差，可靠性更好。但是在瑞利信道下其频谱感知性能的理论值和实际值有一定的偏差，而且偏差随着虚警概率的加大而减小。尽管如此，由于认知无线电的目的是提高频谱利用率，因此在实际中，虚警概率应当较小，比如取 0.001，故在瑞利信道下的检测概率的实际值与理想值的偏差不可忽视，应该采取一些补偿机制来中和这个差值。

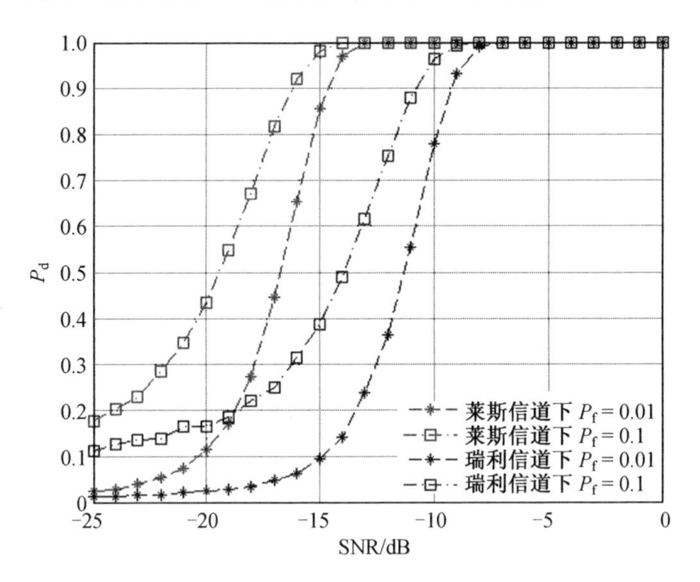

图 3.3.4　瑞利信道和莱斯信道下噪声功率归一化型能量频谱感知算法频谱感知性能的对比

图 3.3.4 给出的是在瑞利信道和莱斯信道下噪声功率归一化型能量频谱感知算法频谱感知性能的对比，莱斯因子 $K=3$。由图 3.3.4 可知，在衰落信道中恒虚警概率条件下，认知用户的检测概率随着信噪比增大而增大，当超过某一值时，检测概率一直为 1。根据衰落信道统计模型，莱斯信道下由于用户接收到的信号比瑞利信道下多一条路径，即直达信号(主信号)，所以其频谱感知性能比瑞利信道场境好，图 3.3.4 证明了这个论断。从图 3.3.4 中可以看到，在 P_f 相同时，对于同样的 P_d，莱斯信道下所需的信噪比要比瑞利信道下小约 5 dB，且对于不同的 P_f，这个差值没有明显的变化。因此，要达到相同的频谱感知性能，莱斯信道下认知用户的感知范围可以设计得更大，但受到别的用户的干扰也会更大。

由以上分析可知，衰落信道下噪声功率归一化型能量频谱感知算法频谱感知性能相比高斯信道下有了一定的降低，而且衰落信道下检测概率的实际值也会比理想值小一个差值，因此，如果要达到和高斯信道下同样的频谱感知性能，认知用户必须以接收信号的信噪比为代价，缩小自己的感知范围，所以对于同样大小的认知网络，认知用户数目会相应增加，这样会增加信道拥堵的风险并且不利于网络的优化。因此，有必要寻找更好的算法来补偿衰落信道带来的频谱感知性能上的差值。

3.3.3　衰落信道下的多用户协作频谱感知

由 3.3.2 节分析可知，衰落信道降低了认知用户的频谱感知性能，但这是以单个用户独立检测为前提的。在同一衰落信道模型下，若多个用户距离较远，各自接收信号的路径不尽相同，它们接收到的信号质量是不同的，而且相互独立。故单个用户往往不能保证信号检测的可靠性，而采用多个用户协作频谱感知则可以提升频谱感知性能，使可靠性增加。多用户协作频谱感知在很大程度上能减弱衰落信道带来的影响。

多用户协作频谱感知分为集中式和分布式两种，集中式是指所有参与感知的用户都把各自的感知信息统一汇总到一个中心节点，由中心节点对接收到的各个感知信息进行信息融合、处理，然后做出判决，并把判决结果发送到各认知用户；分布式是指参与感知的用户之间互相交换信息，最终做出判决。

多用户协作频谱感知算法能够提升系统的检测性能，但不可避免地增加了系统开销，复杂度大大增加。本节所研究的是集中式多用户协作频谱感知算法，其原理图如图 3.3.5 所示。

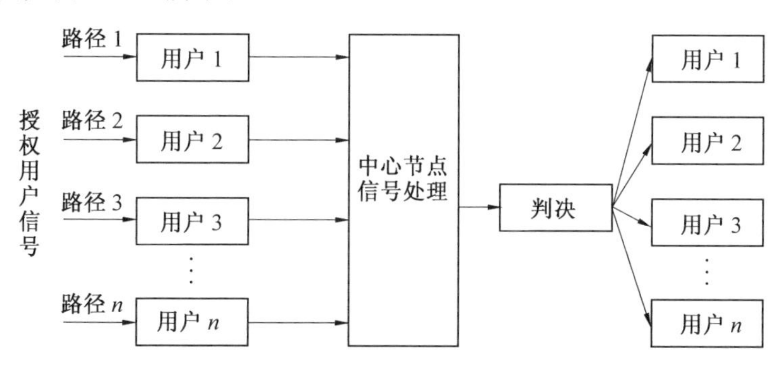

图 3.3.5　集中式多用户协作频谱感知算法原理

在集中式多用户协作频谱感知算法中，要求参与感知的用户接收信号之间必须相互独立，这里假设授权用户处于静止状态，即不考虑接收信号的多普勒频移。在下面的分集接收合并方式中，假设感知用户数为 K。

(1) 等增益合并(Equal Gain Combining，EGC)。

等增益合并将每个认知用户的检验统计量 Y_i 以相等的权重进行合并，组合成新的检验统计量，具体表示为

$$Y_{\mathrm{EGC}} = \sum_{i=1}^{K} \mu Y_i \tag{3.3.34}$$

式中，μ 为各用户检验统计量的加权值，等增益合并也被认为是线性加权法的一种特例(加权系数恒定)。

由式(3.3.34)可知，合并后的检验统计量 Y_{EGC} 由 K 个相互独立的服从中心

卡方分布的随机变量(H_0 条件下)或服从非中心卡方分布的随机变量(H_1 条件下)累加得到,故 Y_{EGC} 相应地服从自由度为 $2Ku$ 的中心卡方分布或参数为 $2\gamma_{\mathrm{EGC}}$ 的非中心卡方分布,γ_{EGC} 为合并后的输出信噪比,其计算公式为

$$\gamma_{\mathrm{EGC}}=\sum_{i=1}^{K}\mu\gamma_i \tag{3.3.35}$$

若令加权系数 $\mu=1$,则可得到 γ_{EGC} 的概率密度函数为

$$f(\gamma_{\mathrm{EGC}})=\frac{1}{(K-1)!\ \bar{\gamma}^K}\gamma_{\mathrm{EGC}}^{K-1}\exp\left(-\frac{\gamma_{\mathrm{EGC}}}{\bar{\gamma}}\right) \tag{3.3.36}$$

合并后的平均检测概率和虚警概率分别为

$$P_{\mathrm{d\_EGC}}=Q_{Ku}(\sqrt{2\gamma_{\mathrm{EGC}}},\sqrt{\lambda}) \tag{3.3.37}$$

$$P_{\mathrm{f\_EGC}}=\frac{\Gamma(Ku,\lambda/2)}{\Gamma(Ku)} \tag{3.3.38}$$

(2) 选择性合并(Selection Combining,SC)。

选择性合并将每个用户得到的检验统计量 Y_i 进行比较,选出最大的作为最终的检验统计量 Y_{SC},即

$$Y_{\mathrm{SC}}=\max(Y_1,Y_2,\cdots,Y_K) \tag{3.3.39}$$

其判决规则为

$$\begin{cases}Y_{\mathrm{SC}}^2>\lambda, & 判决为\ H_1\\ Y_{\mathrm{SC}}^2<\lambda, & 判决为\ H_0\end{cases} \tag{3.3.40}$$

将式(3.3.40)转化为逻辑上的陈述,即若所有认知用户的统计量均未超过判决门限,则判决为 H_0;若所有认知用户里至少有一个用户的统计量超过了判决门限,则判决为 H_1。由此可见,选择性合并也可称为“或”准则。

假设合并后的输出信噪比为 γ_{SC},则其概率密度函数为

$$f(\gamma_{\mathrm{SC}})=\frac{K}{\bar{\gamma}}(1-\mathrm{e}^{-\gamma/\bar{\gamma}})^{K-1}\mathrm{e}^{-\gamma/\bar{\gamma}} \tag{3.3.41}$$

由此可得到平均检测概率和虚警概率分别为

$$P_{\mathrm{d\_SC}}=1-\prod_{i=1}^{K}[1-Q_u(\sqrt{2\gamma_i},\sqrt{\lambda})] \tag{3.3.42}$$

$$P_{\mathrm{f\_SC}}=1-\left[1-\frac{\Gamma(u,\lambda/2)}{\Gamma(u)}\right]^K \tag{3.3.43}$$

(3) 独立联合频谱感知。

独立联合频谱感知要求用户数 K 必须为奇数,且各用户都能自己独立判决。其原理为:每个认知用户按照传统能量频谱感知算法首先独立地判决授权用户信号是否存在,然后将判决结果发送给中心节点,最终由中心节点统计出判决信号存在的用户个数 M,根据与定好的参考值 G(一般遵循多数原则,取$(K+$

1)/2) 做比较,判决规则为

$$\begin{cases} M > G, & \text{判决为 } H_1 \\ M < G, & \text{判决为 } H_0 \end{cases} \tag{3.3.44}$$

独立联合频谱感知因此也被看作“K/N”准则中的一种,“K/N”准则是指在 N 个认知用户里只要有 K 个用户判定授权用户信号存在,那么中心节点就判决当前无线电环境存在授权用户信号。

由此可得 MA 的平均检测概率和虚警概率分别为

$$P_{\mathrm{d\_MA}} = \sum_{i=K+1/2}^{K} C_K^i [Q_u(\sqrt{2\gamma}, \sqrt{\lambda})]^i [1 - Q_u(\sqrt{2\gamma}, \sqrt{\lambda})]^{K-i} \tag{3.3.45}$$

$$P_{\mathrm{f\_MA}} = \sum_{i=K+1/2}^{K} C_K^i \left[\frac{\Gamma(u, \lambda/2)}{\Gamma(u)}\right]^i \left[1 - \frac{\Gamma(u, \lambda/2)}{\Gamma(u)}\right]^{K-i} \tag{3.3.46}$$

为了方便起见,本节只在瑞利信道下对集中式多用户协作频谱感知算法不同分集接收合并方式的频谱感知性能进行了仿真,并加入了无协作频谱感知性能仿真,通过它们的互补 ROC 曲线可以直观地看到三种算法之间以及无协作频谱感知在频谱感知性能上的差异。仿真结果如图 3.3.6 所示,在其他衰落信道下的频谱感知性能大致与瑞利信道下相似。

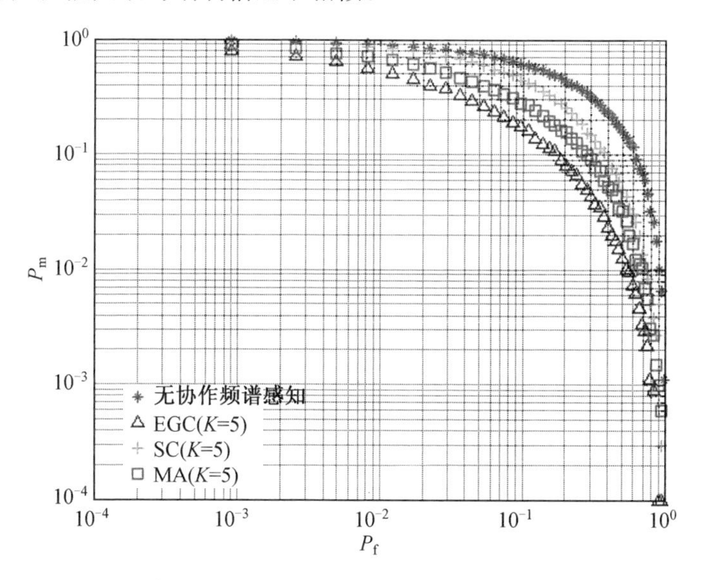

图 3.3.6　不同合并方式与无协作频谱感知的互补 ROC 曲线(彩图见附录)

在图 3.3.6 所示的仿真中,选取 5 个感知用户作为一个协作感知单元。从仿真结果看,无论哪种协作频谱感知算法都比单用户频谱感知漏检概率要小,说明多用户协作频谱感知减弱了多径衰落和阴影效应的影响。但同时,从图 3.3.6 中还可以看到,在三种合并方式中,等增益合并的频谱感知性能最好,独立联合频谱感知次之，选择性合并最差。这是由于等增益合并统计量综合了每个用户的信号能量，独立联合频谱感知则是一部分，而选择性合并只是其中一个用户，因此对于固定的判定门限，上述的频谱感知结果与理论分析相吻合。

在多用户协作频谱感知中，不可忽视的一个影响因素是单位感知单元中参与频谱感知的用户数。因此，本书以等增益合并为例对用户数对频谱感知性能的影响做了仿真，结果如图 3.3.7 所示。

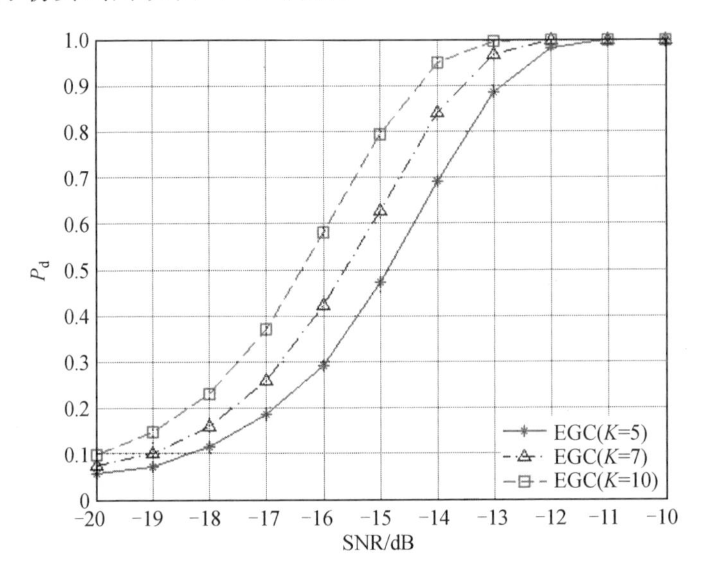

图 3.3.7　不同用户数下检测概率随平均信噪比变化曲线

图 3.3.7 仿真了虚警概率为 0.01 条件下，用户数不同时，检测概率随平均信噪比变化曲线。由图 3.3.7 可知，恒虚警概率下的检测概率随着信噪比增大而增大，P_d 在 0.3 和 0.9 之间时，检测概率与信噪比基本呈线性关系，斜率约为 0.2 dB^{-1}。同时可以发现，当参与感知的用户数从 5 个、7 个增加到 10 个时，在同样信噪比条件下检测概率递增。在线性区域，用户数每增加 3 个，要达到同样检测概率所需的信噪比会降低约 0.8 dB。但是，在单位感知单元用户数增加的同时，网络的复杂度和干扰会相应增大，因此在实际规划中应综合考虑。

3.4　非重构框架下的能量频谱感知

3.4.1　系统模型

已知长度为 N 的 K 稀疏信号 $\boldsymbol{s}$、测量矩阵 $\boldsymbol{\Phi} \in \mathbb{R}^{M \times N}(M \ll N)$。当 $\boldsymbol{s}$ 稀疏时

$\boldsymbol{y}=\boldsymbol{\Phi s}$，$\boldsymbol{y}_i=\langle \boldsymbol{s},\boldsymbol{\Phi}_i\rangle$，其中测量值 $\boldsymbol{y}\in\mathbb{R}^M$。当 $\boldsymbol{s}$ 非稀疏时，首先把 $\boldsymbol{s}$ 稀疏表示，公式为

$$\boldsymbol{s}=\boldsymbol{\Psi\alpha} \tag{3.4.1}$$

然后求测量值

$$\boldsymbol{y}=\boldsymbol{\Phi s}=\boldsymbol{\Phi\Psi\alpha}=\boldsymbol{\Theta\alpha} \tag{3.4.2}$$

$\boldsymbol{\Phi}$ 的每一行可以看作一个传感器或者一个天线上接收的信号，它与信号相乘，提取了信号的一部分信息。如果对接收的信号按照压缩感知理论对其进行压缩采样，其对应的二元假设模型变为

$$\begin{cases}\boldsymbol{y}=\boldsymbol{\Phi n}, & H_0\\ \boldsymbol{y}=\boldsymbol{\Phi}(\boldsymbol{s}+\boldsymbol{n}), & H_1\end{cases} \tag{3.4.3}$$

式中，$\boldsymbol{y}$ 为压缩后得到的 M 个元素组成的向量；$\boldsymbol{s}$ 和 $\boldsymbol{n}$ 分别为个数为 N 的压缩前的信号向量和噪声向量。

压缩感知得到的每个元素为

$$\begin{cases}Y_k=\sum_{i=1}^{N}\varphi_{ki}n(i), & 1\leqslant k\leqslant M,H_0\\ Y_k=\sum_{i=1}^{N}\varphi_{ki}[s(i)+n(i)], & 1\leqslant k\leqslant M,H_1\end{cases} \tag{3.4.4}$$

由于每个时刻的噪声为随机变量，不管测量矩阵是随机矩阵还是确定性矩阵，得到的压缩采样数据都是随机变量，为了后续推导方便，令

$$\begin{cases}X_{ki}=\varphi_{ki}n(i), & 1\leqslant k\leqslant M,H_0\\ X_{ki}=\varphi_{ki}[s(i)+n(i)], & 1\leqslant k\leqslant M,H_1\end{cases} \tag{3.4.5}$$

则

$$Y_k=\sum_{i=1}^{N}X_{ki},\quad 1\leqslant k\leqslant M \tag{3.4.6}$$

对测量矩阵进行列归一化处理，即令测量矩阵的每个元素的方差 $D[\varphi_{ki}]=\dfrac{1}{M}$。

压缩感知最终的目的是恢复信号，而对于信号检测或参数识别之类的推理问题则无须恢复信号，因此可以不受 RIP 等性质的限制。此时为了和传统的不采用压缩感知的能量频谱感知算法相比，即和能量归一化型的能量频谱感知算法相比，对压缩前的噪声进行归一化，并把它作为压缩感知后的能量频谱感知算法的检验统计量，其表达式为

$$Z=\frac{\sum_{k=0}^{M-1}Y_k^2}{\sigma_{\mathrm{n}}^2} \tag{3.4.7}$$

3.4.2 直接法求检验统计量的概率密度函数

为了求得压缩信号平方 Y_k^2 的概率密度函数，根据随机信号处理理论，可以首先求出压缩信号 Y_k 的概率密度函数，然后通过随机变量函数的概率密度函数的求解方法求得。压缩感知的二元假设模型为

$$\begin{cases} Y_k = \sum_{i=1}^{N} \varphi_{ki} n(i), & 1 \leqslant k \leqslant M, H_0 \\ Y_k = \sum_{i=1}^{N} \varphi_{ki} [s(i) + n(i)], & 1 \leqslant k \leqslant M, H_1 \end{cases} \tag{3.4.8}$$

可以看出，Y_k 是由 N 个随机变量 φ_{ki} 和 N 个随机变量 $n(i)$ 先相乘然后累加得到的，一般来说噪声 $n(i)$ 符合高斯分布，而测量矩阵元素 φ_{ki} 则不一定符合高斯分布。如果测量矩阵是确定性矩阵，则 Y_k 为高斯随机变量的线性组合，仍然为高斯分布；如果测量矩阵是随机矩阵，则对于 φ_{ki} 和 $n(i)$ 的乘积的分布，根据 φ_{ki} 分布不同，Y_k 符合不同的概率分布。但只有 φ_{ki} 符合高斯分布时，两个随机变量的乘积的分布才有明确的表达式，其他的目前还没有明确的闭合表达式。下面就假设 φ_{ki} 符合高斯分布分析 Y_k 的分布。根据二元假设模型分为 H_0 和 H_1 两种情况进行讨论。两个随机变量 $X \sim N(0, \sigma_X^2)$ 和 $Y \sim N(0, \sigma_Y^2)$ 是独立的高斯随机变量，那么它们的乘积 $Z = XY$ 的概率密度函数为

$$f_Z(z) = \frac{1}{\pi \sigma_X \sigma_Y} \mathrm{K}_0 \left(\frac{|z|}{\sigma_X \sigma_Y} \right) \tag{3.4.9}$$

式中，K_0 是第二类零阶修正贝塞尔函数。

因为 $D[\varphi_{ki}] = \frac{1}{M}$，$D[n(i)] = \sigma_{\mathrm{n}}^2$，所以 X_{ki} 的概率密度函数为

$$f_{X_{ki}}(x) = \frac{M}{\pi \sigma_n} \mathrm{K}_0 \left(\frac{M|x|}{\sigma_n} \right) \tag{3.4.10}$$

现在求 $Y_k = \sum_{i=1}^{N} X_{ki}, 1 \leqslant k \leqslant M$ 的概率密度函数。令

$$Y_{k1} = X_{k1}, Y_{k2} = X_{k2}, \cdots, Y_{kN} = Y_k = \sum_{i=1}^{N} X_{ki} \tag{3.4.11}$$

组成随机向量 $\boldsymbol{Y} = [Y_{k1} \quad Y_{k2} \quad \cdots \quad Y_{kN}]^{\mathrm{T}}$，假设向量 $\boldsymbol{X}_k = [X_{k1} \quad X_{k2} \quad \cdots \quad X_{kN}]^{\mathrm{T}}$，用 Y_{ki} 表示 $\boldsymbol{X}_k$ 为

$$\begin{cases} X_{k1} = h_1(Y_{k1}, Y_{k2}, \cdots, Y_{kN}) = Y_{k1} \\ X_{k2} = h_2(Y_{k1}, Y_{k2}, \cdots, Y_{kN}) = Y_{k2} \\ \quad \vdots \\ X_{kN} = h_N(Y_{k1}, Y_{k2}, \cdots, Y_{kN}) = Y_{kN} - \sum_{i=1}^{N-1} Y_{ki} \end{cases} \tag{3.4.12}$$

其对应的雅可比行列式为

$$|J|=\begin{vmatrix}\dfrac{\partial h_1}{\partial y_{k1}} & \dfrac{\partial h_1}{\partial y_{k2}} & \cdots & \dfrac{\partial h_1}{\partial y_{kN}}\\ \dfrac{\partial h_2}{\partial y_{k1}} & \dfrac{\partial h_2}{\partial y_{k2}} & \cdots & \dfrac{\partial h_2}{\partial y_{kN}}\\ \vdots & \vdots & & \vdots\\ \dfrac{\partial h_N}{\partial y_{k1}} & \dfrac{\partial h_N}{\partial y_{k2}} & \cdots & \dfrac{\partial h_N}{\partial y_{kN}}\end{vmatrix}=\begin{vmatrix}1 & 0 & \cdots & 0\\ 0 & 1 & \cdots & 0\\ \vdots & \vdots & & \vdots\\ -1 & -1 & \cdots & 1\end{vmatrix}=1 \quad (3.4.13)$$

所以，关系式 $\boldsymbol{Y}$ 和 $\boldsymbol{X}_k$ 概率密度之间的关系为

$$\begin{aligned}f_Y(y_{k1},y_{k2},\cdots,y_{kN})&=|J|f_{\boldsymbol{X}_k}(x_{k1},x_{k2},\cdots,x_{kN})\\&=|J|f_{\boldsymbol{X}_k}(h_1(y_{k1},y_{k2},\cdots,y_{kN}),h_2(y_{k1},y_{k2},\cdots,y_{kN}),\cdots,\\&\quad h_N(y_{k1},y_{k2},\cdots,y_{kN}))\end{aligned} \quad (3.4.14)$$

因为 $\boldsymbol{X}_k$ 各变量独立，所以式(3.4.14)简化为

$$\begin{aligned}f_Y(y_{k1},y_{k2},\cdots,y_{kN})&=|J|f_{X_{k1}}(h_1(y_{k1},y_{k2},\cdots,y_{kN}))\cdot f_{X_{k2}}(h_2(y_{k1},y_{k2},\cdots,\\&\quad y_{kN}))\cdot\cdots\cdot f_{XN}(h_N(y_{k1},y_{k2},\cdots,y_{kN}))\end{aligned} \quad (3.4.15)$$

所以，根据 $\boldsymbol{Y}$ 的联合概率密度函数求得 Y_k 的概率密度函数为

$$\begin{aligned}f_{Y_{kN}}(y_{kN})&=\underbrace{\iint\cdots\int}_{N-1\text{重积分}}f_Y(y_{k1},y_{k2},\cdots,y_{kN})\mathrm{d}y_{k1},\mathrm{d}y_{k2},\cdots,\mathrm{d}y_{k(N-1)}\\&=\underbrace{\iint\cdots\int}_{N-1\text{重积分}}f_{X_{k1}}(h_1(y_{k1},y_{k2},\cdots,y_{kN})),f_{X_{k2}}(h_2(y_{k1},y_{k2},\cdots,y_{kN})),\cdots,\\&\quad f_{XN}(h_N(y_{k1},y_{k2},\cdots,y_{kN}))\mathrm{d}y_{k1},\mathrm{d}y_{k2},\cdots,\mathrm{d}y_{k(N-1)}\\&=\underbrace{\iint\cdots\int}_{N-1\text{重积分}}f_{X_{k1}}(x_{k1})f_{X_{k2}}(x_{k2})\cdots f_{XN}\left(\sum_{i=1}^{N}x_{ki}\right)\mathrm{d}x_{k1},\mathrm{d}x_{k2},\cdots,\mathrm{d}x_{k(N-1)}\\&=f_{X_{k1}}(h_1(y_{k1},y_{k2},\cdots,y_{kN}))\cdot f_{X_{k2}}(h_2(y_{k1},y_{k2},\cdots,\\&\quad y_{kN}))\cdot\cdots\cdot f_{XN}(h_N(y_{k1},y_{k2},\cdots,y_{kN}))\end{aligned} \quad (3.4.16)$$

因为 $E[\varphi_{ki}]=E[n(i)]=0$，且 $D[\varphi_{ki}]=\dfrac{1}{M}$，$D[n(i)]=\sigma_{\mathrm{n}}^2$，所以把 X_{ki} 的概率密度函数代入上式，进行化简，若 N 为偶数，得到概率密度函数为

$$f_{Y_{kN}}(y_{kN})=\frac{\sqrt{M}}{\sqrt{\sigma_{\mathrm{n}}^2}(N/2-1)!}\exp\left(-\frac{\sqrt{M}(y_{kN})}{\sqrt{\sigma_{\mathrm{n}}^2}}\right)\sum_{i=0}^{N/2-1}\frac{(N/2+i-1)!}{2^{N/2+i}i!\ (m-i-1)!}\cdot\left[\frac{\sqrt{M}(y_{kN})}{\sqrt{\sigma_{\mathrm{n}}^2}}\right]^{N/2-1-i} \quad (3.4.17)$$

若 N 为奇数，得到概率密度函数为

$$f_{Y_{kN}}(y_{kN})=\frac{\sqrt{M}\left[|y_{kN}|\sqrt{M}/2\sqrt{\sigma_{\mathrm{n}}^2}\right]^{(N-1)/2}}{\sqrt{\pi\sigma_{\mathrm{n}}^2}\,\Gamma[(N-1)/2+1/2]}\mathrm{I}_{(N-1)/2}\left[|y_{kN}|\sqrt{M}/\sqrt{\sigma_{\mathrm{n}}^2}\right] \quad (3.4.18)$$

下面分析 H_1 条件下的概率密度函数。在此种情况下 $Y_k=\sum_{i=1}^{N}\varphi_{ki}[s(i)+n(i)]$，$1\leqslant k\leqslant M$，对应的 $E[\varphi_{ki}]=0$，$E[s(i)+n(i)]=s$，$D[\varphi_{ki}]=\frac{1}{M}$，$D[n(i)]=\sigma_{\mathrm{n}}^2$，该种情况下如果满足 $D[\varphi_{ki}]=D[s(i)+n(i)]$，也就是 $\sigma_{\mathrm{n}}^2=\frac{1}{M}$ 时对应的概率密度函数才有闭合表达式，如果令 $\sigma_{\mathrm{n}}^2=\frac{1}{M}=\sigma^2$，当 N 为偶数时，其概率密度函数为

$$f_{Y_{kN}}(y_{kN})=\frac{1}{2\sigma^2}\left[\frac{|y_{kN}|}{2\sigma^2}\right]^{N/2-l}\exp\left[-\frac{|y_{kN}|+s^2/2}{\sigma^2}\right]\sum_{i=0}^{\infty}\sum_{l=0}^{N/2+i-1}\frac{(m+i+l-1)!}{2^l i!\ (m+i-1)!}\cdot\frac{1}{l!\ (m+i-l-1)!}\left[\frac{s^2}{4\sigma^2}\right]^i\left[\frac{|y_{kN}|}{\sigma^2}\right]^{i-l}\tag{3.4.19}$$

当 N 为奇数时，其概率密度函数为

$$f_{Y_{kN}}(y_{kN})=\frac{1}{\sqrt{\pi}\,\sigma^2}\left[\frac{y_{kN}}{2\sigma^2}\right]^{(N-1)/2}\exp\left[-\frac{s^2}{2\sigma^2}\right]\sum_{i=0}^{\infty}\frac{1}{i!\ \Gamma(m+i+1/2)}\cdot\left[\frac{s^2|y_{kN}|}{4\sigma^2}\right]^{(N-1)/2+i}\mathrm{I}_{(N-1)/2+i}\left[\frac{|y_{kN}|}{\sigma^2}\right]$$

但实际中这种情况很少出现，如果 $\sigma_{\mathrm{n}}^2\neq\frac{1}{M}$，则无法得到闭合表达式。

通过前述分析可以看出两种情况直接对其能量平方进行统计特性分析，由于取值范围都是无穷大，且具有多重累加，计算较为困难，甚至无法计算。如果在此基础上再计算各自的能量分布则无法给出合适的闭合表达式。另外，最重要的是上述分析都假设测量矩阵各分量均需要符合高斯分布，才能有上述结论，而在实际中压缩感知矩阵则可能符合其他的随机分布。而如果根据中心极限定理把压缩的信号建模为高斯分布，则仅仅需要测量矩阵的各元素独立同分布即可。

3.4.3 利用中心极限定理求检验统计量的概率密度函数

高斯随机变量的概率密度函数仅仅由其均值和方差决定。因此，首先推导非重构框架下二元假设模型两种情况下的压缩感知信号的均值和方差的表达式。假设测量矩阵的每个元素和噪声都是相互独立的随机变量。两个随机变量 U、V 乘积 T 的期望表示为

$$E[T]=E[UV]=E[U]E[V]\tag{3.4.20}$$

两个随机变量 U、V 乘积 T 的方差表示为

$$\begin{aligned}D[T]&=D[UV]\\&=E[(UV-E[UV])^2]=E[(UV-E[UV])(UV-E[UV])]\\&=E[UVUV-UVE(UV)-E(UV)UV+E(UV)E(UV)]\end{aligned}$$

$$=E[UVUV]-E[UV]E[UV]$$
$$=E[U^2V^2]-E^2[UV] \tag{3.4.21}$$

因为 X、Y 相互独立，所以式(3.4.21) 重写为

$$\begin{aligned}D[T]&=E[U^2V^2]-E^2[UV]=E[U^2]E[V^2]-E^2[U]E^2[V]\\&=(\sigma_U^2+m_U^2)(\sigma_V^2+m_V^2)-m_U^2m_V^2\\&=\sigma_U^2\sigma_V^2+\sigma_U^2m_V^2+m_U^2\sigma_V^2\\&=\sigma_U^2\sigma_V^2+(\sigma_U^2m_V^2+m_U^2\sigma_V^2)\end{aligned} \tag{3.4.22}$$

又因为 $D[U]D[V]=\sigma_U^2\sigma_V^2$，$\sigma_U^2m_V^2+m_U^2\sigma_V^2\geqslant 0$，所以可以得到

$$D[UV]=D(U)D(V)+(\sigma_U^2m_V^2+m_U^2\sigma_V^2) \tag{3.4.23}$$

所以

$$D[UV]\geqslant D[U]D[V] \tag{3.4.24}$$

当每个随机变量的数学期望为零时等号成立，此时

$$D[UV]=D[U]D[V] \tag{3.4.25}$$

把上述结果应用于压缩感知，得到

$$\begin{cases}Y_k=\sum\limits_{i=1}^{N}\varphi_{ki}n(i), & 1\leqslant k\leqslant M,H_0\\Y_k=\sum\limits_{i=1}^{N}\varphi_{ki}[s(i)+n(i)], & 1\leqslant k\leqslant M,H_1\end{cases} \tag{3.4.26}$$

压缩后的数据仍然为随机变量，令

$$\begin{cases}X_{ki}=\varphi_{ki}n(i), & 1\leqslant k\leqslant M,H_0\\X_{ki}=\varphi_{ki}[s(i)+n(i)], & 1\leqslant k\leqslant M,H_1\end{cases} \tag{3.4.27}$$

则

$$Y_k=\sum_{i=1}^{N}X_{ki},\quad 1\leqslant k\leqslant M \tag{3.4.28}$$

对应的期望为

$$\begin{cases}E[X_{ki}]=E[\varphi_{ki}n(i)]=E[\varphi_{ki}]E[n(i)], & 1\leqslant k\leqslant M,H_0\\E[X_{ki}]=E[\varphi_{ki}[s(i)+n(i)]=E[\varphi_{ki}]E[s(i)+n(i)], & 1\leqslant k\leqslant M,H_1\end{cases} \tag{3.4.29}$$

因为 $E[\varphi_{ki}]=E[n(i)]=0$，所以

$$\begin{cases}E[X_{ki}]=0, & 1\leqslant k\leqslant M,H_0\\E[X_{ki}]=0, & 1\leqslant k\leqslant M,H_1\end{cases} \tag{3.4.30}$$

对应的方差为

$$\begin{cases}D[X_{ki}]=D[\varphi_{ki}n(i)], & 1\leqslant k\leqslant M,H_0\\D[X_{ki}]=D[\varphi_{ki}[s(i)+n(i)]], & 1\leqslant k\leqslant M,H_1\end{cases} \tag{3.4.31}$$

因为 $E[\varphi_{ki}]=E[n(i)]=0$,得到

$$D[X_{ki}]-D[\varphi_{ki}n(i)]=D[\varphi_{ki}]D[n(i)] \tag{3.4.32}$$

又因为

$$E[s(i)+n(i)]=E[s(i)]+E[n(i)]=E[s(i)]\neq 0 \tag{3.4.33}$$

根据

$$D[XY]=\sigma_X^2\sigma_Y^2-(\sigma_X^2 m_Y^2+m_X^2\sigma_Y^2) \tag{3.4.34}$$

所以

$$\begin{aligned}D[\varphi_{ki}[s(i)+n(i)]]&=D[\varphi_{ki}]D[s(i)+n(i)]+D[\varphi_{ki}]E^2[s(i)+n(i)]\\&=D[\varphi_{ki}]D[n(i)]+D[\varphi_{ki}]E^2[s(i)]\end{aligned} \tag{3.4.35}$$

对应的方差为

$$\begin{cases}D[X_{ki}]=D[\varphi_{ki}n(i)]=D[\varphi_{ki}]D[n(i)], & 1\leqslant k\leqslant M,H_0\\ D[X_{ki}]=D[\varphi_{ki}[s(i)+n(i)]]=D[\varphi_{ki}]D[n(i)]+D[\varphi_{ki}]E^2[s(i)], & 1\leqslant k\leqslant M,H_1\end{cases} \tag{3.4.36}$$

由于 φ_{ki},$n(i)$ 相互独立,且对于任意的 k,i,φ_{ki} 具有相同的分布,$n(i)$ 具有相同的分布,两种情况下不同 i 的 X_{ki} 相互独立,$Y_k=\sum_{i=1}^{N}X_{ki}$,$1\leqslant k\leqslant M$,因此有

$$\begin{cases}E[Y_k]=E\left[\sum_{i=1}^{N}X_{ki}\right]=\sum_{i=1}^{N}E[X_{ki}]=0, & H_0\\ E[Y_k]=E\left[\sum_{i=1}^{N}X_{ki}\right]=\sum_{i=1}^{N}E[X_{ki}]=\sum_{i=1}^{N}E[\varphi_{ki}[s(i)+n(i)]]=0, & H_1\end{cases} \tag{3.4.37}$$

对于方差,直接利用结果得到

$$\begin{cases}D[Y_k]=D\left[\sum_{i=1}^{N}X_{ki}\right]=\sum_{i=1}^{N}D[X_{ki}]=\sum_{i=1}^{N}D[\varphi_{ki}]D[n(i)], & H_0\\ D[Y_k]=D\left[\sum_{i=1}^{N}X_{ki}\right]=\sum_{i=1}^{N}D(X_{ki})=\sum_{i=1}^{N}\{D[\varphi_{ki}]D[n(i)]+D[\varphi_{ki}]E^2[s(i)]\}, & H_1\end{cases} \tag{3.4.38}$$

由于 φ_{ki}、$n(i)$ 相互独立,且对于任意的 k、i、φ_{ki} 具有相同的分布,$n(i)$ 具有相同的分布,$s(i)=s$,因此有

$$\begin{cases}D[Y_k]=D\left[\sum_{i=1}^{N}X_{ki}\right]=\sum_{i=1}^{N}D[X_{ki}]=ND[\varphi_{ki}]D[n(i)], & H_0\\ D[Y_k]=D\left[\sum_{i=1}^{N}X_{ki}\right]=\sum_{i=1}^{N}D[X_{ki}]=N\{D[\varphi_{ki}]D[n(i)]+D[\varphi_{ki}]E^2[s(i)]\}, & H_1\end{cases} \tag{3.4.39}$$

令 $D[\varphi_{ki}]=\sigma_{\mathrm{m}}^2$ 为测量矩阵元素的方差，进一步整理可得

$$\begin{cases} D[Y_k]=D\left[\sum_{i=1}^{N}X_{ki}\right]=\sum_{i=1}^{N}D[X_{ki}]=N\sigma_{\mathrm{m}}^2D[n(i)], & H_0 \\ D[Y_k]=D\left[\sum_{i=1}^{N}X_{ki}\right]=\sum_{i=1}^{N}D[X_{ki}]=N\sigma_{\mathrm{m}}^2\{D[n(i)]+E^2[s(i)]\}, & H_1 \end{cases} \tag{3.4.40}$$

在压缩感知中为了保持压缩前后能量的变化不大，对测量矩阵的列进行归一化，由定义知 $D[\varphi_{ki}]=\dfrac{1}{M}$，此时方差变为

$$\begin{cases} D[Y_k]=D\left[\sum_{i=1}^{N}X_{ki}\right]=\sum_{i=1}^{N}D[X_{ki}]=\dfrac{N}{M}D[n(i)], & H_0 \\ D[Y_k]=D\left[\sum_{i=1}^{N}X_{ki}\right]=\sum_{i=1}^{N}D[X_{ki}]=\dfrac{N}{M}\{D[n(i)]+E^2[s(i)]\}, & H_1 \end{cases} \tag{3.4.41}$$

因为 $M\ll N$，对于两种情况都有 $D[Y_k]\geqslant D[n(i)]$，也就是压缩感知得到的信号的方差大于压缩感知之前的信号。把 $D[n(i)]=\sigma_{\mathrm{n}}^2$，$E[s(i)]=s$ 代入式 (3.4.41) 可得

$$\begin{cases} D[Y_k]=D\left[\sum_{i=1}^{N}X_{ki}\right]=\sum_{i=1}^{N}D[X_{ki}]=\dfrac{N}{M}\sigma_{\mathrm{n}}^2, & H_0 \\ D[Y_k]=D\left[\sum_{i=1}^{N}X_{ki}\right]=\sum_{i=1}^{N}D[X_{ki}]=\dfrac{N}{M}(\sigma_{\mathrm{n}}^2+s^2), & H_1 \end{cases} \tag{3.4.42}$$

3.4.4　非重构框架下的能量频谱感知性能分析

根据概率知识可知多个方差不为 1 的高斯随机变量平方累加符合伽马分布，即

$$\sum_{k=0}^{M-1}Y_k^2=\begin{cases} \sum_{k=0}^{M-1}\left[\sum_{i=1}^{N}\varphi_{ki}n(i)\right]^2=\sum_{k=0}^{M-1}\left[\sum_{i=1}^{N}X_{ki}\right]^2, & H_0 \\ \sum_{k=0}^{M-1}\left[\sum_{i=1}^{N}\varphi_{ki}[s(i)+n(i)]\right]^2=\sum_{k=0}^{M-1}\left[\sum_{i=1}^{N}X_{ki}\right]^2, & H_1 \end{cases} \tag{3.4.43}$$

为了计算方便和满足压缩前后对比的需要，仅仅对压缩感知前的噪声进行归一化处理，即令 $Z=\dfrac{\sum_{k=0}^{M-1}Y_k^2}{\sigma_{\mathrm{n}}^2}$ 作为检验统计量，则

$$Z=\frac{\sum_{k=0}^{M-1}Y_k^2}{\sigma_{\mathrm{n}}^2}=\sum_{k=0}^{M-1}\left(\frac{Y_k}{\sigma_n}\right)^2=\begin{cases}\sum_{k=0}^{M-1}\left[\sum_{i=1}^{N}\frac{\varphi_{ki}n(i)}{\sigma_n}\right]^2, & H_0\\ \sum_{k=0}^{M-1}\left[\sum_{i=1}^{N}\frac{\varphi_{ki}[s(i)+n(i)]}{\sigma_n}\right]^2, & H_1\end{cases} \tag{3.4.44}$$

进一步整理得到

$$Z=\frac{\sum_{k=0}^{M-1}Y_k^2}{\sigma_{\mathrm{n}}^2}=\sum_{k=0}^{M-1}\left(\frac{Y_k}{\sigma_n}\right)^2=\begin{cases}\sum_{k=0}^{M-1}\left[\sum_{i=1}^{N}\varphi_{ki}\frac{n(i)}{\sigma_n}\right]^2, & H_0\\ \sum_{k=0}^{M-1}\left\{\sum_{i=1}^{N}\left[\varphi_{ki}\frac{s(i)}{\sigma_n}+\varphi_{ki}\frac{n(i)}{\sigma_n}\right]\right\}^2, & H_1\end{cases} \tag{3.4.45}$$

此时

$$\begin{cases}E\left[\frac{Y_k}{\sigma_n}\right]=E\left[\sum_{i=1}^{N}\frac{X_{ki}}{\sigma_n}\right]=\frac{1}{\sigma_n}\sum_{i=1}^{N}E[X_{ki}]=\frac{1}{\sigma_n}\sum_{i=1}^{N}E[\varphi_{ki}n(i)]=0, & H_0\\ E\left[\frac{Y_k}{\sigma_n}\right]=E\left[\sum_{i=1}^{N}\frac{X_{ki}}{\sigma_n}\right]=\frac{1}{\sigma_n}\sum_{i=1}^{N}E[X_{ki}]=\frac{1}{\sigma_n}\sum_{i=1}^{N}E[\varphi_{ki}(s(i)+n(i))]=0, & H_1\end{cases} \tag{3.4.46}$$

$$\begin{cases}D\left[\frac{Y_k}{\sigma_n}\right]=D\left[\sum_{i=1}^{N}\frac{X_{ki}}{\sigma_n}\right]=\frac{1}{\sigma_{\mathrm{n}}^2}\sum_{i=1}^{N}D[X_{ki}]=N\sigma_{\mathrm{m}}^2, & H_0\\ D\left[\frac{Y_k}{\sigma_n}\right]=D\left[\sum_{i=1}^{N}\frac{X_{ki}}{\sigma_n}\right]=\frac{1}{\sigma_{\mathrm{n}}^2}\sum_{i=1}^{N}D[X_{ki}]=N\sigma_{\mathrm{m}}^2\left(1+\frac{s^2}{\sigma_{\mathrm{n}}^2}\right), & H_1\end{cases} \tag{3.4.47}$$

$\sum_{i=1}^{N}\frac{n(i)}{\sigma_n}$ 符合均值为零、方差为1的标准正态分布。与压缩前不同，压缩后两种情况下的信号均是均值为零的高斯分布，只是方差不同，且很多情况下不等于1，两种情况下的能量检验统计量均符合伽马分布，由概率密度曲线可知统计量 Z 的概率密度为

$$f_Z(z)=\begin{cases}\dfrac{z^{M/2-1}\exp\left(-\dfrac{z}{2N\sigma_{\mathrm{m}}^2}\right)}{(2N\sigma_{\mathrm{m}}^2)^{M/2}\Gamma\left(\dfrac{1}{2}M\right)}, & H_0\\ \dfrac{z^{M/2-1}\exp\left[-\dfrac{z\sigma_{\mathrm{n}}^2}{2N\sigma_{\mathrm{m}}^2(\sigma_{\mathrm{n}}^2+s^2)}\right]}{\left[2N\sigma_{\mathrm{m}}^2\left(1+\dfrac{s^2}{\sigma_{\mathrm{n}}^2}\right)\right]^{M/2}\Gamma\left(\dfrac{1}{2}M\right)}, & H_1\end{cases} \tag{3.4.48}$$

式中，$\Gamma(\cdot)$ 为伽马函数。

式(3.4.48)也可记为

$$Z \sim \begin{cases} \Gamma(M/2, 2N\sigma_{\mathrm{m}}^2), & H_0 \\ \Gamma\left[M/2, 2N\sigma_{\mathrm{m}}^2\left(1+\frac{s^2}{\sigma_{\mathrm{n}}^2}\right)\right], & H_1 \end{cases} \tag{3.4.49}$$

式中，$\Gamma(\alpha,\beta) = \begin{cases} \frac{\beta^{\alpha}}{\Gamma(\alpha)} x^{\alpha-1} \mathrm{e}^{-\beta x}, & x > 0 \\ 0, & \text{其他} \end{cases}$，对应的累积分布函数(Cumulative Distribution Function，CDF)为

$$F_Z(z) = \begin{cases} \int_0^z \frac{u^{M/2-1}\exp\left(-\frac{u}{2N\sigma_{\mathrm{m}}^2}\right)}{(2N\sigma_{\mathrm{m}}^2)^{M/2}\Gamma\left(\frac{1}{2}M\right)} \mathrm{d}u, & H_0 \\ \int_0^z \frac{u^{M/2-1}\exp\left[-\frac{\sigma_{\mathrm{n}}^2 u}{2N\sigma_{\mathrm{m}}^2(\sigma_{\mathrm{n}}^2+s^2)}\right]}{\left[2N\sigma_{\mathrm{m}}^2\left(1+\frac{s^2}{\sigma_{\mathrm{n}}^2}\right)\right]2N(\sigma_{\mathrm{n}}^2+s^2))^{M/2}\Gamma\left(\frac{1}{2}M\right)} \mathrm{d}u, & H_1 \end{cases} \tag{3.4.50}$$

对于任意的 $M/2$，很容易将 CDF 整理为不完全的伽马函数，但无法给出闭合表达式。如果 $M/2$ 为整数，也就是 M 是偶数，则上述两种情况下的 CDF 可以简化为

$$F_Z(z) = \begin{cases} 1-\exp\left(-\frac{z}{2N\sigma_{\mathrm{m}}^2}\right)\sum_{k=0}^{M/2-1}\frac{1}{k!}\left(\frac{z}{2N\sigma_{\mathrm{m}}^2}\right)^k, & H_0 \\ 1-\exp\left[-\frac{\sigma_{\mathrm{n}}^2 z}{2N\sigma_{\mathrm{m}}^2(\sigma_{\mathrm{n}}^2+s^2)}\right]\sum_{k=0}^{M/2-1}\frac{1}{k!}\left[\frac{\sigma_{\mathrm{n}}^2 z}{2N\sigma_{\mathrm{m}}^2(\sigma_{\mathrm{n}}^2+s^2)}\right]^k, & H_1 \end{cases} \tag{3.4.51}$$

对于给定判决门限 λ，在高斯信道下的检测概率为

$$\begin{aligned} P_{\mathrm{d}} &= P(Z > \lambda \mid H_1) \\ &= 1-\left[1-\exp\left[-\frac{\sigma_{\mathrm{n}}^2 z}{2N\sigma_{\mathrm{m}}^2(\sigma_{\mathrm{n}}^2+s^2)}\right]\sum_{k=0}^{M/2-1}\frac{1}{k!}\left[\frac{\sigma_{\mathrm{n}}^2 z}{2N\sigma_{\mathrm{m}}^2(\sigma_{\mathrm{n}}^2+s^2)}\right]^k\right] \\ &= \exp\left[-\frac{\sigma_{\mathrm{n}}^2 z}{2N\sigma_{\mathrm{m}}^2(\sigma_{\mathrm{n}}^2+s^2)}\right]\sum_{k=0}^{M/2-1}\frac{1}{k!}\left[\frac{\sigma_{\mathrm{n}}^2 z}{2N\sigma_{\mathrm{m}}^2(\sigma_{\mathrm{n}}^2+s^2)}\right]^k \end{aligned} \tag{3.4.52}$$

虚警概率表示为

$$\begin{aligned} P_{\mathrm{f}} = P(Z > \lambda \mid H_0) &= 1-\left[1-\exp\left(-\frac{z}{2N\sigma_{\mathrm{m}}^2}\right)\sum_{k=0}^{M/2-1}\frac{1}{k!}\left(\frac{z}{2N\sigma_{\mathrm{m}}^2}\right)^k\right] \\ &= \exp\left(-\frac{z}{2N\sigma_{\mathrm{m}}^2}\right)\sum_{k=0}^{M/2-1}\frac{1}{k!}\left(\frac{z}{2N\sigma_{\mathrm{m}}^2}\right)^k \end{aligned} \tag{3.4.53}$$

漏检概率表示为

$$P_{\mathrm{m}}=P(Z<\lambda \mid H_1)=1-\exp\left[-\frac{\sigma_{\mathrm{n}}^2 z}{2N\sigma_{\mathrm{m}}^2(\sigma_{\mathrm{n}}^2+s^2)}\right]\sum_{k=0}^{M/2-1}\frac{1}{k!}\left[\frac{\sigma_{\mathrm{n}}^2 z}{2N\sigma_{\mathrm{m}}^2(\sigma_{\mathrm{n}}^2+s^2)}\right]^k \tag{3.4.54}$$

3.4.5 仿真结果

为了证明理论分析的正确性，本节对提出的算法性能进行了软件仿真。主要从压缩感知(以下简称为压缩)前后的统计性能和频谱感知算法性能两个方面进行仿真。

1. 压缩前后的统计性能

压缩前后影响频谱感知算法性能的统计参数包括压缩前后的概率密度函数、压缩前后能量的概率密度函数、压缩前后能量的均值和方差等。图 3.4.1 给出了压缩前后的概率密度函数，其中测量矩阵为高斯随机矩阵，从图中可以看出压缩前噪声均值为 0，压缩后噪声均值为 0，也就是说压缩前后噪声均值相等，而压缩后噪声的方差比压缩前噪声的方差大。现在分析压缩后二元假设两种情况下的均值和方差，它们均值的表达式为

$$\begin{cases} E[Y_k]=E\left[\sum_{i=1}^{N}X_{ki}\right]=\sum_{i=1}^{N}E[X_{ki}]=\sum_{i=1}^{N}E[\varphi_{ki}n(i)]=0, & H_0 \\ E[Y_k]=E\left[\sum_{i=1}^{N}X_{ki}\right]=\sum_{i=1}^{N}E[X_{ki}]=\sum_{i=1}^{N}E[\varphi_{ki}[s(i)+n(i)]]=0, & \mathrm{H}_1 \end{cases} \tag{3.4.55}$$

也就是压缩后 H_0 和 H_1 两种情况信号的均值相等，均为 0，与图 3.4.1 的仿真结果相同。它们方差的表达式为

$$\begin{cases} D[Y_k]=D\left[\sum_{i=1}^{N}X_{ki}\right]=\sum_{i=1}^{N}D[X_{ki}]=\frac{N}{M}\sigma_{\mathrm{n}}^2, & H_0 \\ D[Y_k]=D\left[\sum_{i=1}^{N}X_{ki}\right]=\sum_{i=1}^{N}D[X_{ki}]=\frac{N}{M}\{\sigma_{\mathrm{n}}^2+s^2\}, & H_1 \end{cases} \tag{3.4.56}$$

式中，σ_{n}^2 为压缩前噪声的方差；$\sigma_{\mathrm{n}}^2+s^2$ 为压缩前信号加噪声的方差，由于 $N\gg M$，所以$\frac{N}{M}\sigma_{\mathrm{n}}^2$ 大于 σ_{n}^2，$\frac{N}{M}\{\sigma_{\mathrm{n}}^2+s^2\}$ 大于 $\sigma_{\mathrm{n}}^2+s^2$，也就是说压缩后两种情况下的方差均变大，这与图 3.4.1 所示的仿真结果是相吻合的，说明了理论分析的正确性。

为了进一步对比，在图 3.4.2 中给出了噪声以及信号加噪声压缩前后能量的概率密度函数。

图 3.4.2 的仿真参数与图 3.4.1 的仿真参数相同，从图 3.4.2 中可以看出压缩前后噪声能量分布的均值没发生变化，但压缩后噪声能量分布的方差变大，也

就是压缩后噪声能量的分布更加分散。噪声固定，$\sigma_2=1$；信噪比固定为 0 dB。

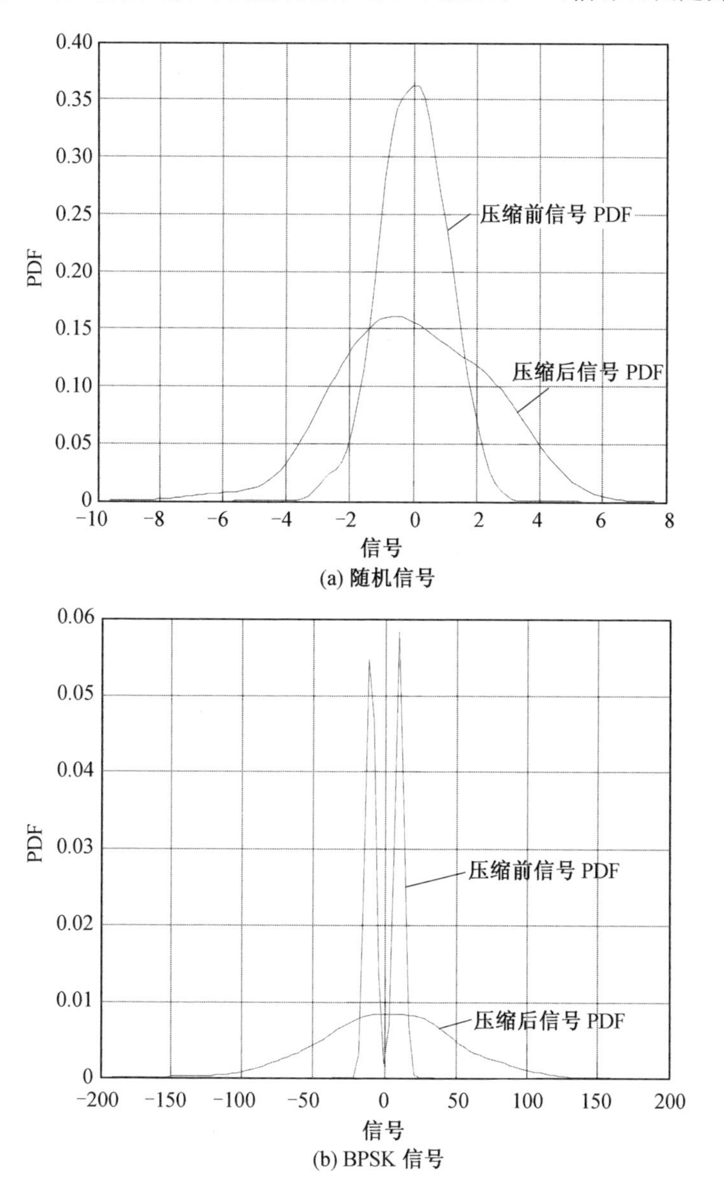

(a) 随机信号

(b) BPSK 信号

图 3.4.1　压缩前后的概率密度函数

为了证明仿真的正确性，从理论上分析压缩前后平方能量的期望分布表示为

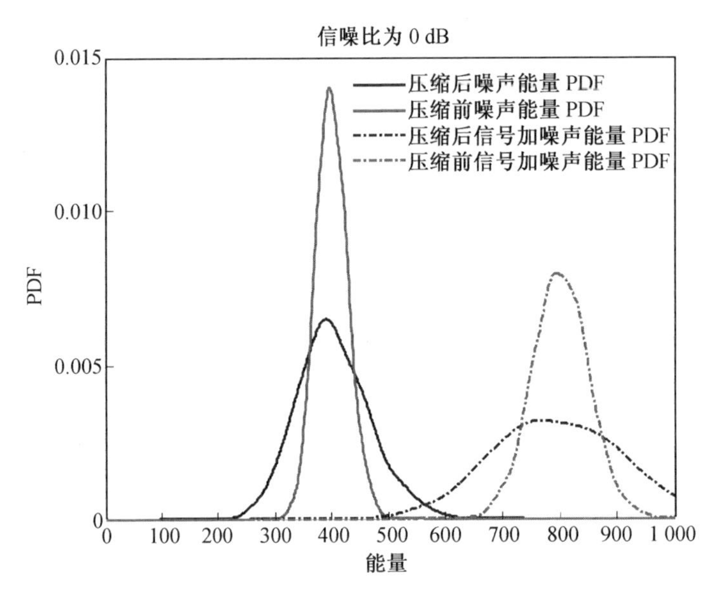

图 3.4.2 压缩前后能量的概率密度函数

$$\begin{cases} E\left[\sum_{k=0}^{M-1} Y_k^2\right] = \sum_{k=0}^{M-1} E[Y_k^2] = M\dfrac{N}{M}\sigma_n^2 = N\sigma_n^2, & H_0 \\ E\left[\sum_{k=0}^{M-1} Y_k^2\right] = \sum_{k=0}^{M-1} E[Y_k^2] = M\dfrac{N}{M}(\sigma_n^2 + s^2) = N\{\sigma_n^2 + s^2\}, & H_1 \end{cases} \tag{3.4.57}$$

可以看出压缩后两种情况下能量的均值不变,这与图 3.4.2 的仿真结果相吻合。能量对应方差的计算公式为

$$\begin{cases} D\left[\sum_{k=0}^{M-1} Y_k^2\right] = \sum_{k=0}^{M-1} D[Y_k^2] = \dfrac{2N^2}{M}\sigma_n^4 = \dfrac{N}{M}(2N\sigma_n^4), & H_0 \\ D\left[\sum_{k=0}^{M-1} Y_k^2\right] = \sum_{k=0}^{M-1} D[Y_k^2] = 2M\left[\dfrac{N}{M}(\sigma_n^2 + s^2)\right]^2 = \dfrac{N}{M}[2N(\sigma_n^2 + s^2)^2], & H_1 \end{cases} \tag{3.4.58}$$

式中,$2N\sigma_n^4$ 和 $2N\{\sigma_n^2 + s^2\}^2$ 分别为压缩前两种情况下的方差,因为 $N \gg M$,所以 $\dfrac{N}{M}(2N\sigma_n^4)$ 大于 $2N\sigma_n^4$,$\dfrac{N}{M}[2N(\sigma_n^2 + s^2)^2]$ 大于 $2N(\sigma_n^2 + s^2)^2$,也就是因为压缩后方差变大,与图 3.4.2 的仿真结果相同。检验统计量 $Z = \dfrac{\sum_{k=0}^{M-1} Y_k^2}{\sigma_n^2}$ 和式(3.4.58)中的 $\sum_{k=0}^{M-1} Y_k^2$ 相比只是多了一个常数 σ_n^2,因此其期望和方差的性质与 $\sum_{k=0}^{M-1} Y_k^2$ 相同。

2. 压缩前后能量频谱感知算法性能

对于频谱感知最关键的性能包括检测概率和虚警概率以及 ROC 曲线。首先给出压缩前后的检测概率，第一种情况是压缩率相同，压缩数据个数不同，虚警概率均假设为 0.05，保持压缩比 $N/M=512/128=4$。图 3.4.3 对应的仿真数据个数分布为压缩前点数 512，压缩后 128。图 3.4.4 给出参数为压缩前点数 512×5，压缩后 128×5。图 3.4.5 给出参数为压缩前点数压缩前点数 5 120，压缩后 1 280。

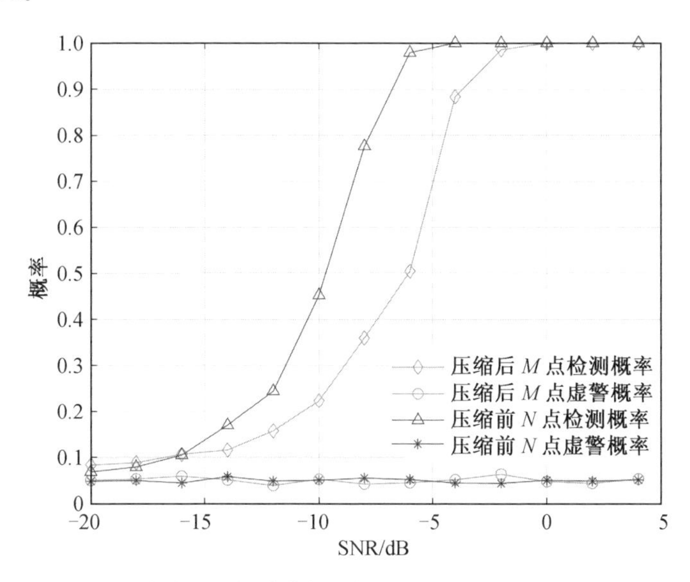

图 3.4.3　压缩前后的频谱感知性能（$M=128$，$N=512$）（彩图见附录）

从图 3.4.3 ～ 3.4.5 中可以看出，随着采样点数的增加，检测概率越来越好。分析发现，增加采样点数相当于累积了更多的信号能量，增加了信噪比。

下面分析其他参数相同、不同压缩率下的频谱感知性能，图 3.4.6 给出了压缩前点数 512，压缩后 256，假设虚警概率为 0.05，$N/M=512/256=2$ 时压缩前后的检测概率。图 3.4.7 给出了压缩前点数 512，压缩后 512，$N/M=512/512=1$，虚警概率为 0.05 时压缩前后的检测概率。

在压缩比为 1 时，采用压缩感知的效果比正常情况要差一些，这是因为随机矩阵相乘导致压缩感知后的方差变大，同样的门限导致检测概率有些时候会差些。

最后分析算法的计算复杂度，如果数据为实数，则能量频谱感知的计算量为压缩前 N 个乘法和 $N-1$ 个加法，而压缩后为 M 个乘法和 $M-1$ 个加法。如果数据为复数，则压缩前为 $2N$ 个乘法和 $2N-1$ 个加法，而压缩后为 $2M$ 个乘法和 $2M-1$ 个加法。由前面的假设可知 $M\ll N$，则可知压缩后的计算复杂度远远小于压缩前的计算复杂度,能大大加快检测速度。

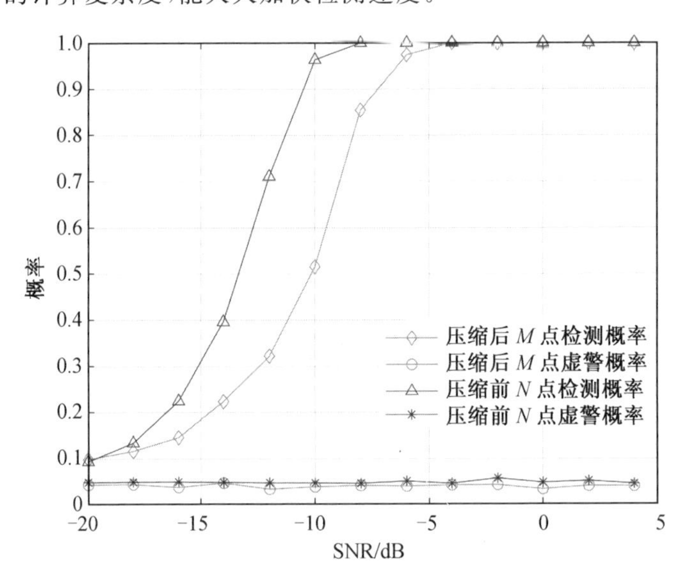

图 3.4.4　压缩前后的频谱感知性能($M=128\times5, N=512\times5$)(彩图见附录)

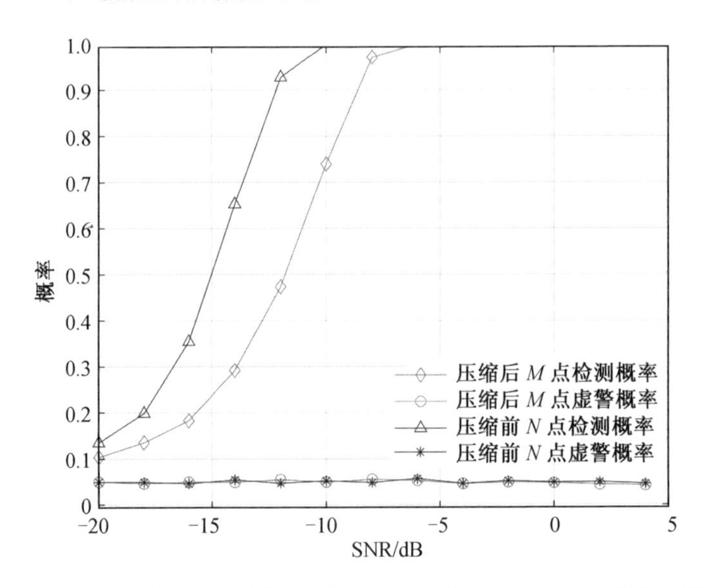

图 3.4.5　压缩前后的频谱感知性能($M=1\ 280, N=5\ 120$)(彩图见附录)

非重构框架下的信号处理是一个比较有意义的方向,本节对压缩前后的统计特性参数以及能量统计参数进行了详细的理论分析,对后续的相关研究进行了有益的探索,研究表明压缩前后的概率密度函数发生变化,但其均值不变,而方差变大,这是导致压缩后能量频谱感知算法性能下降的根本原因;然后在此基

础上分析了压缩前后能量的统计特性，包括其概率密度函数、均值和方差，通过分析发现均值不变，方差变大，理论和仿真实验是吻合的，这些研究能够为压缩欠采样信号处理提供一些基础性的结果；为了验证上述结果的实用性，根据上述结果分析利用能量进行频谱感知的性能，在虚警概率相同的情况下压缩后的频谱感知效果有所下降，但计算复杂度大大降低，适合需要快速频谱感知结果的场合。

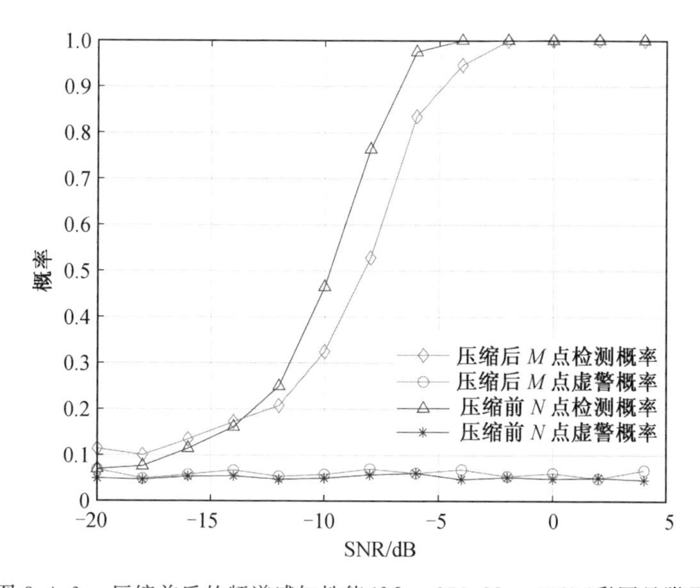

图 3.4.6　压缩前后的频谱感知性能($M=256, N=512$)(彩图见附录)

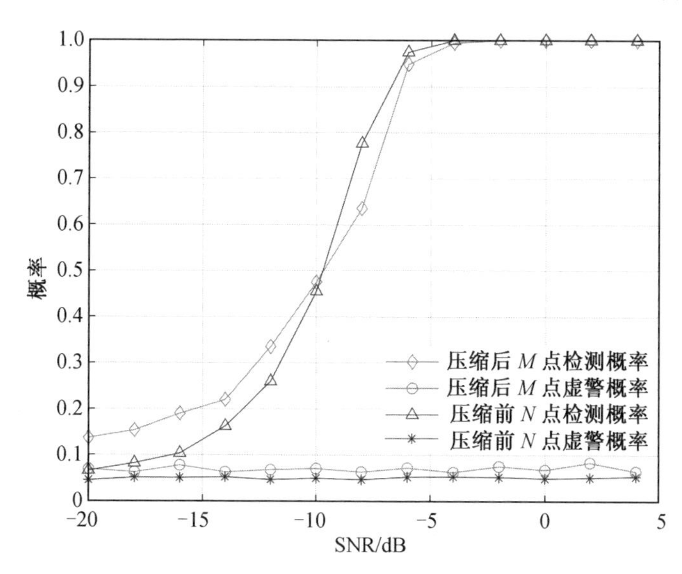

图 3.4.7　压缩前后的频谱感知性能($M=512, N=512$)(彩图见附录)

本章参考文献

[1] DIGHAM F F, ALOUINI M S, SIMON M K. On the energy detection of unknown signals over fading channels[J]. IEEE Transactions on Communications, 2007, 55(1):21-24.

[2] ALI A, HAMOUDA W. Advances on spectrum sensing for cognitive radio networks: theory and applications[J]. IEEE Communications Surveys & Tutorials, 2017: 1277-1304.

[3] DIGHAM F F, ALOUINI M S, SIMON M K. On the energy detection of unknown signals over fading channels[J]. IEEE Transactions on Communications, 2007, 55(1):21-24.

[4] URKOWITZ H. Energy detection of unknown deterministic signals[J]. Proceedings of the IEEE, 1967, 55(4): 523-531.

[5] ZENG Y, LIANG Y C, HOANG A T, et al. Reliability of spectrum sensing under noise and interference uncertainty[C]//IEEE International Conference on Communications Workshops, 2009: 1-5.

[6] 刘鑫，谭学治，徐贵森. 噪声不确定下认知无线电能量检测性能的分析[J]. 四川大学学报(工程科学版), 2011, 43(6): 168-172.

[7] TANDRA R, SAHAI A. Fundamental limits on detection in low SNR under noise uncertainty[C]//Wireless Networks, Communications and Mobile Computing, 2005 International Conference on. IEEE, 2005, 1: 464-469.

[8] TANDRA R ,SAHAI A. Fundamental limits on detection in low SNR under noise uncertainty[J]. Pro. of the WirelessCom Symposium on Signal Processing 2005, 464-469.

[9] 龙颖贤，张宁，周峰，等. 一种基于噪声估计的能量检测自适应门限新算法[J]. 电信科学,2012,28(5):49-53.

[10] 许建霞，刘会衡，刘克中. 认知无线电中一种双门限能量检测算法[J]. 武汉理工大学学报(信息与管理工程版), 2011, (04): 529-532,535.

[11] JAE-YOUNG C, SANG-SIK A. Spectrum sensing scheme using revaluation process with double threshold[C]. ICT Convergence (ICTC), 2013 International Conference on, 2013: 924-928.

[12] MATINMIKKO M, SARVANKO H, MUSTONEN M, et al. Performance of spectrum sensing using Welch's periodogram in Rayleigh fading channel[C]. International Conference on Cognitive Radio

Oriented Wireless Networks and Communications, 2009. Crowncom. IEEE, 2009:1-5.

[13] GISMALLA E H, ALSUSA E. Performance analysis of the periodogram-based energy detector in fading channels[J]. IEEE Transactions on Signal Processing, 2011, 59(8):3712-3721.

[14] GISMALLA E H, ALSUSA E. On the performance of energy detection using bartlett's estimate for spectrum sensing in cognitive radio systems[J]. IEEE Transactions on Signal Processing, 2012, 60(7):3394-3404.

[15] KAY S M. 统计信号处理基础——估计与检测理论[M]. 北京:电子工业出版社, 2014.

[16] 胡广书. 数字信号处理——理论+算法与实现[M]. 北京:清华大学出版社, 2012.

[17] NALLAGONDA S, SURAPARAJU S, ROY S D, et al. Performance of energy detection based spectrum sensing in fading channels[C]//Computer and Communication Technology (ICCCT), 2011 2nd International Conference on. IEEE, 2011: 575-580.

[18] ANNAMALAI A, OLABIYI O, ALAM S, et al. Unified analysis of energy detection of unknown signals over generalized fading channels[C]//Wireless Communications and Mobile Computing Conference (IWCMC), 2011 7th International. IEEE, 2011: 636-641.

[19] HERATH S P, RAJATHEVA N, TELLAMBURA C. Unified approach for energy detection of unknown deterministic signal in cognitive radio over fading channels[C]//Communications Workshops, 2009. ICC Workshops 2009. IEEE International Conference on. IEEE, 2009: 1-5.

[20] SUN H, LAURENSON D I, WANG C X. Computationally tractable model of energy detection performance over slow fading channels[J]. Communications Letters, IEEE, 2010, 14(10): 924-926.

[21] 王锴. 基于能量检测的认知无线电协作检测算法研究[D]. 哈尔滨:哈尔滨工业大学,2010.

[22] 董洁, 陈岩. Rayleigh 信道下多用户合作能量检测方法的研究[J]. 桂林电子科技大学学报, 2008, 28(5).

[23] NHU TRI DO, BEONGKU AN. A soft-hard combination-based cooperative spectrum sensing scheme for cognitive radio networks[J]. Sensors, 2015, 15(2):4388-4407.

[24] CANDES E,WAKIN M B. An introduction to compressive sampling[J].

IEEE Transactions on Signal Processing Magazine, 2008, 25(2):21-30.
[25] DAVENPORT M A, BOUFOUNOS P T, WAKIN M B, et al. Signal processing with compressive measurements[J]. IEEE Journal of Selected Topics in Signal Processing, 2010, 4(2):445-460.
[26] HAUPT J,NOWAK R. Compressive sampling for signal detection[J]. IEEE International Conference on Acoustics, Speech and Signal Processing 2007, 3:1509-1512.
[27] WANG Weigang, YANG Zhen, GU Bin, et al. A non-reconstruction method of compressed spectrum sensing[C]. Wireless Communications, Networking and Mobile Computing, 2011, 1-4.
[28] HONG S. Direct spectrum sensing from compressed measurements[C]. Miltary Communications Conference,2010, 1187-1192.

第 4 章 非重构频谱感知框架下的测量矩阵优化

根据压缩感知理论可知，测量矩阵是压缩感知的重要组成部分，测量矩阵设计的优劣会影响信号的压缩采样，进而会影响非重构频谱感知算法的检测效果。本章首先针对单天线非重构能量频谱感知算法，提出了测量矩阵的格拉姆矩阵尽量接近于单位阵作为测量矩阵的设计准则。根据提出的准则，应用迭代训练法和梯度法分别对高斯随机矩阵进行优化，提升了频谱感知的效果。4.2 节针对信号可以被稀疏表示的特性，提出了单天线基于稀疏表示的非重构频谱感知算法，并且通过将多个单位阵相连接并结合稀疏分解矩阵构造了适用于该算法的测量矩阵。4.3 节将单天线非重构频谱感知算法扩展到了多天线的情况，针对多天线非重构频谱感知，应用对测量矩阵进行“分割”的思想，为每根天线设计了相应的测量矩阵，降低了每根天线的测量矩阵的规模，进而降低了每根天线的采样率。通过与单天线瑞利信道下频谱感知效果相比较，发现多天线非重构频谱感知还能抑制信道衰落对频谱感知造成的影响，提升频谱感知效果。

4.1 非重构能量频谱感知的测量矩阵设计

测量矩阵在压缩感知中起着非常重要的作用，它关系到压缩采样信号能否保留原始信号的所有信息，也会影响到对原始信号的恢复。传统的基于压缩感知的频谱感知算法对信号进行压缩采样后需要再对原始信号进行恢复，再根据恢复后的信号进行频谱感知，测量矩阵会影响原始信号的恢复，进而会对频谱感知造成影响。对于非重构能量频谱感知方法，先对模拟信号进行压缩采样，然后直接对采样后的信号进行能量感知，测量矩阵会影响到对信号及噪声能量的压缩，也会对频谱感知的效果产生影响。所以，要优化测量矩阵以便尽可能提升频谱感知的效果。

4.1.1 非重构能量频谱感知算法

无线通信技术的飞速发展使得数据传输速率越来越高，传输信号的带宽也越来越宽。若按奈奎斯特采样定理进行采样，采样速率会越来越高，现有的模数转换器可能满足不了这样的需求。压缩感知理论能将大量数据压缩为少量数据并且能实现几乎无损失地恢复出原始数据[1-2]。如何应用压缩感知理论降低对信号采样率的要求，一直是压缩感知应用研究的一个重要方面。

已经有学者通过模拟－信息转换器(Analog-to-information Conversion, AIC)实现压缩感知采样[3-4]，其工作流程如图 4.1.1 所示。

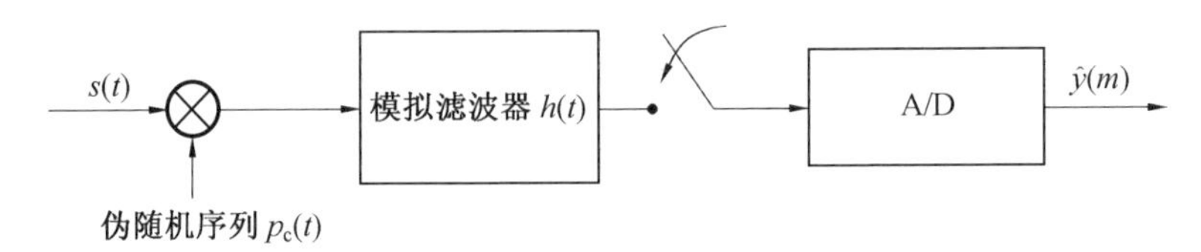

图 4.1.1 AIC 工作流程

输入信号 $s(t)$ 可以表示为

$$s(t)=\sum_{i=1}^{N}\alpha_i\psi_i(t) \tag{4.1.1}$$

式中，$\alpha_1, \alpha_2, \cdots, \alpha_N$ 可以看作连续信号 $s(t)$ 在稀疏域的稀疏表示。

$s(t)$ 首先要经过伪随机序列调制，调制后的信号经过模拟低通滤波器然后再经过低速 A/D 采样就实现了对模拟信号的直接压缩采样，也就实现了模拟－信息转换。采样之后的序列 $y(m)$ 可表示为

$$y(m)=\sum_{i=1}^{N}\alpha_i\int_{-\infty}^{\infty}\psi_i(\tau)p(\tau)h(mRT-\tau)\mathrm{d}\tau \tag{4.1.2}$$

假定压缩采样数据为 M 行 1 列向量，则采样值可以标记为

$$\boldsymbol{y}=\sum_{i=1}^{N}\alpha_i\theta_{m,i}=\boldsymbol{\Theta\alpha} \tag{4.1.3}$$

式中，$\boldsymbol{y}\in\mathbb{R}^M$；$\theta_{m,i}$ 的表达式为

$$\theta_{m,i}=\int_{-\infty}^{\infty}\psi_i(\tau)p(\tau)h(mRT-\tau)\mathrm{d}\tau \tag{4.1.4}$$

这里的 $\boldsymbol{\Theta}$ 为压缩感知中的感知矩阵，它是测量矩阵与正交基矩阵的乘积。

AIC 模块直接将模拟信号压缩采样得到压缩采样值 $\boldsymbol{y}$。通常应用下述过程

模拟 AIC 模块采样。

(1) 对接收到的信号进行奈奎斯特采样，得到离散的采样信号 $\boldsymbol{s} \in \mathbb{R}^N$（假定采样点数为 N）。

(2) 用测量矩阵 $\boldsymbol{\Phi} \in \mathbb{R}^{M \times N}$ 对 $\boldsymbol{s}$ 进行压缩得到压缩采样值 $\boldsymbol{y}$：

$$\boldsymbol{y} = \boldsymbol{\Phi s} \tag{4.1.5}$$

目前学者研究的基于压缩感知的频谱感知都是基于对原始信号进行重构而进行的，其流程如图 4.1.2 所示。

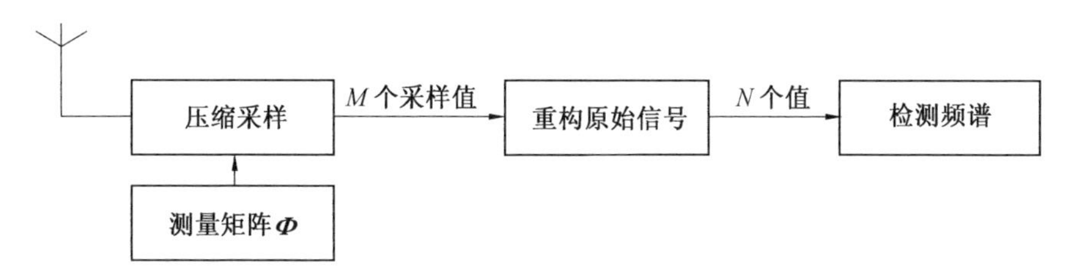

图 4.1.2　对原始信号进行重构再进行频谱感知流程

接收机首先对天线接收到的模拟信号进行压缩采样得到 M 个采样值，压缩采样过程需要测量矩阵。然后利用得到的 M 个采样值重构原始信号得到 N 个值，最后通过 N 个值进行能量检测。在该方法中，由 M 个压缩采样值重构 N 个原始信号需要消耗很大的计算量。考虑不对原始信号进行重构而直接对压缩采样信号进行频谱检测，这样就会省略掉非常消耗计算量的重构环节。非重构能量频谱感知的具体实施方案如图 4.1.3 所示[5-8]。

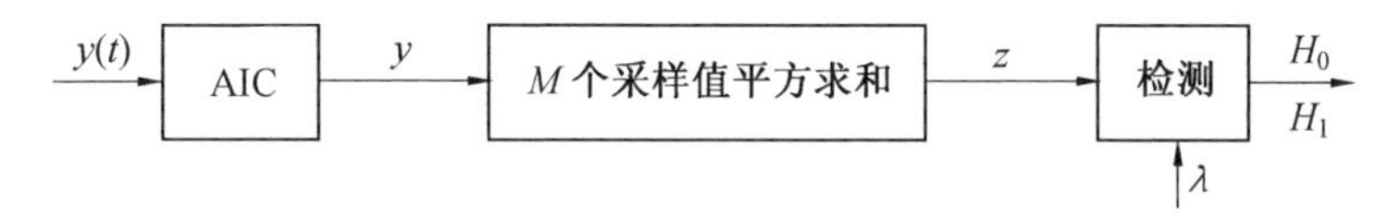

图 4.1.3　非重构能量频谱感知框图

图 4.1.2 中 $y(t)$ 表示天线接收到的模拟信号，该方案用模拟—信息转换器代替 A/D，通过 AIC 模块对模拟信号直接进行压缩采样得到包含 M 个采样数据的向量 $\boldsymbol{y}$。对 M 个采样值平方求和得到检验统计量 Z，将 Z 与已知门限值 λ 做比较进行频谱感知。当 $Z > \lambda$ 时，判定频谱已被占用；当 $Z < \lambda$ 时，判定频谱空闲。二元频谱感知模型为[7-8]

$$\begin{cases} \boldsymbol{y} = \boldsymbol{\Phi n}, & H_0 \\ \boldsymbol{y} = \boldsymbol{\Phi}(\boldsymbol{s} + \boldsymbol{n}), & H_1 \end{cases} \tag{4.1.6}$$

式中，$\boldsymbol{\Phi}$ 为 M 行 N 列的测量矩阵，在这里测量矩阵采用高斯随机矩阵。

高斯随机矩阵的每个元素都是独立同分布的高斯随机变量，每个元素的均值为 0，方差为 $1/M$。$\boldsymbol{y}$ 中各元素服从的分布为

$$y \sim \begin{cases} N(0, \boldsymbol{\Phi\Phi}^{\mathrm{T}}\sigma^2), & H_0 \\ N(\boldsymbol{\Phi s}, \boldsymbol{\Phi\Phi}^{\mathrm{T}}\sigma^2), & H_1 \end{cases} \tag{4.1.7}$$

假定 $\boldsymbol{\Phi\Phi}^{\mathrm{T}} = \frac{N}{M}\boldsymbol{I}$，则 $\boldsymbol{y}$ 中各元素相互独立，且其分布为

$$y \sim \begin{cases} N\left(0, \boldsymbol{I}\frac{N}{M}\sigma^2\right), & H_0 \\ N\left(\boldsymbol{\Phi s}, \boldsymbol{I}\frac{N}{M}\sigma^2\right), & H_1 \end{cases} \tag{4.1.8}$$

检验统计量 Z 定义为

$$Z = \boldsymbol{y}^{\mathrm{T}}\boldsymbol{y} \tag{4.1.9}$$

当处于 H_0 状态时，Z 服从自由度为 M 的中心卡方分布，虚警概率 P_{f} 可表示为

$$P_{\mathrm{f}} = \frac{\Gamma\left(\frac{M}{2}, \frac{M\lambda}{2N\sigma^2}\right)}{\Gamma\left(\frac{M}{2}\right)} \tag{4.1.10}$$

当处于 H_1 状态时，Z 服从自由度为 M 的非中心卡方分布，检测概率 P_{d} 可表示为

$$P_{\mathrm{d}} = Q_{\frac{M}{2}}\left(\sqrt{\frac{\boldsymbol{s}^{\mathrm{T}}\boldsymbol{\Phi}^{\mathrm{T}}\boldsymbol{\Phi s}}{\frac{N}{M}\sigma^2}}, \sqrt{\frac{\lambda}{\frac{N}{M}\sigma^2}}\right) \tag{4.1.11}$$

由前述可知 $\boldsymbol{y} = \boldsymbol{\Phi s}$ 表示高斯随机矩阵对信号压缩后的向量。由于 $\boldsymbol{\Phi}$ 为高斯随机矩阵且每个元素的均值为 0，方差为 $1/M$。可以推出 $\boldsymbol{y}$ 中每个元素都是相互独立的高斯随机变量，其分布为

$$\boldsymbol{y}_i \sim N\left(0, \frac{E}{M}\sigma^2\right) \tag{4.1.12}$$

式中，E 为信号的能量，$E = \boldsymbol{s}^{\mathrm{T}}\boldsymbol{s}$。

压缩后信号的能量 Z 可表示为

$$Z = \boldsymbol{s}^{\mathrm{T}}\boldsymbol{\Phi}^{\mathrm{T}}\boldsymbol{\Phi s} = \boldsymbol{y}^{\mathrm{T}}\boldsymbol{y} \tag{4.1.13}$$

所以 Z 服从自由度为 M 的中心卡方分布，其概率密度函数为

$$f_Z(z) = \frac{1}{\left(2\frac{E}{M}\sigma^2\right)^{M/2}\Gamma(M/2)} z^{\frac{M}{2}-1} \mathrm{e}^{-\frac{z}{2\frac{E}{M}\sigma^2}} \tag{4.1.14}$$

由于 Z 为随机变量，所以检测概率 P_{d} 也是随机变量。平均检测概率 $\bar{P}_{\mathrm{d}}$ 为

$$\bar{P}_{\mathrm{d}} = \int_0^{\infty} P_{\mathrm{d}}(z) f_Z(z) \mathrm{d}z$$

$$=\int_0^{\infty} Q_{\frac{M}{2}}\left(\sqrt{\frac{z}{\frac{N}{M}\sigma^2}},\sqrt{\frac{\hat{\lambda}}{\frac{N}{M}\sigma^2}}\right)\frac{1}{\left(2\frac{E}{M}\sigma^2\right)^{M/2}\Gamma(M/2)}z^{\frac{M}{2}-1}\mathrm{e}^{-\frac{z}{2\frac{E}{M}\sigma^2}}\mathrm{d}z \qquad (4.1.15)$$

图 4.1.4 为当测量矩阵为高斯随机矩阵时，非重构能量频谱感知算法对应于不同 M 的检测概率效果以及与传统能量频谱感知算法频谱感知效果的对比。仿真参数为：压缩前信号的数目 N 为 512，压缩后的点数 M 分别为 200、100 和 50，虚警概率设定为 0.05，噪声方差 σ^2 已知且数值为 1，蒙特卡洛循环次数为 2 000。可以看出对于不同的 M，它们的检测概率的理论值与仿真值基本重合，理论推导与实际是相符合的。还可以看出，非重构能量频谱感知算法的频谱感知效果都低于传统的能量频谱感知算法的频谱感知效果，随着 M 的减小，非重构能量频谱感知算法的频谱感知效果越来越差。

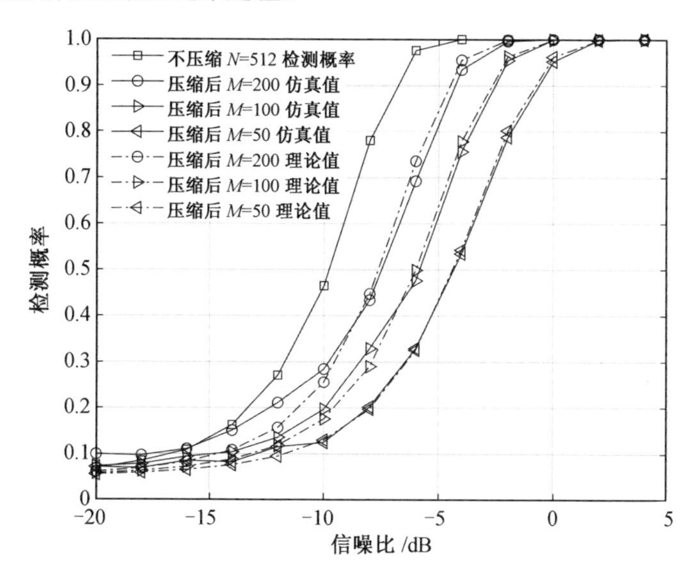

图 4.1.4　非重构能量频谱感知算法对应不同 M 的频谱感知效果(彩图见附录)

下面比较对原始信号进行重构再进行能量频谱感知和非重构能量频谱感知算法的计算量。对于非重构能量频谱感知算法，频谱感知为直接对压缩后的信号和噪声求能量，只需要做 M 次乘法和 $M-1$ 次加法即可。若要对原始信号进行重构，应用基追踪算法的计算复杂度为 $O(N^3)$。由于 $N\gg M$，非重构能量频谱感知算法的计算复杂度远小于对原始信号进行重构进行能量频谱感知的计算复杂度。

4.1.2　测量矩阵设计准则

由图 4.1.4 可以看出，在信噪比一定时，随着压缩后数据长度 M 的减小，检测概率也逐渐降低，即压缩后数据越少，非重构能量频谱感知方法检测概率越低。下面将分析压缩后数据点数 M 是如何对检测概率造成影响的。

当只有信号没有噪声时，假定压缩前信号点数为 N，压缩后信号点数为 M，用 $\boldsymbol{y}$ 进行表示。对信号进行压缩的过程可以表示为[1-2]

$$\boldsymbol{y}=\boldsymbol{\Phi s} \tag{4.1.16}$$

式中，$\boldsymbol{s}$ 为未经压缩的点数为 N 的信号；测量矩阵 $\boldsymbol{\Phi}$ 仍然用高斯随机矩阵且每个元素的均值为 0，方差为 $1/M$。当不对信号进行压缩时，对 $\boldsymbol{s}$ 求能量得到 Z_{s}，具体表示为

$$Z_{\mathrm{s}}=\boldsymbol{s}^{\mathrm{T}}\boldsymbol{s} \tag{4.1.17}$$

在非重构框架下对压缩后的信号求能量得到非重构能量频谱感知的检验统计量，压缩后信号的能量 Z 可以表示为

$$Z=\boldsymbol{y}^{\mathrm{T}}\boldsymbol{y}=\boldsymbol{s}^{\mathrm{T}}\boldsymbol{\Phi}^{\mathrm{T}}\boldsymbol{\Phi s} \tag{4.1.18}$$

当 Z_{s} 固定时，由于 $\boldsymbol{\Phi}$ 为高斯随机矩阵，压缩后信号的能量 Z 也是一个随机变量。由 4.1.1 节分析可知，Z 服从自由度为 M 的中心卡方分布，其概率密度函数为

$$f_Z(z)=\frac{1}{\left(2\dfrac{E}{M}\right)^{M/2}\Gamma(M/2)}z^{\frac{M}{2}-1}\mathrm{e}^{-\frac{z}{2\frac{E}{M}}} \tag{4.1.19}$$

Z 的均值 m_Z 和方差 σ_Z^2 可以表示为

$$\begin{cases} m_Z=M\times\dfrac{N}{M}=N \\ \sigma_Z^2=2\times M\times\dfrac{N^2}{M^2}=\dfrac{2N}{M} \end{cases} \tag{4.1.20}$$

可以看出，M 变大，Z 的方差 σ_Z^2 就变小，Z 的分布就越集中。图 4.1.5 给出了压缩前后信号能量的概率密度。设定压缩前信号的长度 N 为 512，压缩前信号的能量都为 512。分别仿真了压缩后信号的点数 M 分别为 200、100 和 50 时的能量分布的概率密度函数，蒙特卡洛循环次数为 20 000。可以看出，虽然压缩前信号的能量全部为 512，压缩后信号的能量 Z 则不等于 512，压缩后信号的能量是随机分布的。M 不同时，Z 的均值都为 512。随着 M 增大，Z 的分布逐渐集中，方差逐渐减小。这些结果与理论分析一致。

当只有噪声没有信号时，假定噪声点数为 N，对噪声进行压缩的过程可以表示为

$$\boldsymbol{y}=\boldsymbol{\Phi n} \tag{4.1.21}$$

式中，$\boldsymbol{y}$ 表示压缩后的点数为 M 的噪声；$\boldsymbol{n}$ 为未经压缩的点数为 N 的噪声，且均值为 0，方差为 σ^2；$\boldsymbol{\Phi}$ 为高斯随机矩阵。

当对未压缩的噪声 $\boldsymbol{n}$ 求能量时，压缩前噪声的能量 Z_{n} 可以表示为

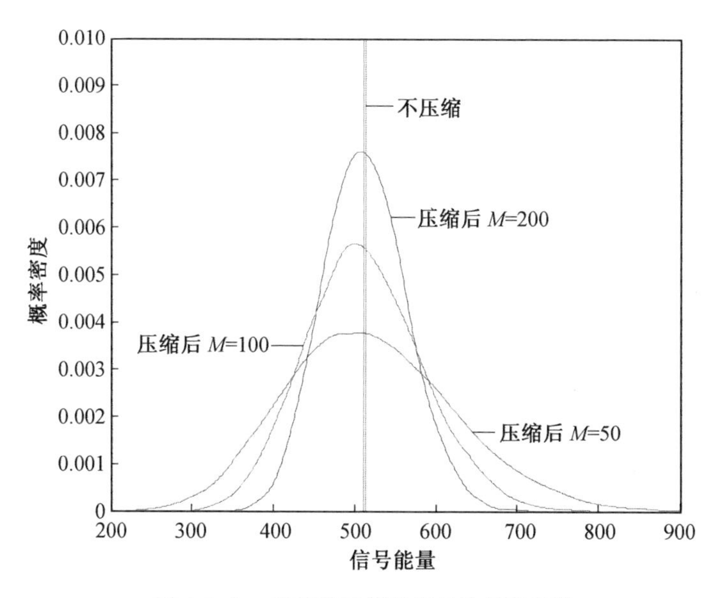

图 4.1.5　压缩前后信号能量的概率密度

$$Z_{\mathrm{n}}=\boldsymbol{n}^{\mathrm{T}}\boldsymbol{n} \tag{4.1.22}$$

则 Z_{n} 服从自由度为 N 的中心卡方分布

$$Z_{\mathrm{n}}\sim\chi_{N}^{2} \tag{4.1.23}$$

Z_{n} 的数学期望和方差为

$$\begin{cases}m_{Z_{\mathrm{n}}}=N\sigma^{2}\\ \sigma_{Z_{\mathrm{n}}}^{2}=2N\sigma^{4}\end{cases} \tag{4.1.24}$$

压缩后噪声能量 Z 可以表示为

$$Z=\boldsymbol{y}^{\mathrm{T}}\boldsymbol{y}=\boldsymbol{n}^{\mathrm{T}}\boldsymbol{\Phi}^{\mathrm{T}}\boldsymbol{\Phi}\boldsymbol{n} \tag{4.1.25}$$

假定测量矩阵 $\boldsymbol{\Phi}\boldsymbol{\Phi}^{\mathrm{T}}=\dfrac{N}{M}\boldsymbol{I}$，则压缩后噪声的向量用 $\boldsymbol{y}$ 表示且

$$\boldsymbol{y}_{i}\sim N\left(0,\frac{N}{M}\sigma^{2}\right) \tag{4.1.26}$$

压缩后噪声能量 Z 服从自由度为 M 的中心卡方分布。Z 的数学期望和方差为

$$\begin{cases}m_{Z}=M\dfrac{N}{M}\sigma^{2}=N\sigma^{2}=m_{Z_{\mathrm{n}}}\\ \sigma_{Z}^{2}=2M\dfrac{N^{2}}{M^{2}}\sigma^{4}=\dfrac{N}{M}2N\sigma^{4}=\dfrac{N}{M}\sigma_{Z_{\mathrm{n}}}^{2}\end{cases} \tag{4.1.27}$$

由式(4.1.26)可以看出，Z 的均值 $m_{\hat{Z}_{\mathrm{n}}}$ 与压缩前噪声能量 Z_{n} 的均值 $m_{Z_{\mathrm{n}}}$ 相等。由于 $N>M$，Z 的方差 σ_{Z}^{2} 大于 Z_{n} 的方差 $\sigma_{Z_{\mathrm{n}}}^{2}$。当压缩前噪声能量 Z_{n} 的方差 $\sigma_{Z_{\mathrm{n}}}^{2}$ 固定时，M 越小，压缩后噪声能量 Z 的方差 σ_{Z}^{2} 越大。

图 4.1.6 为压缩前后噪声能量的概率密度函数。设定压缩前噪声 $\boldsymbol{n}$ 的点数 N 为 512 且符合均值为 0、方差为 1 的高斯分布，M 分别为 200、100 和 50 时压缩噪声，蒙特卡洛循环次数为 20 000。图 4.1.6 中标注“不压缩”的曲线代表压缩前噪声能量 Z_n 的概率密度函数，根据式(4.1.24)的理论计算可得 Z_n 的均值 $m_{Z_n}=512$，这与实际仿真的概率密度曲线相符合。图 4.1.6 中标注“压缩后 $M=200$”“压缩后 $M=100$”和“压缩后 $M=50$”的曲线分别代表噪声压缩后点数 M 分别为 200、100 和 50 时压缩噪声能量 Z 的概率密度函数曲线。根据式(4.1.26)的理论计算不同 M 下的压缩噪声均值 m_Z 都为 512，这与三条曲线的实际仿真结果是相同的。观察压缩后的三条曲线，随着 M 增大压缩后噪声能量方差 $\sigma_{Z_n}^2$ 也增大，这与理论分析相吻合。

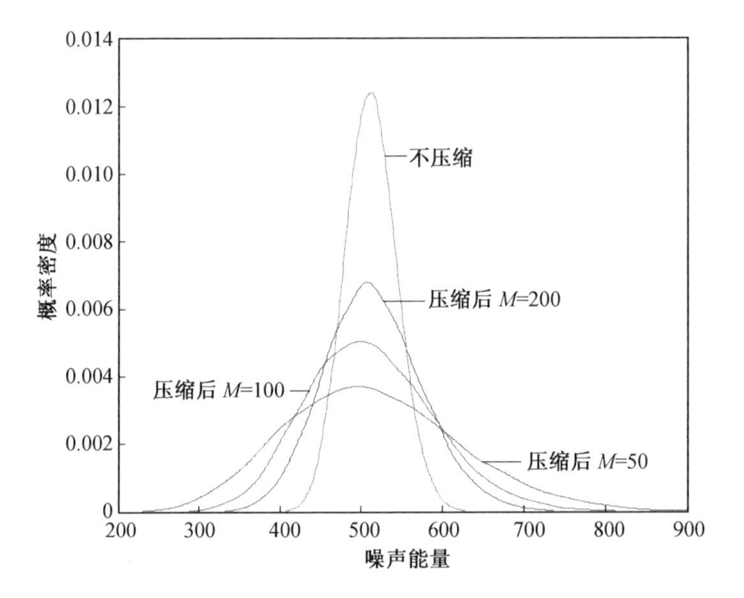

图 4.1.6　压缩前后噪声能量的概率密度

当信号与噪声都存在时，用 $\boldsymbol{y}$ 表示压缩后的信号加噪声向量，压缩过程为[7-8]

$$\begin{cases}\boldsymbol{y}=\boldsymbol{\Phi n}, & H_0\\ \boldsymbol{y}=\boldsymbol{\Phi}(\boldsymbol{s}+\boldsymbol{n}), & H_1\end{cases}\tag{4.1.28}$$

假定 $\boldsymbol{\Phi\Phi}^{\mathrm{T}}=\dfrac{N}{M}\boldsymbol{I}$，则 $\boldsymbol{y}$ 中各元素服从的分布为

$$\boldsymbol{y}_i\sim\begin{cases}N\left(0,\dfrac{N}{M}\sigma^2\right), & H_0\\ N\left(\boldsymbol{\Phi s},\dfrac{N}{M}\sigma^2\right), & H_1\end{cases}\tag{4.1.29}$$

检验统计量 Z 定义为

$$Z=\boldsymbol{y}^{\mathrm{T}}\boldsymbol{y} \tag{4.1.30}$$

当处于 H_0 状态时，只有噪声存在，Z 服从自由度为 M 的中心卡方分布。当信号与噪声叠加在一起时，能量 Z 的概率密度函数无法用闭合表达式来表示。

图 4.1.7 为压缩前后噪声能量及信号加噪声能量的概率密度。压缩前信号与噪声点数 $N=512$，压缩后信号与噪声点数 $M=100$，压缩前噪声符合均值为 0、方差为 1 的高斯分布，压缩前信号能量固定为 512，蒙特卡洛循环次数为 2 000。图 4.1.7 中的两条实线表示压缩前后噪声能量概率密度情况。由于从 $N=512$ 压缩到 $M=100$，压缩后噪声能量相对于压缩前更分散，压缩后噪声能量的方差变大。两条点划线表示压缩前后信号加噪声能量的概率密度函数曲线。由于从 $N=512$ 压缩到 $M=100$，压缩后信号加噪声能量相对于压缩前也更分散，压缩后信号加噪声能量的方差变大，压缩前后能量均值不变。不压缩时的虚警概率 $\hat{P}_{\mathrm{f}}$ 表示为

$$\hat{P}_{\mathrm{f}}=P(\hat{Z}>\hat{\lambda}\mid H_0) \tag{4.1.31}$$

式中，$\hat{Z}$ 为压缩前噪声的能量；$\hat{\lambda}$ 为不压缩时的门限值。

对信号加噪声进行压缩后的虚警概率 P_{f} 表示为

$$P_{\mathrm{f}}=P(Z>\lambda\mid H_0) \tag{4.1.32}$$

式中，Z 为压缩后噪声的能量；λ 为非重构能量频谱感知的门限值。

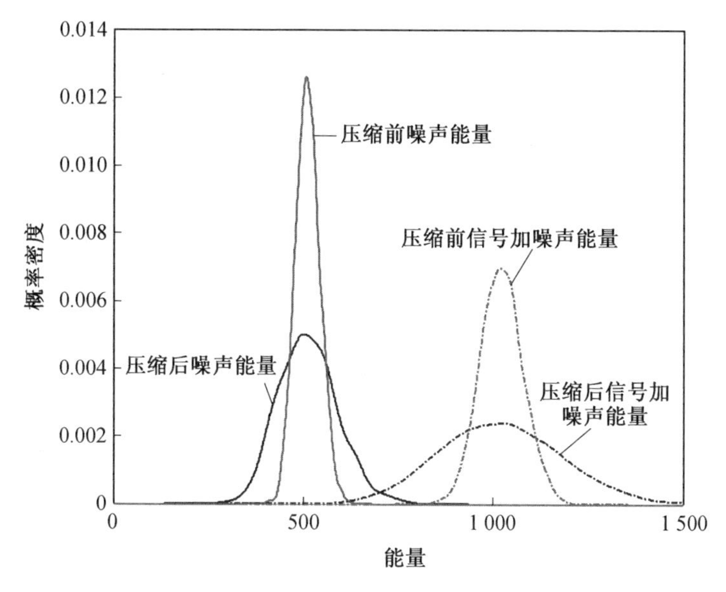

图 4.1.7　压缩前后噪声能量及信号加噪声能量的概率密度

由于压缩后噪声能量更加分散，对于固定的虚警概率 $P_f = \hat{P}_f$，压缩情况下的门限值λ大于不压缩情况下的门限值$\hat{\lambda}$，不压缩情况的检测概率 $\hat{P}_d$ 和压缩情况的检测概率 P_d 可分别表示为

$$\begin{cases} \hat{P}_d = P(\hat{Z} > \hat{\lambda} \mid H_0) \\ P_d = P(Z > \lambda \mid H_1) \end{cases} \tag{4.1.33}$$

压缩后信号加噪声能量比不压缩的信号加噪声能量更分散，$\hat{\lambda} > \lambda$ 的双重作用使得压缩情况下的检测概率低于不压缩时的检测概率。

比较传统能量感知的检验统计量 $\hat{Z}$ 与非重构能量频谱感知检验统计量 Z：

$$\begin{cases} \hat{Z} = \hat{\boldsymbol{y}}^{\mathrm{T}} \hat{\boldsymbol{y}} \\ Z = \boldsymbol{y}^{\mathrm{T}} \boldsymbol{y} = \hat{\boldsymbol{y}}^{\mathrm{T}} (\boldsymbol{\Phi}^{\mathrm{T}} \boldsymbol{\Phi}) \hat{\boldsymbol{y}} \end{cases} \tag{4.1.34}$$

式中，$\hat{\boldsymbol{y}} = \boldsymbol{s} + \boldsymbol{n}$ 和 $\hat{\boldsymbol{y}} = \boldsymbol{n}$ 为压缩前的信号向量。

比较式(4.1.34) 中两个检验统计量可以发现，Z 比 $\hat{Z}$ 多出了 $\boldsymbol{\Phi}^{\mathrm{T}}\boldsymbol{\Phi}$ 部分，若 $\boldsymbol{\Phi}^{\mathrm{T}}\boldsymbol{\Phi}$ 接近于单位阵，则压缩条件下的频谱感知统计量 $\hat{Z}$ 将接近于不压缩情况下的频谱感知统计量 $\hat{Z}$，压缩状态下的频谱感知效果将接近于不压缩时的频谱感知效果。

将测量矩阵 $\boldsymbol{\Phi}$ 的格拉姆矩阵定义为 $\boldsymbol{G} = \boldsymbol{\Phi}^{\mathrm{T}}\boldsymbol{\Phi}$。格拉姆矩阵 $\boldsymbol{G}$ 的非主对角线元素代表测量矩阵 $\boldsymbol{\Phi}$ 的各列之间的互相关值。格拉姆矩阵越接近于单位阵，则其非主对角线元素越接近于 0，表示测量矩阵不同列之间越不相关。格拉姆矩阵为 $N \times N$ 的矩阵。

图 4.1.8 为不同行数测量矩阵对应的格拉姆矩阵非主对角线元素绝对值的分布。测量矩阵的列数 $N=512$，仿真了测量矩阵行数 M 分别为 512、200 和 100 时对应的格拉姆矩阵的非主对角线元素绝对值分布。当 $M=512$ 时，测量矩阵 $\boldsymbol{\Phi}$ 为 512×512 的方阵，当 M 为 200 或 100 时，测量矩阵非方阵。非重构频谱感知用到的测量矩阵都是非方阵，以此来降低采样率。仿真时测量矩阵都采用高斯随机矩阵，并且首先对矩阵的列进行列归一化。由图 4.1.8 可以看出，$M=512$ 对应的格拉姆矩阵非主对角线元素绝对值整体都比较小，数值较小的元素比较多。由 3 条曲线可以看出，$M=512$ 对应的格拉姆矩阵最接近于单位阵，$M=200$ 对应的格拉姆矩阵相对于 $M=100$ 对应的格拉姆矩阵更接近于单位阵。由此可以得出结论，在测量矩阵列数 N 固定时，矩阵行数 M 越大，测量矩阵对应的格拉姆矩阵越接近于单位阵。

可以得到这样的关系，测量矩阵行数 M 越大，测量矩阵对应的格拉姆矩阵越接近于单位阵，频谱感知效果越好。结合式(4.1.34)，可以得到测量矩阵的格拉姆矩阵越接近于单位阵，非重构框架的能量感知的频谱感知效果就越好的结论。当测量矩阵的行数 M 和列数 N 不变时，可以优化矩阵，使其格拉姆矩阵尽量接近于单位阵以提高频谱检测效果。

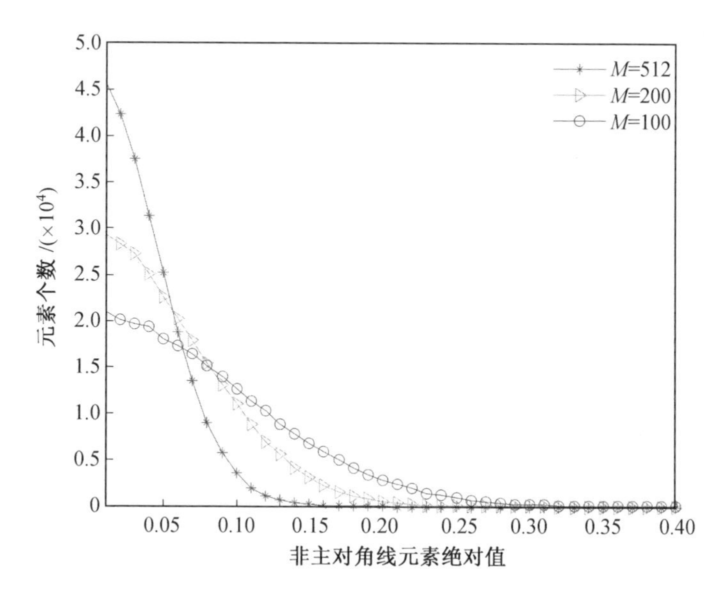

图 4.1.8　不同行数测量矩阵对应的格拉姆矩阵非主对角线元素绝对值的分布

4.1.3　迭代训练法优化高斯随机矩阵

根据 4.1.1 节中的结论，对测量矩阵的优化准则就是使测量矩阵的格拉姆矩阵尽量接近于单位阵。

首先定义一个参数 μ_t。测量矩阵 $\boldsymbol{\Phi}$ 的格拉姆矩阵 $\boldsymbol{G}=\boldsymbol{\Phi}^{\mathrm{T}}\boldsymbol{\Phi}$ 中非主对角线元素代表测量矩阵不同列之间的互相关值，其元素 $g_{i,j}$ 代表测量矩阵第 i 列与第 j 列之间的互相关值。μ_t 可以表示为[9-12]

$$\mu_t\{\boldsymbol{\Phi}\}=\frac{\sum\limits_{1\leqslant i,j\leqslant N,i\neq j}(|g_{i,j}|\geqslant t)\,|g_{i,j}|}{\sum\limits_{1\leqslant i,j\leqslant N,i\neq j}(|g_{i,j}|\geqslant t)} \tag{4.1.35}$$

当 $t=0$ 时，很显然 $\mu_t\{\boldsymbol{\Phi}\}$ 得出的是测量矩阵 $\boldsymbol{\Phi}$ 不同列之间互相关值绝对值的平均值。随着 t 的增大，$\mu_t\{\boldsymbol{\Phi}\}$ 的值也在不断增大，直到其值接近 $g_{i,j}$ 绝对值的最大值。可以看出，$\mu_t\{\boldsymbol{\Phi}\}$ 的值总是大于 t 的值。可以认为，当 t 的值固定时，$\mu_t\{\boldsymbol{\Phi}\}$ 值越小代表测量矩阵不同列之间互相关值中较大的值越少，格拉姆矩阵越接近于单位阵。优化的目标就是使 $\mu_t\{\boldsymbol{\Phi}\}$ 的值尽量小。

利用循环迭代的方法来优化测量矩阵 $\boldsymbol{\Phi}$，使得 $\mu_t\{\boldsymbol{\Phi}\}$ 值尽量小。其步骤如图 4.1.9 所示[9-12]。

输入参数：

t：门限值。

i：表示已经循环的次数。

β：尺度因子。

Iter：总循环迭代次数。

初始化：首先产生 M 行 N 列的高斯随机矩阵 $\boldsymbol{P}_0$。

循环过程：设定 $i=0$，并按以下流程循环 Iter 次。

1. 对矩阵 $\boldsymbol{P}_i$ 进行列归一化。
2. 计算格拉姆矩阵 $\boldsymbol{G}_i$：$\boldsymbol{G}_i=\boldsymbol{P}_i^{\mathrm{T}}\boldsymbol{P}_i$。
3. 强制改变格拉姆矩阵 $\boldsymbol{G}_i$ 中的值，使其更接近于单位阵，得到新的矩阵$\bar{\boldsymbol{G}}_i$，由 $\boldsymbol{G}_i$ 求$\bar{\boldsymbol{G}}_i$ 的过程如下所示，$\bar{g}_{m,n}$ 表示矩阵$\bar{\boldsymbol{G}}_i$ 中的元素。

$$\bar{g}_{m,n}=\begin{cases}\beta g_{m,n}, & |g_{m,n}|>t\\ \beta t\,\mathrm{sign}(g_{m,n}), & \beta t\leqslant|g_{m,n}|<t\\ g_{m,n}, & |g_{m,n}|\leqslant\beta t\end{cases}$$

4. 降秩：对$\bar{\boldsymbol{G}}_i$ 应用 SVD，强制将$\bar{\boldsymbol{G}}_i$ 的秩降低到等于 M。
5. 将$\bar{\boldsymbol{G}}_i$ 分解得到 $M\times N$ 的矩阵 $\boldsymbol{P}_{i+1}$，使得 $\boldsymbol{P}_{i+1}^{\mathrm{T}}\boldsymbol{P}_{i+1}=\bar{\boldsymbol{G}}_i$。
6. $i=i+1$。

输出：当达到循环次数后，输出 $\boldsymbol{P}_{\mathrm{Iter}}$ 就是优化后的测量矩阵 $\boldsymbol{\Phi}$。

图 4.1.9　迭代训练法步骤

图 4.1.10 给出了高斯随机矩阵和用迭代训练法优化后矩阵形成的格拉姆矩阵的非主对角线元素绝对值的分布情况。仿真参数：测量矩阵行数 $M=30$，列数 $N=400$，门限值 $t=0.2$，尺度因子 $\beta=0.5$。优化后矩阵的格拉姆矩阵的元素中，元素值大于 0.25 的元素数目小于高斯随机矩阵相应的元素数目。矩阵优化的结果是使格拉姆矩阵绝对值较大元素数目变少，同时，它也使格拉姆矩阵绝对值较小的元素数目变少，使得格拉姆矩阵元素绝对值在 $0.1\sim0.2$ 范围内的元素数目增加。

图 4.1.11 仿真了在不同迭代次数下 μ_t 的数值。仿真时测量矩阵 $\boldsymbol{\Phi}$ 的行列数分别为$M=30$、$N=400$，门限值 $t=0.2$，尺度因子 $\beta=0.5$。图 4.1.11 仿真了迭代次数 i 从 1 到 300 时 μ_t 的数值。可以看出，对于高斯随机矩阵，它的 μ_t 接近 0.29，随着 i 的增加 μ_t 逐渐减小到 0.245 左右。当 i 超过 200 时，即使 i 增加，μ_t 基本不变。

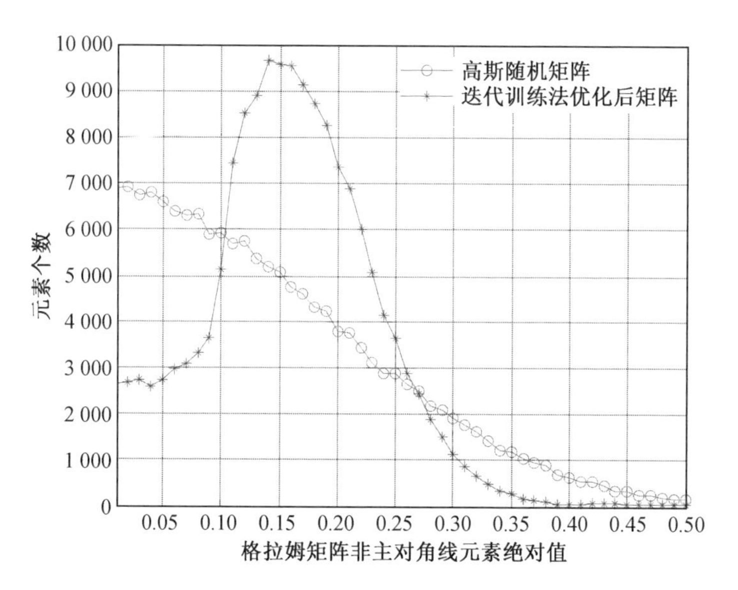

图 4.1.10　格拉姆矩阵非主对角线元素绝对值分布

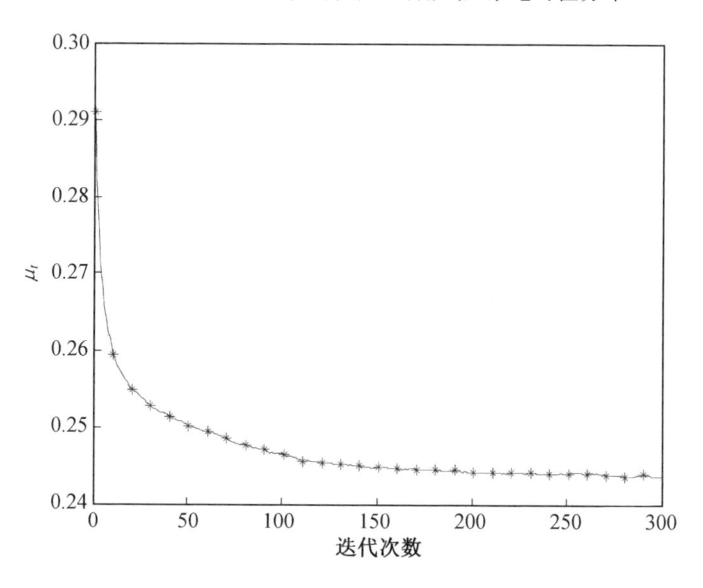

图 4.1.11　μ_t 随迭代次数的变化

图 4.1.12 为非重构能量频谱感知算法的仿真结果，给出测量矩阵分别为高斯随机矩阵和迭代训练法优化后矩阵时的检测概率。仿真时压缩前信号与噪声点数 $N=400$，压缩后信号与噪声点数 $M=100$，测量矩阵 $\boldsymbol{\Phi}$ 为 100×400 的矩阵。仿真时虚警概率 $P_f=0.05$，蒙特卡洛循环次数为 2 000。由图 4.1.12 可以看出，当信噪比固定时迭代训练法优化后的矩阵对应的检测概率高于高斯随机矩阵对

应的检测概率，当检测概率固定时优化后测量矩阵需要的信噪比较低。该仿真结果说明通过迭代训练法优化得到的测量矩阵的检测效果要优于高斯随机矩阵。

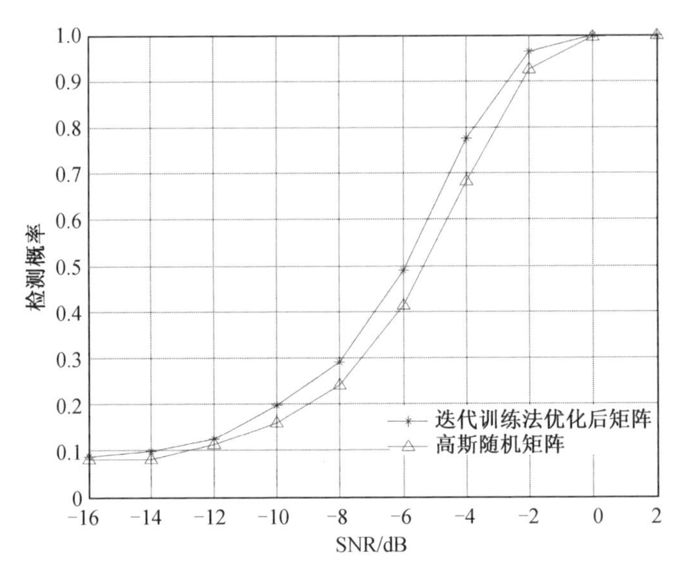

图 4.1.12　测量矩阵优化前后检测概率对比

4.1.4　梯度法优化高斯随机矩阵

在 4.1.3 节中定义了 μ_t，用 μ_t 的大小衡量优化后矩阵与高斯随机矩阵的接近程度。μ_t 的定义是格拉姆矩阵非主对角线元素绝对值大于 t 的值的平均值，它只考虑了矩阵中大于 t 的元素的特征。为了能够减小 μ_t，应用迭代训练法对高斯随机矩阵进行了优化，优化的结果使得 μ_t 减小了。但迭代训练过程中只对大于 t 的元素进行了数值的尺度压缩，并且对改变后的矩阵的秩进行了强制减小，这使得优化后的格拉姆矩阵中数值较小的元素数目也减少了，如图 4.1.10 所示，在 $0\sim0.1$ 范围内元素的数目减少，这与格拉姆矩阵尽量接近于单位阵的目标相背离。因此，需要新的特征量来衡量格拉姆矩阵与单位阵的接近程度，使得格拉姆矩阵所有元素的大小都能影响特征量的取值。用矩阵的 F 范数 μ_F 作为新的特征量，μ_F 定义为[11-12]

$$\mu_F = \| \boldsymbol{\Phi}^{\mathrm{T}}\boldsymbol{\Phi} - \boldsymbol{I} \|_F^2 \tag{4.1.36}$$

矩阵的 F 范数 μ_F 表示的是矩阵 $\boldsymbol{\Phi}^{\mathrm{T}}\boldsymbol{\Phi}-\boldsymbol{I}$ 中所有元素的平方和，它的数值大小与格拉姆矩阵 $\boldsymbol{G}=\boldsymbol{\Phi}^{\mathrm{T}}\boldsymbol{\Phi}$ 中所有元素都有关。当格拉姆矩阵 $\boldsymbol{G}=\boldsymbol{\Phi}^{\mathrm{T}}\boldsymbol{\Phi}$ 为单位阵时，$\mu_F=0$。格拉姆矩阵越接近于单位阵，μ_F 越小。

用梯度法对矩阵进行优化来减小 μ_F 的值。用 $\varphi_{i,j}$ 表示 $\boldsymbol{\Phi}$ 中的第 i 行第 j 列的

值，梯度法优化矩阵减小 μ_F 值的主要步骤就是用式(4.1.37)进行迭代[11-12]。

$$\varphi_{i,j} \leftarrow \varphi_{i,j} - \rho \nabla\mu_F \tag{4.1.37}$$

式中，ρ 为步长，$\nabla\mu_F = \dfrac{\partial\mu_F}{\partial\varphi_{i,j}}$ 为 μ_F 关于矩阵 $\boldsymbol{\Phi}$ 的梯度。

$\nabla\mu_F$ 可以表示为[11-12]

$$\nabla\mu_F = \frac{\partial\mu_F}{\partial\varphi_{i,j}} = 4\boldsymbol{\Phi}(\boldsymbol{\Phi}^{\mathrm{T}}\boldsymbol{\Phi} - \boldsymbol{I}) \tag{4.1.38}$$

因此，$\boldsymbol{\Phi}$ 根据式(4.1.39)不断地迭代更新：

$$\boldsymbol{\Phi}^{(i+1)} = \boldsymbol{\Phi}^{(i)} - \eta\boldsymbol{\Phi}^{(i)}[(\boldsymbol{\Phi}^{(i)})^{\mathrm{T}}\boldsymbol{\Phi}^{(i)} - \boldsymbol{I}] \tag{4.1.39}$$

式中，i 为迭代的序号；$\eta = 4\rho$ 为新的步长。

梯度法具体步骤如图 4.1.13 所示[11-12]。

输入参数：

η：步长。

Iter：总迭代次数。

i：已经迭代的次数。

初始化：产生 M 行 N 列的高斯随机矩阵 $\boldsymbol{\Phi}^{(0)}$，并对其进行列归一化。

循环过程：设定 $i=0$，并按以下流程迭代 Iter 次。

1. $\boldsymbol{\Phi}^{(i+1)} = \boldsymbol{\Phi}^{(i)} - \eta\boldsymbol{\Phi}(i)((\boldsymbol{\Phi}^{(i)})^{\mathrm{T}}\boldsymbol{\Phi}^{(i)} - \boldsymbol{I})$。
2. $i = i+1$。

输出：当达到迭代次数后，输出 $\boldsymbol{\Phi}^{(\mathrm{Iter})}$ 作为优化后的矩阵 $\boldsymbol{\Phi}$。

图 4.1.13　梯度法步骤

图 4.1.14 给出了高斯随机矩阵和梯度法优化后矩阵各自形成的格拉姆矩阵的非主对角线元素绝对值分布情况的仿真结果。仿真时，测量矩阵行数 $M=100$，列数 $N=400$，步长 $\eta=0.05$。由图 4.1.14 可以看出，优化后矩阵对应的格拉姆矩阵中数值较大的元素的数目减少，数值较小的元素的数目增加，带星号的线条相对带圆圈的线条有整体向左移的趋势。这说明优化后矩阵的格拉姆矩阵更接近于单位阵。

图 4.1.15 给出了在不同迭代次数下 μ_F 的数值仿真结果。仿真时测量矩阵 $\boldsymbol{\Phi}$ 的行数和列数分别为 $M=100$、$N=400$，步长 $\eta=0.05$。图 4.1.15 仿真了迭代次数 i 从 1 到 100 时 μ_F 的数值。可以看出，对于高斯随机矩阵，它的 μ_t 值接近 0.072 5，随着 i 的增加 μ_t 逐渐减小到 0.069 左右。当 i 超过 20 时，即使 i 增加，μ_t 几乎保持不变。通过迭代，参数 μ_F 减小，说明优化后矩阵的格拉姆矩阵更接近于单位阵。

图 4.1.16 为非重构能量频谱感知算法性能仿真结果，给出了测量矩阵分别

为高斯随机矩阵与梯度法优化后矩阵的检测概率。优化后的测量矩阵采用图4.1.14中的优化结果。仿真时 $M=100$、$N=400$，蒙特卡洛循环次数为2 000，虚警概率设定为0.05。当信噪比固定时梯度法优化后矩阵对应的检测概率高于高斯随机矩阵对应的检测概率，当检测概率固定时梯度法优化后矩阵需要的信噪比小于高斯随机矩阵需要的信噪比。由此可见梯度法优化后矩阵的检测效果好于高斯随机矩阵。

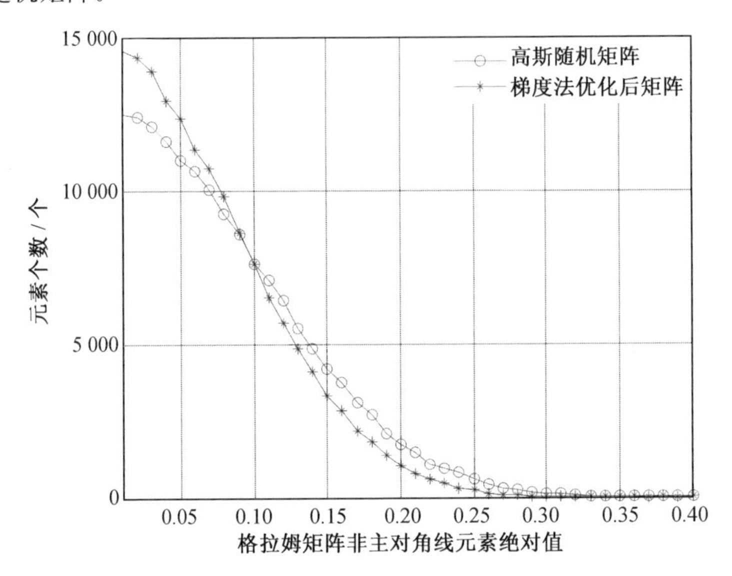

图4.1.14 格拉姆矩阵非主对角线元素绝对值分布

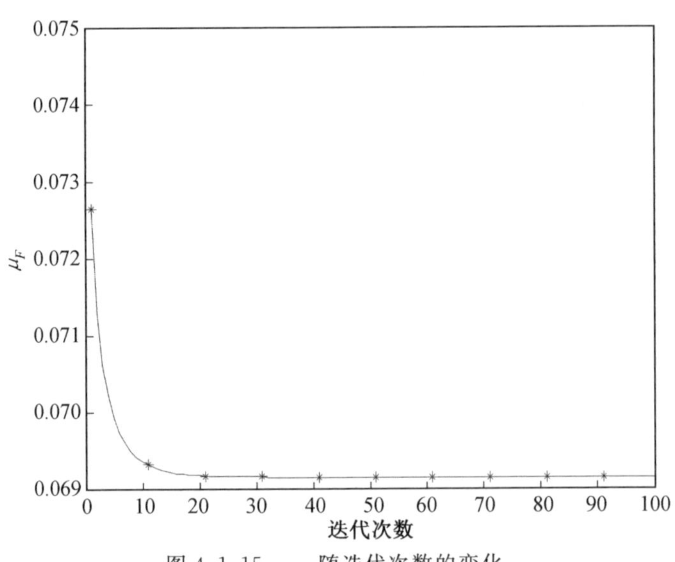

图4.1.15 μ_F 随迭代次数的变化

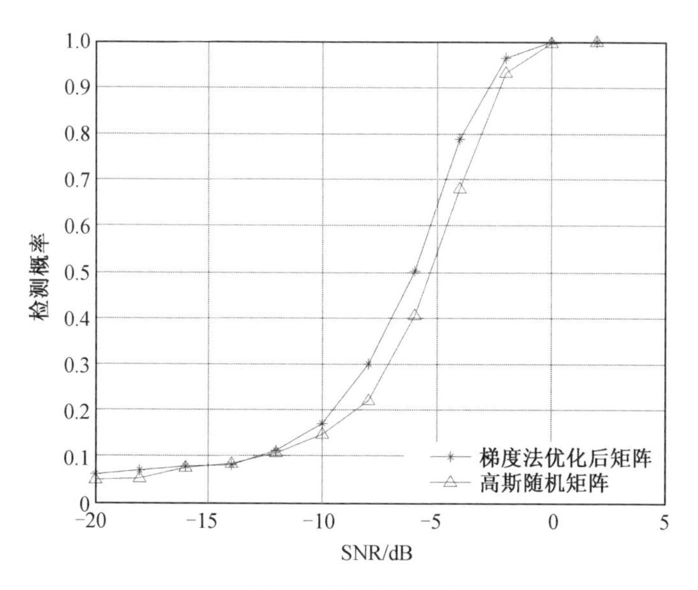

图 4.1.16 测量矩阵优化前后检测概率对比

本节首先介绍了压缩感知对信号和噪声的压缩过程，分析并仿真了压缩后信号、噪声以及信号加噪声的能量分布情况，由此找到了非重构能量频谱感知算法检测概率降低的原因就是测量矩阵的压缩使得压缩后信号和噪声的能量分布更加分散。据此提出了测量矩阵的优化准则就是使优化后矩阵的格拉姆矩阵尽量接近于单位阵。根据提出的优化准则，分别用迭代训练法和梯度法对高斯随机矩阵进行优化。仿真结果显示，优化后的格拉姆矩阵更接近于单位阵并且优化后矩阵的检测效果比一般应用的高斯随机矩阵要好。

4.2 基于稀疏表示频谱感知的测量矩阵设计

压缩感知的核心思想是利用信号的稀疏特性，在尽可能不丢失信息的情况下对信号进行压缩，然后通过特定的恢复算法将信号恢复出来。其首要条件就是信号必须具有稀疏特性，它是对原始信号进行恢复的基础。本节首先介绍基于稀疏表示的频谱感知方法，然后将该方法扩展到压缩感知框架下。

4.2.1 基于稀疏表示的频谱感知算法

假设所要检测的信号在某一组正交基下能稀疏表示，并且该正交基已知，假定噪声方差 σ^2 也已知。根据稀疏表示理论，在时域上噪声的能量分布在所有的采样点上，在稀疏域上噪声的能量同样分布在稀疏域所有的点上，所不同的是稀疏域上点数非常少[13-14]。当稀疏基的不同列相互正交时，时域和稀疏域信号的能量相等，所以稀疏域信号分布在时域所有采样点上的能量集中于稀疏域的几个点上。根据稀疏信号在稀疏域能量更加集中的特点，可以对稀疏信号进行频谱感知。

图 4.2.1 给出了信噪比为 0 dB 时信号与噪声在时域和稀疏域的表示。采样点数 $N=64$，噪声是均值为 0、方差 $\sigma^2=1$ 的高斯噪声。时域信号用 $\boldsymbol{s}$ 表示，信噪比 SNR 定义为 $\mathrm{SNR}=(\boldsymbol{s}^{\mathrm{T}}\boldsymbol{s})/(N\sigma^2)$。信号在时域不稀疏，但是在傅里叶基下在稀疏域的 64 个点上信号只在 4 个点上有值，在其余的 60 个点上信号的值为 0，所以信号在稀疏域稀疏且稀疏度为 4。信号在时域与稀疏域的能量相等，在稀疏域，信号的能量都集中在稀疏域数值不为 0 的 4 个点上并且这 4 个点上的值比时域信号的幅度值要大。噪声在时域和频域都不稀疏，在稀疏域的幅值与在时域的幅值基本一致。信号加噪声在时域不稀疏，在稀疏域信号加噪声只有 4 个点的幅度值比较大，其余 60 个点的幅度值都比较小，可以认为信号加噪声在稀疏域稀疏。所以，若接收信号只含有噪声，噪声在稀疏域不会出现稀疏的特性；若存在信号，则信号加噪声在稀疏域会出现稀疏特性。可以利用信号在稀疏域信号能量集中在几个点上特性，对频谱进行感知。

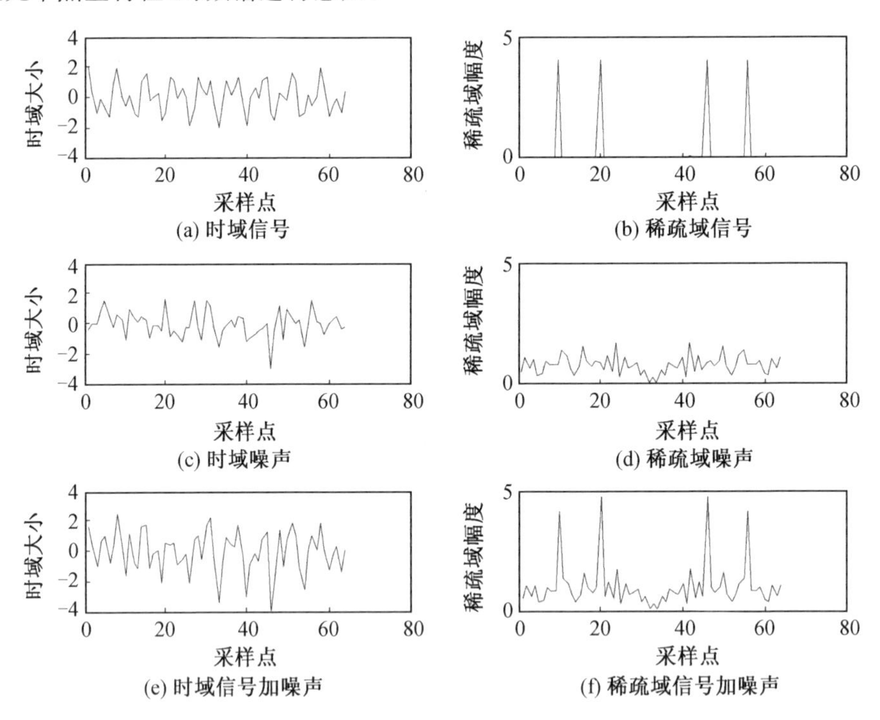

图 4.2.1　信噪比为 0 dB 时信号与噪声在时域和稀疏域的表示

对模拟信号采样后的频谱感知模型为

$$\begin{cases} \hat{\boldsymbol{y}} = \boldsymbol{n}, & H_0 \\ \hat{\boldsymbol{y}} = \boldsymbol{s} + \boldsymbol{n}, & H_1 \end{cases} \tag{4.2.1}$$

式中，$\hat{\boldsymbol{y}}$ 为感知用户接收到的信号；$\boldsymbol{s}$ 为主用户发送的信号；$\boldsymbol{n}$ 为高斯白噪声且 $n_{N\times 1} \sim N(0, \sigma^2)$；$H_0$ 表示频带空闲；H_1 表示频带被占用。

$\boldsymbol{s}$ 可以在某一正交基下被稀疏表示[13,14]，即

$$\boldsymbol{s} = \boldsymbol{\Psi\alpha} \tag{4.2.2}$$

式中，$\boldsymbol{\Psi}$ 为已知的正交基且 $\boldsymbol{\Psi}^{\mathrm{T}}\boldsymbol{\Psi} = \boldsymbol{I}$；$\boldsymbol{\alpha}$ 为 $\boldsymbol{s}$ 经过正交基 $\boldsymbol{\Psi}$ 分解后的稀疏向量，$\boldsymbol{\alpha}$ 中只有少数值为非零值，绝大部分数值为 0。

基于稀疏表示的频谱感知步骤如下。

(1) 首先对接收到的数据进行稀疏表示[13,14]，得到分解后的向量为 $\boldsymbol{f}$：

$$\begin{cases} \boldsymbol{f} = \boldsymbol{\Psi}^{\mathrm{T}}\boldsymbol{n}, & H_0 \\ \boldsymbol{f} = \boldsymbol{\Psi}^{\mathrm{T}}(\boldsymbol{s} + \boldsymbol{n}) = \boldsymbol{\alpha} + \boldsymbol{\Psi}^{\mathrm{T}}\boldsymbol{n}, & H_1 \end{cases} \tag{4.2.3}$$

由于 $\boldsymbol{\Psi}^{\mathrm{T}}\boldsymbol{\Psi} = \boldsymbol{I}$，则 $\boldsymbol{\Psi}^{\mathrm{T}}\boldsymbol{n}$ 的每个元素服从独立高斯分布，均值为 0，方差依然为 σ^2。

(2) 提取 $\boldsymbol{f}$ 中所有元素的绝对值的最大值 $\max(|\boldsymbol{f}|)$ 与门限 λ 进行比较，若 $\max(|\boldsymbol{f}|) \geqslant \lambda$，则判定主用户信号存在，频谱被占用；若 $\max(|\boldsymbol{f}|) < \lambda$，判定频带空闲。门限 λ 的选取与设定的虚警概率有关。虚警概率 P_{f} 可表示为

$$P_{\mathrm{f}} = 1 - \left[1 - 2Q\left(\frac{\lambda}{\sqrt{\sigma^2}}\right)\right]^N \tag{4.2.4}$$

若虚警概率 P_{f} 固定，则求得门限 λ 为

$$\lambda = \sqrt{\sigma^2}\, Q^{-1}\left(\frac{1 - (1 - P_{\mathrm{f}})^{\frac{1}{N}}}{2}\right) \tag{4.2.5}$$

式中，Q 函数定义为 $Q(a) = \int_a^{\infty} \frac{1}{\sqrt{2\pi}} \mathrm{e}^{-\frac{y^2}{2}} \mathrm{d}y$。

当存在主用户信号且信号稀疏度为 K 时，假定在稀疏域信号能量均匀分布在 K 个稀疏度上，信号的检测概率 P_{d} 表示为

$$P_{\mathrm{d}} = \left[1 - 2Q\left(\frac{\lambda - 0}{\sqrt{\sigma^2}}\right)\right]^{N-K} \left(1 - \left\{1 - \left[Q\left(\frac{\lambda - \sqrt{\frac{E}{K}}}{\sqrt{\sigma^2}}\right) + 1 - Q\left(\frac{-\lambda - \sqrt{\frac{E}{K}}}{\sqrt{\sigma^2}}\right)\right]\right\}^K\right) + \left\{1 - \left[1 - 2Q\left(\frac{\lambda - 0}{\sqrt{\sigma^2}}\right)\right]^{N-K}\right\} \tag{4.2.6}$$

式中，$E = \boldsymbol{s}^{\mathrm{T}}\boldsymbol{s}$ 为接收信号的能量。

由式(4.2.6)可以看出,当接收信号能量 $E=\boldsymbol{s}^{\mathrm{T}}\boldsymbol{s}$ 恒定时,随着稀疏度 K 的增加,检测概率 P_{d} 逐步变小。这是因为,当 E 恒定时,K 越大稀疏域数值不为 0 的点的数值越小,相应的检测概率就越低。

图 4.2.2 仿真了基于稀疏表示的频谱感知方法在稀疏度分别为 1、2、3 和 5 时的检测概率的理论值和仿真结果。仿真时,在不同稀疏度下信号的能量相等,虚警概率 P_{f} 设定为定值 0.05,采样数目 N 为 512,蒙特卡洛循环次数为 2 000。横坐标为信噪比,单位为 dB,纵坐标为检测概率。由图 4.2.2 可以看出,在稀疏度分别为 1、2、3 和 5 时,检测概率的仿真结果与理论值一致。在信噪比一定时,随着信号稀疏度的增加,检测概率逐渐下降,这与理论推导结果一致。这是因为在进行判决时,只选取稀疏域的最大值 $\max(|\boldsymbol{f}|)$ 与门限 λ 进行比较,若 $\max(|\boldsymbol{f}|)\geqslant\lambda$ 则判定主用户存在,频谱被占用。当信号能量一定时,稀疏度越大,分布在每个稀疏度上的数值就越小,$\max(|\boldsymbol{f}|)$ 就会越小,检测概率就会越小。由此可见,基于稀疏表示的频谱感知技术适用于在信号稀疏度较低的情况下使用,信号稀疏度越低频谱感知效果越好。

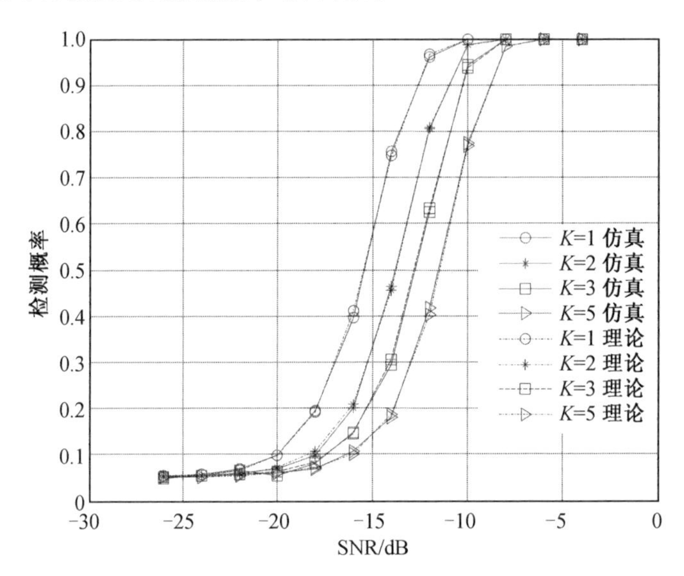

图 4.2.2　不同稀疏度下基于稀疏表示的频谱感知方法的检测概率(彩图见附录)

4.2.2　基于稀疏表示的非重构频谱感知及其测量矩阵设计

4.2.1 节介绍了基于稀疏表示的频谱感知算法,该算法主要利用信号的稀疏性,使得稀疏表示后信号的能量聚集在数值不为零的几个点上,这有利于频谱感知。若要把基于稀疏表示的频谱感知方法扩展到压缩感知框架下,需要使压缩后的信号仍然保持稀疏性。为了实现这个目标,需要设计与之相对应的测量

矩阵。

在压缩感知框架下应用基于稀疏表示的频谱感知算法，首先需要用测量矩阵对接收信号进行压缩，压缩后点数为 M 的采样数据用 $\boldsymbol{y}$ 表示[6-8]

$$\begin{cases} \boldsymbol{y}=\boldsymbol{\Phi}\hat{\boldsymbol{y}}=\boldsymbol{\Phi n}, & H_0 \\ \boldsymbol{y}=\boldsymbol{\Phi}\hat{\boldsymbol{y}}=\boldsymbol{\Phi}(\boldsymbol{s}+\boldsymbol{n}), & H_1 \end{cases} \tag{4.2.7}$$

式中，$\boldsymbol{\Phi}$ 为 M 行 N 列的测量矩阵。

若要使压缩采样后的信号依然保有稀疏性，压缩采样的过程需要包含两部分：一是对时域采样数据进行稀疏表示，二是对得到的稀疏信号进行压缩。在压缩过程中要保持信号的稀疏性，以便对压缩后的信号直接进行频谱感知。测量矩阵相应地也由两部分构成，第一部分是已知的正交基，用来将时域信号进行稀疏表示，第二部分是压缩矩阵部分。压缩矩阵的设计要使压缩后的信号也保持稀疏性。为此，设计的测量矩阵为

$$\boldsymbol{\Phi}=\boldsymbol{C}\times\boldsymbol{\Psi}^{\mathrm{T}} \tag{4.2.8}$$

式中，$\boldsymbol{\Psi}$ 为正交的稀疏基，且 $\boldsymbol{\Psi}^{\mathrm{T}}\boldsymbol{\Psi}=\boldsymbol{I}$；$\boldsymbol{C}$ 为 M 行 N 列的压缩矩阵，N 为信号 $\boldsymbol{s}$ 的长度，$\boldsymbol{C}$ 由 N/M 个 $M\times M$ 的单位矩阵连接而成（N/M 为正整数），具体形式为

$$M\text{行}\underbrace{\begin{bmatrix} 1 & 0 & 0 & \cdots & 0 & \cdots & 1 & 0 & 0 & \cdots & 0 \\ 0 & 1 & 0 & \cdots & 0 & \cdots & 0 & 1 & 0 & \cdots & 0 \\ 0 & 0 & 1 & \cdots & 0 & \cdots & 0 & 0 & 1 & \cdots & 0 \\ \vdots & \vdots & \vdots & & \vdots & & \vdots & \vdots & \vdots & & \vdots \\ 0 & 0 & 0 & \cdots & 1 & \cdots & 0 & 0 & 0 & \cdots & 1 \end{bmatrix}}_{N\text{列}} \tag{4.2.9}$$

应用式(4.2.7)压缩后的信号与噪声表示为

$$\begin{cases} \boldsymbol{y}=\boldsymbol{\Phi n}, & H_0 \\ \boldsymbol{y}=\boldsymbol{C\Psi}^{\mathrm{T}}(\boldsymbol{\Psi\alpha}+\boldsymbol{n})=\boldsymbol{C\alpha}+\boldsymbol{\Phi n}, & H_1 \end{cases} \tag{4.2.10}$$

式中，$\boldsymbol{\alpha}$ 为信号 $\boldsymbol{s}$ 在基 $\boldsymbol{\Psi}$ 下的稀疏表示，$\boldsymbol{s}=\boldsymbol{\Psi\alpha}$。

基于稀疏表示的非重构频谱感知算法步骤如下。

(1) 用设计的测量矩阵 $\boldsymbol{\Phi}=\boldsymbol{C\Psi}^{\mathrm{T}}$ 对信号和噪声进行压缩采样。

$$\begin{cases} \boldsymbol{y}=\boldsymbol{\Phi}\hat{\boldsymbol{y}}=\boldsymbol{\Phi n}, & H_0 \\ \boldsymbol{y}=\boldsymbol{\Phi}\hat{\boldsymbol{y}}=\boldsymbol{\Phi}(s+n), & H_1 \end{cases} \tag{4.2.11}$$

(2) 提取 $\boldsymbol{y}$ 中所有元素的绝对值的最大值 $\max(|\boldsymbol{y}|)$ 与门限 λ 进行比较，$\max(|\boldsymbol{y}|)\geqslant\lambda$ 则判定信道存在主用户信号，$\max(|\boldsymbol{y}|)<\lambda$ 则判定信道不存在主用户信号。

当只有噪声没有信号时，用 $\boldsymbol{y}_n$ 表示压缩后的噪声，对噪声的压缩过程为

$$\boldsymbol{y}_n=\boldsymbol{\Phi n}=\boldsymbol{C\Psi}^{\mathrm{T}}\boldsymbol{n} \tag{4.2.12}$$

式中，$\boldsymbol{n}$ 为噪声且 $\boldsymbol{n}_i\sim N(0,\sigma^2)$。

由于 $\boldsymbol{\Psi}^{\mathrm{T}}\boldsymbol{\Psi}=\boldsymbol{I}$，则

$$\boldsymbol{\Phi\Phi}^{\mathrm{T}}=\boldsymbol{C\Psi}^{\mathrm{T}}\boldsymbol{\Psi C}^{\mathrm{T}}=\boldsymbol{CC}^{\mathrm{T}} \tag{4.2.13}$$

由式(4.2.9)可得，$\boldsymbol{\Phi\Phi}^{\mathrm{T}}$ 只有主对角线元素有值且数值都为$\dfrac{N}{M}$，其他位置元素值都为 0，其表示形式为

$$M\text{行}\begin{bmatrix}\frac{N}{M} & 0 & 0 & \cdots & 0\\ 0 & \frac{N}{M} & 0 & \cdots & 0\\ 0 & 0 & \frac{N}{M} & \cdots & 0\\ \vdots & \vdots & \vdots & & \vdots\\ 0 & 0 & 0 & \cdots & \frac{N}{M}\end{bmatrix} \tag{4.2.14}$$

$$M\text{列}$$

当只有噪声时，$\boldsymbol{y}_n$ 中每个元素都服从高斯分布

$$\boldsymbol{y}_{ni}\sim N\left(0,\frac{N}{M}\sigma^2\right) \tag{4.2.15}$$

当门限为 λ 时，虚警概率 P_{f} 为

$$P_{\mathrm{f}}=1-\left(1-2Q\left(\frac{\lambda}{\sqrt{\frac{N}{M}\sigma^2}}\right)\right)^M \tag{4.2.16}$$

若 P_{f} 固定，则门限 λ 为

$$\lambda=\sqrt{\frac{N}{M}\sigma^2}\,Q^{-1}\left(\frac{1-(1-P_{\mathrm{f}})^{\frac{1}{M}}}{2}\right) \tag{4.2.17}$$

式中，$Q(\cdot)$ 定义为 $Q(a)=\int_a^{\infty}\frac{1}{\sqrt{2\pi}}\mathrm{e}^{-\frac{y^2}{2}}\mathrm{d}y$。

当有信号存在时，测量矩阵的设计使其在被压缩后仍然保有稀疏性。这里要求压缩后信号的点数 M 要远大于信号的稀疏度 K。图 4.2.3 表示的是在压缩感知框架下对信号与噪声进行稀疏表示及压缩的示意图。仿真参数为信噪比 0 dB，时域采样数目 $N=128$，压缩后数据长度 $M=32$，信号的稀疏度 $K=4$。如图 4.2.3 所示，信号在时域的 128 个点不稀疏。通过稀疏表示后，在变换域的 128 个点上信号只有 4 个点有值。通过式(4.2.15)所示的测量矩阵对信号进行压缩后，压缩后信号点数变为 $M=32$，压缩后信号只在 4 个点上有数值并且数值大小与信号在变换域有值的点的数值大小一样。所以，在压缩后的 M 点上信号稀疏

且稀疏度与变换域的稀疏度相等，幅度也相等。对于噪声来说，噪声在时域、变换域都不稀疏，在时域设置噪声方差 $\sigma^2=1$，在变换域噪声的方差仍然为1，压缩后噪声长度变为 $M=32$，噪声方差变为 $(N/M)\sigma^2=4$。信号加噪声在时域不稀疏。在变换域与压缩后的情况，信号加噪声稀疏，压缩后噪声幅值的增加使得压缩后信号加噪声的稀疏性减弱。在频谱感知时，选取压缩采样值幅度最大的点的值与门限相比，若大于门限则判定存在主用户信号。

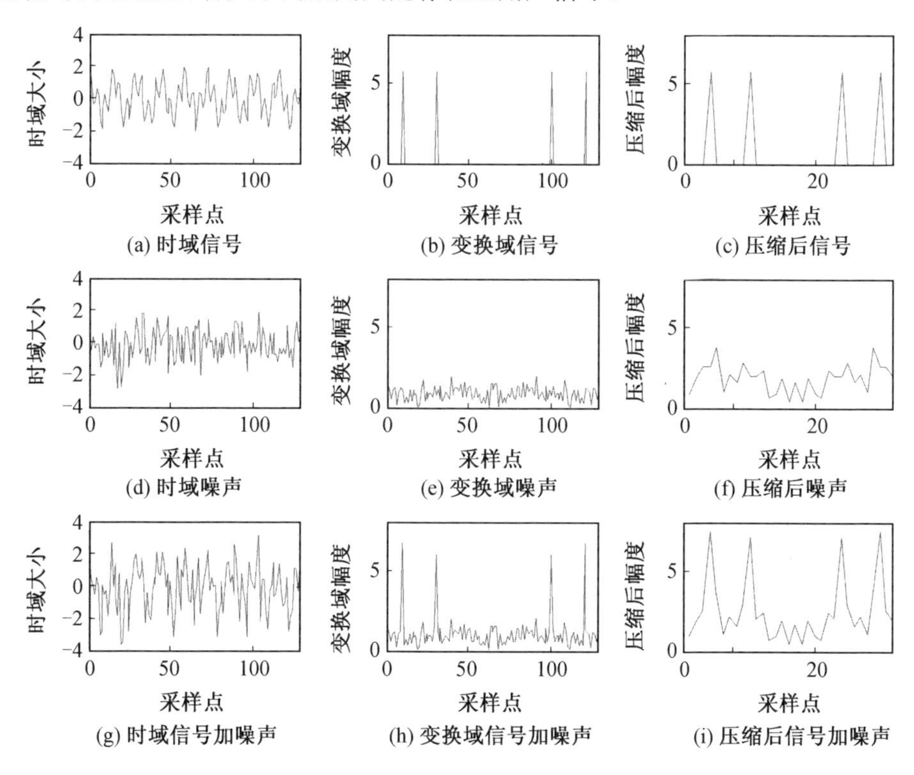

图 4.2.3 压缩感知框架下对信号与噪声进行稀疏表示及压缩的示意图

当主用户信号稀疏度为 K，信号能量 $E=\boldsymbol{s}^{\mathrm{T}}s$，且在稀疏域信号能量 E 均匀分布在 K 个稀疏位置上时，应用基于稀疏表示的非重构频谱感知方法的检测概率 P_{d} 为

$$P_{\mathrm{d}}=\left[1-2Q\left(\frac{\lambda}{\sqrt{\frac{N}{M}\sigma^2}}\right)\right]^{M-K}\left(1-\left\{1-\left[Q\left(\frac{\lambda-\sqrt{\frac{E}{K}}}{\sqrt{\frac{N}{M}\sigma^2}}\right)+1-Q\left(\frac{-\hat{\lambda}-\sqrt{\frac{E}{K}}}{\sqrt{\frac{N}{M}\sigma^2}}\right)\right]\right\}^{K}\right)+\left\{1-\left[1-2Q\left(\frac{\lambda}{\sqrt{\frac{N}{M}\sigma^2}}\right)\right]^{M-K}\right\} \tag{4.2.18}$$

联合式(4.2.18)与式(4.2.19)可以看出,当P_f、M、N固定时,随着稀疏度K的增加,检测概率P_d不断减小,而当P_f、K、N固定时,随着压缩后信号数目M的减小P_d不断减小。也就是说,稀疏度越高检测概率越小;压缩后点数越少检测概率越小。

图 4.2.4 显示了在不同稀疏度下基于稀疏表示的非重构频谱感知算法的检测概率的理论值与仿真值。虚警概率设定为$P_f=0.05$,时域信号长度$N=512$,压缩后信号长度$M=128$,蒙特卡洛循环次数为 1 000。由图 4.2.4 可以看出,检测概率的实际仿真值与理论值一致。当信噪比固定时,随着稀疏度的减小检测概率不断增大。当检测概率固定时,稀疏度越高需要的信噪比就越大。假定在稀疏域信号能量均匀分布在K个稀疏位置上,当信号能量一定时,稀疏度越大每个稀疏度的点分得的能量就越少。在检测时只选取幅值最大的点的绝对值与门限做比较,因此稀疏度越大检测概率就越小。

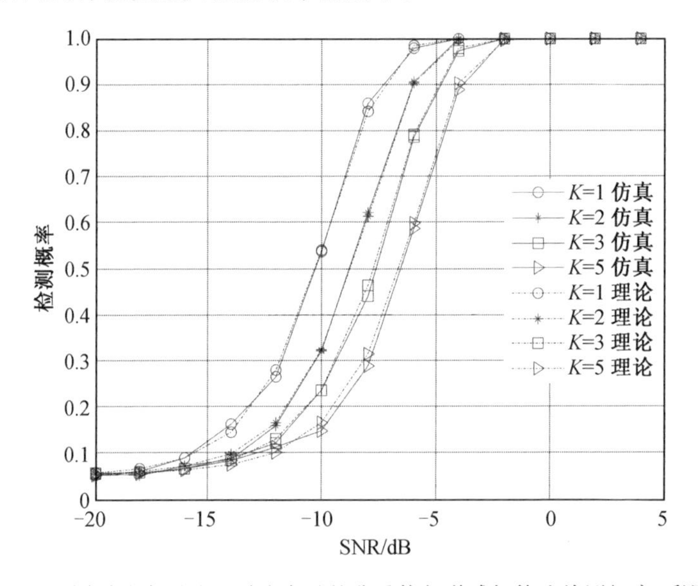

图 4.2.4　不同稀疏度下基于稀疏表示的非重构频谱感知算法检测概率(彩图见附录)

将式(4.2.19)所示的检测概率P_d与4.1.1节中基于能量的非重构频谱感知算法的检测概率式(4.1.15)中的$\bar{P}_d$进行比较。当E、M、σ^2都固定时,稀疏度K增大,检测概率P_d将会减小。当稀疏度较小时$P_d>\bar{P}_d$,当稀疏度较大时$P_d<\bar{P}_d$。令$P_d=\bar{P}_d$,想求得用其他变量对稀疏度K的表示。然而由于公式太复杂,K无法用闭合表达式表示。

图 4.2.5 给出了基于稀疏表示的非重构频谱感知算法和非重构能量频谱感知算法的检测概率。仿真参数为$N=512$、$M=128$,虚警概率$P_f=0.05$,稀疏度K分别为1、3、5、10和15。可以看出,当稀疏度K为1或3时,基于稀疏表示的非重

构频谱感知算法的检测效果好于非重构能量频谱感知算法的频谱感知效果。当稀疏度 K 为 5 时，基于稀疏表示的非重构频谱感知算法和非重构能量频谱感知算法的频谱感知效果相同。当稀疏度 K 为 10 或 15 时，非重构能量频谱感知算法的频谱感知效果优于基于稀疏表示的非重构频谱感知算法的频谱感知效果。由此可见，基于稀疏表示的非重构频谱感知算法适用于稀疏度较低的情况。

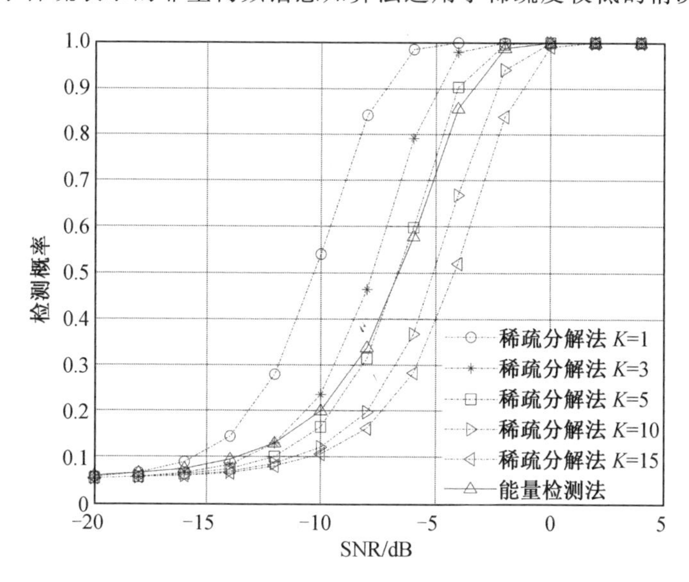

图 4.2.5　基于稀疏表示的非重构频谱感知算法与非重构能量频谱感知算法的检测概率

本节将基于稀疏表示的频谱感知方法扩展到了压缩感知的框架下，提出了基于稀疏表示的非重构频谱感知算法。为了使压缩后的信号保持稀疏性，设计了对应的测量矩阵，推导并仿真了基于稀疏表示的非重构频谱感知算法的检测概率，理论分析与实际仿真结果一致。与非重构能量频谱感知算法的检测概率相比较，在低稀疏度时基于稀疏表示的非重构频谱感知方法效果更好，在稀疏度高时则是非重构能量频谱感知方法效果更好，而在稀疏度为 5 时两种方法的检测概率相等。

4.3　基于多天线频谱感知的测量矩阵设计

为了进一步提高频谱感知的效果，多天线技术被应用到认知无线电当中。通过多天线，认知系统可以通过分集技术来提高频谱感知的抗衰落性能，从而提高频谱感知效果[5]。多天线接收方式有着相对单天线接收方式和协作频谱感知而言特有的优势。与单天线接收方式相比，多天线接收方式克服了单天线容易受信道衰落影响的问题，与协作频谱感知相比，多天线接收方式能够使接收到的信号在频谱感知前进行合并。当分集的支路数目相同时，多天线情况下的频谱感知效果优于协作频谱感知的频谱感知效果[16-17]。基于压缩感知的多天线频谱感知模型如图 4.3.1 所示。

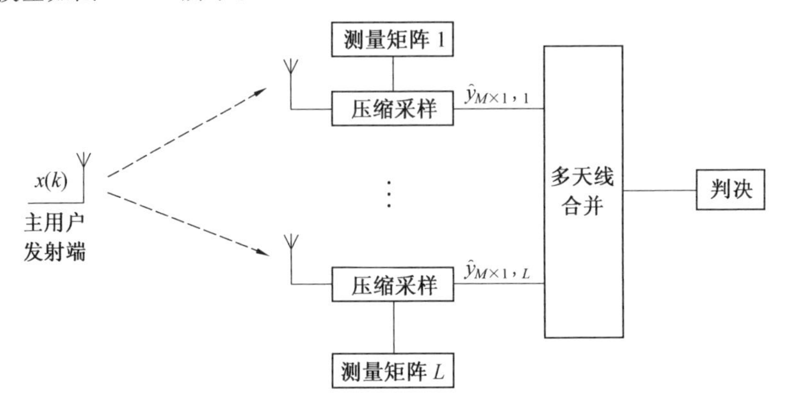

图 4.3.1　基于压缩感知的多天线频谱感知模型

在图 4.3.1 所示模型中，认知用户具有 L 根接收天线。不同分集天线上各自收到的信号的包络不相关。L 根天线分别对接收到的信号进行压缩采样，然后对 L 根天线的压缩采样信号进行合并，最后对合并后的信号进行判决。多根天线能够采用分集来提高系统的频谱感知效果。多天线不仅能够提供分集的优势，多天线间的合作还能降低每根天线所用的测量矩阵的维度，从而可以进一步降低每根天线的采样率。下面将研究如何利用多天线来降低信道衰落对频谱感知造成的影响以及利用多天线来减小测量矩阵的规模。

4.3.1　衰落信道下的非重构频谱感知效果

首先以非重构能量频谱感知算法为例进行分析。根据 4.1.1 节可知，在没有信道衰落时，非重构能量频谱感知的检测概率可以近似表示为

$$P_{\mathrm{d}}=Q_{\frac{M}{2}}\left(\sqrt{\frac{E}{\frac{N}{M}\sigma^{2}}},\sqrt{\frac{\lambda}{\frac{N}{M}\sigma^{2}}}\right) \tag{4.3.1}$$

式中，$E=\boldsymbol{s}^{\mathrm{T}}\boldsymbol{s}$ 为时域信号的能量；λ 为一定虚警概率下的门限值。

此时的条件是 $\boldsymbol{\Phi\Phi}^{\mathrm{T}}=\frac{N}{M}\boldsymbol{I}$。

当信道存在衰落时，即信道幅度增益 h 不等于 1 而服从瑞利分布，则新的检测概率可以表示为

$$P_{\mathrm{d}}=Q_{\frac{M}{2}}\left(\sqrt{\frac{h^{2}E}{\frac{N}{M}\sigma^{2}}},\sqrt{\frac{\lambda}{\frac{N}{M}\sigma^{2}}}\right) \tag{4.3.2}$$

记 $\gamma=\dfrac{h^2E}{\frac{N}{M}\sigma^2}$，假定 $E[h^2]=1$，则 γ 的均值 $\bar{\gamma}=\dfrac{E}{\frac{N}{M}\sigma^2}$。$\gamma$ 的概率密度函数服从指数分布，可以表示为

$$f_\Upsilon(\gamma)=\frac{1}{\bar{\gamma}}\mathrm{e}^{-\frac{\gamma}{\bar{\gamma}}} \tag{4.3.3}$$

在信道增益服从瑞利分布的情况下，平均检测概率 P_{dav} 可以表示为

$$P_{\mathrm{dav}}=\int_0^\infty Q_{\frac{M}{2}}\left(\sqrt{\gamma},\sqrt{\frac{\hat{\lambda}}{\frac{N}{M}\sigma^2}}\right)f_\Upsilon(\gamma)\mathrm{d}\gamma=\int_0^\infty Q_{\frac{M}{2}}\left(\sqrt{\gamma},\sqrt{\frac{\hat{\lambda}}{\frac{N}{M}\sigma^2}}\right)\frac{1}{\bar{\gamma}}\mathrm{e}^{-\frac{\gamma}{\bar{\gamma}}}\mathrm{d}\gamma \tag{4.3.4}$$

图 4.3.2 给出了瑞利信道下非重构能量频谱感知算法的检测概率。在仿真时，不压缩时域信号点数 $N=512$，压缩后信号点数 $M=64$，信号包络服从瑞利分布且 $E[h^2]=1$，虚警概率设定为 $P_{\mathrm{f}}=0.05$，蒙特卡洛循环次数为 2 000。可以看出，无信道衰落时检测概率理论值与仿真值重合，理论与实际相符合，并且无信道衰落时非重构能量频谱感知检测概率比不压缩进行能量频谱感知的检测概率低。由图 4.3.2 可以看出，理论分析与实际仿真结果相符合，并且瑞利信道下的频谱感知效果比无信道衰落时的频谱感知效果差。在本仿真中，当检测概率固定为 0.9 时，瑞利信道下需要的信噪比比无信道衰落需要的信噪比高约 7 dB。由此可见，信道衰落会降低频谱感知的频谱感知效果。

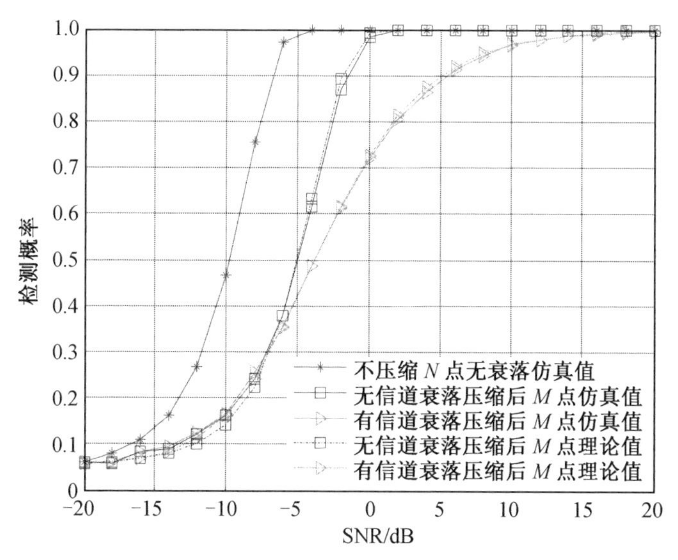

图 4.3.2　瑞利信道下非重构能量频谱感知方法的检测概率(彩图见附录)

下面分析基于稀疏表示的非重构频谱感知在衰落信道下的性能。由4.2.2节可知，在信道不存在衰落的情况下，基于稀疏表示的非重构频谱感知检测概率P_{d}为

$$P_{\mathrm{d}}=\left[1-2Q\left(\frac{\lambda}{\sqrt{\frac{N}{M}\sigma^2}}\right)\right]^{M-K}\left(1-\left\{1-\left[Q\left(\frac{\lambda-\sqrt{\frac{E}{K}}}{\sqrt{\frac{N}{M}\sigma^2}}\right)+1-Q\left(\frac{-\lambda-\sqrt{\frac{E}{K}}}{\sqrt{\frac{N}{M}\sigma^2}}\right)\right]\right\}^K\right)+\left\{1-\left[1-2Q\left(\frac{\lambda}{\sqrt{\frac{N}{M}\sigma^2}}\right)\right]^{M-K}\right\} \tag{4.3.5}$$

式中，$E=\boldsymbol{s}^{\mathrm{T}}\boldsymbol{s}$为时域信号的能量；$\lambda$为一定虚警概率下的门限。

当信道存在衰落时，即信道幅度增益h不等于1而服从瑞利分布，则检测概率可以表示为

$$\hat{P}_{\mathrm{d}}=\left[1-2Q\left(\frac{\sqrt{\hat{\lambda}\frac{N}{M}\sigma^2}}{\bar{\lambda}}\right)\right]^{M-K}\left(1-\left\{1-\left[Q\left(\frac{\hat{\lambda}-\sqrt{\frac{h^2E}{K}}}{\sqrt{\frac{N}{M}\sigma^2}}\right)+1-Q\left(\frac{-\hat{\lambda}-\sqrt{\frac{h^2E}{K}}}{\sqrt{\frac{N}{M}\sigma^2}}\right)\right]\right\}^K\right)+\left\{1-\left[1-2Q\left(\frac{\sqrt{\frac{N}{M}\sigma^2}}{\bar{\lambda}}\right)\right]^{M-K}\right\} \tag{4.3.6}$$

记$\gamma=\frac{h^2E}{K}$，假定$E[h^2]=1$，则γ的均值$\bar{\gamma}=\frac{E}{K}$。γ的概率密度函数服从指数分布，可以表示为

$$f_{\Upsilon}(\gamma)=\frac{1}{\bar{\gamma}}\mathrm{e}^{-\frac{\gamma}{\bar{\gamma}}} \tag{4.3.7}$$

在信道增益服从瑞利分布的情况下，平均检测概率可以表示为

$$P_{\mathrm{dav}}=\int_0^{\infty}P_{\mathrm{d}}(\gamma)f_{\Upsilon}(\gamma)\mathrm{d}\gamma=\int_0^{\infty}P_{\mathrm{d}}(\gamma)\frac{1}{\bar{\gamma}}\mathrm{e}^{-\frac{\gamma}{\bar{\gamma}}}\mathrm{d}\gamma \tag{4.3.8}$$

图4.3.3给出了信道衰落对基于稀疏表示的非重构频谱感知检测概率的影响。在仿真时，压缩前时域信号点数$N=512$，压缩后信号点数$M=128$，在稀疏域信号的稀疏度$K=2$，信号包络服从瑞利分布且$E[h^2]=1$，虚警概率设定为$P_{\mathrm{f}}=0.05$，蒙特卡洛循环次数为2 000。由图4.3.3可以看出，理论值与实际仿真结果重合，理论与实际相符合，并且无信道衰落时非重构频谱检测方法的检测概率比不压缩直接检测的检测概率低，这是由压缩过程使得压缩后的噪声方差增大造成的。还可以看出，瑞利信道下的频谱感知效果要低于信道无衰落时的频谱感知效果。在本仿真中，当检测概率固定为0.9时，瑞利信道下需要的信噪

比比无信道衰落需要的信噪比高约 8 dB。由此可见，信道衰落也会降低基于稀疏表示的非重构频谱感知效果。

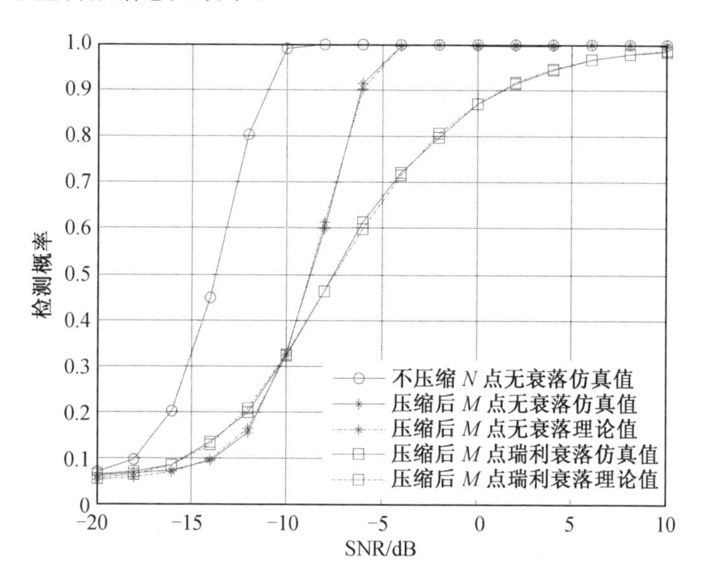

图 4.3.3　瑞利信道下基于稀疏表示的非重构频谱感知算法的检测概率(彩图见附录)

4.3.2　多天线条件下的能量频谱感知测量矩阵设计

与分析衰落信道环境相同的思路，首先以能量频谱感知算法为例分析多天线场景下的矩阵设计方法。由 4.3.1 节的分析可知，信道的衰落会影响非重构能量频谱感知效果。通过多天线的分集作用，希望能够降低信道衰落对频谱感知造成的影响，并且通过多天线来降低每根天线的测量矩阵的规模。

多天线非重构能量频谱感知方法模型如图 4.3.4 所示。

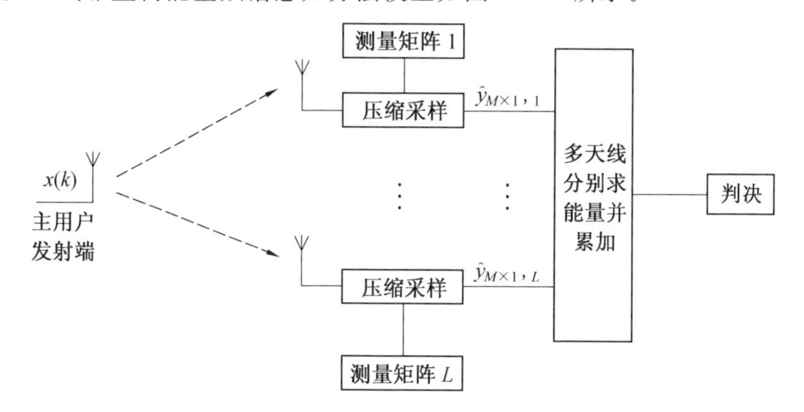

图 4.3.4　多天线非重构能量频谱感知方法模型

在图 4.3.4 所示模型中共有 L 根天线，第 i 根天线的压缩采样信号数目为 M_i，M_S 为 L 根天线总的采样数目，$M_S=\sum_{i=1}^{L} M_i$。在多天线条件下，检验统计量 $\hat{Z}$ 为每根天线的能量的和，即

$$\hat{Z}=\sum_{i=1}^{L} \boldsymbol{y}_{M_i\times 1,i}^{\mathrm{T}} \boldsymbol{y}_{M_i\times 1,i} \tag{4.3.9}$$

在进行判决时，将检验统计量 $\hat{Z}$ 与门限 $\hat{\lambda}$ 相比较。若大于门限值则判定存在主用户信号，若小于门限值则判定不存在主用户信号。

测量矩阵设计分两种状态来考虑。第一种为多天线的总采样点数 M_S 等于只有单天线时的采样点数 M；第二种为多天线中每根天线的采样点数等于只有单天线时的采样点数 M。多天线总采样点数 $M_S=ML$。

1. 第 1 种状态下的测量矩阵设计

假定压缩前时域信号采样点数为 N，当只有单天线接收信号时压缩采样后采样点数为 M，当有 L 根天线接收信号时 L 根天线的总采样点数 $M_S=M$ 且 $M_1=M_2=\cdots=M_L$，即假定多天线时每根天线的采样点数相等且多天线的总采样点数等于只有单天线时的采样点数。

每根天线对应的测量矩阵设计方法如下。

(1) 产生 M 行 N 列的高斯随机矩阵，并用梯度法对矩阵进行优化，得到适用于单天线的测量矩阵 $\boldsymbol{\Phi}$。

(2) 对测量矩阵 $\boldsymbol{\Phi}$ 按行分割成 L 个子矩阵作为 L 根天线的测量矩阵，每个子测量矩阵都为 M/L 行 N 列的矩阵。第 1 根天线的测量矩阵 $\boldsymbol{\Phi}_1$ 为 $\boldsymbol{\Phi}$ 的第 1 行到第 M/L 行组成的矩阵，第 2 根天线的测量矩阵 $\boldsymbol{\Phi}_2$ 为 $\boldsymbol{\Phi}$ 的第 $M/L+1$ 行到第 $2M/L$ 行组成的矩阵，依此类推。

当不存在信道衰落时，该方法的虚警概率与检测概率等于只有单天线对信号进行频谱感知的情况。多天线的虚警概率 $P_{\mathrm{f\_}L}$ 与检测概率 $P_{\mathrm{d\_}L}$ 可表示为

$$\begin{cases} P_{\mathrm{f\_}L}=\dfrac{\Gamma\left(\dfrac{M}{2},\dfrac{\lambda}{2\dfrac{N}{M}\sigma^2}\right)}{\Gamma\left(\dfrac{M}{2}\right)} \\ P_{\mathrm{d\_}L}=Q_{\frac{M}{2}}\left(\sqrt{\dfrac{E}{\dfrac{N}{M}\sigma^2}},\sqrt{\dfrac{\lambda}{\dfrac{N}{M}\sigma^2}}\right) \end{cases} \tag{4.3.10}$$

式中，E 为压缩前信号的能量，$E=\boldsymbol{s}^{\mathrm{T}}\boldsymbol{s}$；$\sigma^2$ 为压缩前噪声的方差；$\hat{\lambda}$ 为门限。

当不存在信道衰落时，多天线总采样点数为 M 时的检测概率等于只有单天

线检测且压缩采样点数也为 M 时的检测概率。多天线的好处是降低了每根天线的采样点数，使得每根天线的采样点数变为 M/L，降低了每根天线的采样率。

当存在信道衰落时，假定每根天线的衰落服从瑞利分布，用 h_i 表示第 i 条天线的衰落且 $E[h_i^2]=1$。γ 表示经过信道衰落后所有采样信号的能量，$\gamma=\frac{E}{L}\sum_{i=1}^{L}h_i^2$，则 γ 也是一个随机变量且其均值 $E[\gamma]=E$。γ 的概率密度函数为

$$f_{\Upsilon}(\gamma)=\frac{1}{\Gamma(L)}\gamma^{L-1}\mathrm{e}^{-\gamma}\frac{L}{E} \tag{4.3.11}$$

在瑞利信道下多天线平均检测概率 $\overline{\hat{P}}_{\mathrm{d\_}L}$ 可表示为

$$\overline{\hat{P}}_{\mathrm{d\_}L}=\int_0^{\infty}Q_{\frac{M}{2}}\left(\sqrt{\frac{\gamma}{\frac{N}{M}\sigma^2}},\sqrt{\frac{\hat{\lambda}}{\frac{N}{M}\sigma^2}}\right)f_{\Upsilon}(\gamma)\mathrm{d}\gamma \tag{4.3.12}$$

图 4.3.5 显示了瑞利信道下多天线非重构能量频谱感知检测概率理论值和单天线非重构能量频谱感知检测概率理论值。仿真参数为 $N=512,M=64,L=4$。由图 4.3.5 可以看出，多天线时检测概率的理论值高于只有单天线时检测概率的理论值。这说明与单天线相比，多天线不仅降低了每根天线的采样率，还提高了检测概率。

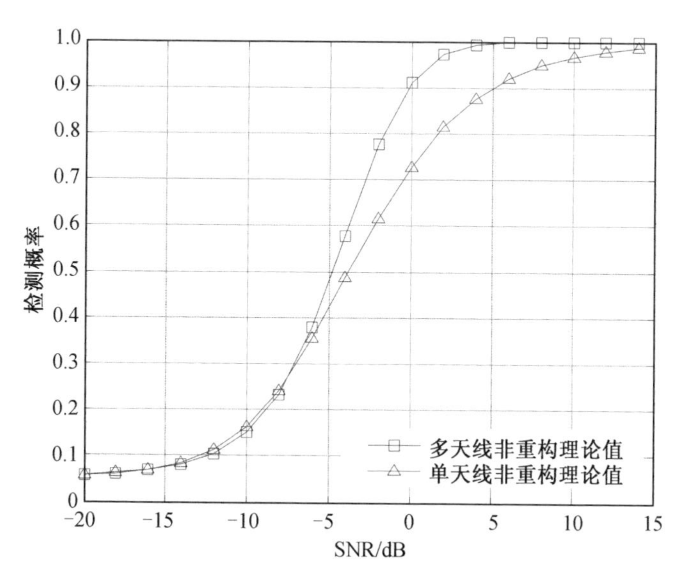

图 4.3.5　第一种状态下多天线与单天线非重构能量频谱感知检测概率理论值

2. 第 2 种状态下的测量矩阵设计

假定压缩前时域采样点数为 N，当只有单天线接收信号时压缩采样后采样

点数为 M，当有 L 根天线接收信号时 L 根天线中每根天线的压缩采样点数都为 M，L 根天线总的压缩采样点数 $M_S=ML$。

每根天线对应的测量矩阵设计方法如下。

(1) 首先产生 M_S 行 N 列的高斯随机矩阵，并用梯度法对矩阵进行优化，得到测量矩阵 $\boldsymbol{\Phi}_{M_S\times N}$。

(2) 对测量矩阵 $\boldsymbol{\Phi}_{M_S\times N}$ 按行分割成 L 个子矩阵作为 L 根天线的测量矩阵，每个子测量矩阵都为 M 行 N 列的矩阵。第 1 根天线的测量矩阵 $\boldsymbol{\Phi}_1$ 为 $\boldsymbol{\Phi}_{M_S\times N}$ 的第 1 行到第 L 行组成的矩阵，第 2 根天线的测量矩阵 $\boldsymbol{\Phi}_2$ 为 $\boldsymbol{\Phi}_{M_S\times N}$ 的第 $L+1$ 行到第 $2L$ 行组成的矩阵，依此类推。

在不存在信道衰落情况下，虚警概率 P_{f} 与检测概率 P_{d} 可表示为

$$\begin{cases} P_{\mathrm{f}\_L}=\dfrac{\Gamma\left(\dfrac{M_S}{2},\dfrac{\lambda}{2\dfrac{N}{M_S}\sigma^2}\right)}{\Gamma\left(\dfrac{M_S}{2}\right)} \\ P_{\mathrm{d}\_L}=Q_{\frac{M_S}{2}}\left(\sqrt{\dfrac{E}{\dfrac{N}{M_S}\sigma^2}},\sqrt{\dfrac{\lambda}{\dfrac{N}{M_S}\sigma^2}}\right) \end{cases} \tag{4.3.13}$$

式中，E 为压缩前信号的能量，$E=\boldsymbol{s}^{\mathrm{T}}\boldsymbol{s}$；$\sigma^2$ 为压缩前噪声的方差；λ 为门限。

此时，当虚警概率固定时，多天线总采样点数 $M_S=ML$ 的检测概率高于只有单天线检测且采样点数为 M 的检测概率。多天线并没有降低每根天线的测量矩阵的规模，对采样率也没有降低，但多天线频谱感知的好处是总采样点数大于单天线频谱感知的采样点数，从而提高了检测概率。

当存在信道衰落时，假定每根天线的衰落服从瑞利分布，用 h_i 表示第 i 条天线的衰落且 $E[h_i^2]=1$。γ 表示经过信道衰落后所有采样信号的能量，$\gamma=\dfrac{E}{L}\sum_{i=1}^{L}h_i^2$，则 γ 也是一个随机变量且其均值 $E[\gamma]=E$。γ 的概率密度函数为

$$f_{\Upsilon}(\gamma)=\frac{1}{\Gamma(L)}\gamma^{L-1}\mathrm{e}^{-\gamma}\frac{L}{E} \tag{4.3.14}$$

在瑞利信道下多天线平均检测概率 $\bar{P}_{\mathrm{d}\_L}$ 可表示为

$$\bar{P}_{\mathrm{d}\_L}=\int_0^{\infty}Q_{\frac{M_S}{2}}\left(\sqrt{\frac{\gamma}{\frac{N}{M_S}\sigma^2}},\sqrt{\frac{\lambda}{\frac{N}{M_S}\sigma^2}}\right)f_{\Upsilon}(\gamma)\mathrm{d}\gamma \tag{4.3.15}$$

图 4.3.6 显示了第一种状态和第二种状态时非重构多天线能量频谱感知检测概率理论值和实际仿真结果。仿真时假定不压缩时信号点数 $N=512$，压缩后信号点数 $M=64$，天线数目 $L=4$，每根天线的信号衰落都服从瑞利分布且 $E[h^2]=1$，第二种状态总压缩采样数 $M_S=256$。从图 4.3.6 中可以看出，每种状态下，理

论与实际仿真相符合。多天线第一种状态和第二种状态的检测概率都好于单天线的检测概率。多天线第一种状态的每根天线的采样率是只有单天线采样时采样率的 $1/L$，并且其检测概率还高于只有单天线时的检测概率。多天线第二种状态的每根天线的采样率与只有单天线采样时的采样率相同，但其检测概率远高于多天线第一种状态的检测概率以及只有单天线时的检测概率。

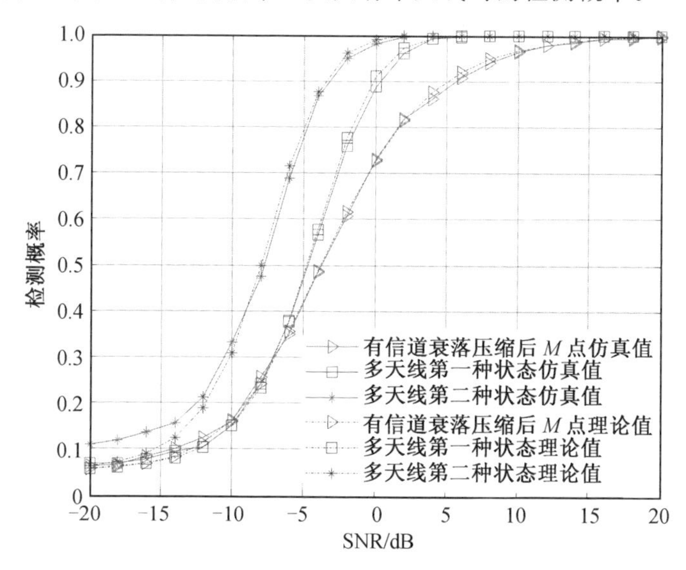

图 4.3.6　不同状态下非重构多天线能量频谱感知检测概率(彩图见附录)

对于多天线的情况，降低每根天线的采样率和提高检测概率是一对矛盾，提高检测概率必然会提高每根天线的采样率。需要从这两个参数折中考虑测量矩阵的设计。

4.3.3　多天线条件下的基于稀疏表示频谱感知测量矩阵设计

下面分析基于稀疏表示频谱感知的多天线测量矩阵设计方法。

由 4.3.1 节的分析可知，信道的衰落会影响基于稀疏表示的非重构频谱感知方法的频谱感知效果。当多天线存在时，可以利用多天线来降低信道衰落对频谱感知造成的影响。同时，通过多天线的协同作用，希望能降低每一根天线的采样矩阵的规模，使得 AIC 模块能以更低的采样率进行采样，降低硬件实现的难度。

基于稀疏表示的多天线非重构频谱感知算法模型如图 4.3.7 所示。

在图 4.3.7 所示模型中共有 L 根天线，第 i 根天线的压缩采样点数为 M_i，M_S 为 L 根天线总的采样点数，$M_S=\sum_{i=1}^{L}M_i$。在进行判决时，对所有的 M_S 个采样点取绝对值，并选取所有绝对值中的最大值与门限 λ 进行比较，若大于门限 λ，则判定主用户信号存在。

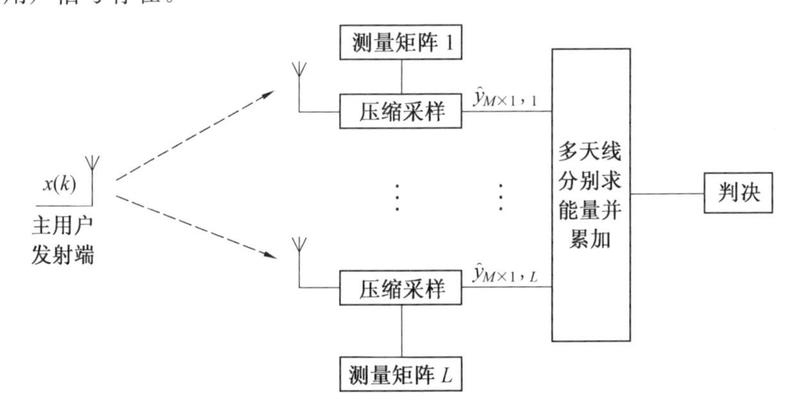

图 4.3.7 基于稀疏表示的多天线非重构频谱感知算法模型

对于测量矩阵的设计，分两种状态来考虑。第一种为多天线的总采样点数 M_S 等于只有单天线时的采样点数 M；第二种为多天线中每根天线的采样点数等于只有单天线时的采样点数 M。多天线总采样点数 $M_S = ML$。

1. 第 1 种状态下的测量矩阵设计

假定压缩前时域采样点数为 N，当只有单天线接收信号时压缩采样后采样点数为 M(N/M 为正整数)；当有 L 根天线接收信号时 L 根天线总采样点数 $M_S = M$ 且 $M_1 = M_2 = \cdots = M_L$，即假定多天线时每根天线的采样点数相等且多天线的总采样点数等于 4.2 节中只有单天线采样时的采样点数。

根据 4.2 节内容，当只有单天线接收信号时，压缩前采样点数为 N，压缩后采样点数为 M(N/M 为正整数)，测量矩阵设计为

$$\boldsymbol{\Phi} = \boldsymbol{C} \times \boldsymbol{\Psi}^{\mathrm{T}} \tag{4.3.16}$$

式中，$\boldsymbol{\Psi}$ 为正交的稀疏基，且 $\boldsymbol{\Psi}^{\mathrm{T}}\boldsymbol{\Psi} = \boldsymbol{I}$；$\boldsymbol{C}$ 为 $M \times M$ 矩阵，$\boldsymbol{C}$ 由 N/M 个 $M \times M$ 的单位矩阵连接而成，具体形式为

$$M\text{行}\begin{bmatrix} 1 & 0 & 0 & \cdots & 0 & \cdots & 1 & 0 & 0 & \cdots & 0 \\ 0 & 1 & 0 & \cdots & 0 & \cdots & 0 & 1 & 0 & \cdots & 0 \\ 0 & 0 & 1 & \cdots & 0 & \cdots & 0 & 0 & 1 & \cdots & 0 \\ \vdots & \vdots & \vdots & & \vdots & & \vdots & \vdots & \vdots & & \vdots \\ 0 & 0 & 0 & \cdots & 1 & \cdots & 0 & 0 & 0 & \cdots & 1 \end{bmatrix} \tag{4.3.17}$$

N 列

在多天线时，第 i 根天线的测量矩阵 $\boldsymbol{\Phi}_i$ 设计为

$$\boldsymbol{\Phi}_i = \boldsymbol{C}_i \times \boldsymbol{\Psi}^{\mathrm{T}} \tag{4.3.18}$$

式中，$\boldsymbol{C}_i$ 为 M/L 行 N 列的矩阵，由矩阵 $\boldsymbol{C}_{M\times N}$ 的第$\left(\frac{(i-1)M}{L}+1\right)$行到第$\frac{iM}{L}$行组成。即把测量矩阵 $\boldsymbol{\Phi}$ 按行分割成 L 个子矩阵作为 L 根天线的测量矩阵。矩阵 $\boldsymbol{\Phi}$ 的第 1 行到第 M/L 行组成的矩阵作为第 1 根天线的测量矩阵 $\boldsymbol{\Phi}_1$，第 $M/L+1$ 行到第 $2M/L$ 行组成的矩阵作为第 2 根天线的测量矩阵 $\boldsymbol{\Phi}_2$，依此类推。

虚警概率与 4.2 节中的虚警概率式(4.2.17)一致，若固定虚警概率 P_{f}，则求得门限 λ 为

$$\lambda=\sqrt{\frac{N}{M}\sigma^2}\times Q^{-1}\left[\frac{1-(1-P_{\mathrm{f}})\frac{1}{M}}{2}\right] \tag{4.3.19}$$

图 4.3.8 给出了第一种状态时多天线对频谱感知效果的提升。仿真时假定不压缩时信号点数 $N=512$，压缩后信号点数 $M=128$，信号稀疏度 $K=5$，天线数目 $L=4$，每根天线的测量矩阵为第一种状态下的测量矩阵，多天线中每根天线压缩采样 32 个点，虚警概率 $P_{\mathrm{f}}=0.05$，蒙特卡洛循环次数为 2 000。带圆圈的线表示不对信号进行压缩，对接收信号应用基于稀疏表示的频谱感知方法进行频谱感知时的检测概率。带星号的线表示当不存在信道衰落时，对信号进行压缩并应用基于稀疏表示的非重构频谱感知算法进行频谱感知的检测概率，它比不压缩时的频谱感知效果要差，这是由对信号进行压缩采样导致的。带三角形的线表示信道为瑞利信道时，压缩后频谱感知的检测概率，信道衰落导致它的频谱感知效果比不存在信道衰落时的频谱感知效果要差。带正方形的线表示当信道为瑞利信道时，基于稀疏表示的多天线非重构频谱感知检测概率，由图 4.3.8 可以

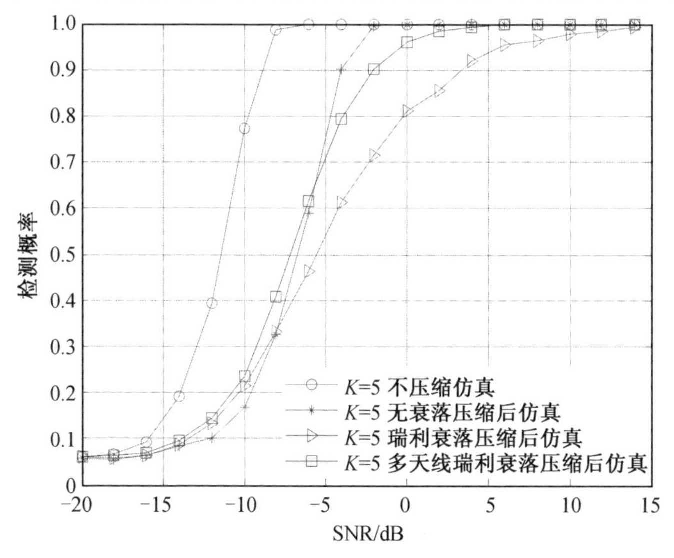

图 4.3.8　多天线第一种状态与单天线应用基于稀疏表示的非重构频谱感知的检测概率

看出其频谱感知效果优于瑞利信道下单天线的频谱感知效果。

虽然此时单天线的压缩采样点数 M 等于多天线总的压缩采样点数 M_S，由于假设信号能量在 K 个稀疏度上均匀分布，在频谱感知时只选取压缩采样后数值最大的点与门限值比较来进行频谱感知，所以假定能量在 K 个稀疏度上均匀分布最不利于信号的频谱感知。由于每根天线信号衰落不相关，所以多天线在一定程度上破坏了这种均匀分布，使得在稀疏域有些点的信号能量增加，有些点的信号能量减少。信号能量增加的点将有利于进行频谱感知，所以多天线的频谱感知效果优于单天线的频谱感知效果。

2. 第二种状态下的测量矩阵设计

假定压缩前时域采样点数为 N，当只有单天线接收信号时压缩采样后采样点数为 M（N/M 为正整数）；当有 L 根天线接收信号时每根天线压缩采样的点数都为 M，则 L 根天线的总压缩采样点数 $M_S=ML$。

为了给每根天线设计相应的测量矩阵，首先设计一个 ML 行 N 列 $\left(\dfrac{N}{ML}\text{为正整数}\right)$ 的测量矩阵 $\boldsymbol{\Phi}_{ML\times N}$，即

$$\boldsymbol{\Phi}_{ML\times N}=\boldsymbol{C}_{ML\times N}\times\boldsymbol{\Psi}_{N\times N}^{\mathrm{T}} \tag{4.3.20}$$

式中，$\boldsymbol{\Psi}$ 为正交的稀疏基，且 $\boldsymbol{\Psi}^{\mathrm{T}}\boldsymbol{\Psi}=\boldsymbol{I}$；$\boldsymbol{C}_{ML\times N}$ 为 $ML\times N$ 矩阵，由 N/ML 个 $ML\times ML$ 的单位矩阵连接而成，具体形式为

$$ML\text{ 行}\underbrace{\begin{bmatrix}1&0&0&\cdots&0&\cdots&1&0&0&\cdots&0\\0&1&0&\cdots&0&\cdots&0&1&0&\cdots&0\\0&0&1&\cdots&0&\cdots&0&0&1&\cdots&0\\\vdots&\vdots&\vdots&&\vdots&&\vdots&\vdots&\vdots&&\vdots\\0&0&0&\cdots&1&\cdots&0&0&0&\cdots&1\end{bmatrix}}_{N\text{ 列}} \tag{4.3.21}$$

在多天线时，第 i 根天线的测量矩阵 $\boldsymbol{\Phi}_i$ 设计为

$$\boldsymbol{\Phi}_i=\boldsymbol{C}_i\times\boldsymbol{\Psi}^{\mathrm{T}} \tag{4.3.22}$$

式中，$\boldsymbol{C}_i$ 为 M 行 N 列的矩阵，由矩阵 $\boldsymbol{C}_{ML\times N}$ 的第$[(i-1)M+1]$行到第 iM 行组成。即把测量矩阵 $\boldsymbol{\Phi}_{ML\times N}$ 按行分割成 L 个子矩阵作为 L 根天线的测量矩阵。矩阵 $\boldsymbol{\Phi}_{ML\times N}$ 的第 1 行到第 M 行组成的矩阵作为第 1 根天线的测量矩阵 $\boldsymbol{\Phi}_1$，第 $M+1$ 行到第 $2M$ 行组成的矩阵作为第 2 根天线的测量矩阵 $\boldsymbol{\Phi}_2$，依此类推。

记第 i 根天线压缩采样后的数据为 $\boldsymbol{y}^i$，用 $\boldsymbol{y}_{M_S\times 1}$ 表示 L 根天线的压缩采样数据组成的向量：

$$\boldsymbol{y}_{M_S\times 1}=\begin{bmatrix}\boldsymbol{y}^1\\\boldsymbol{y}^2\\\vdots\\\boldsymbol{y}^L\end{bmatrix} \tag{4.2.23}$$

当不存在信号只存在噪声时，$\boldsymbol{y}_{M_S\times 1}$ 中每个元素都是压缩后的噪声且 $\boldsymbol{y}_{M_S\times 1}\sim N\left(0,\dfrac{N}{ML}\sigma^2\right)$。与 4.2 节式(4.2.16) 相比，多天线条件下压缩后的噪声方差变小。而压缩后信号幅度并没有减小，因此，多天线条件下的检测概率相对单天线将会提高。

图 4.3.9 给出了多天线情况下每根天线都压缩采样 M 点时对频谱感知效果的提升。仿真时假定不压缩时信号点数 $N=512$，压缩后信号点数 $M=64$，信号稀疏度 $K=5$，天线数目 $L=4$，每根天线的测量矩阵为第二种状态下设计的测量矩阵，每根天线压缩采样 64 个点，总压缩采样点数 $M_S=256$，虚警概率 $P_f=0.05$，蒙特卡洛循环次数为 2 000。带圆圈的线表示单天线时不对信号进行压缩，对接收信号应用基于稀疏表示的频谱感知算法进行频谱感知时的检测概率。带星号的线表示单天线不存在信道衰落时，对信号进行压缩并应用基于稀疏表示的非重构频谱感知算法进行频谱感知的检测概率，它比不压缩时的频谱感知效果要差，这是由对信号进行压缩采样导致的。带三角形的线表示单天线接收且信道为瑞利信道时，压缩后检测的检测概率，信道衰落导致它的频谱感知效果比不存在信道衰落时的频谱感知效果要低。带正方形的线表示当信道为瑞利信道时，多天线接收信号并利用基于稀疏表示的多天线非重构频谱感知算法感知时的检测概率。可以看出其频谱感知效果高于瑞利信道下基于稀疏表示的单天线非重构频谱感知的频谱感知效果，并且其频谱感知效果比无信道衰落时基于稀疏表示的单天线非重构频谱感知的频谱感知效果也要好。这是由于多天线压缩采样

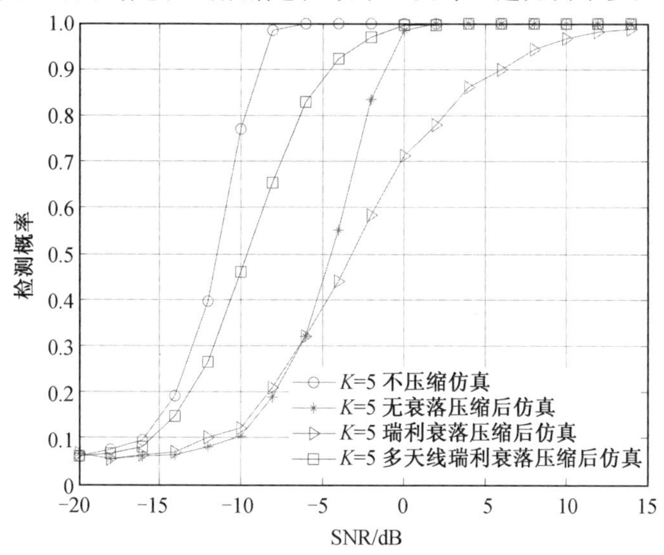

图 4.3.9　第二种状态时基于稀疏表示的多天线非重构频谱感知检测概率

的总点数 M_S 大于单天线的压缩采样点数 M。压缩采样点数的增加使得压缩后噪声的方差变小，并且多天线中每根天线衰落的不相关性破坏了能量在稀疏度上的均匀分布也更有利于频谱感知，以上两点原因使得多天线的频谱感知效果更好。

本节首先分析了信道衰落对非重构能量频谱感知算法和基于稀疏表示的非重构频谱感知算法的检测概率的影响，得到信道衰落会降低两种频谱感知算法的检测概率的结论。在多天线条件下，针对非重构能量频谱感知算法，分为两种状态进行分析，第一种状态是多天线总采样点数等于单天线时的采样点数，第二种状态是多天线总采样点数多于单天线时的采样点数。针对多天线非重构能量频谱感知，将梯度法优化后的矩阵进行分割，为每根天线设计了对应的测量矩阵。第一种状态时多天线的检测概率有小幅度的提升，每根天线的采样率相对于只有单天线时大大降低，在第二种状态时多天线的检测概率有了很大的提高，但每根天线的采样率与单天线时一致。针对多天线基于稀疏表示的非重构频谱感知算法，也分成了两种多天线采样状态进行分析，将针对稀疏表示方法设计的测量矩阵进行分割，为每根天线设计了对应的测量矩阵。多天线的效果是第一种状态能降低采样率，第二种状态能提高检测概率。

本章参考文献

[1] CANDES E, ROMBERG J, TAO T. Robust uncertainty principles: exact signal reconstruction from highly incomplete frequency information[J]. IEEE Transactions on Information Theory, 2006, 52(2):489-509.

[2] DONOHO D L. Compressed sensing[J]. IEEE Transactions on Information Theory, 2006, 52(4):1289-1306.

[3] LASKA J, KIROLOS S, MASSOUD Y, et al. Random sampling for analog-to-information conversion of wideband signals[C]// Design, Applications, Integration and Software, 2006 IEEE Dallas/CAS Workshop on. IEEE, 2010:119-122.

[4] LASKA J N, KIROLOS S, DUARTE M F, et al. Theory and implementation of an analog-to-information converter using random demodulation[C]// Circuits and Systems, 2007. ISCAS 2007. IEEE International Symposium on. IEEE, 2013:1959-1962.

[5] DAVENPORT M A, WAKIN M B, BARANIUK R G, et al. Detection and estimation with compressive measurements[J]. Department of Electrical and Computer Engineering Technical Report, 2006,12,1-16.

[6] WANG W, YANG Z, GU B, et al. A non-reconstruction method of compressed spectrum sensing[C]//IEEE 2011 7th International Conference on Wireless Communications, Networking and Mobile Computing (WiCOM), 2011:1-4.

[7] WANG Weigang, YANG Zhen, GU Bin, et al. A non-reconstruction method of compressed spectrum sensing[C]. Wireless Communications, Networking and Mobile Computing 2011, 1-4.

[8] HONG S. Direct spectrum sensing from compressed measurements[C]. Miltary Communications Conference 2010, 1187-1192.

[9] ELAD M. Optimized projections for compressed sensing[J]. IEEE Transactions on Signal Processing, 2006, 55(12):5695-5702.

[10] DUARTE-CARVJALINO J M, SAPIRO G. Learning to sense sparse signals: simultaneous sensing matrix and sparsifying dictionary optimization[J]. IEEE Transactions on Image Processing, 2008, 18(7):1395-1408.

[11] ABOLGHASEMI V, JAREHI D, SANEI S. A robust approach for optimization of the measurement matrix in Compressed Sensing[C]. IEEE 2010 2nd International Workshop on Cognitive Information Processing(CIP), 2010:388-392.

[12] ABOLGHASEMI V, FERDOWSI S, SANEI S. A gradient-based alternating minimization approach for optimization of the measurement matrix in compressive sensing[J]. Signal Processing, 2012, 92(4):185-190.

[13] DONOHO D L, TSAIG Y, DRORI I, et al. Sparse solution of underdetermined systems of linear equations by stagewise orthogonal matching pursuit[J]. IEEE Transactions on Information Theory, 2012, 58(2):1094-1121.

[14] TROPP J A, TROPP J A, GILBERT A C. Signal recovery from random measurements via orthogonal matching pursuit[J]. IEEE Transactions on Information Theory. 2007;53(12):4655-66.

[15] LEE J H, BAEK J H, HWANG S H. Collaborative spectrum sensing using energy detector in multiple antenna system[C]// Advanced Communication Technology, 2008. ICACT 2008. 10th International Conference on. IEEE, 2010:427-430.

[16] CHEN R, PARK J M, BIAN K. Robust distributed spectrum sensing in cognitive radio networks[C]. IEEE The 27th Conference on Computer

Communications, 2008:1876-1884.

[17] LUNDE J, KOIVUNEN V, HUTTUNEN A, et al. Censoring for collaborative spectrum sensing in cognitive radios[J]. Circuits Systems & Computers. Conference Record. Asilomar Conference on, 2010:772-776.

第5章

非重构框架下的特征值频谱感知

特征值频谱感知算法是一种重要且性能良好的频谱感知算法，它以随机矩阵理论作为主要研究工具，采用最大特征值、最小特征值或者二者的变形作为检验统计量。本章首先介绍了传统特征值频谱感知算法及其性能。5.2 节以随机矩阵最新研究成果为基础提出了基于单环定律的频谱感知算法，提出算法选取“平均特征值半径”作为算法的检验统计量，并通过推导给出了判决门限。5.3 节提出了基于最大最小特征值和主特征向量的双特征频谱感知算法。提出的双特征频谱感知算法综合考虑了特征值和特征向量两者的特性，并借助随机矩阵理论推导了虚警概率和门限之间的关系表达式。随后，针对当前特征值频谱感知中由利用采样协方差矩阵代替统计协方差矩阵带来的难以确定频谱感知门限问题，5.4 节提出了一种适用于低虚警概率要求的特征值频谱感知精确门限设置方式，详细推导了虚警概率和门限之间的关系表达式。5.5 节采用非重构压缩感知框架对压缩感知采样下特征值频谱感知进行了探讨，结合自由矩阵理论，分别对认知用户采用不同测量矩阵、相同测量矩阵和相同优化后矩阵时的样本协方差矩阵特征值扩散度进行了分析，证明了特征值频谱感知应用于压缩感知背景下的可行性。

5.1　传统特征值频谱感知算法

5.1.1　研究概述

随机矩阵理论最早由 Cardoso 等人引入频谱感知领域，文献[1]根据接收信号协方差矩阵最大特征值与最小特征值之比在主用户信号存在和主用户信号不存在两种情况下的差异性，提出了一种基于随机矩阵渐近谱理论的最大特征值与最小特征值之比的频谱感知算法，利用随机矩阵理论中的M－P律给出了大维情况下的判决门限，但是在采样点数小的情况下该算法性能不够理想。文献[2]利用接收信号协方差矩阵的最大特征值服从 Tracy－Widom 分布的性质，对上述文献提出的判决门限进行了改进，提出了最大最小特征值(Maximum Minimum Eigenvalue，MME)算法，但是最小特征值依然采用 M－P 律给出的渐近结果。文献[3]在 MME 算法的基础上，将能量检测与随机矩阵最小特征值检测联系起来，提出了能量－最小特征值(Energy with Minimum Eigenvalue，EME)算法。文献[4]利用统计学中新的研究结果，根据接收信号样本协方差矩阵最小特征值也服从 Tracy－Widom 分布的性质，推导了只有噪声情况下最大特征值与最小特征值之比的概率密度函数，得到了更准确的虚警概率和判决门限值。文献[5]提出了最大特征值－迹算法(Maximum Eigenvalue Trace，MET)算法，利用接收协方差矩阵中最大特征值与矩阵迹的比值作为检验统计量进行判决。文献[6]将基于最大最小特征值之比、最大特征值与特征值几何平均之比、最大特征值与特征值算数平均之比的算法纳入统一的广义均值检测(Generalized Mean Detection，GMD)算法体系中，指出上述几种算法均为 GMD 算法的特殊情况，并且通过高斯逼近方法和伽马逼近方法，得到了几种方法的逼近门限。

文献[7]以信号采样协方差矩阵的最大特征值与最小特征值之差作为检验统计量，提出了基于最大特征值与最小特征值之差(the Difference between the Maximum eigenvalue and the Minimum eigenvalue，DMM)的频谱感知算法，该算法的判决门限与噪声方差有关，但是不受噪声不确定度的影响，并且可以通过对噪声方差的估计，避免噪声能量对算法的影响。文献[8]根据主用户信号存在与不存在两种情况下接收信号协方差矩阵最大特征值统计特性的不同，提出了一种双判决门限的频谱感知算法。文献[9]提出了一种改进的基于 Cholesky 分解的协方差检测算法，对接收信号协方差矩阵做 Cholesky 分解，然后利用只有噪声时和主用户信号存在的情况下，接收信号协方差矩阵分解后的矩阵非对角元素的不同判断主用户信号是否存在，并根据随机矩阵理论，推导了非渐近条件下算法的虚警概率和判决门限。该算法不需要主用户信号的先验信息，对不确定噪声具有一定的抵抗性。

5.1.2 系统模型

目前，随机矩阵理论在频谱感知中的应用集中在渐近谱分析理论方面。其中，比较经典的是基于接收信号协方差矩阵最大特征值与最小特征值之比的频谱感知算法。这里主要对这种频谱感知算法及其改进过程进行介绍，并从中总

结随机矩阵应用于频谱感知的一般思路和方法。

频谱感知问题通常被建模成一个二元假设问题：

(1)H_0，主用户信号不存在，感知节点接收的信号只有噪声；

(2)H_1，主用户信号存在，感知节点接收的是带有噪声的主用户信号。

在 H_0 和 H_1 情况下，每个感知节点接收到的信号分别表示为

$$y(t)=\begin{cases}n(t), & H_0\\ h(t)s(t)+n(t), & H_1\end{cases} \tag{5.1.1}$$

其中，$n(t)$ 是标准高斯白噪声；$h(t)$ 是主用户与感知节点之间的信道冲激响应；$s(t)$ 是主用户发射信号。

在上述假设下，判决结果也有主用户存在和不存在两种情况，分别用 D_1 和 D_0 表示。在频谱感知中，通常使用检测概率 P_d 和虚警概率 P_f 来评估算法的性能。检测概率表示在主用户存在的情况下，检测到主用户的概率。虚警概率表示主用户不存在的情况下，做出了错误的判决，认为主用户存在的概率。它们的定义分别为

$$P_d=P(D_1 \mid H_1) \tag{5.1.2}$$

$$P_f=P(D_1 \mid H_0) \tag{5.1.3}$$

考虑如图 5.1.1 所示的场景，主用户与主基站(主用户信号接收终端)之间进行通信，多个感知节点之间协作感知频谱是否空闲可用。多个感知节点可以认为是多个具有单天线的认知用户或者具有多天线的认知用户。

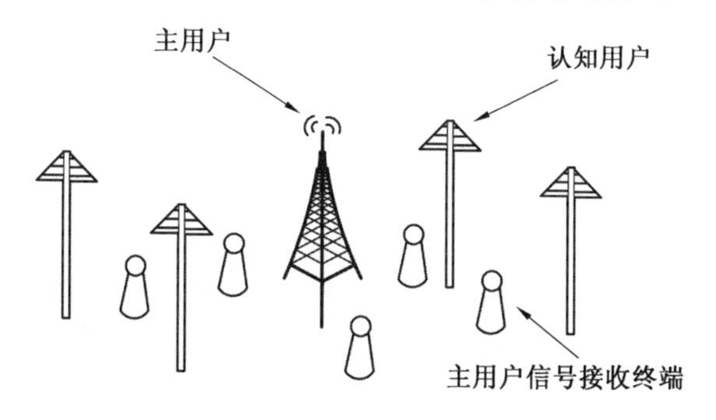

图 5.1.1　多个感知节点的频谱感知模型示意图

假设感知节点数为 K 个，每个感知节点的采样点数为 N。感知节点之间的数据传输不占用无线资源(通过光纤等高速传输方式)。则 K 个感知节点的接收信号可用矩阵 $\mathbf{Y}$ 表示，称为接收信号矩阵，具体形式为

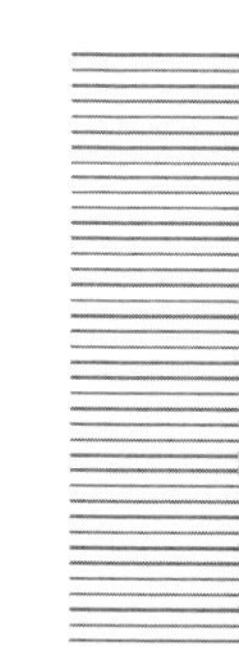

$$\boldsymbol{Y}=\begin{bmatrix} y_1(1) & y_1(2) & \cdots & y_1(N) \\ y_2(1) & y_2(2) & \cdots & y_2(N) \\ \vdots & \vdots & & \vdots \\ y_K(1) & y_K(2) & \cdots & y_K(N) \end{bmatrix} \tag{5.1.4}$$

为了简化运算和推导，可假设信号和噪声均值为 0，则此时样本协方差矩阵为 $\boldsymbol{R}=\frac{1}{N}\boldsymbol{YY}^{\mathrm{H}}$[10-11]。由以上分析可知，特征值检测相当于利用变换域的方式将能量集中化，对集中化的能量（特征值）进行检测。对于高斯白噪声变换域后的能量仍服从一种随机特性，数学理论证明高斯随机矩阵特征值分布服从 M－P 律，其协方差矩阵的特征值服从 M－P 分布，而信号变换域后能量可集中化，其协方差矩阵也不再服从 M－P 分布。信号和噪声的协方差矩阵特征值分布不同，也为特征值检测的理论基础[5-8]。

协方差矩阵描述了各个维度之间的关系，其对角线元素可以看作某一维度的“能量”，非对角线元素为两个不同维度之间的协方差。同时，协方差矩阵在各元素均为实数的情况下为实对称阵。此时，协方差矩阵可相似对角化，与其相似的对角阵各元素为其特征值。由实对称阵特征值和特征向量的性质知，此时协方差矩阵的各个特征向量具有线性无关性，可以构成一组基底并张成新的域，特征值即为协方差矩阵在新的域下于对应特征向量方向的投影。

根据线性代数和矩阵分析基础知识，结合协方差矩阵的意义，可以得到如下结论：对协方差矩阵特征值求取的过程，相当于在特征向量构成的变换域下去相关（非对角元素变为 0），并将对角元素能量集中化（可将特征值从大到小排列）。下面将以上数学理论与频谱感知相结合进行频谱感知[12-13]。

5.1.3 算法性能分析

在上述模型中，定义主用户信号发射信号矩阵、噪声矩阵、信道增益矩阵分别为 $\boldsymbol{X}$、$\boldsymbol{N}$、$\boldsymbol{H}$。于是，当 $\boldsymbol{X}$ 可以取零时，式(5.1.1) 可以统一表示为

$$\boldsymbol{Y}=\boldsymbol{HS}+\boldsymbol{N} \tag{5.1.5}$$

由于主用户信号与噪声信号不相关，所以接收信号矩阵的协方差矩阵为

$$\boldsymbol{R}_Y=E[\boldsymbol{YY}^{\mathrm{H}}]=E[(\boldsymbol{HS})(\boldsymbol{HS})^{\mathrm{H}}]+E[\boldsymbol{NN}^{\mathrm{H}}]=\boldsymbol{R}_S+\boldsymbol{R}_N=\boldsymbol{R}_S+\sigma^2\boldsymbol{I}_K \tag{5.1.6}$$

式中，$\boldsymbol{R}_S=E[(\boldsymbol{HS})(\boldsymbol{HS})^{\mathrm{H}}]$；$\boldsymbol{R}_N=E[\boldsymbol{NN}^{\mathrm{H}}]$；$\boldsymbol{I}_K$ 为单位矩阵。

在实际中，往往无法准确得到统计协方差矩阵，所以只能用有限采样对协方差矩阵进行估计，称之为样本协方差矩阵。样本协方差矩阵的定义为

$$\boldsymbol{R}_Y(N)=\frac{1}{N}\boldsymbol{YY}^{\mathrm{H}} \tag{5.1.7}$$

当 N 很大时，可以认为 $\boldsymbol{R}_Y(N)\approx\boldsymbol{R}_Y$。

令 $\boldsymbol{R}_Y(N)$ 的最大特征值和最小特征值分别为 $\lambda_{\max}$、$\lambda_{\min}$，$\boldsymbol{R}_S(N)$ 的最大特征值和最小特征值分别为 $\rho_{\max}$、$\rho_{\min}$。则根据式(5.1.6)可得

$$\lambda_{\max}=\rho_{\max}+\sigma^2,\quad \lambda_{\min}=\rho_{\min}+\sigma^2 \tag{5.1.8}$$

在 H_0 情况下，主用户信号不存在，$\rho_{\max}=\rho_{\min}=0$，所以

$$\lambda_{\max}=\lambda_{\min}=\sigma^2 \tag{5.1.9}$$

而 H_1 情况下，有

$$\lambda_{\max}>\lambda_{\min}=\sigma^2 \tag{5.1.10}$$

也就是说，在 H_0 和 H_1 两种情况下，采样协方差矩阵的最大特征值有差异，这就给判断主用户信号是否存在提供了思路。一个简单直接的方法是将 $\lambda_{\max}/\lambda_{\min}$ 作为检验统计量，然后选择合适的判决门限，根据 $\lambda_{\max}/\lambda_{\min}$ 与判决门限的关系判断主用户信号是否存在。由此，可以总结出基于最大特征值与最小特征值之比的频谱感知算法的步骤如下，流程图如图 5.1.2 所示。

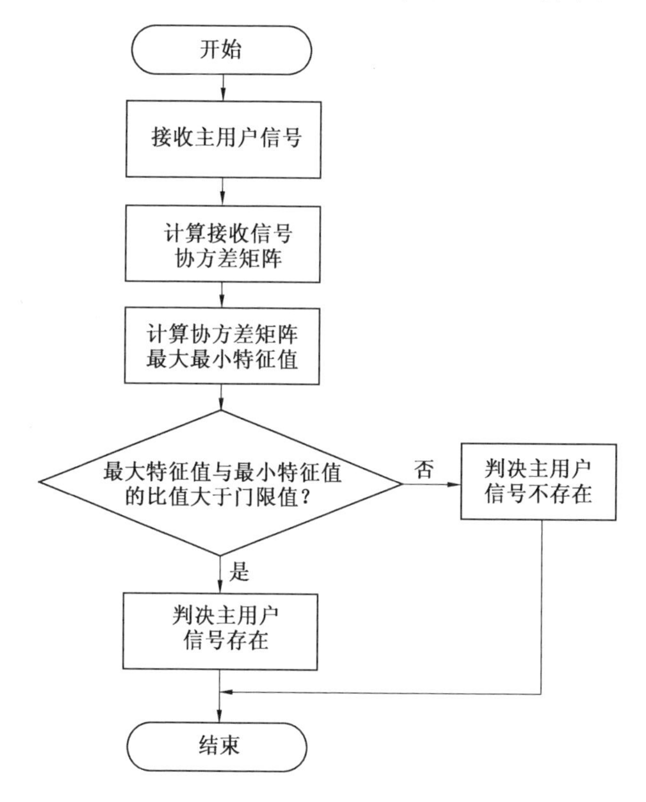

图 5.1.2　基于最大特征值与最小特征值之比的频谱感知算法流程图

(1) 进行信号采样并计算协方差矩阵。

$$\boldsymbol{R}_Y(N)=\frac{1}{N}\boldsymbol{Y}\boldsymbol{Y}^{\mathrm{H}}$$

(2) 计算 $\boldsymbol{R}_Y(N)$ 的最大特征值 $\lambda_{\max}$、最小特征值和 $\lambda_{\min}$，得到检验统计量 $T=\lambda_{\max}/\lambda_{\min}$。

(3) 计算判决门限 γ。

(4) 判决：如果 $T<\gamma$，判决主用户信号不存在；如果 $T>\gamma$，判决主用户信号存在。

理论上，门限可以设为1，但是由于实际中采样协方差矩阵只是统计协方差矩阵的估计，以及噪声的随机性，检验统计量的计算结果会与理论值有所偏差，因此需要推导相应的实际门限。在 H_0 情况下，采样协方差矩阵是特殊的Wishart矩阵，根据谱分析理论中的M－P律，可以得出最大和最小特征值的渐近值 b 和 a。H_1 情况下由于主用户信号存在，协方差矩阵的随机性被破坏，不满足M－P律，因此，最大特征值的渐近值 b' 会大于 b，因此，最直观也是最简单的方法就是设定门限值为

$$\gamma=\frac{b}{a}=\frac{(1+\sqrt{\beta})^2}{(1-\sqrt{\beta})^2} \tag{5.1.11}$$

事实上，这就是文献[1]的结果，该文献第一次将随机矩阵理论应用到了频谱感知中。在采样点数较多时，该算法相较于能量检测算法检测性能要好，并且无须知道噪声功率。但是由于门限是采用渐近门限，在样本数比较少的情况下，性能不够理想。

文献[2]用 H_0 情况下接收信号协方差矩阵的最大特征值服从Tracy－Widom分布的性质，对上述文献提出的判决门限进行了改进，提出了MME算法。实噪声情况下的Tracy－Widom分布定理如下。

定理1　如果是实噪声，令 $\boldsymbol{A}(N)=(N/\sigma^2)\boldsymbol{R}_Y(N)$，$\mu=(\sqrt{N-1}+\sqrt{K})^2$，$v=(\sqrt{N-1}+\sqrt{K})(1/\sqrt{N-1}+1/\sqrt{K})^{1/3}$。假设 $\lim\limits_{N\to\infty}K/N=\beta$，$0<\beta<1$，$\boldsymbol{A}(N)$ 的最大特征值为 $l_{\max}$，则 $L_{\max}=\dfrac{l_{\max}-\mu}{v}$ 收敛到Tracy－Widom第一分布。

而协方差矩阵的最小特征值可以由M－P律得到，$\lambda_{\min}=\sigma^2(1-\sqrt{\beta})^2$。假设是实噪声，根据虚警概率的定义进行推导，有

$$\begin{aligned}P_f&=P(D_1\mid H_0)\\&=P(T>\gamma\mid H_0)\\&=P\left(\frac{\lambda_{\max}}{\lambda_{\min}}>\gamma\mid H_0\right)\\&=P\left(\frac{\sigma^2}{N}\lambda_{\max}(\boldsymbol{A}(N))>\gamma\lambda_{\min}\right)\end{aligned} \tag{5.1.12}$$

将 $\lambda_{\min}$ 代入式(5.1.12)得

$$P_f\approx P(l_{\max}>\gamma(\sqrt{N}-\sqrt{K})^2) \tag{5.1.13}$$

进行变形有

$$P_{\mathrm{f}}=P\left(\frac{l_{\max}-\mu}{\nu}>\frac{\gamma\left(\sqrt{N}-\sqrt{K}\right)^{2}-\mu}{\nu}\right)$$
$$=1-F_{\mathrm{TW1}}\left(\frac{\gamma\left(\sqrt{N}-\sqrt{K}\right)^{2}-\mu}{\nu}\right) \tag{5.1.14}$$

式中，$F_{\mathrm{TW1}}(x)$ 是上述 Tracy－Widom 第一分布的分布函数。于是

$$P_{\mathrm{f}}=1-F_{\mathrm{TW1}}\left(\frac{\gamma\left(\sqrt{N}-\sqrt{K}\right)^{2}-\mu}{\nu}\right) \tag{5.1.15}$$

进而得到判决门限为

$$\gamma=\frac{\left(\sqrt{N}+\sqrt{K}\right)^{2}}{\left(\sqrt{N}-\sqrt{K}\right)^{2}}\left[1+\frac{\left(\sqrt{N}+\sqrt{K}\right)^{-2/3}}{(NK)^{1/6}}F_{\mathrm{TW1}}-1(1-P_{\mathrm{f}})\right] \tag{5.1.16}$$

该门限中，最小特征值采用由 M－P 律得到的渐近值，最大特征值采用较为精确的 Tracy－Widom 分布结果，因此可以称为“半渐近”频谱感知。MME算法的检测概率比文献[1]高，更适合小样本情况。

随着进一步研究，文献[14]发现，Tracy－Widom 分布对于定理 1 中矩阵 $\boldsymbol{A}(N)$ 的最小特征值也是成立的。实噪声情况下有定理 2。

定理 2　如果是实噪声，令 $\boldsymbol{A}(N)=(N/\sigma^{2})\boldsymbol{R}_{Y}(N)$，$\mu'=(\sqrt{N}-\sqrt{K})^{2}$，$v'=(\sqrt{N}-\sqrt{K})(1/\sqrt{K}-1/\sqrt{N})^{1/3}$。假设 $\lim\limits_{N\to\infty}K/N=\beta$，$0<\beta<1$，$\boldsymbol{A}(N)$ 的最小特征值为 $l_{\min}$，则 $L_{\min}=\dfrac{l_{\min}-\mu}{v}$ 收敛到 Tracy－Widom 第一分布。

检验统计量可以表示为

$$T=\frac{\lambda_{\max}}{\lambda_{\min}}=\frac{l_{\max}}{l_{\min}} \tag{5.1.17}$$

设 $l_{\max}$ 和 $l_{\min}$ 的概率密度函数分别为 $f_{l_{\max}}(z)$ 和 $f_{l_{\min}}(z)$，根据 Tracy－Widom 分布易知

$$f_{l_{\max}}(z)=\frac{1}{\nu}f_{\mathrm{TW1}}\left(\frac{z-\mu}{\nu}\right) \tag{5.1.18}$$

$$f_{l_{\min}}(z)=-\frac{1}{}f_{\mathrm{TW1}}\left(\frac{z-\mu'}{\nu'}\right) \tag{5.1.19}$$

式中，$f_{\mathrm{TW1}}(x)$ 是 Tracy－Widom 第一分布的概率密度函数。

假设 $f_{l_{\max}}(z)$ 与 $f_{l_{\min}}(z)$ 相互独立（这个假设在大样本情况下是合理的），可以得到检验统计量 T 的概率密度函数

$$f_{T|H_0}(t)=\int_{-\infty}^{+\infty}|x|f_{l_{\max},l_{\min}}(tx,x)\,\mathrm{d}x$$

$$=\int_{0}^{+\infty} x f_{l_{\max}}(tx) f_{l_{\min}}(x)\mathrm{d}x \tag{5.1.20}$$

令检验统计量 T 的累计分布函数(累积分布函数)为 $F_T(t)$,根据虚警概率的定义,可以得出判决门限为

$$\gamma = F_T^{-1}(1-P_{\mathrm{f}}) \tag{5.1.21}$$

该门限的计算比较复杂,但是可以将其做成查找表,需要的时候通过查表法即可得到判决门限的值[15]。

该门限的计算没有利用最大、最小特征值的渐近值,因此可以说是"非渐近"方法,在小样本情况下也比较精确。图 5.1.3 和图 5.1.4 分别给出了渐近、半渐近、非渐近三种情况下,检验统计量的累计分布函数以及反映频谱感知性能的补 ROC 曲线。仿真参数为 $N=1\ 000$,$K=50$。

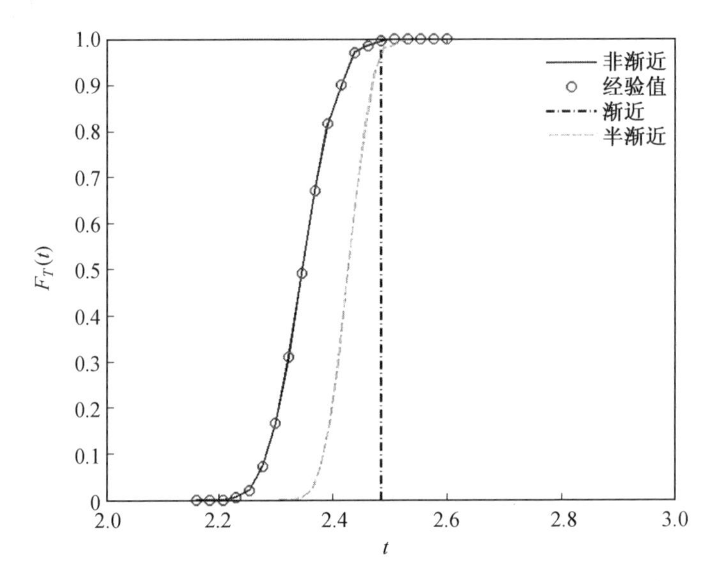

图 5.1.3 最大特征值与最小特征值比值的累计分布函数(累积分布函数)

接收机操作特征(Receiver Operating Characteristic,ROC)曲线,在频谱感知中,一般代表检测概率-虚警概率关系($P_{\mathrm{d}}-P_{\mathrm{fa}}$)。这里,补 ROC 曲线代表漏检概率-虚警概率关系($P_{\mathrm{md}}-P_{\mathrm{f}}$)。漏检概率表示在主用户信号存在的情况下,错误地判决主用户不存在的概率。漏检概率与检测概率的关系可以表示为

$$P_{\mathrm{md}} = P(D_0 \mid H_1) = 1 - P_{\mathrm{d}} \tag{5.1.22}$$

从图 5.1.3 和图 5.1.4 可以看出,非渐近情况下检验统计量的累积分布最符合实际情况,其漏检概率也最低。

从算法的改进过程中可以看出,将随机矩阵理论应用到频谱感知中并不一帆风顺,即使现在数学上比较成熟的谱分析理论,也经历了提出 — 改进 — 再改

进的阶段。但是随着随机矩阵理论的发展及研究的深入，基于随机矩阵的频谱感知正在逐渐展示出巨大的优势和可观的应用前景。

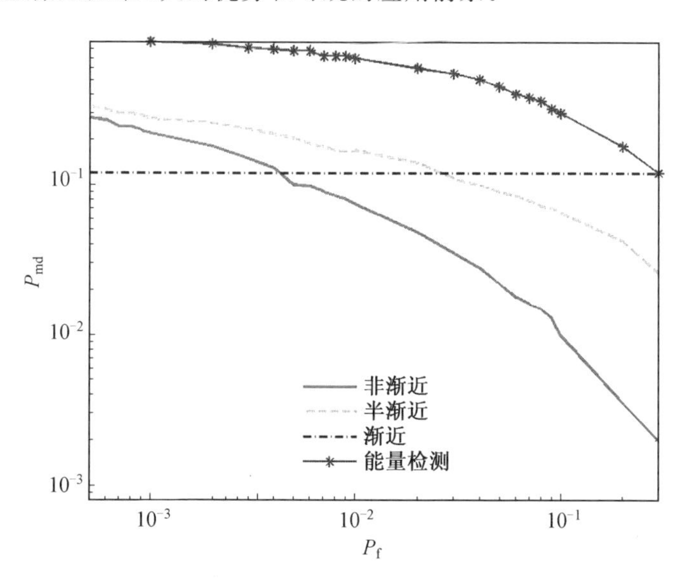

图 5.1.4　渐近、半渐近、非渐近三种情况以及能量检测的补 ROC 曲线(SNR = －21 dB)

由此，也可以总结出随机矩阵理论应用于频谱感知算法的一般步骤和方法。首先，根据实际场景，构造系统感知模型。其次，分析主用户存在和不存在两种情况下接收信号的差异，并根据随机矩阵的相应理论，寻找一个合适的检验统计量表达这种差异。这一步是整个算法的核心，也是比较困难的地方，需要有相应的理论指导，而且两种情况下检验统计量的差异要足够明显，才能保证算法具有良好的检测性能。检验统计量确定之后，还要对算法的判决门限进行推导。此时，判决门限的大小决定了算法的检测概率和虚警概率。在频谱感知中通常会先固定一个虚警概率，然后根据虚警概率推导相应的判决门限。判决门限的确定也需要寻找相应的理论作支撑，而且需要一定的数学推导技巧，是算法的重点部分。接下来，要对算法进行仿真，验证判决门限的有效性以及算法的实际性能，并与其他已知算法进行比较，考察算法是否具有一定的创新性和先进性。最后，还要关注随机矩阵理论的最新研究成果，对算法不断进行改进，包括对检验统计量进行小的调整，以及将门限由近似值改为精确值等。

5.2　基于单环定律的频谱感知算法

目前，基于随机矩阵理论特征值性质的频谱感知算法主要集中在最大特征值和最小特征值性质的应用上，检验统计量一般选取最大、最小特征值之比，或者最大特征值与最小特征值之差。这都需要对协方差矩阵进行特征值分解，但是经过大量计算得出的特征值只用到了最大特征值和最小特征值，其余特征值都被丢弃不用，而最大、最小特征值并不完全包含采样协方差矩阵所有的信息，这样不但会导致资源的浪费，而且会造成性能的损失。

大数据作为一门科学已经引起了全世界专家学者的广泛关注，从大数据的观点来看，运用系统收集到的全部数据进行分析和计算，可以从高维的视角提取多元多维数据固有的相关性，从而更加清晰地认识系统的内部机理、运行特征和事件，并以此做出决策[16]。对于基于特征值的频谱感知算法来说，采样协方差矩阵的所有特征值共同构成了采样信号的特征。相比于只利用最大和最小特征值，对所有特征值进行合理运用会取得更好的检测效果。随机矩阵理论的新研究成果单环定律(Single Ring Theorem)，就是对 Non－Hermitian(非厄米特)矩阵的所有特征值在复平面上分布规律的描述[17]。文献[18]、[19]将接收信号矩阵建模为 Non-Hermitian 随机矩阵的乘积，用单环定律刻画其特征值在复平面上的分布情况，并且在一个包含 70 个节点的实际 Massive MIMO 系统中验证了该模型。本节尝试将该模型用到频谱感知中去，提出基于单环定律的频谱感知算法。

本节首先对单环定律进行简单介绍，并利用单环定律分析频谱感知中只有噪声时和主用户信号存在时接收信号矩阵的特征值在复平面上分布的情况。然后引入平均特征值半径(Mean Eigenvalue Radius，MER)的概念，对两种情况下特征值分布的不同进行更加全面的评估，并以此作为检验统计量，形成基于单环定律的 MER 频谱感知算法。确定算法的判决门限以后，又对算法的性能进行仿真验证，并将该算法与MME算法、能量算法进行对比。仿真结果表明，所提算法克服了不确定噪声对算法性能的影响，相对于经典的 MME 算法，检测性能有所提升。

5.2.1 单环定律

单环定律是统计学的近期成果之一[20]，可以处理 Non－Hermitian 矩阵。

对于 $K \times N$ 的非厄米特矩阵 $\widetilde{\boldsymbol{S}}$，假设其元素为独立同分布的高斯随机变量，且均值为 0，方差为 1(或者可以通过归一化来满足上述条件)。对其进行如下变换，可以得到它的奇异值等价矩阵 $\boldsymbol{S}_u \in \mathbb{C}^{K\times K}$，即

$$\boldsymbol{S}_u = \boldsymbol{U}\sqrt{\widetilde{\boldsymbol{S}}\,\widetilde{\boldsymbol{S}}^{\mathrm{H}}} \tag{5.2.1}$$

式中，$\boldsymbol{U}$ 是 Haar 酉矩阵。此时，有 $\boldsymbol{S}_u^H\boldsymbol{S}_u = \widetilde{\boldsymbol{S}}\,\widetilde{\boldsymbol{S}}^{\mathrm{H}}$。

对于 L 个这样的非厄米特矩阵$\widetilde{\boldsymbol{S}}_i(i=1,2,\cdots,L)$，经过上述变换，每一个都可

以得到对应的奇异值等价矩阵 $\boldsymbol{S}_{u,i}(i=1,2,\cdots,L)$。定义奇异值等价矩阵的乘积矩阵为

$$\widetilde{\boldsymbol{Z}}=\prod_{i=1}^{L}\boldsymbol{S}_{u,i} \tag{5.2.2}$$

接下来按照式(5.1.16)将矩阵 $\widetilde{\boldsymbol{Z}}\in\mathbb{C}^{K\times K}$ 归一化，得到标准矩阵积 $\boldsymbol{Z}=\{z_{i,j}\}_{K\times K}$，其元素的方差为 $1/K$，称矩阵 $\boldsymbol{Z}$ 为"判决矩阵"。其中归一化操作表示为

$$z_i=\widetilde{z}_i/[\sqrt{K}\sigma(\widetilde{z}_i)],\quad i=1,2,\cdots,K \tag{5.2.3}$$

当 K 和 N 趋于无穷，且保持 $c=K/N$ 不变时，矩阵 $\boldsymbol{Z}$ 的特征值的经验谱分布几乎一定收敛。文献[21]利用随机矩阵中的自由概率理论，给出其概率密度函数为

$$f_Z(\lambda)=\begin{cases}\dfrac{2}{\pi cL}|\lambda|^{(2/L-2)}, & (1-c)^{L/2}\leqslant|\lambda|\leqslant 1\\ 0, & \text{其他}\end{cases} \tag{5.2.4}$$

式中，$c\in(0,1]$，c 为常数。

在复平面上，矩阵 $\boldsymbol{Z}$ 的特征值大致分布在一个圆环内，圆环的内径为 $(1-c)^{L/2}$、外径为 1，这就是单环定律。当 $L=1,K=400,N=1\ 000$ 时，单环定律如图 5.2.1 所示。

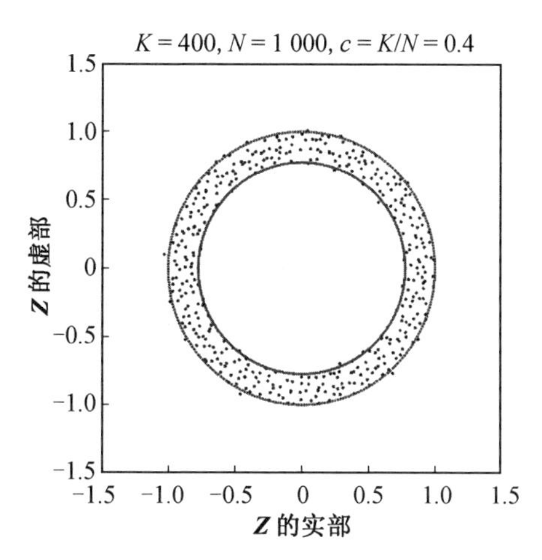

图 5.2.1　单环定律特征值分布示意图

从图 5.2.1 中可以看出，绝大多数的特征值分布在圆环内，并且环的内径和外径与式(5.2.4)中的内径和外径一致。也有少数特征值分布在圆环之外，称为"离群值"，已经有文献对此专门进行研究[22-23]。少数"离群值"并不影响单环定律的应用，因此，接下来的内容中不考虑"离群值"。

实际中，相对于矩阵 $\boldsymbol{Z}$ 的特征值，更关心其绝对值 $|\lambda|$ 的分布情况。定义矩阵 $\boldsymbol{Z}$ 的特征值半径 $r=|\lambda|$，通过对式(5.2.4)进行推导，可以得到其概率密度函

数为

$$f_Z(r)=\begin{cases}\dfrac{2}{cL}r^{(2/L-1)}, & (1-c)^{L/2}\leqslant r\leqslant 1\\ 0, & \text{其他}\end{cases} \tag{5.2.5}$$

5.2.2 算法原理和步骤

算法采用5.1.1节中的多用户频谱感知模型。假设有K个感知节点，每个感知节点的采样点数为N，接收信号矩阵为

$$\boldsymbol{Y}_{K\times N}=\begin{bmatrix} y_1(1) & y_1(2) & \cdots & y_1(N)\\ y_2(1) & y_2(2) & \cdots & y_2(N)\\ \vdots & \vdots & & \vdots\\ y_K(1) & y_K(2) & \cdots & y_K(N)\end{bmatrix} \tag{5.2.6}$$

在H_0情况下，接收信号矩阵$\boldsymbol{Y}$是非厄米特矩阵，由于只有噪声存在，其元素是独立同分布的随机变量，从而判决矩阵$\boldsymbol{Z}$的特征值分布服从$L=1$条件下的单环定律。而在H_1情况下，矩阵$\boldsymbol{Y}$虽然也是非厄米特矩阵，但是其元素的随机性被破坏，不再是独立同分布的随机变量。此时，判决矩阵$\boldsymbol{Z}$的特征值在复平面上的分布就不再满足单环定律。这样，可以利用接收信号矩阵的特征值是否满足单环定律来判定主用户信号是否存在。

为了更好地反映所有特征值的分布情况，将矩阵$\boldsymbol{Z}$特征值半径的平均值定义为平均特征值半径(MER)，即

$$\kappa_{\text{MER}}=\frac{1}{K}\sum_{i=1}^{K}r_{Z,i} \tag{5.2.7}$$

当$K=400$，$N=1\ 000$，$c=K/N=0.4$时，H_0和H_1两种情况下特征值在复平面上的分布如图5.2.2所示。其中，外侧和内侧圆环分别为式(5.2.4)中给出的理论外径和内径，中间的圆环表示平均特征值半径的大小。

从图5.2.2中可以看出，在只有噪声存在的情况下，矩阵$\boldsymbol{Z}$的特征值绝大多数分布在式(5.2.4)中给出的圆环内；而在主用户信号存在的情况下，一些特征值突出了圆环内径的限制，并且当信噪比从-5 dB增加到5 dB时，突破内径限制的特征值越来越多。相应地，平均特征值半径的大小也随之改变，H_0与H_1情况下呈现出明显的差异。表5.2.1给出了在不同情况下超出内径限制的特征值占所有特征值的百分比统计。

表5.2.1 超出内径限制的特征值占所有特征值的百分比统计

情形	只有噪声	SNR = −5 dB	SNR = 0 dB	SNR = 5 dB
特征值超出内径百分比/%	4.0	9.0	32.0	56.8

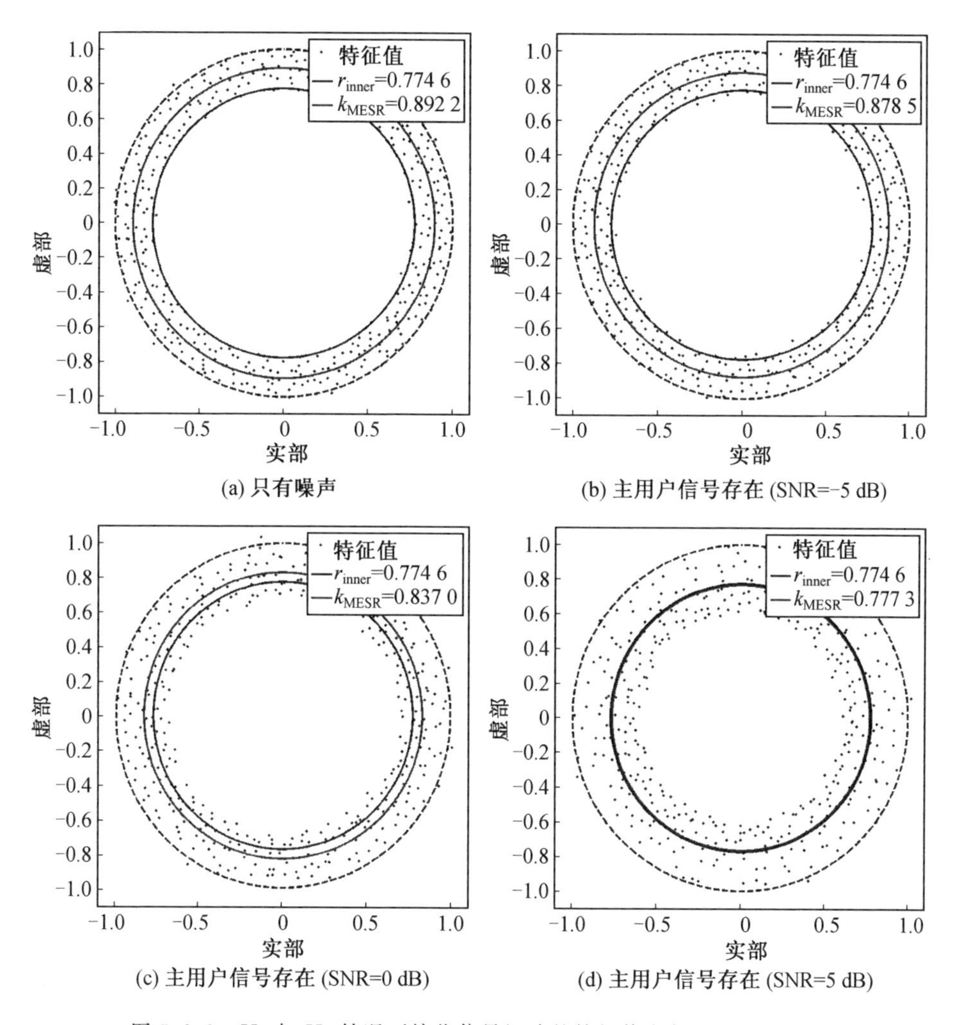

图 5.2.2 H_0 与 H_1 情况下接收信号矩阵的特征值在复平面上的分布

平均特征值半径代表了所有特征值半径的平均值,它是高维的检验统计量,能够利用较多的特征值半径数据,更准确地反映有无主用户信号时接收信号矩阵特征值分布的差别,所以选用 MER 作为频谱感知算法的检验统计量。

基于单环定律的 MER 频谱感知算法的流程图如图 5.2.3 所示。

基于单环定律的 MER 频谱感知算法的具体步骤总结如下。

(1) 根据接收信号矩阵 $\boldsymbol{Y}$ 计算 $\widetilde{\boldsymbol{Z}}$。

$$\widetilde{\boldsymbol{Z}}=\boldsymbol{U}\sqrt{\boldsymbol{Y}\boldsymbol{Y}^{\mathrm{H}}} \tag{5.2.8}$$

(2) 将矩阵 $\widetilde{\boldsymbol{Z}}$ 的方差变为 $1/K$,得到判决矩阵 $\boldsymbol{Z}$。

$$\widetilde{z}_i=z_i/[\sqrt{K}\sigma(z_i)],\quad i=1,2,\cdots,K \tag{5.2.9}$$

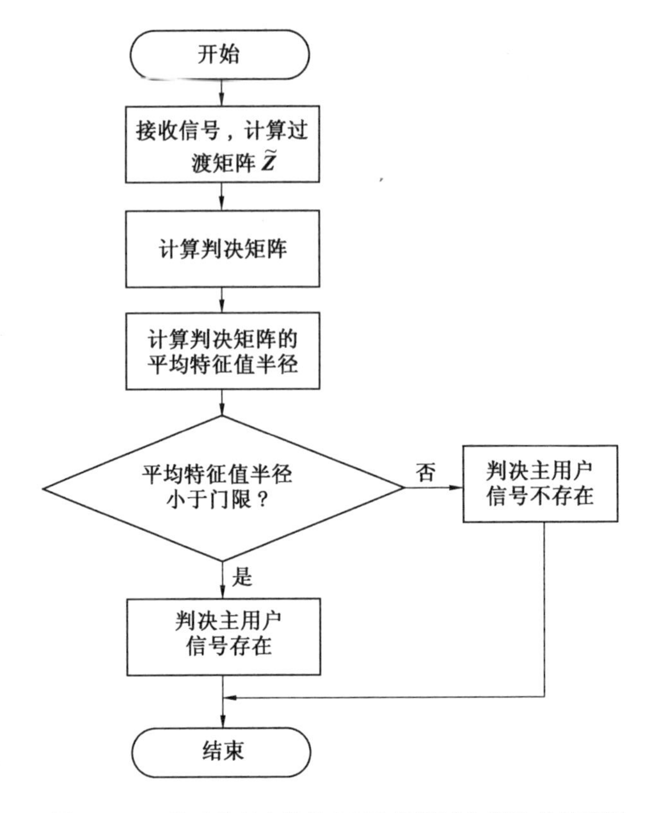

图 5.2.3　基于单环定律的 MER 频谱感知算法的流程图

(3) 计算判决矩阵 $\boldsymbol{Z}$ 的平均特征值半径。

$$\kappa_{\mathrm{MER}}=\frac{1}{K}\sum_{i=1}^{K}|\lambda|_i \tag{5.2.10}$$

(4) 判决：如果 $\kappa_{\mathrm{MER}}<\gamma$，则主用户信号存在；否则，主用户信号不存在。其中，γ 是判决门限。

5.2.3　算法判决门限的确定

算法的门限决定了算法的检测概率和虚警概率，是算法的关键所在。在本节中，借鉴最大、最小特征值之比算法确定门限的过程，给出两种计算门限的方法，一种是简单门限，另一种是对简单门限进行改进后的门限。

1. 简单门限

式(5.2.5)给出了只有噪声存在情况下单环定律特征值半径的概率密度函数，由此，根据平均特征值半径的定义，可以得到 H_0 情况下平均特征值半径的大小，具体表示为

$$\kappa_{\mathrm{MER}}=E[r]=\int_{(1-c)^{1/2}}^{1} r f_Z(r)\mathrm{d}r=\int_{(1-c)^{1/2}}^{1} r\frac{2}{c}r\mathrm{d}r=\frac{2}{3c}[1-(1-c)^{3/2}] \tag{5.2.11}$$

由于在 H_1 情况下，平均特征值半径比 H_0 情况下要小，因此，简单起见，可以令门限值为

$$\gamma_1=\frac{2}{3c}[1-(1-c)^{3/2}] \tag{5.2.12}$$

式中，$c=K/N$。

该门限计算简单，仅与 K、N 有关，但是它是通过极限概率密度函数推导出来的，是渐近值。而且实际中，往往对频谱感知的虚警概率有要求，该门限不能随着虚警概率的变化而变化。所以，正如最大最小特征值算法中的门限值一样，有很大的改进空间。

2. 根据虚警概率确定门限

在频谱感知中通常会先固定一个虚警概率 P_{f}，然后根据虚警概率推导相应的判决门限。虚警概率定义为

$$P_{\mathrm{f}}=P(D_1 \mid H_0)=P(\kappa<\gamma_2 \mid H_0) \tag{5.2.13}$$

由上式可知，如果要通过虚警概率确定判决门限，需要知道 H_0 情况下平均特征值半径的概率密度函数或者分布函数。目前，对于 H_0 情况下平均特征值半径的分布，没有现成的研究结论。但是根据大数定律猜想，在多次重复实验中，平均特征值半径的分布应该服从正态分布。为了验证这个结果，设计了相关实验，将 H_0 情况下平均特征值半径的概率密度函数与同参数的正态分布的概率密度函数进行了对比。为了提升实验可信度，选取不同的参数进行了多组实验。其中，$K=100$，$N=1\ 000$，$c=K/N=0.1$ 和 $K=80$，$N=200$，$c=K/N=0.4$ 的结果如图 5.2.4 所示。实验重复次数为 1 000。

从图 5.2.4 中可以看出，尽管参数不同，但是每组实验中 MER 的概率密度函数和正态分布的概率密度函数都是高度重合的，这表明 MER 确实服从正态分布。借助仿真工具可以得到 MER 分布的均值和方差，分别用 μ 和 σ 表示，则其概率密度函数可以表示为

$$f_{\mathrm{MER}}(\kappa)=\frac{1}{\sqrt{2\pi}\,\sigma}\mathrm{e}^{-\frac{(\kappa-\mu)^2}{2\sigma^2}} \tag{5.2.14}$$

下面推导判决门限 γ_2。根据虚警概率的定义，有

$$P_{\mathrm{f}}=P(D_1 \mid H_0)=P(\kappa<\gamma_2 \mid H_0)=\int_0^{\gamma_2} f_{\mathrm{MER}}(\kappa)\mathrm{d}\kappa \tag{5.2.15}$$

当 $\kappa<0$ 时，$f_{\mathrm{MER}}(\kappa)=0$。为简化计算，可将积分下限扩展为负无穷，即

$$P_{\mathrm{f}}=\int_0^{\gamma_2} f_{\mathrm{MER}}(\kappa)\mathrm{d}\kappa \approx \int_{-\infty}^{\gamma_2} f_{\mathrm{MER}}(\kappa)\mathrm{d}\kappa=\int_{-\infty}^{\gamma_2}\frac{1}{\sqrt{2\pi}\,\sigma}\mathrm{e}^{-\frac{(\kappa-\mu)^2}{2\sigma^2}}\mathrm{d}\kappa \tag{5.2.16}$$

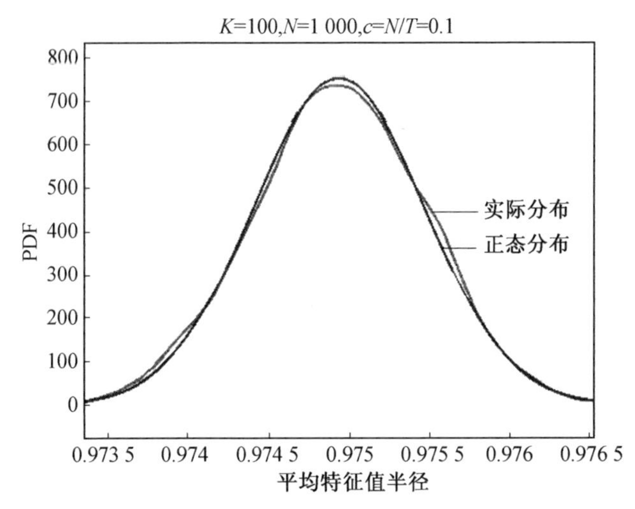

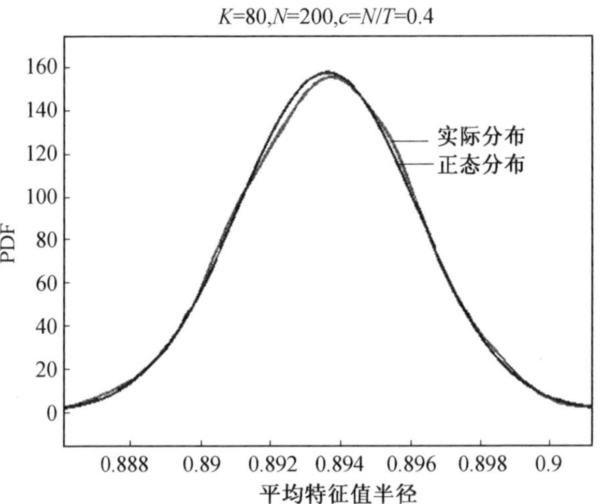

图 5.2.4　H_0 情况下 MER 与正态分布的概率密度函数对比

令 $z=\dfrac{\kappa-\mu}{\sigma}$，则 $\kappa=z\sigma+\mu$。代入式(5.2.16)，可得

$$P_{\mathrm{f}}=\int_{-\infty}^{\frac{\gamma_2-\mu}{\sigma}}\frac{1}{\sqrt{2\pi}}\mathrm{e}^{-\frac{z^2}{2}}\mathrm{d}z=1-Q\left(\frac{\gamma_2-\mu}{\sigma}\right) \tag{5.2.17}$$

从而，得出判决门限为

$$\gamma_2=\sigma Q^{-1}(1-P_{\mathrm{f}})+\mu \tag{5.2.18}$$

式中，$Q^{-1}(\cdot)$ 是 $Q(\cdot)$ 的反函数，$Q(\cdot)$ 的定义为

$$Q(a)=\int_{a}^{\infty}\frac{1}{\sqrt{2\pi}}\mathrm{e}^{-\frac{y^2}{2}}\mathrm{d}y \tag{5.2.19}$$

该门限可以根据虚警概率的变化而改变，从而满足不同感知精度的需要。同时，参数 μ 和 σ 通过实际观测数据来确定，使门限更加精确。可以预测，相对于简单门限 γ_1，使用改进门限 γ_2 会有更好的检测效果。

5.2.4　算法数值仿真与分析

本节中，在没有特殊说明的情况下，仿真条件设定为虚警概率 $P_{fa}=0.1$，主用户信号为 BPSK 信号，主用户与感知节点之间是瑞利衰落信道，感知节点接收的信号之间不存在相关性。

1. 不同信噪比下 MER 的分布情况

在 H_0 与 H_1 两种假设下，分别仿真了不同信噪比时 MER 分布的概率密度函数和累计分布函数（累积分布函数），如图 5.2.5 ～ 5.2.8 所示。同时，为了对比简单门限 γ_1 和改进门限 γ_2 对检测效果的影响，在这些图中还标注出了两种门限对应的位置。其中，横坐标代表平均特征值半径，纵坐标分别代表概率密度函数和累积分布函数。“Noise－only”和“Signal－present”分别代表 H_0 与 H_1 两种情况，“thresholdFix”是简单门限，“threshold_Pf01”和“threshold_Pf001”分别表示虚警概率为 0.1 和 0.01 时，改进门限的大小。仿真参数为 $K=100$，$N=500$，信噪比分别为 －20 dB，－14 dB，－8 dB，－2 dB。

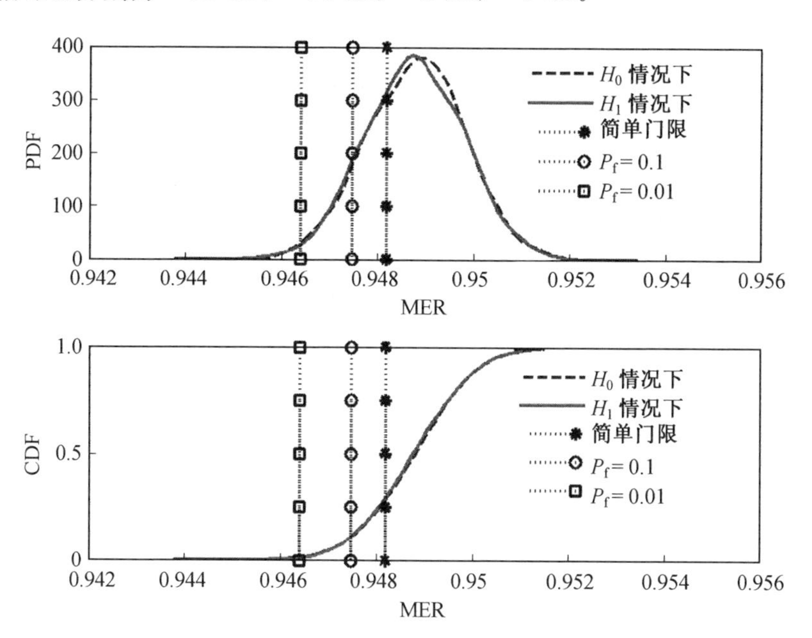

图 5.2.5　H_0 和 H_1 两种情况下，MER 的分布及判决门限示意图（SNR ＝ －20 dB）

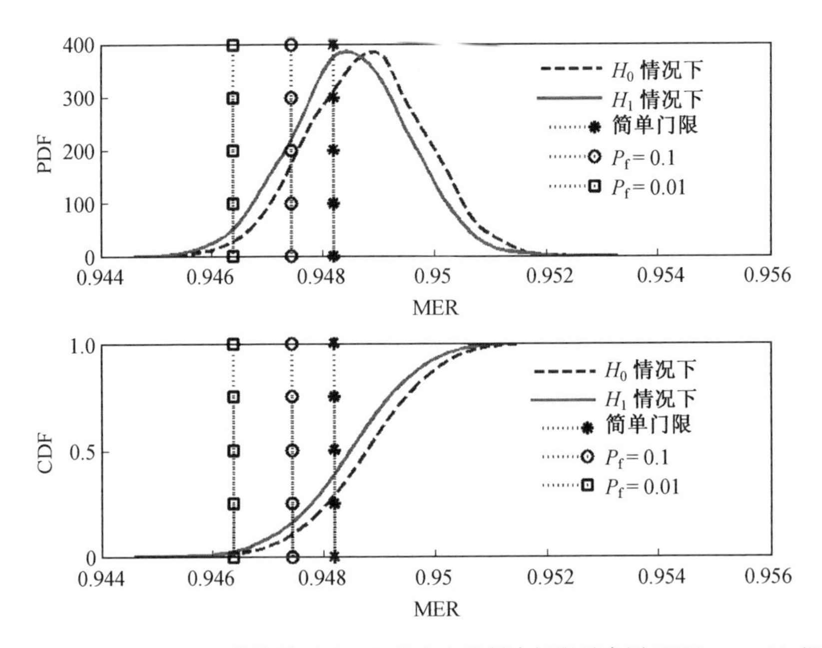

图 5.2.6　H_0 和 H_1 两种情况下，MER 的分布及判决门限示意图(SNR = −14 dB)

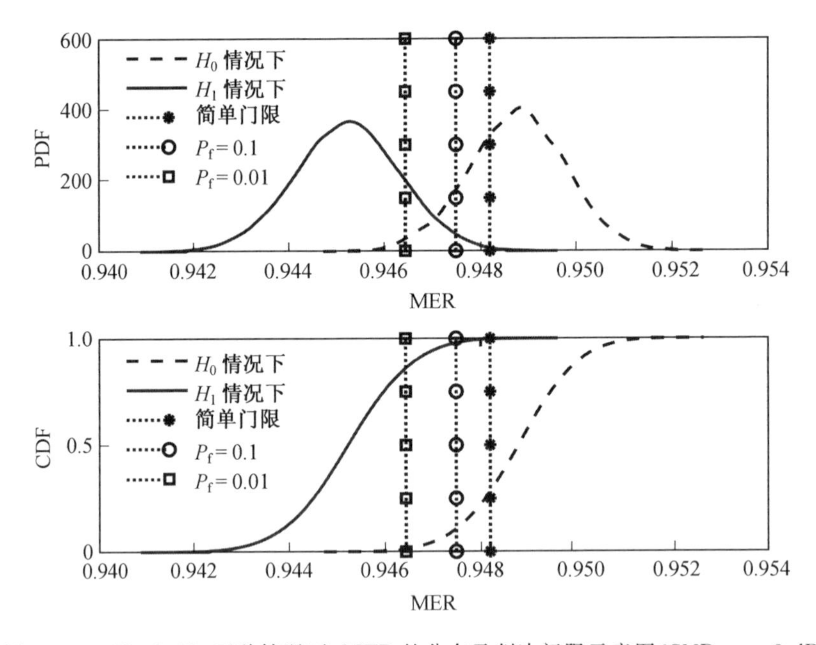

图 5.2.7　H_0 和 H_1 两种情况下，MER 的分布及判决门限示意图(SNR = −8 dB)

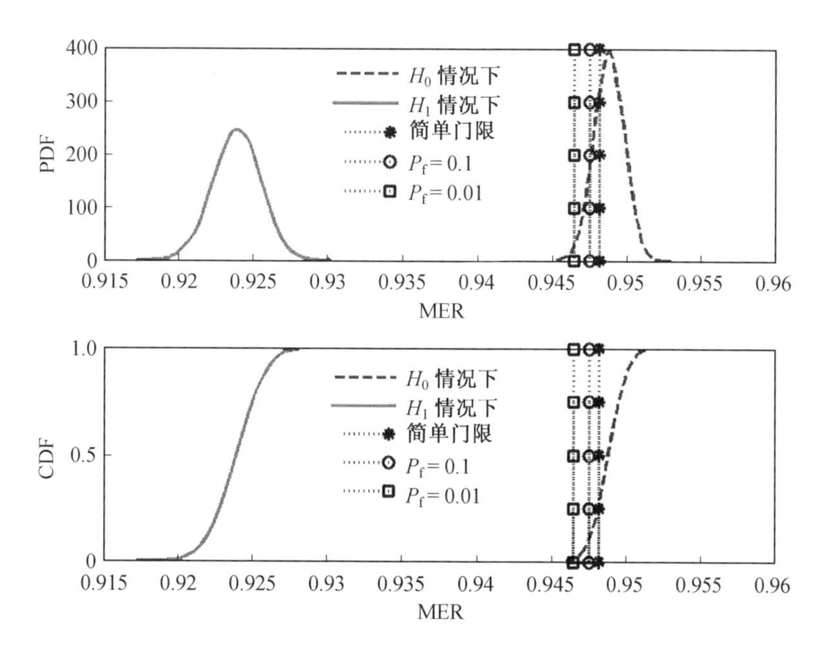

图 5.2.8　H_0 和 H_1 两种情况下，MER 的分布及判决门限示意图(SNR = −2 dB)

从图 5.2.5～5.2.8 中可以看出，平均特征值半径的概率密度函数和累积分布函数在 H_0 和 H_1 两种情况下存在明显差别，并且这种差别随着信噪比的提高而不断增大，这意味着随着信噪比的提高检测效果越来越好。由于判决门限与累积分布函数曲线的交点可以认为是检测概率和虚警概率，可以知道，即使信噪比较低，利用基于单环定律的频谱感知算法也可以很好地区分出主用户信号是否存在。例如，在虚警概率为 0.1，SNR=−8 dB 时，检测概率已经达到 1，从而证明了判决门限的有效性。另外还可以看出，简单门限无法根据虚警概率的变化而改变，而改进门限则可以根据虚警概率的变化而变化，从而满足实际需要。在本节以后的仿真中，都采用改进门限的方法。

2. MER 算法的检测性能

图 5.2.9 是分别采用两种门限时 MER 算法的检测概率和虚警概率随信噪比变化曲线。图 5.2.9 中，“Pd_Fix” 和“Pf_Fix” 分别表示采用简单门限时的检测概率和虚警概率；“Pd_0.1” 和“Pf_0.1” 分别表示虚警概率为 0.1 时，采用改进门限的检测概率和虚警概率；“Pd_0.01” 和“Pf_0.01” 分别表示虚警概率为 0.01 时，采用对应的改进门限的检测概率和虚警概率。仿真参数为 $K=100$，$N=1\ 000$。从图 5.2.9 可以看出，采用简单门限算法的虚警概率是相对较高的，同时虚警概率无法事先确定，因此频谱感知中无法采用此种方法。而采用改进门限

的方法，实际仿真的虚警概率和预先设定的虚警概率基本一致，从而实现了算法的可控性，达到了预期。

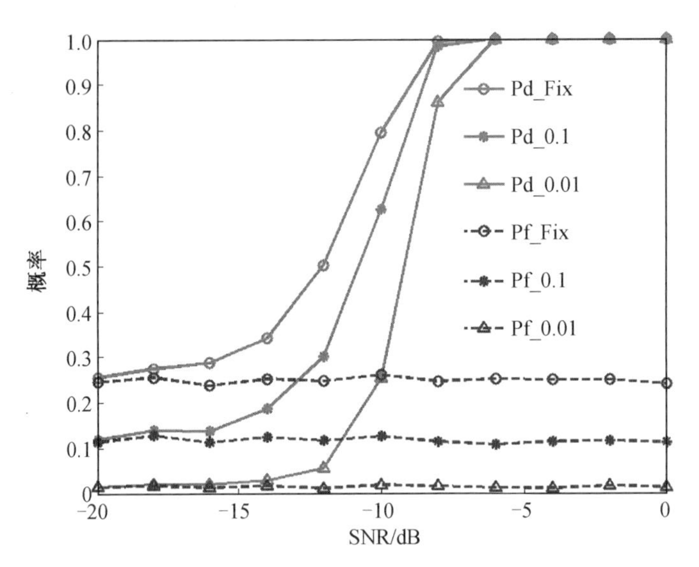

图 5.2.9　分别采用两种门限时，MER 算法的检测概率和虚警概率随信噪比变化曲线

当采样点数不同时，MER 算法的检测性能如图 5.2.10 所示。仿真参数为 $K=50$，N 从 200 增加到 1 000。由仿真曲线可以看出，信噪比相同时，随着采样点数的增加检测概率逐渐增加。图 5.2.11 是 MER 算法的检测概率随着感知节点数变化的情况。仿真参数为 $N=1\ 000$，K 从 20 逐渐增加到 100。从图 5.2.11 中可

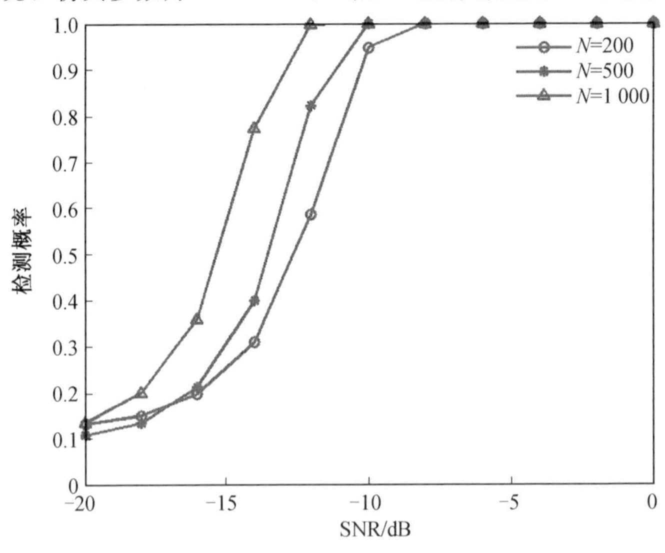

图 5.2.10　不同采样点数下 MER 算法的检测概率随信噪比变化曲线

以看出，信噪比不变的情况下，增加感知节点数可以获得更高的检测概率。由图 5.2.10 和图 5.2.11 的仿真结果可以总结出，如果实际中信噪比太差，在条件允许的情况下，可以通过增加采样点数或者增加感知节点数来提高检测概率。其中，增加采样点数是用时间来换取检测概率的提高，增加感知节点数是用空间来换取检测概率的提高。具体的选择需要根据实际情况权衡利弊后得出。

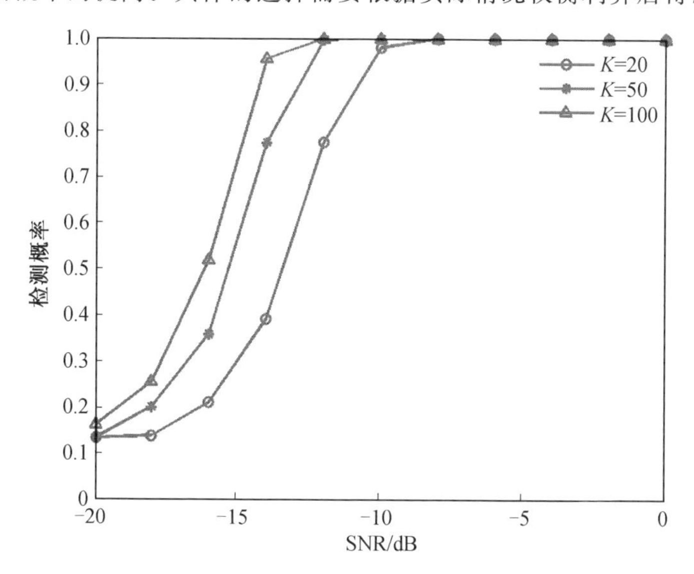

图 5.2.11　不同感知节点数时 MER 算法的检测概率随信噪比变化曲线

3. 几种算法比较

最后为了证明算法的优越性，把提出的算法与典型的能量频谱感知算法和 MME 算法进行比较。

(1)MER 算法与能量频谱感知算法对比。

能量频谱感知算法以其性能良好、计算简便的优点，在目前的频谱感知中得到了广泛应用，是一种经典的频谱感知算法。但是它的判决门限与噪声功率有关，所以需要知道噪声功率作为先验信息，或者通过一些方法进行估计，因而不是全盲的检测算法；另外，在实际中还存在噪声不确定的问题，造成事先获取的功率信息无法反映噪声实时变化，极大地影响了其检测性能[24-25]。而 MER 算法不需要知道噪声功率信息以及主用户信号信息，因而是一种全盲的频谱感知算法，并且检测性能不受噪声不确定性问题的影响。

定义噪声不确定因子(单位 dB) 为

$$B = \max\{10\lg \alpha\} \tag{5.2.20}$$

式中，α 表示预估的噪声功率是实际噪声功率的 α 倍，即 $\hat{\sigma}_n^2 = \alpha\sigma_n^2$。假设噪声不确定度在$[-B, B]$ 范围内均匀分布。实际中噪声不确定度通常在 1 dB 到 2 dB 之间[26]。能量频谱感知算法和 MER 算法的检测性能随信噪比变化的曲线如图 5.2.12 所示。仿真参数为采样点数 $N=1\ 000$，虚警概率为 0.1。

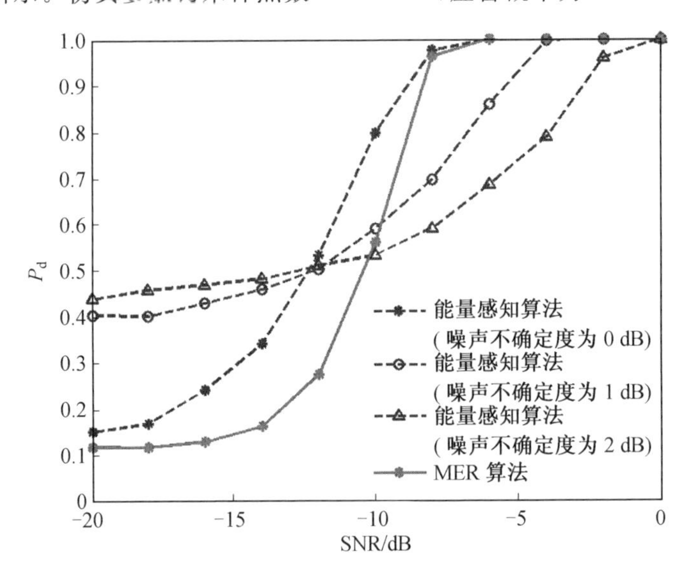

图 5.2.12　能量频谱感知算法和 MER 算法检测概率对比

从图 5.2.12 中可以看出，如果能够精确地知道噪声功率(即噪声不确定度为 0 dB 时)，能量频谱感知算法将具有很好的频谱感知效果，在低信噪比下频谱感知概率高于 MER 算法；但是随着噪声不确定度的增大，能量频谱感知算法的检测性能急剧恶化，检测概率降低、虚警概率迅速增加，过高的虚警概率导致其在实际中无法应用。而基于 MER 的频谱感知算法由于门限与噪声功率无关，因此对噪声不确定度具有较强的抵抗性。

(2)MER 算法与 MME 算法的对比。

MME 算法即最大最小特征值算法，它利用信号采样协方差矩阵的最大、最小特征值的比值在有无主用户信号情况下的差异来判定主用户信号是否存在，其详细介绍见 5.2.1 节。该算法在认知节点信号之间相关性较强时有良好的频谱感知性能，但是当认知节点接收的主用户信号之间不具有相关性时(比如各个认知节点之间的距离较大，导致各接收信号之间的相关性较低)，频谱感知性能就会迅速下降。这是因为，认知节点信号相关性越小，协方差矩阵就越接近对角阵，对角线元素相对于非对角线元素越大，特征值分布越集中，则最大特征值与最小特征值之间的差异越小，H_0 和 H_1 两种情况下检验统计量的差异就越小，从而导致检测概率下降；反之，特征值分布较为分散，最大特征值与最小特征值之间具有较大的差异，H_0 和 H_1 两种情况下其比值就相差较大，从而检测性能就相对较高[27-28]。

在认知节点信号之间具有不同相关性的情况下，MER 算法和 MME 算法的检测结果如图 5.2.13 所示。仿真参数为 $K=50$，$N=500$，蒙特卡洛实验次数为 2 000。其中，“MME－ρ＝1”和“MER－ρ＝1”分别表示认知节点信号之间具有较强相关性（相关系数为 1）时两种算法的检测概率；“MME－ρ＝0.1”和“MER－ρ＝0.1”分别表示具有很弱相关性（相关系数为 0.1）时两种算法的检测概率；“MME－ρ＝0.5”和“MER－ρ＝0.5”分别表示具有中等相关性（相关系数为 0.5）时两种算法的检测概率。

从图 5.2.13 中可以看到，当认知节点信号之间的相关性逐渐减弱时，MER 算法和 MME 算法的检测概率都会有所下降。信号具有较强相关性时，MME 算法比 MER 算法好 1 dB 左右，但是随着信号相关性的减弱，MME 算法的检测性能下降得更快。如果认知节点信号之间相关性极低，MER 算法检测性能要优于 MME 算法。

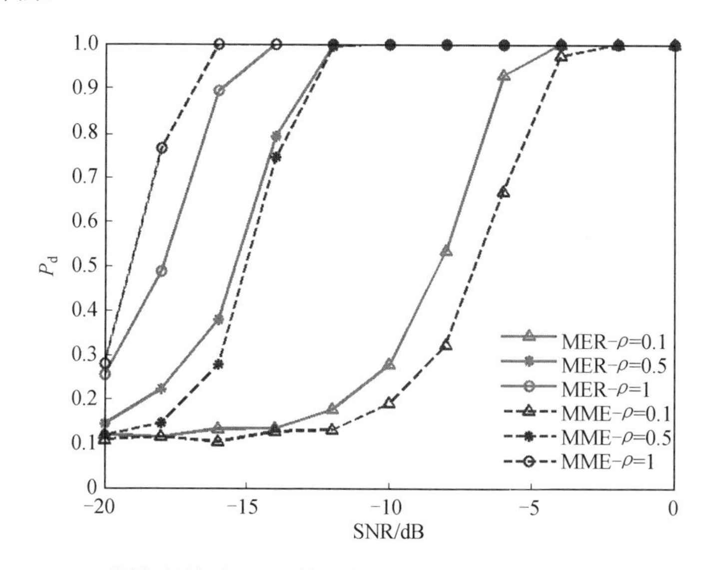

图 5.2.13　不同相关性时 MER 算法与 MME 算法的检测概率随信噪比变化曲线

本节首先介绍了单环定律，并根据只有噪声存在和主用户信号存在时，接收信号矩阵应用单环定律的不同表现，将单环定律应用到频谱感知中，提出了基于基于单环定律的 MER 算法。然后对算法的判决门限进行了推导，给出了两种判决门限，但是简单门限的方法不能随着虚警概率的变化而变化，在实际中难以应用；而改进门限可以根据虚警概率的变化而改变，从而满足不同虚警概率的需求。接下来，对算法进行了数值仿真和分析，比较了不同信噪比下 MER 的分布情况，证明了判决门限的有效性和正确性；对 MER 算法的频谱感知性能进行了仿真，并将该算法与能量频谱感知算法和 MME 算法进行对比。仿真结果表明，MER 算法具有较好的频谱感知性能，并且不受噪声不确定度的影响，在认知节点信号之间的相关性较低时也能保持较高的检测概率。

5.3 基于特征值和特征向量的双特征频谱感知算法

接收信号协方差矩阵的特征值和特征向量都体现了接收信号的特性。目前，协方差矩阵特征值的性质被广泛应用于认知网络中，基于特征值的频谱感知算法不断出现。研究表明，信号协方差矩阵的主特征向量（最大特征值对应的特征向量）在对抗噪声干扰方面具有很强的鲁棒性，因此，也可以利用主特征向量来区分主用户信号是否存在。基于此，文献[29]提出了基于特征学习的特征模板匹配（Feature Template Matching，FTM）算法，并取得了良好的检测效果。但是既然特征值和特征向量体现了信号的特征，如果将它们结合起来进行频谱感知，会不会取得更好的效果呢？本节对此进行了尝试。

本节首先介绍了基于特征向量的信号检测理论，然后利用随机理论中特征向量和特征值的研究成果，根据主用户信号存在与不存在时接收信号矩阵的特征值和特征向量相关性的差异，提出双特征频谱感知算法，并对算法进行了仿真分析，推导算法的判决门限及其与虚警概率的关系。仿真结果表明，该算法不需要任何先验信息，性能优于仅利用特征向量的 FTM 算法和仅利用特征值的 MME 算法。

5.3.1 基于特征向量的频谱感知理论

在信号子空间内，可以认为协方差矩阵的最大特征值代表最大的能量分量，其对应的主特征向量表示该信号的最大特征分量[30,31]。研究表明，主特征向量在时域和空域上对噪声具有很强的鲁棒性，即使信号满足非白的随机分布，主特征向量依然具有很强的稳定性。而噪声协方差矩阵的特征向量则不稳定，表现出一定的随机性。

以二维向量为例说明。设 $\boldsymbol{x}_n$ 是一个 2×1 的零均值白高斯随机噪声向量，$\boldsymbol{x}_s$ 是一个 2×1 的零均值非白高斯随机信号向量，$\boldsymbol{x}_s$ 和 $\boldsymbol{x}_n$ 的能量相等，令它们的和向量 $\boldsymbol{x}_{s+n}=\boldsymbol{x}_s+\boldsymbol{x}_n$。分别对其随机采样 1 000个点，如图 5.3.1所示。图 5.3.1(a) 代表噪声向量 $\boldsymbol{x}_n$，图 5.3.1(b) 代表信号向量 $\boldsymbol{x}_s$，图 5.3.1(c) 代表它们的和向量 $\boldsymbol{x}_{s+n}$。图 5.3.1 中，x_1 和 x_2 分别代表向量的两个元素。从图 5.3.1 中可以看出，$\boldsymbol{x}_n$ 的观测点分布具有很强的随机性；而 $\boldsymbol{x}_s$ 与 $\boldsymbol{x}_{s+n}$ 的分布具有明显的角度特征，这表明，代表其方向的主特征向量具有较强的稳定性。

可以用矩阵扰动理论对上述结果进行解释。根据矩阵一阶扰动分析理论，一个特征值与其他特征值之间的间隔决定了该特征值对应的特征向量的敏感

度，并且成反比关系[32]。当只有噪声存在时，协方差矩阵近似于单位阵，是特殊的 Wishart 矩阵，则最大特征值与其他特征值之间的间隔接近于零。相应地，主特征向量具有较高的敏感度，不同噪声矩阵的主特征向量之间具有很低的相关性，所以多次实验后就呈现出随机性的特点。而主用户信号存在时，协方差矩阵不再是单位阵，最大特征值与其他特征值之间具有较大的间隔，从而主特征向量的扰动性较小，具有较高的稳定度，不同矩阵的主特征向量之间具有较强的相关性，多次重复实验不再表现出随机性[33]。

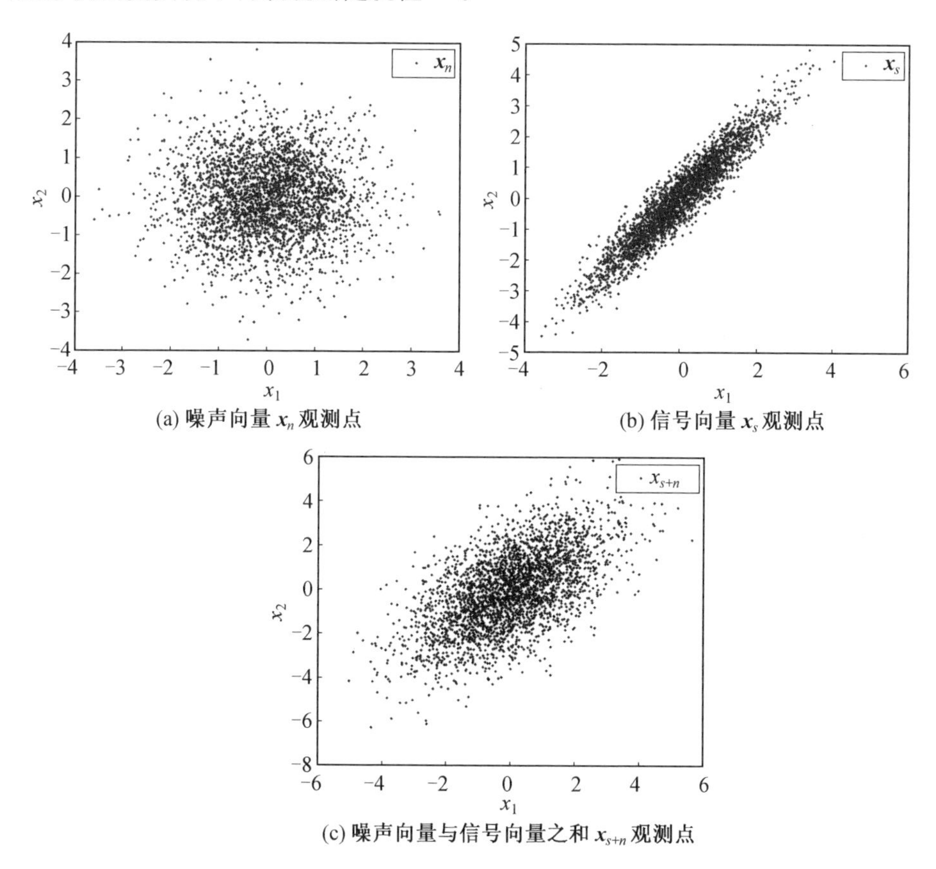

图 5.3.1　二维随机信号向量 $\boldsymbol{x}_s$、$\boldsymbol{x}_n$ 和 $\boldsymbol{x}_{s+n}$ 的观测点示意图

FTM 算法即利用上述原理进行频谱感知。令 $n\times1$ 的向量 $\boldsymbol{y}$ 是包含 n 个采样点的信号向量，假设接收信号有 M 个这样的向量 $\boldsymbol{y}_i$，$i=1,2,\cdots,M$，则频谱感知中的二元假设模型可表示为

$$\begin{cases}H_0:\boldsymbol{y}_i=\boldsymbol{n}_i, & i=1,2,\cdots,M\\H_1:\boldsymbol{y}_i=\boldsymbol{h}_i\boldsymbol{s}_i+\boldsymbol{n}_i, & i=1,2,\cdots,M\end{cases}\tag{5.3.1}$$

式中，$\boldsymbol{s}_i(i=1,2,\cdots,M)$ 是 $n\times1$ 的主用户信号向量；$\boldsymbol{n}_i(i=1,2,\cdots,M)$ 是 $n\times1$ 的

噪声信号向量；$\boldsymbol{s}_i$ 和 $\boldsymbol{\omega}_i$ 是相互独立的；$\boldsymbol{h}_i$ 是主用户与感知节点之间信道的冲激响应。

采样协方差矩阵可以表示为

$$\boldsymbol{R}_s = \frac{1}{M}\sum_{i=1}^{M}\boldsymbol{s}_i\boldsymbol{s}_i^{\mathrm{T}} \tag{5.3.2}$$

通过对 $\boldsymbol{R}_s$ 进行特征分解，可以得到主特征向量

$$\boldsymbol{R}_s = \boldsymbol{V\Lambda V}^{\mathrm{T}} \tag{5.3.3}$$

式中，$\boldsymbol{\Lambda}=\mathrm{diag}(\lambda_1,\lambda_2,\cdots,\lambda_n)$ 是包含 $\boldsymbol{R}_s$ 特征值的对角阵；$\boldsymbol{V}$ 是一个正交矩阵，其列是 $\boldsymbol{v}_1,\boldsymbol{v}_2,\cdots,\boldsymbol{v}_n$，是对应于特征值 $\lambda_1,\lambda_2,\cdots,\lambda_n$ 的特征向量，$\boldsymbol{v}_1$ 是主特征向量。

对应地，假设通过采样得到另一段信号的协方差 $\boldsymbol{R}_y$，其主特征向量为 $\tilde{\boldsymbol{v}}_1$，计算两个主特征向量之间的相似度作为检验统计量，得

$$T = |\langle \boldsymbol{v}_1, \tilde{\boldsymbol{v}}_1\rangle| \tag{5.3.4}$$

根据上述矩阵扰动理论的分析，在 H_1 情况下，最大特征值与其他特征值相差较大，两个主特征向量具有较强的相关性，所以有

$$\lim_{n\to\infty}|\langle \boldsymbol{v}_1, \tilde{\boldsymbol{v}}_1\rangle| = 1 \tag{5.3.5}$$

而在 H_0 情况下，最大特征值与其他特征值之间的差异很小，两个主特征向量之间的相关性较弱，上述相似度会较小，即

$$\lim_{n\to\infty}|\langle \boldsymbol{v}_1, \tilde{\boldsymbol{v}}_1\rangle| < 1 \tag{5.3.6}$$

这样，选择合适的判决门限，就可以将 H_0 和 H_1 两种情况很好地区分开来。判决准则为

$$T \underset{H_0}{\overset{H_1}{\gtrless}} \gamma \tag{5.3.7}$$

其中，γ 为判决门限。如果相似度大于门限，则判定主用户信号存在；否则就判定主用户信号不存在。仿真结果表明，FTM 算法具有良好的检测性能。

5.3.2 双特征频谱感知算法

FTM 算法中，为了得到主特征向量，对接收信号协方差矩阵进行了特征分解，而特征分解的计算量是相对较大的，如果仅仅利用特征分解后的主特征向量，显然会造成资源的浪费。为了充分利用协方差矩阵的性质，本小节将特征值与特征向量结合起来，形成了双特征频谱感知算法。

在频谱感知中，假设有 K 个感知节点，采样两段主用户信号，每段采样点数为 N，形成两个接收信号矩阵 $\boldsymbol{Y}_1$ 和 $\boldsymbol{Y}_2$ 为

$$\boldsymbol{Y}_1 = \begin{bmatrix} y_1(1) & y_1(2) & \cdots & y_1(N) \\ y_2(1) & y_2(2) & \cdots & y_2(N) \\ \vdots & \vdots & & \vdots \\ y_K(1) & y_K(2) & \cdots & y_K(N) \end{bmatrix} \tag{5.3.8}$$

$$
\boldsymbol{Y}_2=\begin{bmatrix} y_1(N+1) & y_1(N+2) & \cdots & y_1(2N) \\ y_2(N+1) & y_2(N+2) & \cdots & y_2(2N) \\ \vdots & \vdots & & \vdots \\ y_K(N+1) & y_K(N+2) & \cdots & y_K(2N) \end{bmatrix} \tag{5.3.9}
$$

它们的协方差矩阵分别为 $\boldsymbol{R}_1$ 和 $\boldsymbol{R}_2$，即

$$
\boldsymbol{R}_1=\frac{1}{N}\boldsymbol{Y}_1\boldsymbol{Y}_1^{\mathrm{T}} \tag{5.3.10}
$$

$$
\boldsymbol{R}_2=\frac{1}{N}\boldsymbol{Y}_2\boldsymbol{Y}_2^{\mathrm{T}} \tag{5.3.11}
$$

由 5.2.1 节分析可知，在只有噪声存在和主用户信号存在的情况下，接收信号协方差矩阵的最大特征值是不同的，即只有噪声存在时，有

$$
\lambda_{\max}=\lambda_{\min}=\sigma^2 \tag{5.3.12}
$$

而主用户信号存在的情况下，有

$$
\lambda_{\max}>\lambda_{\min}=\sigma^2 \tag{5.3.13}
$$

所以，最大特征值与最小特征值的比值在两种情况下也是不同的，并且 H_0 情况下要小于 H_1 情况下，即有

$$
\left(\frac{\lambda_{\max}}{\lambda_{\min}}\right)_{H_0}<\left(\frac{\lambda_{\max}}{\lambda_{\min}}\right)_{H_1} \tag{5.3.14}
$$

而根据 5.2.2 节，H_0 情况下协方差矩阵的主特征向量之间的相关性要比 H_1 情况下低，即有

$$
(|\langle \boldsymbol{a}_1,\boldsymbol{b}_1\rangle|)_{H_0}<(|\langle \boldsymbol{a}_1,\boldsymbol{b}_1\rangle|)_{H_1} \tag{5.3.15}
$$

式中，$\boldsymbol{a}_1$、$\boldsymbol{b}_1$ 分别是协方差矩阵 $\boldsymbol{R}_1$、$\boldsymbol{R}_2$ 对应的主特征向量。

于是，综合式(5.3.14)和式(5.3.15)，有

$$
\left(\frac{\lambda_{\max}}{\lambda_{\min}}\right)_{H_0}(|\langle \boldsymbol{a}_1,\boldsymbol{b}_1\rangle|)_{H_0}<\left(\frac{\lambda_{\max}}{\lambda_{\min}}\right)_{H_1}(|\langle \boldsymbol{a}_1,\boldsymbol{b}_1\rangle|)_{H_1} \tag{5.3.16}
$$

由式(5.3.16)可以看出，最大、最小特征值的比值与主特征向量相关性的乘积在 H_0 和 H_1 情况下具有一定的差异性，而且，相比于只用特征值和只用特征向量的方法，这种差异会相对较大。将其作为检验统计量，选择合适的门限即可用来判定主用户信号是否存在。这就是基于最大、最小特征值比值和主特征向量的双特征频谱感知算法。算法步骤总结如下。

(1) 认知用户对主用户信号进行采样，得到两段接收信号矩阵 $\boldsymbol{Y}_1$ 和 $\boldsymbol{Y}_2$，然后计算各自的协方差矩阵 $\boldsymbol{R}_1$、$\boldsymbol{R}_2$。

(2) 对协方差矩阵分别进行特征分解，得到各自的主特征向量 $\boldsymbol{a}_1$、$\boldsymbol{b}_1$ 和最大最小特征值 $\lambda_{\max1}$、$\lambda_{\min1}$、$\lambda_{\max2}$、$\lambda_{\min2}$。

(3) 计算两个主特征向量的相似度与两个最大最小特征值之比的乘积作为检验统计量，即

$$T=\rho_1\rho_2\left|\langle \boldsymbol{a}_1,\boldsymbol{b}_1\rangle\right| \tag{5.3.17}$$

式中，$\rho_1=\dfrac{\lambda_{\max1}}{\lambda_{\min1}}$；$\rho_2=\dfrac{\lambda_{\max2}}{\lambda_{\min2}}$。

(4) 判决：如果 $T>\gamma$，则主用户信号存在；否则，主用户信号不存在。其中，γ 是判决门限。

5.3.3 虚警概率和判决门限的求解

(1) 算法的虚警概率和判决门限推导。

根据虚警概率的定义，有

$$\begin{aligned}P_{\mathrm{f}}&=P(D_1\mid H_0)\\&=P(T>\gamma\mid H_0)\\&=P(\rho_1\rho_2\left|\langle \boldsymbol{a}_1,\boldsymbol{b}_1\rangle\right|>\gamma\mid H_0)\end{aligned} \tag{5.3.18}$$

在 H_0 情况下，接收信号协方差矩阵是 Wishart 矩阵。于是，根据 M－P 律的结果，H_0 情况下接收信号协方差矩阵的最大特征值和最小特征值分别为

$$\lambda_{\max}=\sigma^2\ (1+\sqrt{c})^2 \tag{5.3.19}$$

$$\lambda_{\min}=\sigma^2\ (1-\sqrt{c})^2 \tag{5.3.20}$$

式中，c 为感知节点数与采样点数之比。

则由 M－P 律得到的最大最小特征值的比值为

$$\eta=\frac{\lambda_{\max}}{\lambda_{\min}}=\frac{(1+\sqrt{c})^2}{(1-\sqrt{c})^2} \tag{5.3.21}$$

根据文献[34,35]可知，Wishart 矩阵的特征值与特征向量相互独立。于是，令 $\gamma=\varepsilon\eta^2$，并将由式(5.3.21)得到的最大最小特征值的比值 η_1、η_2 代入式(5.3.18)，得

$$\begin{aligned}P_{\mathrm{f}}&=P(\rho_1\rho_2\left|\langle \boldsymbol{a}_1,\boldsymbol{b}_1\rangle\right|>\gamma\mid H_0)\\&=P(\rho_1\rho_2\left|\langle \boldsymbol{a}_1,\boldsymbol{b}_1\rangle\right|>\varepsilon\eta_1\eta_2\mid H_0)\\&\approx P(\left|\langle \boldsymbol{a}_1,\boldsymbol{b}_1\rangle\right|>\varepsilon\mid H_0)\end{aligned} \tag{5.3.22}$$

如果能够得到 $\left|\langle \boldsymbol{a}_1,\boldsymbol{b}_1\rangle\right|$ 的概率密度函数，就可以由式(5.3.22)求出虚警概率的闭合表达式。

(2) $\left|\langle \boldsymbol{a}_1,\boldsymbol{b}_1\rangle\right|$ 的概率密度函数求解。

对协方差矩阵 $\boldsymbol{R}_1$、$\boldsymbol{R}_2$ 进行特征值分解，有

$$\boldsymbol{R}_1=\boldsymbol{A}\boldsymbol{\Lambda}_1\boldsymbol{A}^{\mathrm{T}} \tag{5.3.23}$$

$$\boldsymbol{R}_2=\boldsymbol{B}\boldsymbol{\Lambda}_2\boldsymbol{B}^{\mathrm{T}} \tag{5.3.24}$$

式中，$\boldsymbol{\Lambda}_1$、$\boldsymbol{\Lambda}_2$ 是分别包含 $\boldsymbol{R}_1$、$\boldsymbol{R}_2$ 特征值的对角阵；$\boldsymbol{A}$、$\boldsymbol{B}$ 是正交矩阵，它们的列向量分别是对应于相应特征值的特征向量，协方差矩阵 $\boldsymbol{R}_1$ 和 $\boldsymbol{R}_2$ 的主特征向量，$\boldsymbol{a}_1$ 和 $\boldsymbol{b}_1$ 分别是矩阵 $\boldsymbol{A}$ 和 $\boldsymbol{B}$ 的第一列。根据随机矩阵理论可知，$\boldsymbol{A}$、$\boldsymbol{B}$ 是 Haar 酉矩阵。

由 Haar 酉矩阵的定义，有

$$f(\boldsymbol{A}^{\mathrm{T}}\boldsymbol{B})=f(\boldsymbol{B}) \tag{5.3.25}$$

即 $\boldsymbol{A}^{\mathrm{T}}\boldsymbol{B}$ 和 $\boldsymbol{B}$ 有相同的分布。将 $\boldsymbol{A}^{\mathrm{T}}\boldsymbol{B}$ 和 $\boldsymbol{B}$ 展开，对应的元素服从相同的分布，则协方差矩阵两个主特征向量的相似度 $\langle \boldsymbol{a}_1,\boldsymbol{b}_1\rangle$ 与矩阵 $\boldsymbol{B}$ 第1行第1列的元素 b_{11} 具有相同的分布[36]为

$$f(\langle \boldsymbol{a}_1,\boldsymbol{b}_1\rangle)=f(b_{11}) \tag{5.3.26}$$

根据酉矩阵的性质，b_{11}^2 服从参数 $\alpha=\dfrac{1}{2}$ 和 $\beta=\dfrac{N-1}{2}$ 的 Beta 分布，于是可得 $\langle \boldsymbol{a}_1,\boldsymbol{b}_1\rangle$ 的概率密度函数[36]为

$$f(x)=\frac{(1-x^2)^{(n-1)/2-1}}{B\left(\dfrac{1}{2},\dfrac{N-1}{2}\right)} \tag{5.3.27}$$

上述概率密度函数与Beta分布有关，但是Beta分布比较复杂，难以在实际中应用。但幸运的是，当 N 较大时，可以用高斯分布对上述概率密度函数进行很好的近似[37]。经过推导，可知 $f(x)$ 的均值为0，方差为 $1/N$，于是可以用下述 $h(x)$ 近似代替 $f(x)$，即

$$h(x)=\frac{\sqrt{N}}{\sqrt{2\pi}}\mathrm{e}^{-\frac{Nx^2}{2}} \tag{5.3.28}$$

将式(5.3.28)代入式(5.3.22)中，有

$$\begin{aligned}P_{\mathrm{f}}&\approx P(|\langle \boldsymbol{a}_1,\boldsymbol{b}_1\rangle|>\varepsilon\mid H_0)\\&=P(\langle \boldsymbol{a}_1,\boldsymbol{b}_1\rangle>\varepsilon,\langle \boldsymbol{a}_1,\boldsymbol{b}_1\rangle<-\varepsilon\mid H_0)\\&=2P(\langle \boldsymbol{a}_1,\boldsymbol{b}_1\rangle>\varepsilon\mid H_0)\\&=2\int_{\varepsilon}^{\infty}\frac{\sqrt{N}}{\sqrt{2\pi}}\mathrm{e}^{-\frac{Nx^2}{2}}\mathrm{d}x\\&=2Q(\sqrt{N}\varepsilon)\end{aligned} \tag{5.3.29}$$

由式(5.3.29)可得

$$\varepsilon=Q^{-1}\left(\frac{P_{\mathrm{f}}}{2}\right)\frac{1}{\sqrt{N}} \tag{5.3.30}$$

于是，双特征频谱感知算法的判决门限为

$$\gamma=\varepsilon\eta^2=\frac{(1+\sqrt{c})^4}{(1-\sqrt{c})^4}Q^{-1}\left(\frac{P_{\mathrm{f}}}{2}\right)\frac{1}{\sqrt{N}} \tag{5.3.31}$$

5.3.4 仿真验证与分析

1. 判决门限值的有效性

前面提到，当 N 比较大时，$\langle \boldsymbol{a}_1,\boldsymbol{b}_1\rangle$ 的概率密度函数可以用高斯分布代替

Beta分布，即用式(5.3.28)代替式(5.3.27)。图5.3.2给出了当N分别取20、40和80时，$f(x)$和$h(x)$的图像。从图5.3.2中可以发现，当$N=20$时，尽管有细小的差别，但是$h(x)$已经可以很好地逼近$f(x)$了。当N逐渐增大到80时，两者几乎重合。这表明理论分析时进行上述近似完全可行。

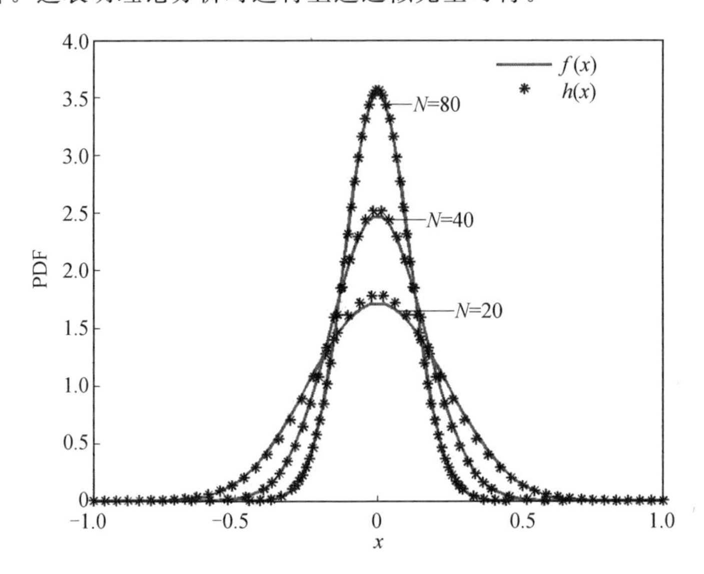

图5.3.2　$f(x)$和$h(x)$的对比

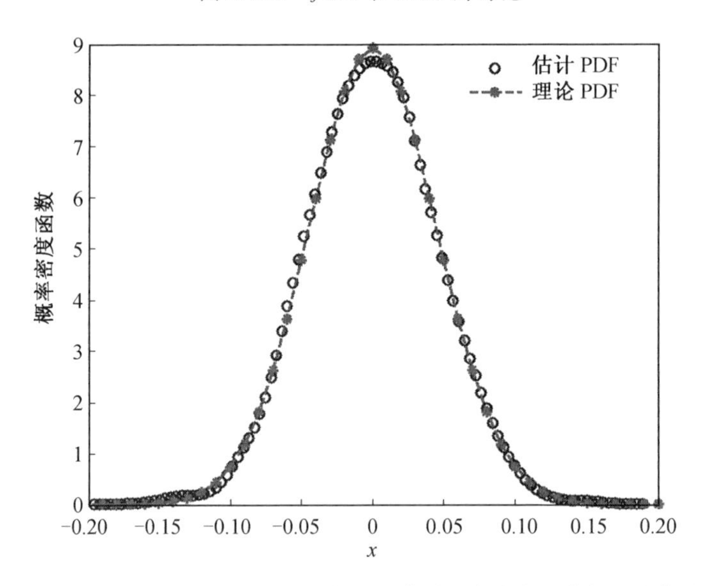

图5.3.3　H_0情况下主特征向量相似度的估计概率密度函数与理论值的对比

图5.3.3给出了H_0情况下，两个协方差矩阵的主特征向量相似度$\langle \boldsymbol{a}_1, \boldsymbol{b}_1 \rangle$的

估计概率密度函数,并与式(5.3.28) 给定的理论概率密度函数进行对比。仿真参数为蒙特卡洛试验次数 2 000,$K=10$,$N=500$。由图 5.3.3 可以看出,实际的概率密度函数与理论结果很吻合,从而验证了理论推导的正确性。

图 5.3.4 是双特征频谱感知算法在认知节点数 $K=10$,信噪比为 -10 dB时,实际仿真得到的检验统计量与判决门限值的关系图,采样点数 N 从 100 逐渐增大到 500。从图 5.3.4 中可以看出,判决门限随着采样点数 N 的增加而动态改变,从而保证了判决门限的合理性。H_1 情况下的检验统计量在算法门限值曲线的上方,而 H_0 情况下的检验统计量在算法门限值曲线的下方,这也充分说明了判决门限的合理性。并且,两种情况下的检验统计量的差异很大,从侧面表明双特征频谱感知算法的检验统计量选取的合理性。

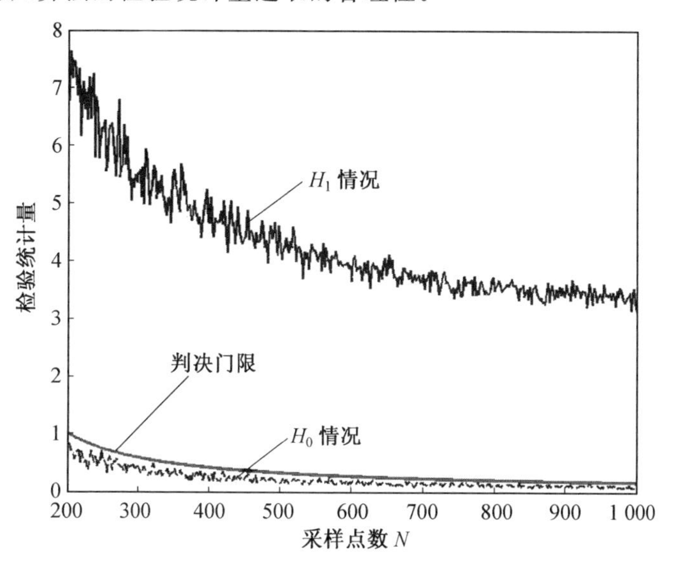

图 5.3.4　双特征频谱感知算法检验统计量与判决门限关系图

2. 提出算法与 FTM、MME 算法的性能比较

当采样点数变化时,双特征算法的检测概率与信噪比的关系曲线如图 5.3.5 所示。仿真参数为 $K=10$,N 分别取 200、500、1 000,蒙特卡洛仿真次数为 2 000。由图 5.35 可以看出,在低信噪比下,随着采样点数 N 从 200 逐渐增加到 500,检测概率逐渐提升,如当 $N=200$,信噪比为 -12 dB 时,检测概率才能到达 90% 以上;而当 $N=1\ 000$,信噪比为 -16 dB 时,检测概率已经可以达到 90% 以上了。因此,增加采样点数不失为提升检测效果的好方法。但是在高信噪比下,提升采样点数对检测概率的提升作用有限,而且增加采样点数会带来计算复杂度的提升以及检测时间的增加,当采样点数增加到一定程度,相对于资源和时间的消耗,检测效果提升的收益并不大。因此,在实际应用中,要根据情况权衡利

弊后进行折中选择。

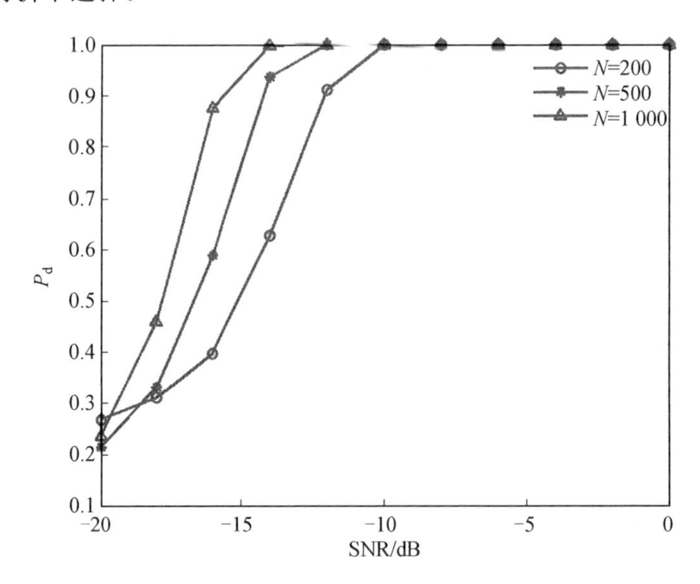

图 5.3.5　不同采样点数下双特征算法的检测概率随信噪比变化曲线

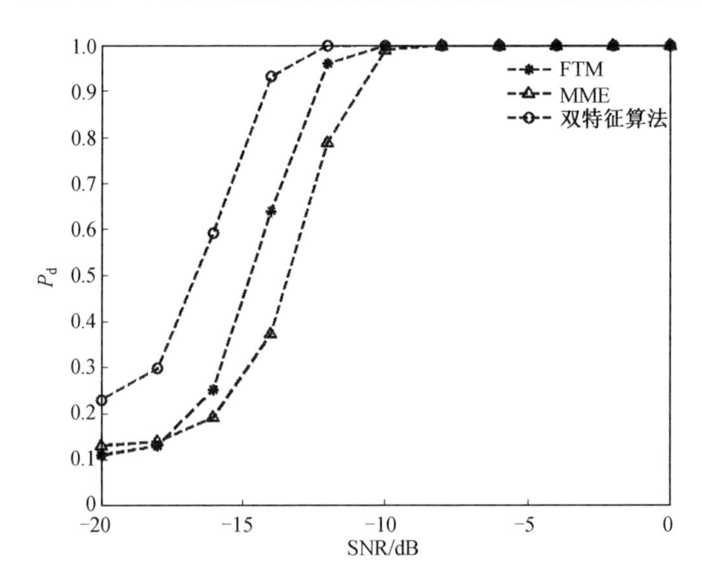

图 5.3.6　双特征算法与 FTM 算法、MME 算法检测性能比较

图 5.3.6 给出了双特征算法与仅用特征向量的 FTM 算法、仅用最大最小特征值之比的 MME 算法进行性能比较的结果。仿真参数为 $K=10$，$N=500$，蒙特卡洛仿真次数为 2 000。如果 MME 算法的采样点数为 N，那么双特征算法和 FTM 算法会将接收信号分成两段，每段信号采样点数为 $N/2$，分别计算两段协

方差矩阵的主特征向量和最大最小特征值之比。这样，在不增加采样点数的情况下，对得到的数据进行充分利用。从图 5.3.6 中可以看出，在相同的条件下，双特征算法的检测性能优于仅用特征向量的 FTM 算法、仅用最大最小特征值之比的 MME 算法。由于门限与噪声功率无关，因此，三种算法都对噪声不确定度有一定的抵抗作用。

3. 算法计算量

FTM 算法、MME 算法和双特征算法在感知过程中主要涉及协方差矩阵估计、特征分解运算，FTM 算法和双特征算法还涉及主特征向量相似度的计算。估计 $N\times N$ 维协方差矩阵需要的乘法次数为 $O(N^2)$，而计算 $N\times N$ 维矩阵的特征分解需要的乘法次数为 $O(N^3)$，计算两个 $N\times 1$ 维向量的相似度需要的乘法次数为 $O(N)$[38]。MME 算法的计算复杂度为

$$\Gamma_{\mathrm{MME}}=O(N^2)+O(N^3) \tag{5.3.32}$$

而双特征算法与FTM算法的计算量基本相同，它们需要对两个$\frac{N}{2}\times\frac{N}{2}$的矩阵进行特征分解，计算复杂度为

$$\begin{aligned}\Gamma_{双特征值}=\Gamma_{\mathrm{FTM}}&=2\left[O\left(\left(\frac{N}{2}\right)^2\right)+O\left(\left(\frac{N}{2}\right)^3\right)\right]+O(N)\\&=\frac{1}{2}O(N^2)+\frac{1}{4}O(N^3)+O(N)\end{aligned} \tag{5.3.33}$$

由此可见，双特征算法和 FTM 算法的计算量基本下降到 MME 算法的一半左右。当 N 取较大值时，计算量的下降非常明显。

本节首先对基于特征向量的 FTM 算法的原理进行了分析，FTM 算法主要是基于只有噪声时和主用户信号存在时两种情况下主特征向量相似度的不同来进行频谱感知。由特征值的性质可知，在上述两种情况下，最大特征值与最小特征值的比值也会有明显的差异。然后在 FTM 算法的基础上，提出了基于特征值和特征向量的双特征频谱感知算法，将检验统计量定义为最大最小特征值之比与主特征向量相似度的乘积，从而将特征值与特征向量结合了起来。接下来利用随机矩阵相关理论对算法的虚警概率进行了推导，并通过合理近似得到了简化结果，然后推导了判决门限的表达式。最后对算法进行了仿真，验证了理论推导过程中近似的合理性和判决门限值的有效性；仿真了不同采样点对检测性能的影响，并将双特征算法与仅利用特征向量性质的 FTM 算法和仅利用特征值性质的 MME 算法进行了对比，结果表明，双特征算法检测性能优于 FTM 和 MME 算法，并且计算复杂度也相对减小。

5.4 基于精确虚警概率要求的特征值频谱感知门限研究

特征值频谱感知算法需要计算样本协方差矩阵的特征值，然后将检验统计量与门限比较获得最终频谱感知结果。实际中只能利用有限的采样数据的样本协方差矩阵来代替统计协方差矩阵。矩阵的特征值不完全满足M－P律，因此无法精确设置出可以满足目标虚警概率的频谱感知门限，常用的特征值门限设置方式包括渐近性方式（VVR）、半渐近性方式（DVR）、特征值分布方式（DDR）等。

对已有的渐近性方式和半渐近性方式特征值频谱感知效果进行仿真，如图5.4.1所示。仿真参数为奈奎斯特采样样本数目 $N=256$，感知节点个数 $K=100$，目标虚警概率 $P_{\mathrm{f}}=0.01$。

图5.4.1中，实线代表VVR门限设置方式频谱感知效果，星形曲线代表DVR门限设置方式频谱感知效果。仿真结果中渐近性方式虚警概率 $P_{\mathrm{F-VVR}}$ 在0.1左右波动，半渐近性方式虚警概率 $P_{\mathrm{F-DVR}}$ 在0.03左右波动。可知，当系统虚警概率要求较为精确时，VVR和DVR均不能满足要求。另外，对于特征值门限设置方式DDR，虽然可以较好地满足目标虚警概率的要求，但是需要计算最大特征值分布函数和最小特征值分布函数两个分布函数的联合分布，运算量大，实际操作中较为困难。

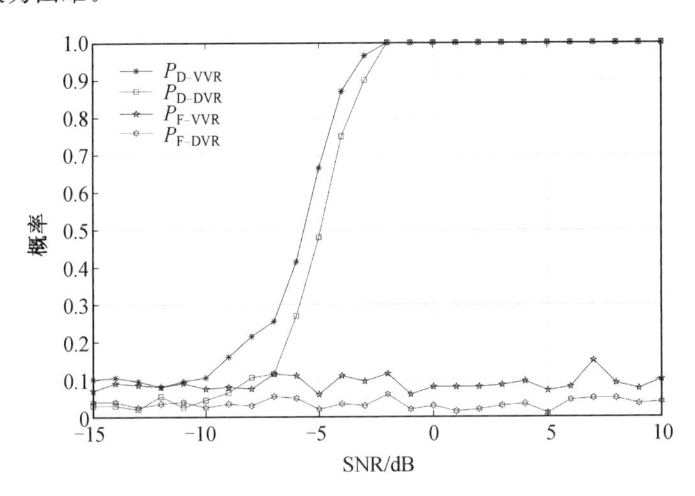

图5.4.1 VVR和DVR门限设置方式频谱感知效果对比（彩图见附录）

由此，结合DVR和DDR门限的推导过程，提出了一种新的门限设置方式，该门限设置方式相较于VVR和DVR能更好地适应低虚警概率情况下的要求，同

时门限值获取复杂度与DVR相当，实际操作中易于实现。

下面对此进行分析。已知，渐近性理论中，协方差矩阵最小特征值 a 和最大特征值 b 分别为

$$a=(\sqrt{N}-\sqrt{K})^2 \tag{5.4.1}$$

$$b=(\sqrt{N}+\sqrt{K})^2 \tag{5.4.2}$$

非渐近性理论中，对于采样协方差矩阵，其最小特征值和最大特征值分别为 $\lambda_{\min}$ 和 $\lambda_{\max}$，此时 $\frac{\lambda_{\min}-a}{u}$ 和 $\frac{\lambda_{\max}-b}{v}$ 服从Tracy－Widom分布，其中

$$u=(\sqrt{N}-\sqrt{K})\left(\frac{1}{\sqrt{N}}-\frac{1}{\sqrt{K}}\right)^{\frac{1}{3}} \tag{5.4.3}$$

$$v=(\sqrt{N}+\sqrt{K})\left(\frac{1}{\sqrt{N}}+\frac{1}{\sqrt{K}}\right)^{\frac{1}{3}} \tag{5.4.4}$$

设 x 为一无单位标量，则非渐近性理论中最小特征值 $\lambda_{\min}$ 大于或等于 a 的 x 倍的概率可表示为

$$\begin{aligned} P_{\text{temp}} &= P(\lambda_{\min} \geqslant xa) \\ &\approx P\left(\frac{\lambda_{\min}-a}{u} \geqslant \frac{xa-a}{u}\right) \\ &= 1-F\left(\frac{xa-a}{u}\right) \end{aligned} \tag{5.4.5}$$

式中，$F(\cdot)$ 为Tracy－Widom分布的累积分布函数。

对式(5.4.5)进行处理可得

$$x=\frac{uF^{-1}(1-P_{\text{temp}})+a}{a} \tag{5.4.6}$$

取 $P_{\text{temp}}=0.5$，此时 $\lambda_{\min}$ 比 ax 大或者比 ax 小的概率相等，用 ax 代替 $\lambda_{\min}$，有

$$\begin{aligned} P_{\text{f}} &= P\left(\frac{\lambda_{\max}}{\lambda_{\min}} > r_{\text{DIY}}\right) \\ &= P(\lambda_{\max} > \lambda_{\min} r_{\text{DIY}}) \\ &\approx P\left(\frac{\lambda_{\max}-b}{v} > \frac{xar_{\text{DIY}}-b}{v}\right) \\ &= 1-F\left(\frac{xar_{\text{DIY}}-b}{v}\right) \end{aligned} \tag{5.4.7}$$

其中，r_{DIY} 表示门限，整理可得

$$\begin{aligned} r_{\text{DIY}} &= \frac{vF^{-1}(1-P_{\text{f}})+b}{xa} \\ &= \frac{vF^{-1}(1-P_{\text{f}})+b}{uF^{-1}(1-0.5)+a} \end{aligned} \tag{5.4.8}$$

对渐近性方式、半渐近性方式以及改进的门限设定方式进行仿真，参数设置为奈奎斯特采样样本数目 $N=1\ 024$，感知节点个数 $K=100$，目标虚警概率 $P_f=0.01$。

由仿真结果图 5.4.2 可知，改进后的门限设定方式实际获得的虚警概率与目标虚警概率 $P_f=0.01$ 十分接近，即改进后的门限设定方式能更好地适应精确虚警目标情况。

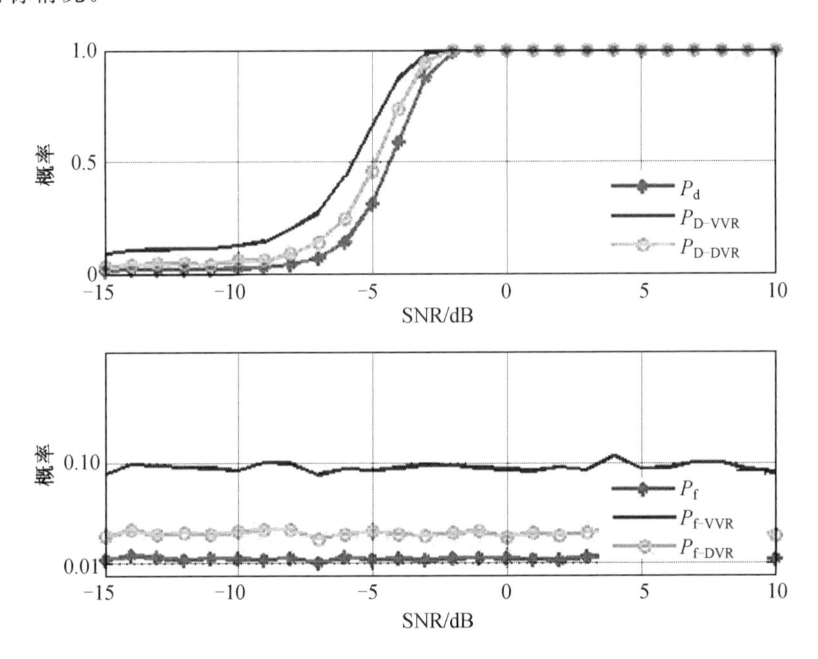

图 5.4.2 VVR、DVR 以及改进后的特征值检测效果

5.5 非重构框架下特征值频谱感知算法

上述特征值频谱感知都是建立于奈奎斯特采样前提下的，需要研究压缩感知采样下特征值频谱感知。目前，基于压缩感知采样的特征值频谱感知尚未有文章提及，不过数学领域中的自由矩阵理论提供了一定的理论依据。本节对压缩感知下特征值频谱感知算法进行了理论分析和仿真实现。

信号检测一般是基于检验统计量在不同状态下具有不同的概率分布，特征值频谱感知也不例外。对于特征值频谱感知，由于最大最小特征值分布均与噪声方差有关，为了消除噪声不确定性的影响，检测统计量通常选择协方差矩阵的特征值扩散度(最大特征值与最小特征值的比值)。

根据压缩感知理论，压缩感知采样相对于传统奈奎斯特采样引入了测量矩阵的概念。这样，压缩感知条件下样本协方差矩阵便与奈奎斯特采样下样本协方差矩阵产生了不同。

综上，欲研究压缩感知条件下特征值检测方式可以转化为研究压缩感知下协方差矩阵 $\boldsymbol{YY}^{\mathrm{T}}$ 的特征值概率分布。

5.5.1　感知节点具有不同测量矩阵的特征值频谱感知

压缩感知采样下特征值感知的核心思想就是各个感知节点均采用压缩感知采样方式获得样本数据，发送到融合中心按照特征值感知方式进行软合并。首先，假设各个感知节点均采用随机产生的高斯矩阵作为测量矩阵，研究此时样本协方差矩阵 $\boldsymbol{YY}^{\mathrm{T}}$ 的特征值扩散度分布，如图 5.5.1 所示。仿真参数为 $N=512$，感知节点数目 $K=64$，压缩采样数据点数 $M=128$。

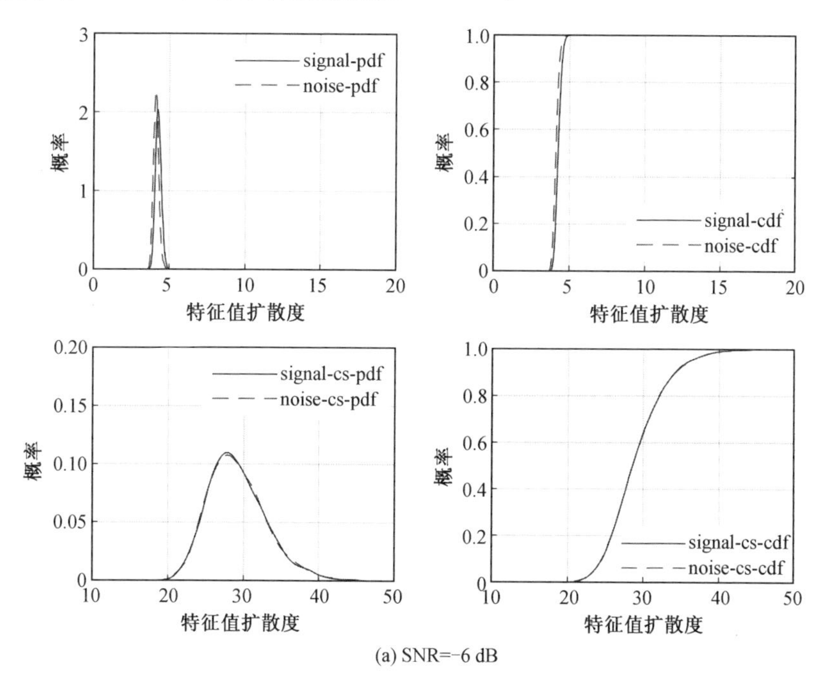

(a) SNR=-6 dB

图 5.5.1　感知节点具有不同测量矩阵时样本协方差矩阵特征值扩散度分布（彩图见附录）

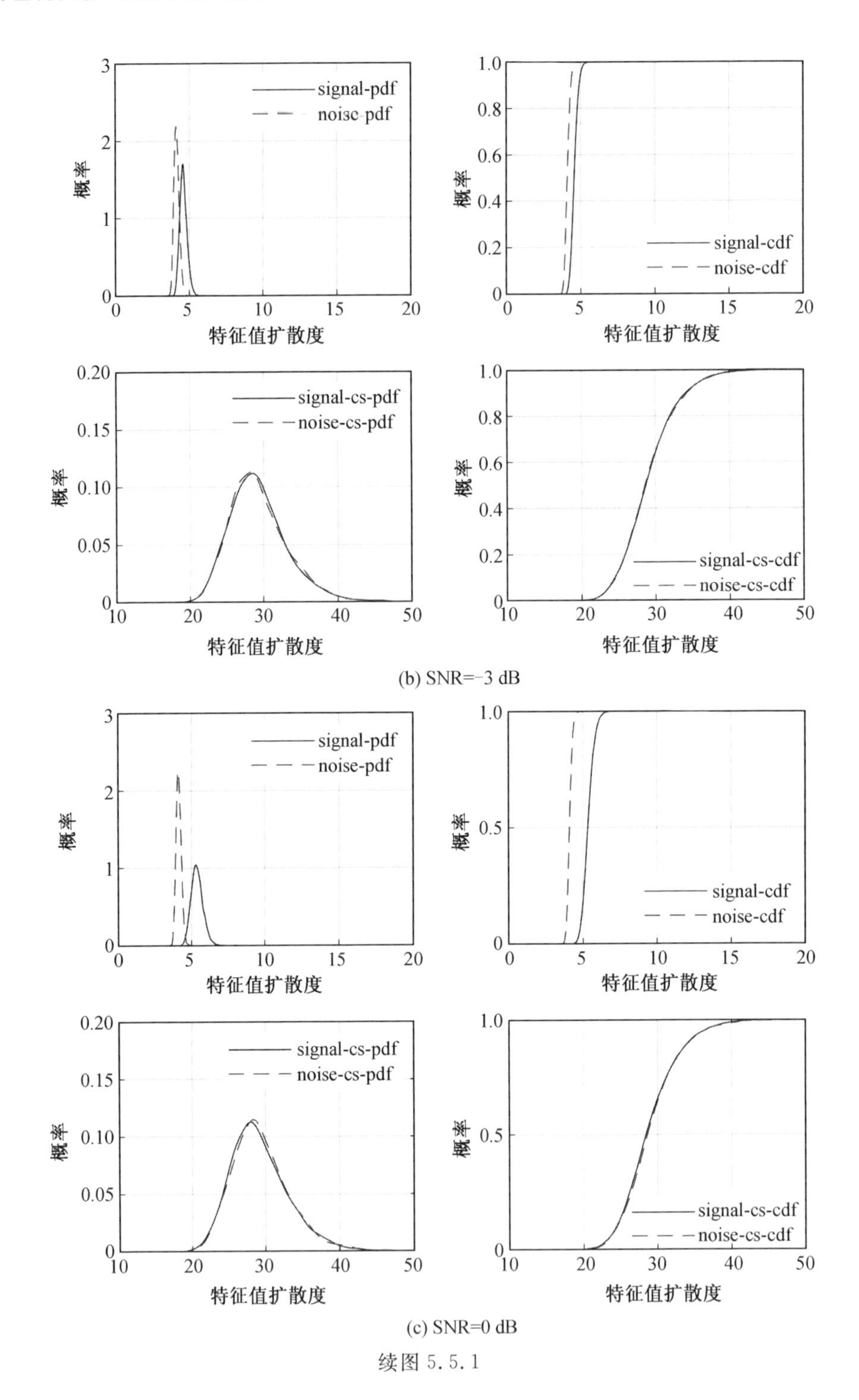

(b) SNR=-3 dB

(c) SNR=0 dB

续图 5.5.1

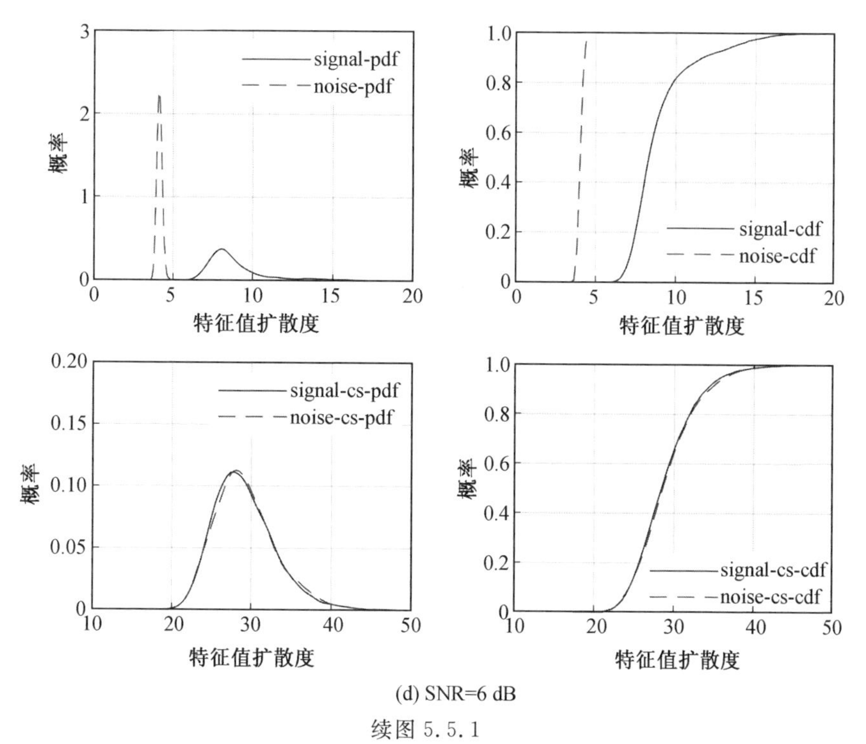

(d) SNR=6 dB

续图 5.5.1

图 5.5.1 中横坐标为采样协方差矩阵特征值扩散度，纵坐标为概率，实线代表仅有噪声的情况（H_0 状态），虚线代表有信号的情况（H_1 状态）。图 5.5.1(a) ～ (d) 分别对应信噪比为 −6 dB、−3 dB、0 dB、6 dB 的情况。图 5.5.1 各分图中左上为奈奎斯特采样下样本协方差矩阵特征值扩散度的概率密度函数曲线，右上为奈奎斯特采样下样本协方差矩阵特征值扩散度的累积分布函数曲线，左下为压缩感知采样下样本协方差矩阵特征值扩散度的概率密度函数曲线，右下为压缩感知采样下样本协方差矩阵特征值扩散度的累积分布函数曲线。

由仿真结果可知，当采用奈奎斯特采样方式时，H_0 状态和 H_1 状态下样本协方差矩阵特征值扩散度的概率密度函数和累积分布函数随着信噪比的提高相差越来越大，即随着信噪比的提高频谱感知效果越来越好，与理论相符。而当各个感知节点采用压缩感知采样方式，使用不同的测量矩阵时，H_0 状态和 H_1 状态下样本协方差矩阵特征值扩散度的概率密度函数和累积分布函数基本没有差别，即此时无法以特征值扩散度作为检验统计量进行信号检测。

5.5.2　感知节点具有相同高斯测量矩阵的特征值频谱感知

现在，考虑各个感知节点选择相同的高斯矩阵作为测量矩阵时的情况。结合压缩感知理论，推导可得压缩感知前提下和普通奈奎斯特采样方式协方差矩阵间的关系如下。首先，由各个感知节点利用压缩感知采样获得的 $M\times1$ 维样本数据向量组成样本矩阵：

$$\boldsymbol{Y}=\begin{bmatrix}\boldsymbol{y}_1^{\mathrm{T}}\\ \boldsymbol{y}_2^{\mathrm{T}}\\ \vdots\\ \boldsymbol{y}_n^{\mathrm{T}}\end{bmatrix} \tag{5.5.1}$$

由压缩感知理论可知

$$\boldsymbol{y}_i=\boldsymbol{\Phi}(\boldsymbol{s}_i+\boldsymbol{n}_i) \tag{5.5.2}$$

故两种采样方式下样本矩阵关系为

$$\boldsymbol{Y}=\begin{bmatrix}\boldsymbol{y}_1^{\mathrm{T}}\\ \boldsymbol{y}_2^{\mathrm{T}}\\ \vdots\\ \boldsymbol{y}_n^{\mathrm{T}}\end{bmatrix}=\begin{bmatrix}(\boldsymbol{s}_1+\boldsymbol{n}_1)^{\mathrm{T}}\boldsymbol{\Phi}^{\mathrm{T}}\\ (\boldsymbol{s}_2+\boldsymbol{n}_2)^{\mathrm{T}}\boldsymbol{\Phi}^{\mathrm{T}}\\ \vdots\\ (\boldsymbol{s}_n+\boldsymbol{n}_n)_n^{\mathrm{T}}\boldsymbol{\Phi}^{\mathrm{T}}\end{bmatrix}=(\boldsymbol{S}+\boldsymbol{N})\boldsymbol{\Phi}^{\mathrm{T}}=\boldsymbol{X}\boldsymbol{\Phi}^{\mathrm{T}} \tag{5.5.3}$$

式中，$\boldsymbol{X}$ 为奈奎斯特采样下的样本矩阵。

样本协方差矩阵关系可以表示为

$$\boldsymbol{Y}\boldsymbol{Y}^{\mathrm{T}}=(\boldsymbol{S}+\boldsymbol{N})\boldsymbol{\Phi}^{\mathrm{T}}\boldsymbol{\Phi}(\boldsymbol{S}+\boldsymbol{N})^{\mathrm{T}} \tag{5.5.4}$$

称 $\boldsymbol{\Phi}^{\mathrm{T}}\boldsymbol{\Phi}$ 为测量矩阵 $\boldsymbol{\Phi}$ 的列向量 Gram 矩阵。

通过仿真分析的方式，来研究此种情况下 H_0 状态和 H_1 状态特征值扩散度的分布情况，如图 5.5.2 所示。仿真参数为 $N=512, K=64, M=128$。

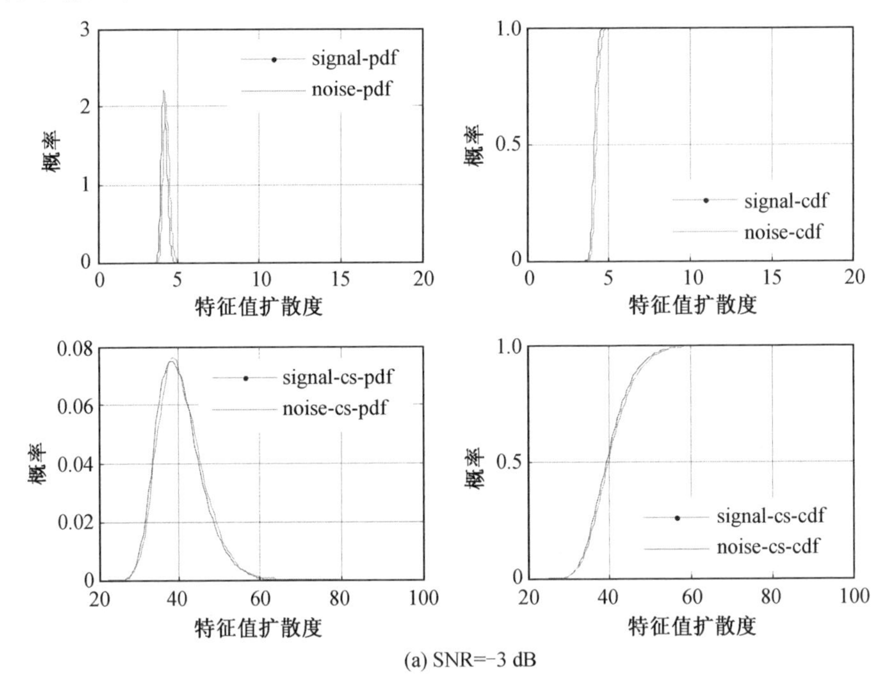

图 5.5.2　感知节点具有相同测量矩阵时样本协方差矩阵特征值扩散度分布(彩图见附录)

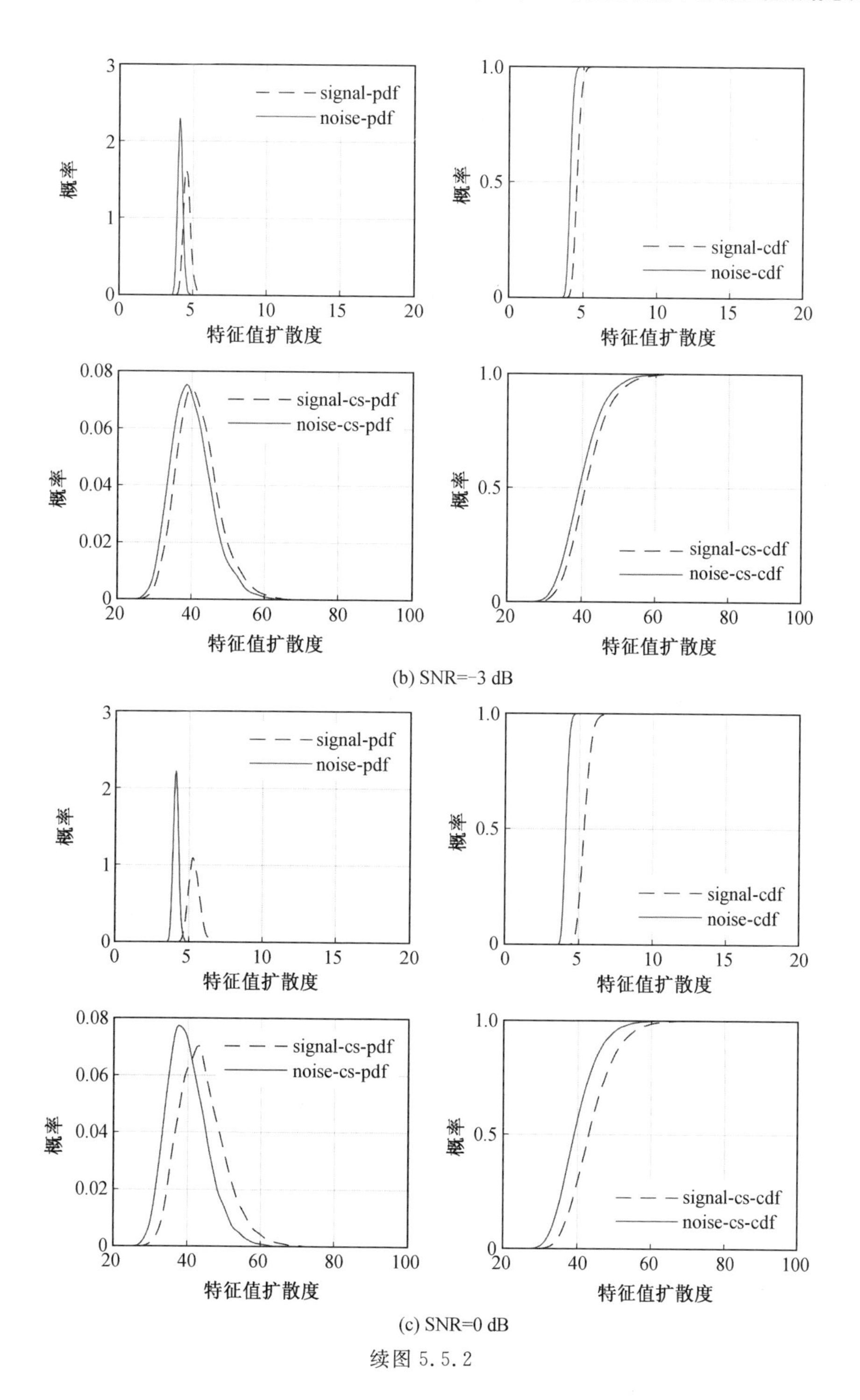

(b) SNR=−3 dB

(c) SNR=0 dB

续图 5.5.2

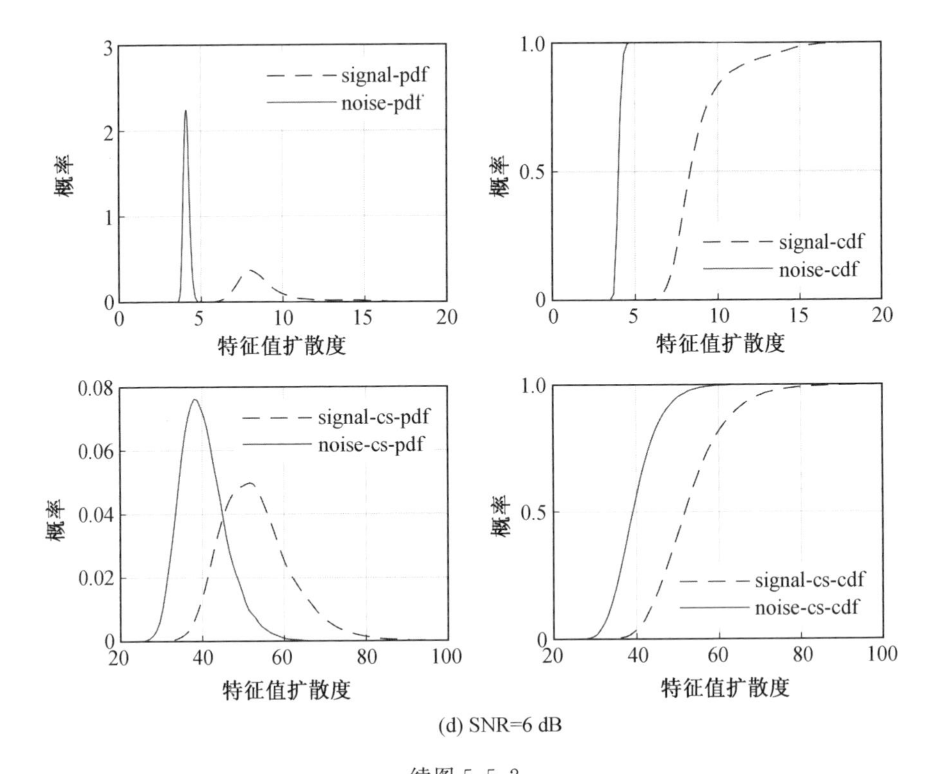

(d) SNR=6 dB

续图 5.5.2

图 5.5.2 中横坐标为采样协方差矩阵特征值扩散度，纵坐标为概率，实线代表仅有噪声的情况（H_0 状态），虚线代表有信号的情况（H_1 状态）。图 5.5.2(a) ～ (d) 分别对应信噪比为 −6 dB、−3 dB、0 dB、6 dB 的情况。图 5.5.2 各分图中左上为奈奎斯特采样下样本的概率密度函数，右上为奈奎斯特采样下样本协方差矩阵特征值扩散度的累积分布函数曲线，左下为压缩感知采样下样本协方差矩阵特征值扩散度的概率密度函数曲线，右下为压缩感知采样下样本协方差矩阵特征值扩散度的累积分布函数曲线。

由仿真结果可知，当各个感知节点利用相同的高斯测量矩阵进行压缩感知采样时，H_0 状态和 H_1 状态样本协方差矩阵特征值扩散度的概率密度函数和累积分布函数随着信噪比的提高区别越来越大，这为频谱感知提供了基本依据。故当各个感知节点同一时刻具有相同的测量矩阵时，特征值频谱感知方式具有可行性。

5.5.3 应用特征值频谱感知时的测量矩阵优化目标

对比图 5.5.2(a) ～ (d) 的上下两行，可以发现 3.3.1 节中压缩感知采样之后虽然可以频谱感知，但测量矩阵的引入改变了特征值扩散度的分布使得频谱感

知效果变差。

首先，可以看出压缩感知后样本矩阵维度发生了变化，由 64 × 512 变为了 64 × 128。由压缩感知基本理论可知，特征值频谱感知效果随 k/N 的增大而提高，且 k 和 N 的值越大效果越好。针对以上问题，不采用压缩感知（即不考虑高斯测量矩阵），仅对维数不同的情况进行仿真，如图 5.5.3 和图 5.5.4 所示，图中 $P_{\text{d-eig-VVR}}$ 表示采用 VVR 设置门限时的检测概率，$P_{\text{f-eig-VVR}}$ 表示采用 VVR 设置门限时的虚警概率。仿真参数分别为 $N=512, K=64$；$N=128, K=64$。

结合仿真分析，可知对于以上参数选择情况，特征值频谱感知效果基本相同。故上述情况可以排除单纯样本矩阵维度带来的影响。

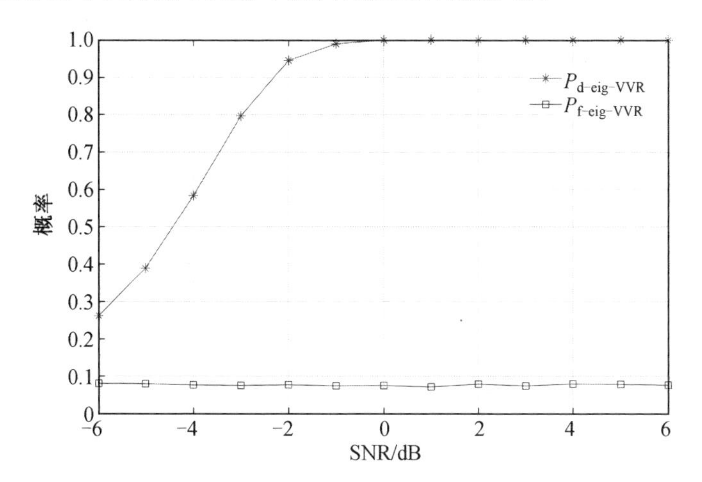

图 5.5.3　样本矩阵维度为 64 × 512 特征值频谱感知效果

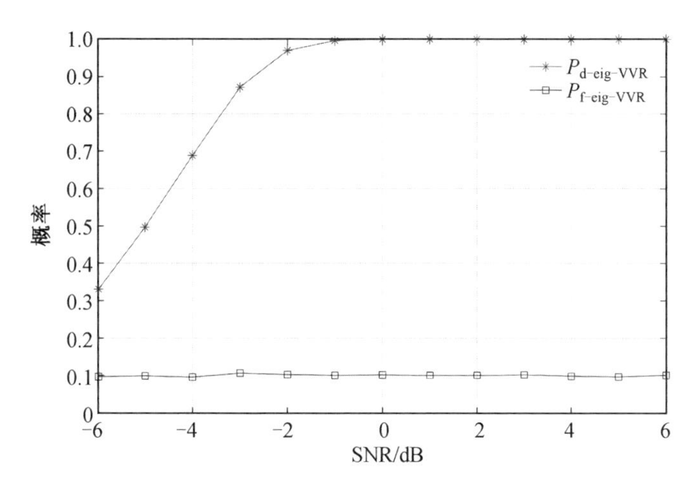

图 5.5.4　样本矩阵维度为 64 × 128 特征值频谱感知效果

结合理论，发现压缩感知下协方差矩阵相对于奈奎斯特采样下的协方差矩阵表达式多引入了 Gram 矩阵 $\boldsymbol{\Phi}^{\mathrm{T}}\boldsymbol{\Phi}$。由此可以假设，若 Gram 矩阵 $\boldsymbol{\Phi}^{\mathrm{T}}\boldsymbol{\Phi}$ 为单位阵，则压缩感知后的协方差矩阵与奈奎斯特采样时的协方差矩阵特征值相同，此时特征值检测效果相同。这为基于压缩感知的特征值检测提供了一种研究方向。但是，让 Gram 矩阵 $\boldsymbol{\Phi}^{\mathrm{T}}\boldsymbol{\Phi}$ 尽可能地接近单位阵是否违背 CS 下测量矩阵的基本要求，以及是否可以实现，这是现在面临的问题。

压缩感知理论表明对于测度矩阵 $\boldsymbol{\Theta}=\boldsymbol{\Phi}\boldsymbol{\Psi}$，当 $\boldsymbol{\Theta}^{\mathrm{T}}\boldsymbol{\Theta}=\boldsymbol{\Psi}^{\mathrm{T}}\boldsymbol{\Phi}^{\mathrm{T}}\boldsymbol{\Phi}\boldsymbol{\Psi}$ 接近于单位阵时能更好地进行测量。对于稀疏基 $\boldsymbol{\Psi}$，其 Gram 矩阵 $\boldsymbol{\Psi}^{\mathrm{T}}\boldsymbol{\Psi}$ 可正交化为单位阵，故当测量矩阵的 Gram 矩阵 $\boldsymbol{\Phi}^{\mathrm{T}}\boldsymbol{\Phi}$ 接近于单位阵时，$\boldsymbol{\Theta}^{\mathrm{T}}\boldsymbol{\Theta}=\boldsymbol{\Psi}^{\mathrm{T}}\boldsymbol{\Phi}^{\mathrm{T}}\boldsymbol{\Phi}\boldsymbol{\Psi}$ 也接近于单位阵。并且，对于如何使得某一矩阵的 Gram 矩阵接近于单位阵，目前已经有大量的研究成果[39-40]。综上，使 Gram 矩阵 $\boldsymbol{\Phi}^{\mathrm{T}}\boldsymbol{\Phi}$ 尽可能地接近单位阵来提高特征值检测效果具有可行性。

文献[39]利用梯度法，使得高斯随机矩阵的 Gram 矩阵更加趋近于单位阵。采用优化后的高斯矩阵作为测量矩阵，仿真验证上面的分析是否正确，如图 5.5.5 所示。仿真参数为 $N=512, K=64, M=128$。

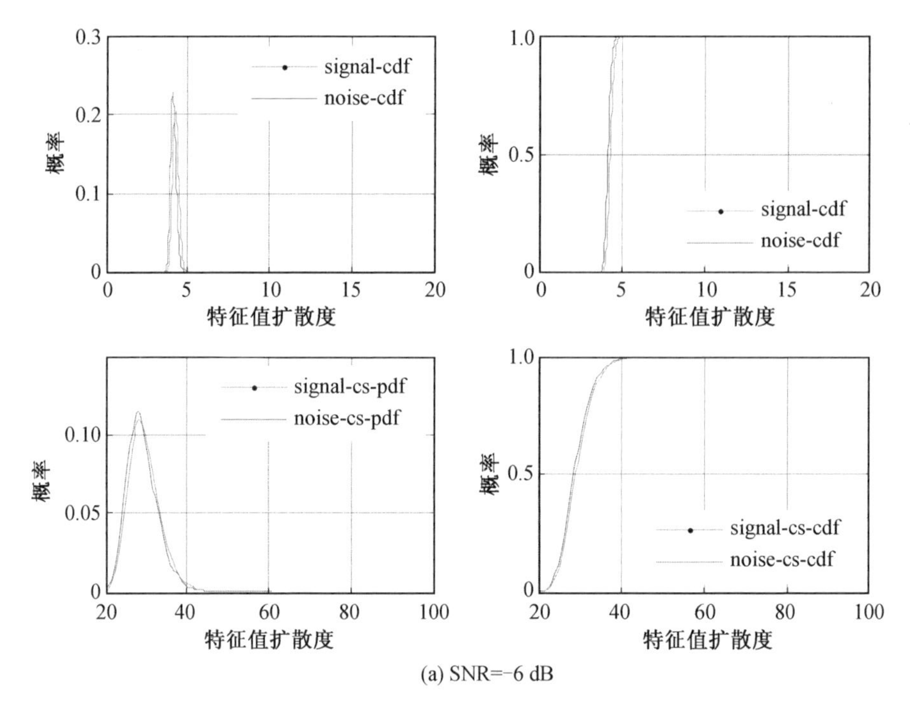

图 5.5.5　感知节点应用优化的测量矩阵时样本协方差矩阵特征值扩散度分布(彩图见附录)

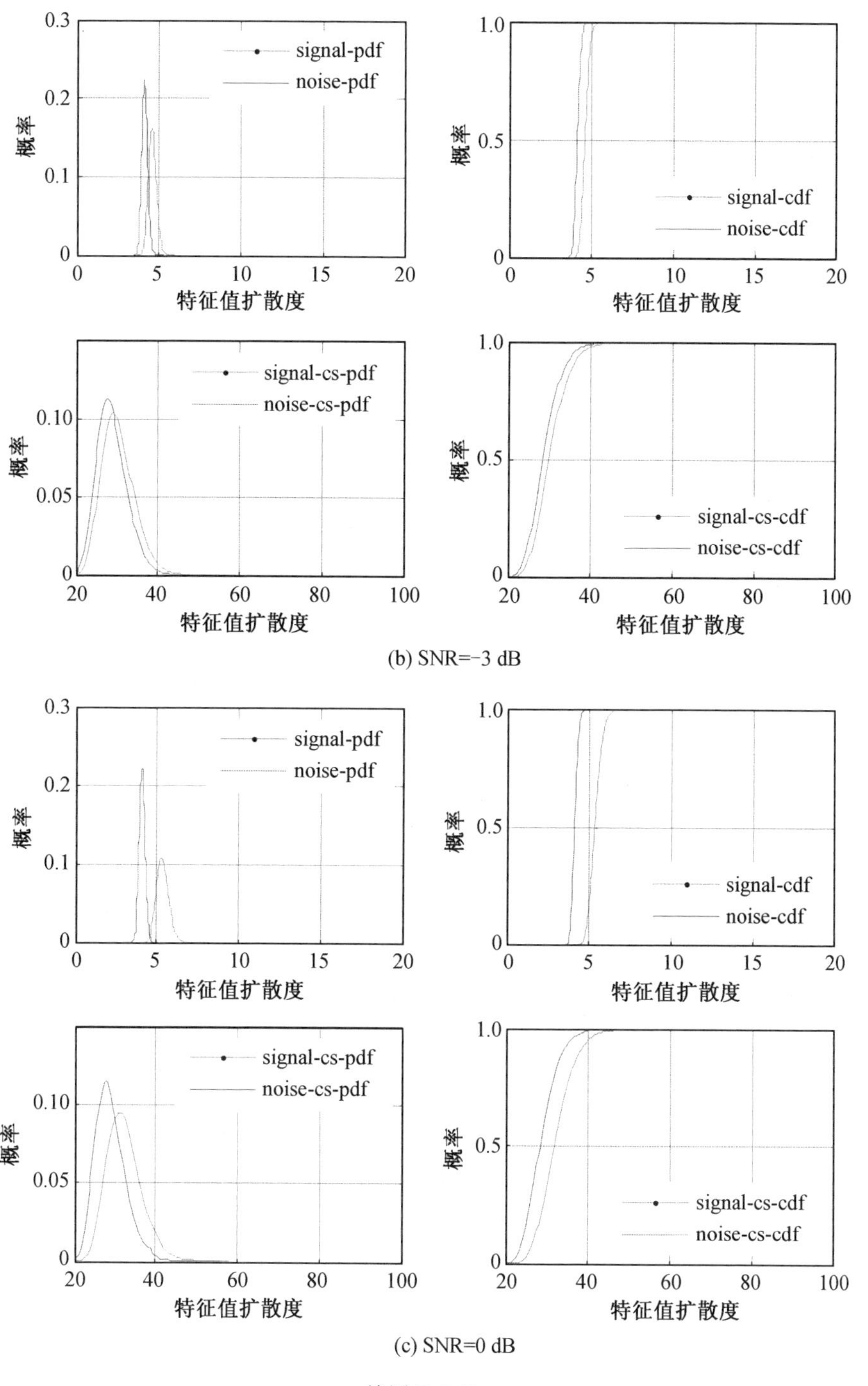
signal-pdf
noise-pdf
signal-cdf
noise-cdf
signal-cs-pdf
noise-cs-pdf
signal-cs-cdf
noise-cs-cdf
概率
特征值扩散度
(b) SNR=-3 dB
(c) SNR=0 dB

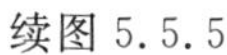

续图 5.5.5

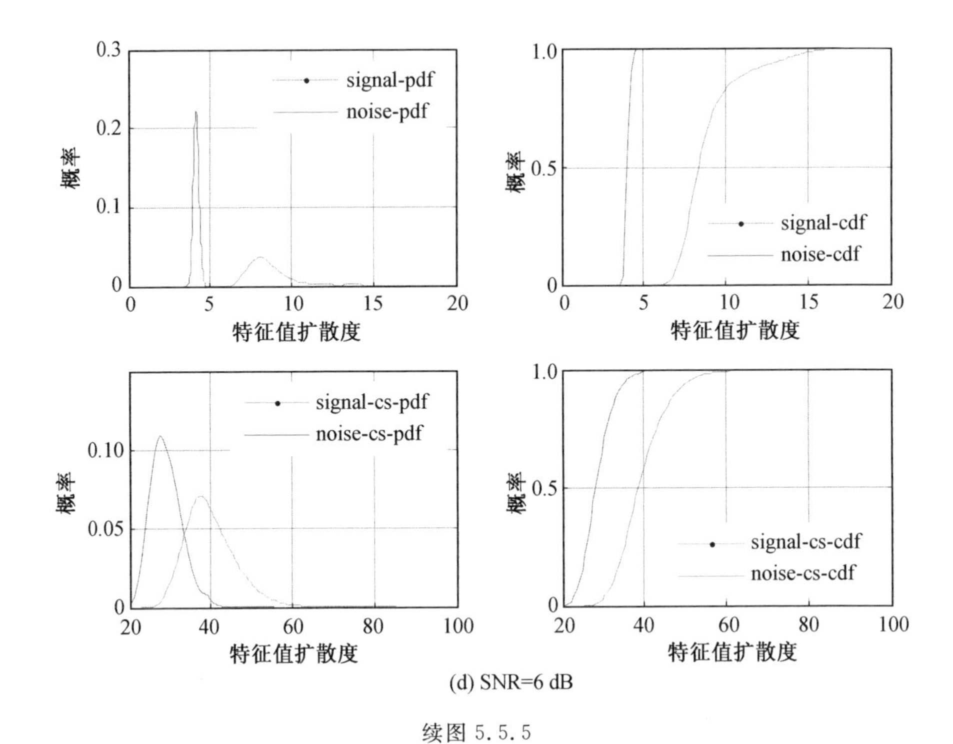

(d) SNR=6 dB

续图 5.5.5

图 5.5.5 中横坐标为采样协方差矩阵特征值扩散度，纵坐标为概率，实线代表仅有噪声的情况(H_0 状态)，虚线代表有信号的情况(H_1 状态)。图 5.5.5(a) ~ (d)分别对应信噪比为 −6 dB、−3 dB、0 dB、6 dB 的情况。图 5.5.5 各分图中左上为奈奎斯特采样下样本协方差矩阵特征值扩散度的概率密度函数曲线，右上为奈奎斯特采样下样本协方差矩阵特征值扩散度的累积分布函数曲线，左下为压缩感知采样下样本协方差矩阵特征值扩散度的概率密度函数曲线，右下为压缩感知采样下样本协方差矩阵特征值扩散度的累积分布函数曲线。

由仿真结果可见，各个感知节点使用优化高斯矩阵作为测量矩阵时，H_1 状态和 H_0 状态特征值扩散度分布随着信噪比的增加区分度变明显，更接近于常规利用奈奎斯特采样下的特征值扩散度分布。

在此基础上，以仿真结果图 5.5.5 中的的特征值扩散度分布为依据，进行特征值检测，可得检测效果如图 5.5.6 所示，其仿真参数为 $N=512$，$K=64$，$M=128$。

图 5.5.6 中，$P_{\text{d-Gau}}$ 是采用相同高斯测量矩阵的检测概率，$P_{\text{f-Gau}}$ 是采用相同高斯测量矩阵的虚警概率；$P_{\text{d-ot}}$ 是采用相同优化高斯测量矩阵的检测概率，$P_{\text{f-ot}}$ 是采用相同优化高斯测量矩阵的虚警概率。门限选择时利用的是采用相同测量矩阵(包括高斯矩阵和改进后矩阵)的累积分布函数图的统计数据。由仿真结果可以观察发现，采用优化改进的高斯测量矩阵时检测效果大约提高 2 dB。故当测量矩阵的 Gram 矩阵接近于单位阵时，特征值检测具有更好的感知效果。

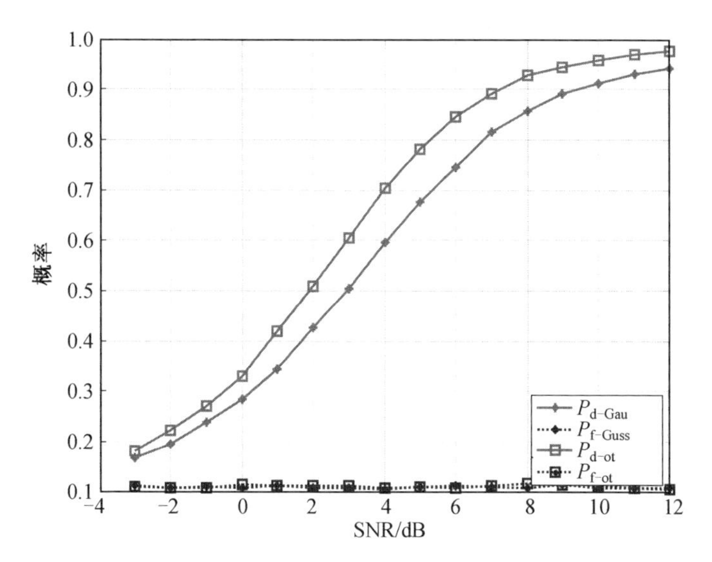

图 5.5.6　采用优化的测量矩阵特征值检测效果

实际中,测量矩阵维度为 $M \times N(M < N)$,故其 Gram 矩阵只能通过优化的方式不断地接近单位阵,而无法等于单位阵。故此种测量矩阵优化目标下,压缩感知采样下特征值感知效果只能尽可能接近于同样维度下不采用压缩感知时的感知效果。

本节首先针对当前特征值检测门限设定问题提出了一种适应低虚警概率的较精确的门限方式,并对其进行了推导和仿真分析。之后,对如何将特征值检测方式与压缩感知采样相结合进行了探究,分别对认知用户采用不同测量矩阵,采用相同测量矩阵和采用相同优化后矩阵时的样本协方差矩阵特征值扩散度进行了分析,证明了压缩感知情况下应用特征值检测的可行性,以及指明了压缩感知下特征值检测测量矩阵的一种优化方向,利用优化后的测量矩阵压缩采样的特征值感知效果趋近于同样维度下不采用压缩感知时的感知效果。

本章参考文献

[1] CARDOSO L S, DEBBAH M, BIANCHI P, et al. Cooperative spectrum sensing using random matrix theory[C]. International Symposium on Wireless Pervasive Computing, 2008:334-338.

[2] ZENG Y, LIANG Y C. Maximum-minimum eigenvalue detection for cognitive radio[C]. IEEE, International Symposium on Personal, Indoor and Mobile Radio Communications, 2007:1-5.

[3] ZENG Y, LIANG Y C. Eigenvalue based spectrum sensing algorithms for cognitive radio[J]. IEEE Trans Commun, 2008, 57(6):1784-1793.

[4] PENNA F, GARELLO R, SPIRITO M A. Cooperative spectrum sensing based on the limiting eigenvalue ratio distribution in Wishart matrices[J]. Communications Letters IEEE, 2009, 13(7):507-509.

[5] ZENG Y, LIANG Y, ZHANG R, et al. Blindly combined energy detection for spectrum sensing in cognitive radio[J]. IEEE Signal Processing Letters, 2008: 649-652.

[6] SHAKIR M Z, RAO A L, ALOUINT M S. Generalized mean detector for collaborative spectrum sensing[J]. IEEE Transactions on Communications, 2013, 61(4):1242-1253.

[7] 王颖喜，卢光跃. 基于最大最小特征值之差的频谱感知技术研究[J]. 电子与信息学报，2010, 32(11):2571-2575.

[8] 曹开田. 认知无线电中合作频谱感知方法研究[D]. 南京：南京邮电大学，2011.

[9] LI Y, SHEN S, WANG Q. A blind detection algorithm utilizing statistical covariance in cognitive radio[J]. International Journal of Computer Science Issues, 2012, 9(6):7-12.

[10] BAI Z, SILVERSTEIN J W. Spectral analysis of large dimensional random matrices [M]. Beijing: Science Press, 2010.

[11] 王小英. 大维样本协方差矩阵的线性谱统计量的中心极限定理[D]. 东北师范大学，2009.

[12] TULINO A M, VERD, SERGIO. Random matrix theory and wireless communications[J]. Communications & Information Theory, 2004, 1(1):1-182

[13] 张贤达. 矩阵分析与应用[M]. 北京：清华大学出版社，2004.

[14] FELDHEIM O N, SODIN S. A universality result for the smallest eigenvalues of certain sample covariance matrices[J]. Geometric & Functional Analysis, 2008, 20(1):88-123.

[15] PENNA F, GARELLO R, FIGLIOLI D, et al. Exact non-asymptotic threshold for eigenvalue-based spectrum sensing[C]. International Conference on Cognitive Radio Oriented Wireless Networks and Communications, 2009. Crowncom. 2009:1-5.

[16] HE X, AI Q, QIU R C, et al. A big data architecture design for smart grids based on random matrix theory[J]. IEEE Transactions on Smart Grid, 2015, 32(3):1.

[17] GUIONNET, KRISHNAPUR, MANJUNATH, et al. The single ring

theorem[J]. Annals of Mathematics, 2009, 174(2):pages. 1189-1217.

[18] ZHANG C, QIU R C. Massive MIMO as a big data system: random matrix models and testbed[J]. Access IEEE, 2015, 3:837-851.

[19] ZHANG C, QIU R C. Data modeling with large random matrices in a cognitive radio network testbed: initial experimental demonstrations with 70 nodes[EB/OL]. [2014 — 08 — 24]. http://arxiv.org/pdf/1404.3788vl — pdf.

[20] IPSEN J R, KIEBURG M. Weak commutation relations and eigenvalue statistics for products of rectangular random matrices[J]. Physical Review E Statistical Nonlinear & Soft Matter Physics, 2013, 89(3):256-266.

[21] XU X, HE X, AI Q, et al. A correlation analysis method for power systems based on random matrix theory[J]. IEEE Transactions on Smart Grid, 2017,8(4):1811-1820.

[22] BENAYCH-GEORGES F, ROCHET J. Outliers in the single ring theorem[EB/OL]. [2013 — 08 — 14]. http://arxiv.org/pdf/1308.3064.pdf.

[23] BENAYCHGEORGES F, ROCHET J. Fluctuations for analytic test functions in the single ring theorem[J]. Mathematics, 2017, 66(6):1981-2013.

[24] MOHAMMADI A, TABAN M R, ABOUEI J, et al. Cooperative spectrum sensing against noise uncertainty using Neyman-Pearson lemma on fuzzy hypothesis test[J]. Applied Soft Computing, 2013, 13(7):3307-3313.

[25] LOPEZ-VALCARCE R, VAZQUEZ-VILAR G, SALA J. Multiantenna spectrum sensing for cognitive radio: overcoming noise uncertainty[C]. International Workshop on Cognitive Information Processing. IEEE, 2010:310-315.

[26] CABRIC D, MISHRA S M, BRODERSEN R W. Implementation issues in spectrum sensing for cognitive radios[C]. Signals, Systems and Computers, 2004. Conference Record of the Thirty-Eighth Asilomar Conference on. 2004:772-776 Vol. 1.

[27] 金明，李有明，高洋. 基于广义特征值的合作频谱感知方法[J]. 通信学报，2013(1):105-110.

[28] 金智明，薛伟. 基于相关多天线的频谱感知研究[J]. 计算机与数字工程，2012，40(12):53-55.

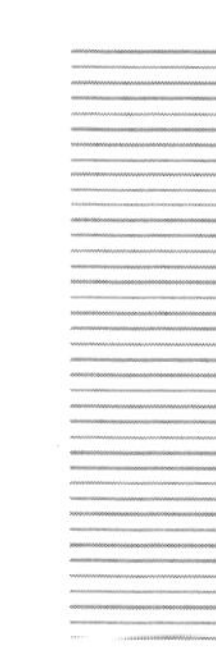

[29] ZHANG P, QIU R, GUO N. Demonstration of spectrum sensing with blindly learned features[J]. IEEE Communications Letters, 2011, 15(5):548-550.
[30] 李映雪. 认知无线电中的频谱感知技术研究[D]. 北京:北京邮电大学, 2013.
[31] VOSVRDA M S. Discrete random signals and statistical signal processing: Charles W. Therrien[J]. Automatica, 1992, 29(6):1617.
[32] 殷林, 邹理和. 一种基于最大特征向量的二维自适应正弦谱估计方法[J]. 通信学报, 1989(2):7-13.
[33] ZHANG P, QIU R. GLRT-based spectrum sensing with blindly learned feature under rank-1 assumption[J]. IEEE Transactions on Communications, 2011, 61(1):87-96.
[34] ELDAR Y C, CHAN A M. On the asymptotic performance of the decorrelator[J]. IEEE Transactions on Information Theory, 2003, 49(9): 2309- 2313.
[35] 潘光明. 高维随机矩阵的理论研究及其在通信中的应用[D]. 合肥:中国科学技术大学, 2005.
[36] 李映雪, 雷静, 钟士元, 等. 认知无线网络中基于特征向量的协方差盲检测方法[J]. 电信科学, 2015, 31(11):94-98.
[37] HOU S, QIU R C. Kernel feature template matching for spectrum sensing[J]. IEEE Transactions on Vehicular Technology, 2014, 63(5): 2258- 2271.
[38] 孙宇, 卢光跃, 弥寅. 子空间投影的频谱感知算法研究[J]. 信号处理, 2015(4):483-489.
[39] ELAD M. Optimized projections for compressed sensing[J]. Signal Processing, IEEE Transactions on, 2007, 55(12): 5695-5702.
[40] ABOLGHASEMI V, FERDOWSI S, SANEI S. A gradient-based alternating minimization approach for optimization of the measurement matrix in compressive sensing[J]. Signal Processing, 2012, 92(4): 999- 1009.

第6章

非重构框架下基于动态采样的宽带频谱感知

认知无线电系统实现的前提是对模拟信号的采样，然而如果采用传统的奈奎斯特采样率对宽带信号进行采样，对硬件技术及其成本都是极大的挑战。压缩感知理论由于在处理稀疏信号方面具有特有的优势，被广泛应用到宽带信号频谱感知中。本章主要根据压缩感知理论阐述了一种非重构框架下的宽带频谱方法。首先，给出了宽带频谱感知的系统模型，对主用户的信号形式、信道传输条件、感知用户获得信号的方式进行建模。其次，为了实现采样率的动态调整，在6.2节设计了一种信号稀疏度的估计方法，并对估计准确性进行了理论和仿真分析。最后，在6.3节分析了压缩采样系统输入信噪比和输出信噪比的关系，论述了压缩采样的噪声来源及其衡量标准，得到压缩采样后信噪比的表达式。根据上述对压缩感知信噪比的分析，提出了动态采样调整的准则和方法。

6.1 系统模型

在一个宽带无线通信系统中，假设存在 N 个主用户占用了 $0 \sim W$(单位为Hz)的频段，将这个带宽为 W 的频段划分为 N 个信道，每个主用户占用一个带宽为 W/N 的信道。相应地，感知用户需要接收无线信号，然后做出频谱判决结果，找到空闲的频谱进行接入。本书采用的宽带频谱感知模型如图6.1.1所示。

在一般情况下，通信系统的系统容量有限。在某一段时间内，只有少数的主用户进行通信，也就是说 N 个信道中只有很少一部分被主用户占用。假设有

$K(K \ll N)$ 个信道被 K 个主用户占用，剩余的 $N-K$ 个信道空闲。显然，N 个主用户的信号的在频域稀疏，假设其在频域的分布情况如图 6.1.2 所示。

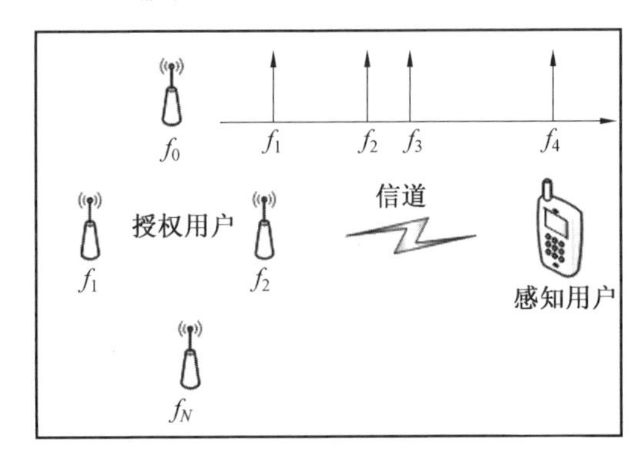

图 6.1.1　宽带频谱感知模型

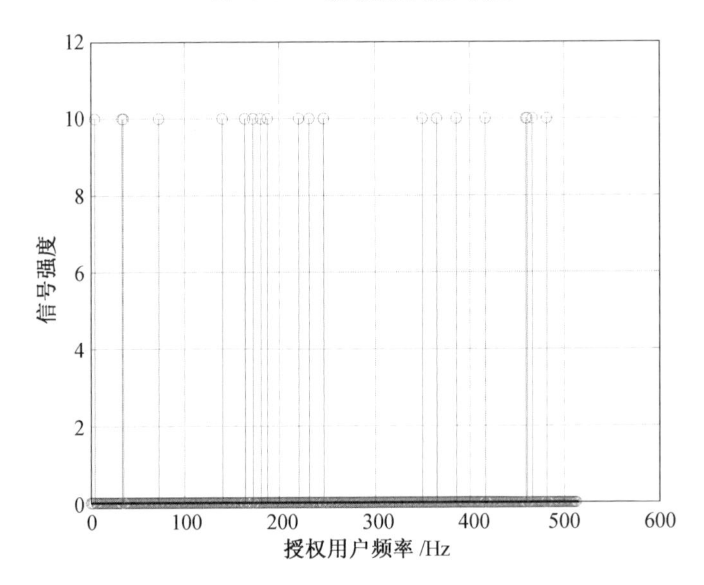

图 6.1.2　稀疏信号在频域的分布情况

假设该稀疏信号在时域的形式为 $\boldsymbol{s}$，由于其在频域的稀疏性，可以将其表示为

$$\boldsymbol{s}=\boldsymbol{\Psi\alpha} \tag{6.1.1}$$

式中，$\boldsymbol{\Psi}$ 为 $N \times N$ 的傅里叶反变换矩阵；$\boldsymbol{\alpha}$ 为信号在频域的表现形式，且 $\boldsymbol{\alpha}$ 中只有少数元素是非零值，其代表正在通信的主用户。主用户的信号经过无线信道到达感知用户，假设信道矩阵为对角阵，即

$$\boldsymbol{H}=\mathrm{diag}(h(1),h(2),\cdots,h(i),\cdots,h(N)) \tag{6.1.2}$$

式中，$h(i)(i=1,2\cdots,N)$ 为第 i 个主用户的对应频段的信道增益。

主用户的信号经过无线信道，则感知用户接收的信号为

$$\boldsymbol{y} = \boldsymbol{\Phi \Psi H \alpha} + \boldsymbol{n} \tag{6.1.3}$$

式中，$\boldsymbol{n}$ 为高斯噪声，均值为 0，方差为 σ^2。

定义 $\boldsymbol{\Theta} = \boldsymbol{\Phi \Psi H}$，则式(6.1.3) 可以简化为[1-2]

$$\boldsymbol{y} = \boldsymbol{\Theta \alpha} + \boldsymbol{n} \tag{6.1.4}$$

式中，$\boldsymbol{\Theta}$ 为 $M \times N$ 的矩阵，即压缩感知中的算子矩阵。

频谱感知的目的在于从压缩感知的测量信号中得到主占用的频段位置，从式(6.1.4) 来说，就是从测量信号 $\boldsymbol{y}$ 中获得向量 $\boldsymbol{\alpha}$ 中非零元素的位置。

6.2　信号稀疏度的估计算法

利用压缩感知的理论进行宽带频谱感知时，流程如图 6.2.1 所示。首先对宽带信号的压缩采样，而压缩采样率与信号的稀疏度有关。信号的稀疏度越小所需的采样率就越小。由于压缩感知的采样率是由算子矩阵的行数决定，所以当信号的稀疏度越小时，所需矩阵算子的行数就越少。

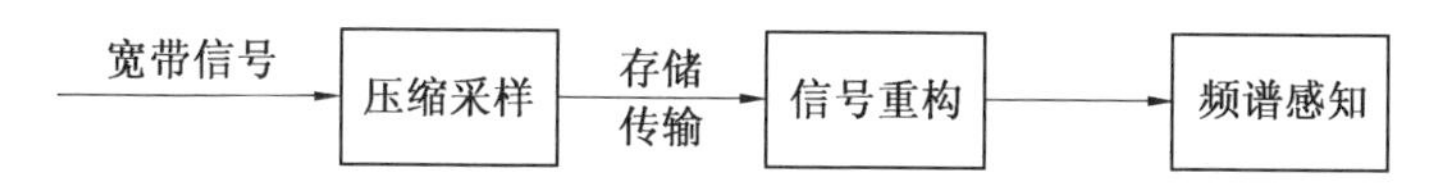

图 6.2.1　宽带压缩频谱感知流程

假设通信系统模型如 4.1 节所示，宽带信号在频域稀疏，而且频域的每个非零值代表一个主用户使用的频段。那么信号在频域的非零值的个数(即稀疏度)可能不固定，当有主用户结束或者开始通信时，相应的频段就会被释放或者占用，信号的稀疏度就会发生变化。当信号稀疏度较小时，所需的算子矩阵的行数也会相应地减小。对于信号稀疏度会发生变化的场景，如果采用固定的算子矩阵 $\boldsymbol{\Theta} \in \mathbb{R}^{M \times N}$ 对信号进行压缩采样，会对硬件资源造成浪费。相应地，如果压缩采样率能够随着信号稀疏度动态变化，就会节省大量的硬件资源。而要实现采样率动态变化，首先要对信号的稀疏度进行估计，然后才能根据信号的稀疏度动态调整压缩采样率，即算子矩阵的行数。

6.2.1　算法分析

稀疏度估计需要解决的问题是运用较少的数据量，估计信号的稀疏度。即通过压缩采样值 $\boldsymbol{y} = \boldsymbol{\Theta \alpha}$，估计稀疏信号 $\boldsymbol{\alpha}$ 的稀疏度。信号稀疏度的估计不同于信号重构，它只需要获得稀疏信号非零值的个数，而不必知道非零值的大小和其在信号向量 $\boldsymbol{\alpha}$ 中的位置。所以，信号稀疏度的估计所需的算子矩阵的行数一般较

少。压缩感知的理论指出,矩阵算子需要满足 RIP 性质[1-3],即

$$(1-\delta)\|\boldsymbol{\alpha}\|_2^2 \leqslant \|\boldsymbol{\Theta\alpha}\|_2^2 \leqslant (1+\delta)\|\boldsymbol{\alpha}\|_2^2 \tag{6.2.1}$$

式中,$\boldsymbol{\alpha}$ 为稀疏信号。

如果稀疏信号 $\boldsymbol{\alpha}_1$ 和 $\boldsymbol{\alpha}_2$ 满足 $\|\boldsymbol{\alpha}_1\|_0=K$, $\|\boldsymbol{\alpha}_2\|_0=K+1$,并且稀疏信号 $\boldsymbol{\alpha}_1$ 和 $\boldsymbol{\alpha}_2$ 中非零值的大小近似相等,假设其近似为 a。将 $\boldsymbol{\alpha}_1$ 和 $\boldsymbol{\alpha}_2$ 代入式(6.2.1)的 RIP 准则中,有

$$(1-\delta)Ka^2 \leqslant \|\boldsymbol{\Theta\alpha}_1\|_2^2 \leqslant (1+\delta)Ka^2 \tag{6.2.2}$$

$$(1-\delta)(K+1)a^2 \leqslant \|\boldsymbol{\Theta\alpha}_2\|_2^2 \leqslant (1+\delta)(K+1)a^2 \tag{6.2.3}$$

由假设条件可知,信号 $\boldsymbol{\alpha}_2$ 的稀疏度大于 $\boldsymbol{\alpha}_1$ 的稀疏度,如果 $\|\boldsymbol{\Theta\alpha}_2\|_2^2 > \|\boldsymbol{\Theta\alpha}_1\|_2^2$ 成立,需要式(6.2.3)的左边大于式(6.2.2)的右边,即

$$(1-\delta)(K+1)a^2 > (1+\delta)Ka^2 \tag{6.2.4}$$

化简式(6.2.4)可得 $\delta<1/(2K+1)$。本节提出的稀疏度的估计方法是通过 $\|\boldsymbol{\Theta\alpha}\|_2^2$ 的大小估计信号的稀疏度。当信号的稀疏度大时,相应的 $\|\boldsymbol{\Theta\alpha}\|_2^2$ 数值就会较大。由上面的分析可知,当算子矩阵 $\boldsymbol{\Theta}$ 满足参数 $\delta<1/(2K+1)$ 的 RIP 性质时,能通过 $\|\boldsymbol{\Theta\alpha}\|_2^2$ 的大小反映出 α 稀疏度的变化,这就提供了一种估计信号稀疏度的方法。

假设算子矩阵 $\boldsymbol{\Theta}$ 满足参数为 δ 的 RIP 性质,则能够得到 $(1-\delta)\|\boldsymbol{\alpha}\|_2^2 \leqslant \|\boldsymbol{\Theta\alpha}\|_2^2 \leqslant (1+\delta)\|\boldsymbol{\alpha}\|_2^2$。其中参数 δ 的数值很小,并且 $\delta\in(0,1)$,也就是说 $\|\boldsymbol{\Theta\alpha}\|_2^2$ 的大小接近于 $\|\boldsymbol{\alpha}\|_2^2$。如果稀疏信号 $\boldsymbol{\alpha}$ 中非零值大小近似为 a,则

$$\|\boldsymbol{s}\|_2^2 \approx a^2 \quad \|\boldsymbol{s}\|_0 = a^2K \tag{6.2.5}$$

式中,K 为稀疏向量 $\boldsymbol{\alpha}$ 的稀疏度。

由于 $\|\boldsymbol{\Theta\alpha}\|_2^2$ 与 $\|\boldsymbol{\alpha}\|_2^2$ 的近似相等的特性,向量 $\boldsymbol{\alpha}$ 的稀疏度可以表示为

$$K \approx \frac{\|\boldsymbol{\alpha}\|_2^2}{a^2} \approx \frac{\|\boldsymbol{\Theta\alpha}\|_2^2}{a^2} \tag{6.2.6}$$

由式(6.2.6)可知,算子矩阵 $\boldsymbol{\Theta}$ 满足 RIP 性质的参数 δ 越小,$\|\boldsymbol{\Theta\alpha}\|_2^2$ 与 $\|\boldsymbol{\alpha}\|_2^2$ 的近似相等的程度就越大,稀疏度的估计准确程度越大。

6.2.2 仿真结果

为了衡量稀疏度估计方法的性能,归一化的稀疏度估计误差定义为

$$NE=\sigma\left(\frac{K-\hat{K}}{K}\right) \tag{6.2.7}$$

式中,$\sigma(\cdot)$ 为一组数据的标准差计算;K 为实际信号的稀疏度;$\hat{K}$ 为估计信号的稀疏度。

图 6.2.2 为稀疏度估计误差与信号稀疏度的关系,3 条仿真曲线代表 M 为

30、40、50的算子矩阵。仿真参数：信号s的长度$N=512$，信噪比为30 dB，蒙特卡洛循环次数为5 000，稀疏度的变化范围为10～90，步长为10。观察每条仿真曲线可知，稀疏度的估计误差与信号稀疏度相关性不大，随着信号稀疏度的增加估计误差基本保持不变。通过比较3条曲线可知，随着算子矩阵行数的增加稀疏度的估计误差会减小。

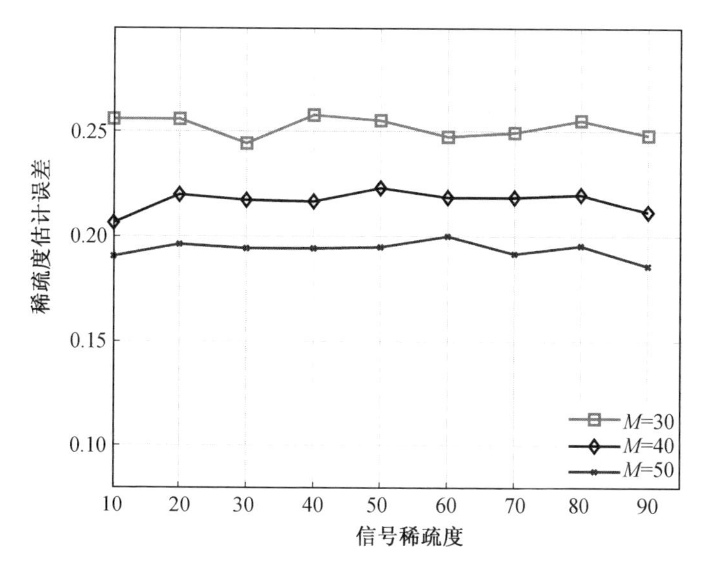

图 6.2.2　稀疏度估计误差与信号稀疏度的关系

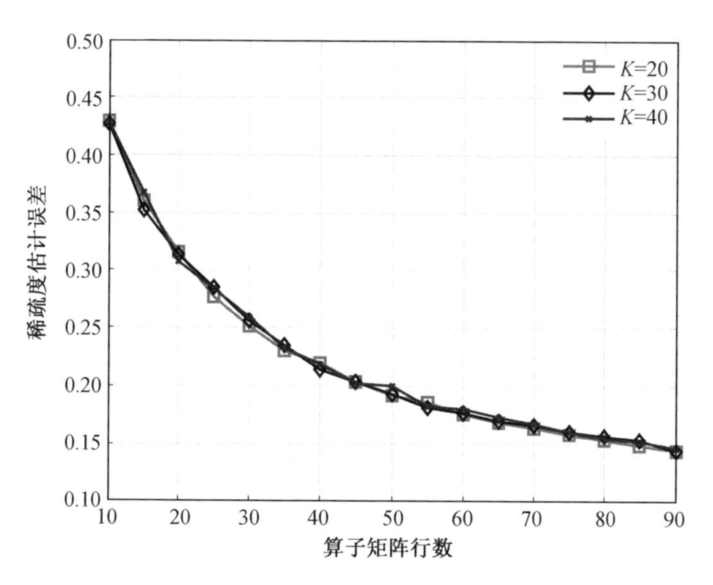

图 6.2.3　稀疏度估计误差与算子矩阵行数的关系

图 6.2.3 为稀疏度估计误差与算子矩阵行数的关系，3 条仿真曲线代表稀疏度 K 为 20、30、40。仿真条件：信号 $\boldsymbol{\alpha}$ 长度 $N=512$，信噪比为 30 dB，蒙特卡洛循环次数为 10 000，算子矩阵行数变化范围为 10 ～ 90，步长为 10。观察每条仿真曲线可知，随着算子矩阵行数的增加，稀疏度的估计误差会逐渐减小。同时，通过观察 3 条曲线，可以发现稀疏度的估计误差与信号的稀疏度相关性不大，即当信号的稀疏度变化时，稀疏度的估计误差几乎没有变化，与图 6.2.2 的结果相符合。

本节提出的稀疏度的估计方法有一个重要的假设：当对稀疏信号 $\boldsymbol{s}$ 进行稀疏度估计时，需要向量 $\boldsymbol{\alpha}$ 中非零值大小近似相等。当 $\boldsymbol{\alpha}$ 中非零值大小不满足近似相等时，本节方法的误差需要进行研究。为了对 $\boldsymbol{\alpha}$ 中非零值大小的差异程度进行描述，这里用非零值的方差 σ^2 作为衡量标准。方差 σ^2 越大，$\boldsymbol{\alpha}$ 中的非零值差异就越大；当方差为 0 时，代表 $\boldsymbol{\alpha}$ 中的非零值严格相等。

图 6.2.4 为稀疏度估计误差与非零值方差的关系。3 条仿真曲线代表 M 为 30、40、50 的算子矩阵。仿真参数：信号 $\boldsymbol{s}$ 的长度为 $N=512$，信噪比为 30 dB，蒙特卡洛循环次数为 10 000，稀疏信号非零值方差的变化范围为 0 ～ 4，步长为 0.2。由图 6.2.4 可知，当非零值的方差增大时，稀疏度的估计误差会上升。所以本小节提出的稀疏度估计方法受到稀疏信号中非零值方差的影响，当方差较小时，估计准确度会较高。

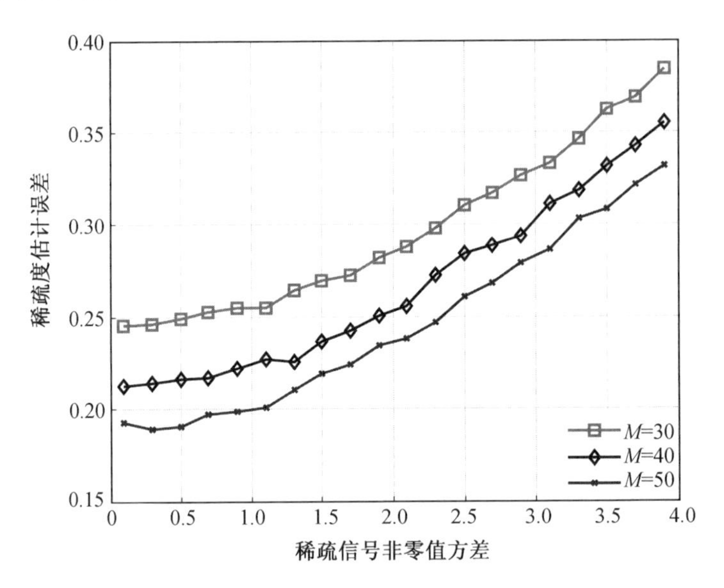

图 6.2.4　稀疏度估计误差与稀疏信号非零值方差的关系

6.3　基于动态采样的宽带频谱感知算法

压缩采样的优势是减少表示信号的数据量，相应地，数据量的减少带来的问题是信噪比会受到影响。对信号的压缩程度越大，信噪比的损失就越大。所以，在一定程度上，可以把对信号的压缩采样看成一个非线性系统，其输入信噪比为 $\mathrm{SNR}_{\mathrm{input}}$，输出信噪比为 $\mathrm{SNR}_{\mathrm{output}}$，如图 6.3.1 所示。

图 6.3.1　压缩采样对信噪比的影响

经过压缩采样，信噪比由 $\mathrm{SNR}_{\mathrm{input}}$ 变为 $\mathrm{SNR}_{\mathrm{output}}$，并且 $\mathrm{SNR}_{\mathrm{input}} < \mathrm{SNR}_{\mathrm{output}}$。如前所述，在输入信噪比 $\mathrm{SNR}_{\mathrm{input}}$ 一定的前提下，输出信噪比 $\mathrm{SNR}_{\mathrm{output}}$ 与信号的压缩程度有关，压缩程度越大输出信噪比 $\mathrm{SNR}_{\mathrm{output}}$ 越小。本节将分析压缩采样后的信噪比 $\mathrm{SNR}_{\mathrm{output}}$ 的特性，得到影响它的信号稀疏度、压缩采样点数和输入信噪比 $\mathrm{SNR}_{\mathrm{input}}$ 三个因素。然后通过 $\mathrm{SNR}_{\mathrm{output}}$ 的闭合表达式建立动态采样的数学模型。本节将基于信噪比的动态采样算法(SNR－based Adaptive Compressive Sampling) 简称为 SACS 方法。

6.3.1　压缩感知的噪声分析

压缩感知对数据的采集本质上是用 M 维的向量来表示 N 维的稀疏向量。一般来说，N 维向量需要 N 个数据才能表示。

根据压缩感知理论，当 N 维向量在某个基下满足稀疏条件时，可以利用远小于 N 维的向量表示，如图 6.3.2 所示。其中，$\boldsymbol{\alpha}$ 是稀疏信号，$\boldsymbol{\Theta}$ 是 $M\times N$ 压缩采样算子矩阵，$\boldsymbol{y}$ 是压缩采样结果。用算子矩阵 $\boldsymbol{\Theta}$ 与 N 维的稀疏信号 $\boldsymbol{\alpha}$ 相乘获得 M 维的压缩信号 $\boldsymbol{y}$。如果用 Ω 表示稀疏信号 $\boldsymbol{\alpha}$ 中非零值的位置序号的集合，那么压缩感知的过程可以表示为[1-3]

$$\boldsymbol{y}=\sum_{i\in\Omega}\boldsymbol{\Theta}_i\boldsymbol{\alpha}_i \tag{6.3.1}$$

式中，$\boldsymbol{\Theta}_i$ 为算子矩阵的第 i 列；$\boldsymbol{\alpha}_i$ 为稀疏度向量的第 i 个元素。

由式(6.3.1) 可知，压缩采样结果 $\boldsymbol{y}$ 是测量矩阵 $\boldsymbol{\Theta}$ 相应各列的线性组合，也就是把稀疏信号 $\boldsymbol{\alpha}$ 中的非零值映射到测量矩阵 $\boldsymbol{\Theta}$ 的对应列上，映射系数为稀疏信号 $\boldsymbol{\alpha}$ 中的非零值，然后再相加。

为了使得压缩感知的信噪比描述清楚，以信号 $\boldsymbol{\alpha}$ 为 3×1 的向量为例，即 $\boldsymbol{\alpha}=[\alpha_1,\alpha_2,\alpha_3]^{\mathrm{T}}$，并且，假设算子矩阵为

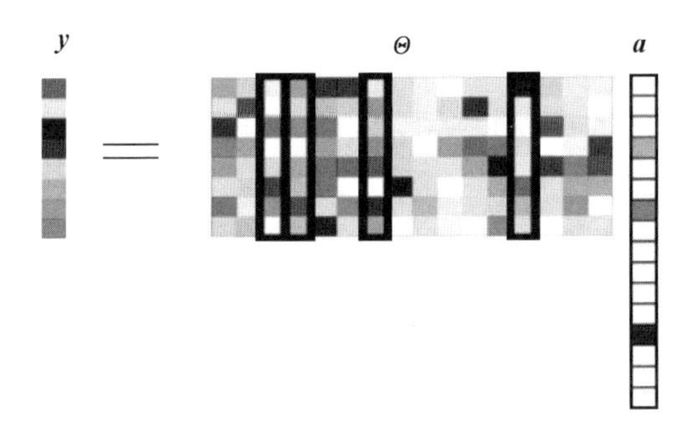

图 6.3.2 压缩感知原理框图(彩图见附录)

$$\boldsymbol{\Theta}=[\boldsymbol{\Theta}_1,\boldsymbol{\Theta}_2,\boldsymbol{\Theta}_3]=\begin{bmatrix}1&0&0\\0&1&0\\0&0&1\end{bmatrix} \tag{6.3.2}$$

由式(6.3.2)可以看出，算子矩阵为方阵。在三维坐标系下，算子矩阵的各列 $\boldsymbol{\Theta}_1=[1,0,0]^{\mathrm{T}}$，$\boldsymbol{\Theta}_2=[0,1,0]^{\mathrm{T}}$，$\boldsymbol{\Theta}_3=[0,0,1]^{\mathrm{T}}$ 分别代表 x、y、z 轴的基向量，三者彼此正交，并且是单位长度。如图 6.3.3 所示。

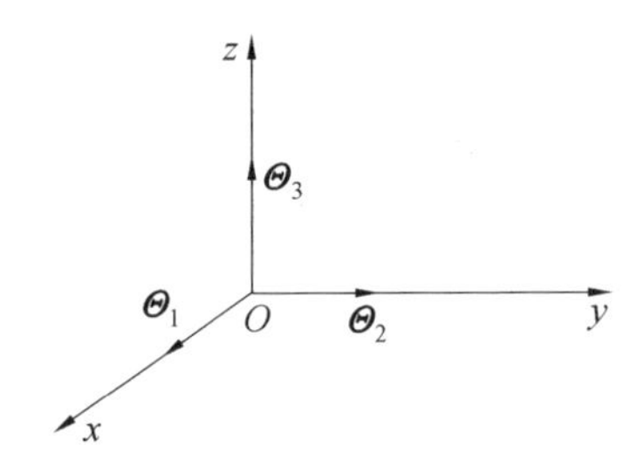

图 6.3.3 非压缩感知下坐标映射示意图

进行线性映射得到 $\boldsymbol{y}=\sum_{i\in\Omega}\boldsymbol{\Theta}_i\boldsymbol{\alpha}_i$，信号 $\boldsymbol{\alpha}$ 中的三个元素分别被映射到正交的三个基向量上，映射系数为稀疏信号 $\boldsymbol{\alpha}$ 中的非零值，映射的结果 $\boldsymbol{y}$ 是三维空间向量。在这种情况下，如果要从三维空间向量 $\boldsymbol{y}$ 恢复出原始信号 $\boldsymbol{\alpha}$，需要 $\boldsymbol{y}$ 与归一化的基向量做内积，即

$$\begin{cases}\alpha_1=\boldsymbol{y}\cdot\boldsymbol{\Theta}_1\\\alpha_2=\boldsymbol{y}\cdot\boldsymbol{\Theta}_2\\\alpha_3=\boldsymbol{y}\cdot\boldsymbol{\Theta}_3\end{cases} \tag{6.3.3}$$

通过上述方法准确获得的 $[x_1,x_2,x_3]$ 由三个基向量的性质决定，即 $\boldsymbol{\Theta}_1=[1,0,0]^{\mathrm{T}}$、$\boldsymbol{\Theta}_2=[0,1,0]^{\mathrm{T}}$、$\boldsymbol{\Theta}_3=[0,0,1]^{\mathrm{T}}$ 三者彼此正交，并且是单位长度。如果信号 $\boldsymbol{\alpha}$ 中存在噪声，假设 $\boldsymbol{\alpha}$ 中的每个元素存在噪声，即

$$\begin{cases} r_1 = s_1 + n_1 \\ r_2 = s_2 + n_2 \\ r_3 = s_3 + n_3 \end{cases} \tag{6.3.4}$$

将含有噪声的信号 $\boldsymbol{r}$ 进行线性测量 $\boldsymbol{y} = \sum \boldsymbol{\Theta}_i \boldsymbol{r}_i$ 时，映射结果 $\boldsymbol{y}$ 也是三维空间中的向量，显然含有噪声。由于 $\boldsymbol{\Theta}_1$、$\boldsymbol{\Theta}_2$、$\boldsymbol{\Theta}_3$ 三个基向量彼此正交，n_1 只在 $\boldsymbol{\Theta}_1$ 有分量，同理 n_2 只在 $\boldsymbol{\Theta}_2$ 有分量，n_3 只在 $\boldsymbol{\Theta}_3$ 有分量。所以，当算子矩阵满足 $M=N$，即不进行压缩采样时，信噪比为

$$\mathrm{SNR}_i = \frac{\| \boldsymbol{\alpha}_i \|_2^2}{\| \boldsymbol{n}_i \|_2^2} \tag{6.3.5}$$

式(6.3.5)是不进行压缩采样时的信噪比，可以将其看作压缩采样系统图 6.3.1 的输入信噪比 $\mathrm{SNR}_{\mathrm{input}}$。

现在以将三维向量经过算子矩阵的线性变换得到二维向量为例说明压缩感知方法。因为算子矩阵 $\boldsymbol{\Theta}$ 是 2×3 的矩阵，所以三个基向量 $\boldsymbol{\Theta}_1$、$\boldsymbol{\Theta}_2$、$\boldsymbol{\Theta}_3$ 是二维向量，进而三者不可能相互正交，如图 6.3.4 所示。

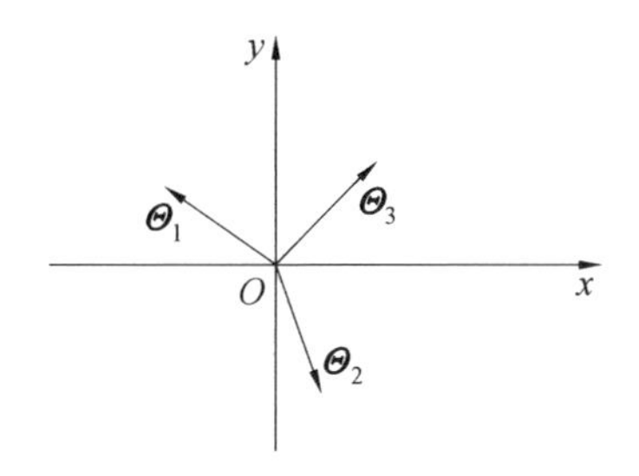

图 6.3.4　压缩感知下坐标映射示意图

经过算子矩阵 $\boldsymbol{\Theta}$ 的线性映射 $\boldsymbol{y} = \sum_{i \in \Omega} \boldsymbol{\Theta}_i \boldsymbol{\alpha}_i$，映射的结果 $\boldsymbol{y}$ 是二维空间向量。在信号重构的过程中，由于三个基向量 $\boldsymbol{\Theta}_1$、$\boldsymbol{\Theta}_2$、$\boldsymbol{\Theta}_3$ 不相互正交，所以不能通过式(6.3.3)的求相关的方法重构信号 α，需要寻找其他的信号重构方法。

压缩采样的情况下，算子矩阵 $\boldsymbol{\Theta}$ 是 2×3 的非方阵，假设噪声条件仍如式(6.3.4)所示。如果基向量之间满足正交性，在 $\boldsymbol{\Theta}_i$ 上存在分量的只有信号 $\boldsymbol{\alpha}_i$ 和相应的噪声 $\boldsymbol{n}_i$。在压缩采样前提下，由于基向量之间没有正交性，噪声 $\boldsymbol{n}_j$ 在 $\boldsymbol{\Theta}_i$ 上存在分量，相应的系数为 $c_{ij} = \boldsymbol{\Theta}_i \cdot \boldsymbol{\Theta}_j$，$c_{ij}$ 的大小代表了算子矩阵各列的相关性，如果 $\boldsymbol{\Theta}$ 的各列之间相互正交，则 $c_{ij}=0$。另外，$\boldsymbol{\alpha}_i(i \neq j)$ 在 $\boldsymbol{\Theta}_i$ 上也存在分量，相应的系数也为 $c_{ij} = \boldsymbol{\Theta}_i \cdot \boldsymbol{\Theta}_j$。

综上所述，信号 $\boldsymbol{\alpha}_i$ 受到三个方面的噪声污染：对应于 $\boldsymbol{\alpha}_i$ 的噪声 $\boldsymbol{n}_i$，其他噪声 $\boldsymbol{n}_j(i \neq j)$ 的影响和信号 $\boldsymbol{\alpha}$ 中其他的非零信号 $\boldsymbol{\alpha}_j(i \neq j)$ 的影响。进一步，可以将压缩采样的信噪比表示为

$$\mathrm{SNR}_{\mathrm{output}} = E\left[\frac{|\alpha_i|^2}{\left|\alpha_i + \sum_{j=1,i\neq j}^{N} n_j c_{ij} + n_i + \sum_{k=1,k\neq i}^{K} \alpha_k c_{ki}\right|^2 - |\alpha_i|^2}\right] \tag{6.3.6}$$

式中，$E[\cdot]$ 代表期望的计算；α_i 为稀疏信号 $\boldsymbol{\alpha}$ 中的第 i 个元素；n_i 为对应于 $\boldsymbol{\alpha}_i$ 的噪声；c_{ij} 为 $\boldsymbol{C}=\boldsymbol{\Theta}^{\mathrm{T}}\boldsymbol{\Theta}$ 矩阵中的第 i 行第 j 列元素；K 为信号 $\boldsymbol{\alpha}$ 的稀疏度，即信号 $\boldsymbol{\alpha}$ 中非零元素的个数。

观察式(6.3.6)，n_i 代表第一部分噪声，$\sum_{j=1,i\neq j}^{N} n_j c_{ij}$ 代表第二部分噪声，$\sum_{k=1,k\neq i}^{K} \alpha_k c_{ki}$ 代表第三部分噪声。

为了对式(6.3.6) 进行简化，假设 $\boldsymbol{n}_i$ 之间是相互独立的高斯变量，$\boldsymbol{n}_i \sim N(0,\sigma)$。信号 $\boldsymbol{\alpha}$ 是 $N\times 1$ 的向量，并且每个元素 α_i 满足参数为 λ 的伯努利分布，即 $P(\alpha_i=1)=\lambda, P(\alpha_i=0)=1-\lambda$。假设矩阵 $\boldsymbol{C}=\boldsymbol{\Theta}^{\mathrm{T}}\boldsymbol{\Theta}$ 的非主对角元素 $c_{ij}=\boldsymbol{\Theta}_i\cdot\boldsymbol{\Theta}_j(i\neq j)$ 是独立分布随机变量，并且其数学期望为 0。基于上述假设，式(6.3.6) 可以化简为

$$\begin{aligned}
\mathrm{SNR}_{\mathrm{output}} &= E\left[\frac{|\alpha_i|^2}{\left|\alpha_i + \sum_{j=1,i\neq j}^{N} n_j c_{ij} + n_i + \sum_{k=1,k\neq i}^{K} \alpha_k c_{ki}\right|^2 - |\alpha_i|^2}\right] \\
&= \frac{(\alpha_i)^2}{\sum_{j=1,i\neq j}^{N} E[n_j c_{ij}]^2 + E[n_i]^2 + \sum_{k=1,k\neq i}^{K} E[\alpha_k c_{ki}]^2} \\
&= \frac{\mathrm{SNR}_{\mathrm{input}}}{(N-1)E[c^2] + 1 + (K-1)\cdot\mathrm{SNR}_{\mathrm{input}}\cdot E[c^2]}
\end{aligned} \tag{6.3.7}$$

式中，$\mathrm{SNR}_{\mathrm{input}}$ 为输入信噪比；$\mathrm{SNR}_{\mathrm{output}}$ 为输出信噪比。

由于 $c_{ij}=\boldsymbol{\Theta}_i\cdot\boldsymbol{\Theta}_j(i\neq j)$ 独立同分布，用随机变量 c 来代替所有 c_{ij}，式(6.3.7) 中 $E[c^2]=E[c_{ij}^2]$。K 代表稀疏信号 $\boldsymbol{\alpha}$ 中非零元素的个数。通过观察式(6.3.7)，可以得到如下结论：

(1) 压缩感知输出信噪比与输入信噪比有关，并且一定小于输入信噪比，说明压缩感知是以牺牲信噪比换来的数据量减少。

(2) $E[c^2]$ 越小，压缩感知输出信噪比越大，同时 $E[c^2]$ 的大小与算子矩阵 $\boldsymbol{\Theta}$ 有关，这将在后面讨论。

(3) 信号 $\boldsymbol{\alpha}$ 的稀疏度 K 越小，输出信噪比 $\mathrm{SNR}_{\mathrm{output}}$ 越大。

6.3.2 压缩感知信号输出信噪比

本节将具体介绍压缩感知输出信噪比的计算方法。由式(6.3.7) 可知，为了获得进行压缩感知后的输出信噪比 $\mathrm{SNR}_{\mathrm{output}}$，需要获得压缩感知输入的信噪比

$\mathrm{SNR}_{\mathrm{input}}$ 和 $E[c^2]$。其中，$E[c^2]$ 为矩阵 $\boldsymbol{C}=\boldsymbol{\Theta}^{\mathrm{T}}\boldsymbol{\Theta}$ 中非主对角元素平方的期望。进一步，如果能够获得矩阵 $\boldsymbol{C}$ 中非主对角元素概率分布 $f(c)$，利用数学期望的定义

$$E[c^2]=\int c^2 f(c)\,\mathrm{d}c \tag{6.3.8}$$

即可求取非主对角元素平方的期望 $E[c^2]$。矩阵 $\boldsymbol{C}=\boldsymbol{\Theta}^{\mathrm{T}}\boldsymbol{\Theta}$ 中非主对角元素 c_{ij} 可以表示为

$$c_{ij}=\boldsymbol{\Theta}_i\cdot\boldsymbol{\Theta}_j=\|\boldsymbol{\Theta}_i\|_2\times\|\boldsymbol{\Theta}_j\|_2\cos\theta_{ij} \tag{6.3.9}$$

式中，θ_{ij} 为向量 $\boldsymbol{\Theta}_i$ 和 $\boldsymbol{\Theta}_j$ 之间的夹角。

如果算子矩阵 $\boldsymbol{\Theta}$ 的各列归一化，即 $\|\boldsymbol{\Theta}_i\|_2=\|\boldsymbol{\Theta}_j\|_2=1$，则式(6.3.9)可以化简为

$$c_{ij}=\cos\theta_{ij} \tag{6.3.10}$$

$$c=\cos\theta \tag{6.3.11}$$

由于 $c_{ij}=\boldsymbol{\Theta}_i\cdot\boldsymbol{\Theta}_j\,(i\neq j)$ 独立同分布，用随机变量 c 来代替所有 c_{ij}，所以式(6.3.10)可以表示为式(6.3.11)的形式，其中 θ 代表随机向量之间的夹角。这里用 $f(c)$ 表示随机向量之间相关性大小的概率密度函数，$f(\theta)$ 表示随机向量之间夹角的概率密度函数，F_c 和 F_θ 代表二者的累积概率密度函数，则利用随机变量函数的概率关系，可以得到

$$\begin{aligned}F_c(c)&=P(C\leqslant c)=P(\cos\Theta\leqslant c)\\&=P(\Theta\geqslant \arccos c)=1-P(\Theta\leqslant\arccos c)\\&=1-F_\theta(\arccos c)\end{aligned} \tag{6.3.12}$$

对式(6.3.12)进行求导，得到概率密度函数 $f(c)$ 与 $f(\theta)$ 之间的关系，即

$$f(c)=-f(\theta)\big|_{\theta=\arccos c}\times(\arccos c)' \tag{6.3.13}$$

当随机向量的维度较低，即算子矩阵 $\boldsymbol{\Theta}$ 的行数较低时，随机向量夹角的概率密度函数 $f(\theta)$ 相对较容易获得，但维度较高时，$f(\theta)$ 求解难度很大。n 维空间中随机向量夹角的概率密度函数 $f(\theta)$ 的具体表达式为[14]

$$f(\theta)=I_n\sin^{n-2}\theta,\quad \theta\in[0,\pi]$$

$$I_n=\begin{cases}\dfrac{(n-2)!!}{2\times(n-3)!!}, & n\text{ 为大于 3 的奇数}\\[2ex]\dfrac{(n-2)!!}{\pi\times(n-3)!!}, & n\text{ 为大于 2 的偶数}\end{cases} \tag{6.3.14}$$

这样，将式(6.3.14)代入式(6.3.13)求得 $f(c)$，然后将 $f(c)$ 代入式(6.3.8)求得 $E[c^2]$，最后将 $E[c^2]$ 代入式(6.3.7)求得压缩感知下的输出信噪比 $\mathrm{SNR}_{\mathrm{output}}$。

6.3.3　压缩感知下的动态采样

动态采样是当信号形式或者信道环境发生改变时，能够动态地调整算子矩

阵的行数，即压缩采样率，使得压缩感知输出信噪比能够满足系统的要求，既不造成浪费，也能达到系统要求的信噪比。

这里动态采样存在两种场景：第一种场景是信号的稀疏度发生变化，算子矩阵 $\boldsymbol{\Theta}$ 需要随着稀疏度的变化动态调整其矩阵行数。动态采样过程首先通过 6.2 节的方法进行稀疏度估计，根据系统所要求的输出信噪比，利用

$$\mathrm{SNR}_{\mathrm{output}}=\frac{\mathrm{SNR}_{\mathrm{input}}}{(N-1)E[c^2]+1+(K-1)\mathrm{SNR}_{\mathrm{input}}E[c^2]} \tag{6.3.15}$$

求得所需的 $E[c^2]$，进而求得相应行数的算子矩阵 $\boldsymbol{\Theta}$，完成动态采样。

第二种场景是信道或者噪声发生变化使得输入信噪比 $\mathrm{SNR}_{\mathrm{input}}$ 发生变化，算子矩阵 $\boldsymbol{\Theta}$ 需要随着 $\mathrm{SNR}_{\mathrm{input}}$ 的改变动态调整其矩阵行数，以保证系统所要求的输出信噪比 $\mathrm{SNR}_{\mathrm{output}}$。动态采样过程首先把系统输入信噪比 $\mathrm{SNR}_{\mathrm{input}}$ 代入式(6.3.15)，然后根据系统所要求的输出信噪比，求得所需的 $E[c^2]$，进而求得相应行数的算子矩阵 $\boldsymbol{\Theta}$，完成动态采样。

动态采样首先进行粗略频谱感知，然后进行精细频谱感知。粗略频谱感知是为了用较少的数据估计信号的稀疏度，精细频谱感知是为了获得更为准确的频谱频谱感知结果。本书要采用的动态压缩采样的方法如图 6.3.5 所示。

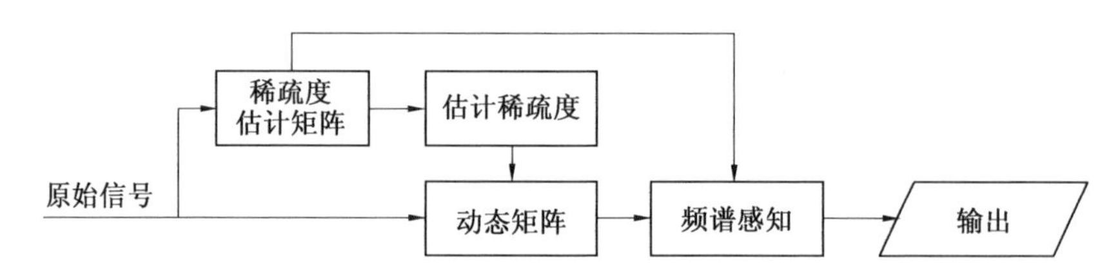

图 6.3.5　动态采样模型框图

首先原始信号经过稀疏度估计矩阵 $\boldsymbol{\Theta}_1(M_1\times N)$，得到 $\boldsymbol{y}_1=\boldsymbol{\Theta}_1\boldsymbol{\alpha}$，通过 $\|\boldsymbol{y}_1\|_2^2$ 估计信号的稀疏度为 K；然后根据 K 的大小计算为了保证输出信噪比 $\mathrm{SNR}_{\mathrm{output}}$ 所需的算子矩阵的行数 M，然后推出测量矩阵 $\boldsymbol{\Theta}_2$ 的行数 $M_2=M-M_1$。原始信号通过矩阵 $\boldsymbol{\Theta}_2$ 采样后，得到 $\boldsymbol{y}_2=\boldsymbol{\Theta}_2\boldsymbol{\alpha}$。

算子矩阵 $\boldsymbol{\Theta}_1$ 为 $M_1\times N$ 的矩阵，矩阵 $\boldsymbol{\Theta}_2$ 为 $M_2\times N$ 的矩阵，将二者合并为一个算子矩阵 $\boldsymbol{\Theta}=[\boldsymbol{\Theta}_1,\boldsymbol{\Theta}_2]^{\mathrm{T}}$，则 $\boldsymbol{\Theta}$ 为 $M\times N$ 的矩阵。此外，压缩感知向量 $\boldsymbol{y}_1(M_1\times N)$ 和 $\boldsymbol{y}_2(M_2\times 1)$ 合并为一个向量 $\boldsymbol{y}=[\boldsymbol{y}_1,\boldsymbol{y}_2]^{\mathrm{T}}$。利用 $\boldsymbol{\Theta}$ 和 $\boldsymbol{y}$，通过盲稀疏下的压缩感知重构算法，重构出原始信号 $\boldsymbol{\alpha}$，进而获得频谱感知结果，即稀疏信号 $\boldsymbol{\alpha}$ 的支撑集 Ω。

6.3.4　动态采样算法性能分析

为了证明前面的理论分析，图 6.3.6 仿真了随机向量相关性大小的概率密度曲线。实线代表式(6.3.13) 得出的理论 PDF 曲线，柱状图代表仿真结果。从图

6.3.6 中可以看出理论和仿真结果一致，从而证明了前面的理论推导正确。由随机向量相关性大小的 PDF 曲线可知，其均值近似为 0，且在 0 附近来回波动。

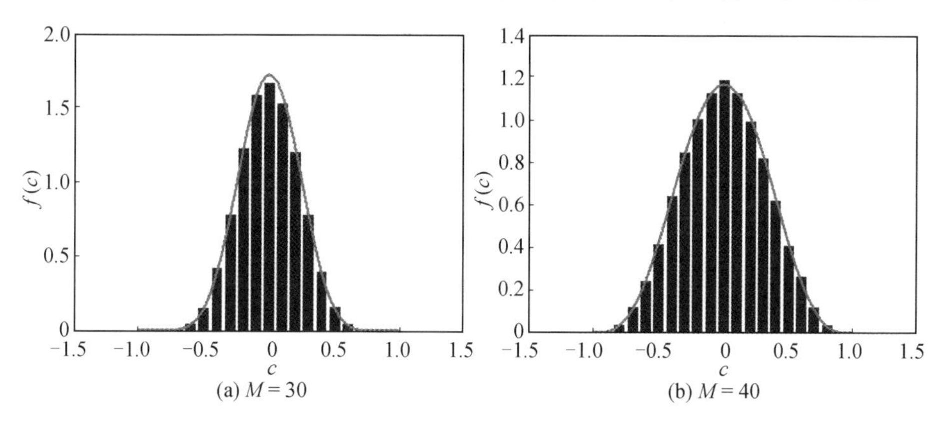

图 6.3.6　随机向量相关性大小的 PDF 曲线

图 6.3.6(a) 的仿真条件是随机向量的维度 $M=30$；图 6.3.6(b) 的仿真条件是随机向量的维度 $M=40$。比较两个仿真图可知，在 $M=40$ 时，随机向量的相关性的方差要小，也就是说 $M=40$ 时，随机向量的相关性要小。所以，可以看出，M 值越大随机向量的相关性越小。

式(6.3.8) 给出了矩阵 $\boldsymbol{C}=\boldsymbol{\Theta}^{\mathrm{T}}\boldsymbol{\Theta}$ 中非主对角元素平方的期望 $E[c^2]$ 的计算方法，图 6.3.7 仿真了不同维度随机向量 $E[c^2]$ 的大小。

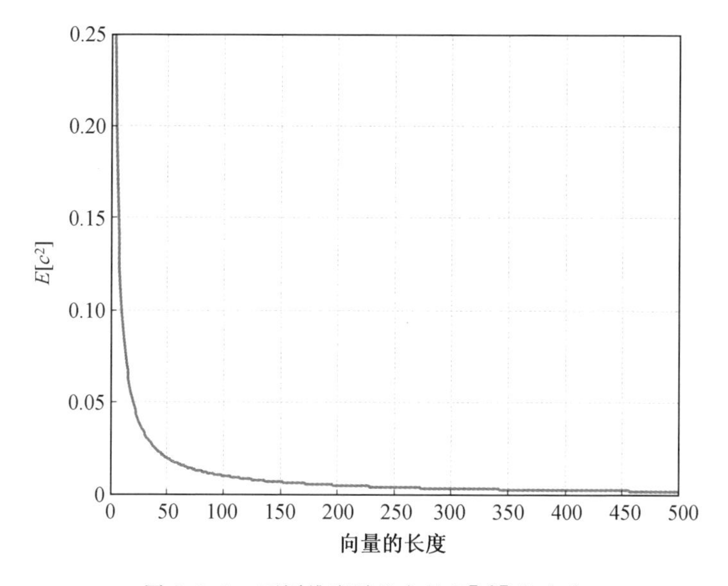

图 6.3.7　不同维度随机向量 $E[c^2]$ 的大小

从图 6.3.7 中可以看出，随着向量维度的增加期望值 $E[c^2]$ 将会减小。也就是说，当算子矩阵的行数增加时，矩阵 $\boldsymbol{C}=\boldsymbol{\Theta}^{\mathrm{T}}\boldsymbol{\Theta}$ 非主对角元素平方的期望 $E[c^2]$ 会减小。同时，当矩阵 $\boldsymbol{\Theta}$ 的行数很大时，$E[c^2]$ 会逼近 0，代表 $\boldsymbol{\Theta}$ 的各列的相关性很小，接近于相互正交。

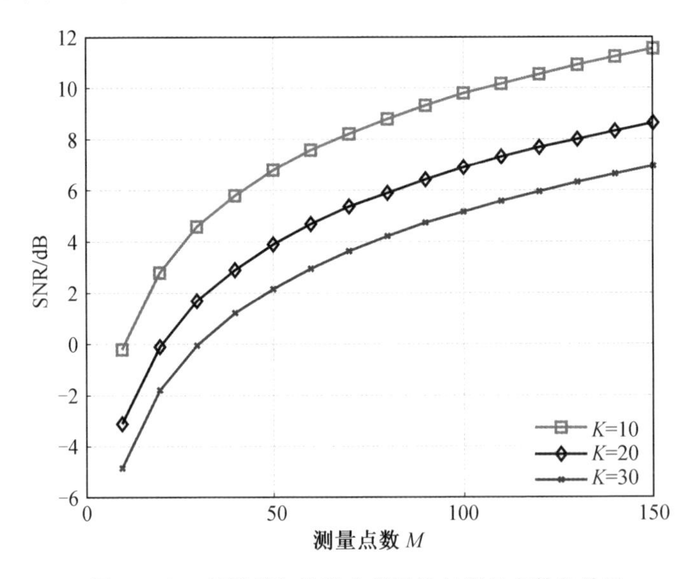

图 6.3.8　压缩感知的输出信噪比与测量点数的关系

图 6.3.8 仿真了压缩感知输出信噪比与测量点数的关系。从图 6.3.8 中可知，输出信噪比随着测量点数的增加而增加，而测量点数 M 与采样率存在 $R=M/N\times R_{\mathrm{nq}}$ 的关系，这表明了采样率越高，压缩感知输出信噪比越高。图 6.3.8 设定的输入信噪比 $\mathrm{SNR}_{\mathrm{input}}=30$ dB，而这三条曲线的值都低于 30 dB，表明经过压缩采样后，输出信噪比小于输入信噪比，压缩采样是以牺牲信噪比换来数据量的减小。同时，三条仿真曲线代表了不同的信号稀疏度：$K=10$、20、30。通过比较三条仿真曲线可知，信号的稀疏度越大，经过相同的压缩采样（即相同的测量点数），输出信噪比越小。

6.3.5　频谱感知算法性能分析

本节提出的动态采样模型当信号稀疏度或者信道环境发生变化时，能够动态地调整压缩采样率，达到系统所要求的输出信噪比。为了衡量本节提出的动态采样模型性能，使用动态采样的结果进行频谱感知，检测概率 P_{d} 和虚警概率 P_{f} 作为频谱感知性能的衡量指标。定义 $\boldsymbol{d}$ 是 $N\times1$ 的向量，用其表示 N 个信道的状态，0 代表空闲，1 代表信道被占用；相应地，$\hat{\boldsymbol{d}}(N\times1)$ 是频谱检测结果。检测概率 P_{d} 和虚警概率 P_{f} 定义为

$$P_{\mathrm{d}}=\frac{\boldsymbol{d}^{\mathrm{T}}\times(\boldsymbol{d}=\hat{\boldsymbol{d}})}{\mathbf{1}^{\mathrm{T}}\times\boldsymbol{d}}\tag{6.3.16}$$

$$P_{\mathrm{f}}=\frac{(\mathbf{1}-\boldsymbol{d})^{\mathrm{T}}\times(\boldsymbol{d}\neq\hat{\boldsymbol{d}})}{N-\mathbf{1}^{\mathrm{T}}\times\boldsymbol{d}}\tag{6.3.17}$$

图 6.3.9 是本节动态采样模型与固定模型的性能比较。其中图 6.3.9(a) 为 P_{d} 和 P_{f} 与信号稀疏度的关系，图 6.3.9(b) 仿真了测量点数与稀疏度的关系。仿真条件：信号 $\boldsymbol{\alpha}$ 长度 $N=512$；信噪比为 30 dB。从图 6.3.9(b) 中可以看出，随着信号稀疏度的变化，固定模型的测量点数为 50，不能随着信号的稀疏度而变化；而动态采样模型能够随着信号的稀疏度动态调整测量点数。从图6.3.9(a) 中可以看出，当信号稀疏度较低时，由于固定模型的测量点数大于动态采样的点数，因此固定模型能够获得较好的检测概率和虚警概率。但是，当稀疏度逐渐增加时，由于固定模型的测量点数不变，其检测概率和虚警概率会迅速恶化，而动态采样模型能够维持较准确的频谱检测结果。所以，动态采样模型能够在信号稀疏度较低时节省硬件开销，在信号稀疏度较高时保证频谱检测结果的正确性。

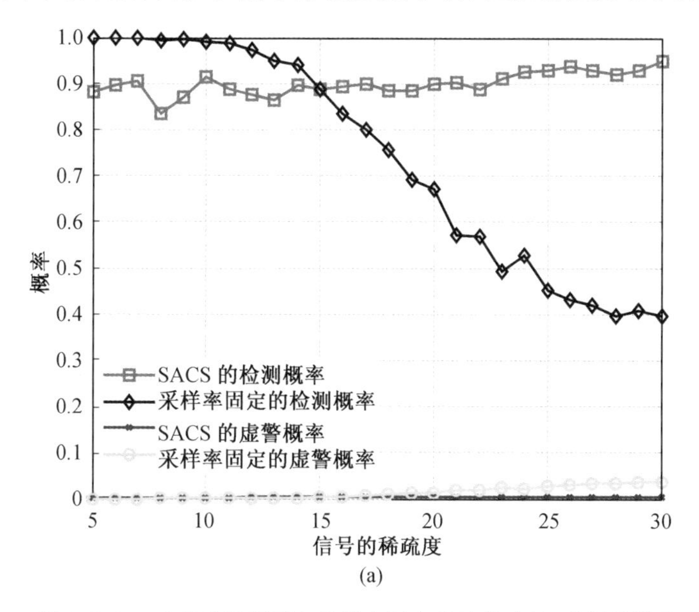

(a)

图 6.3.9　动态采样模型与采样率固定的性能比较(彩图见附录)

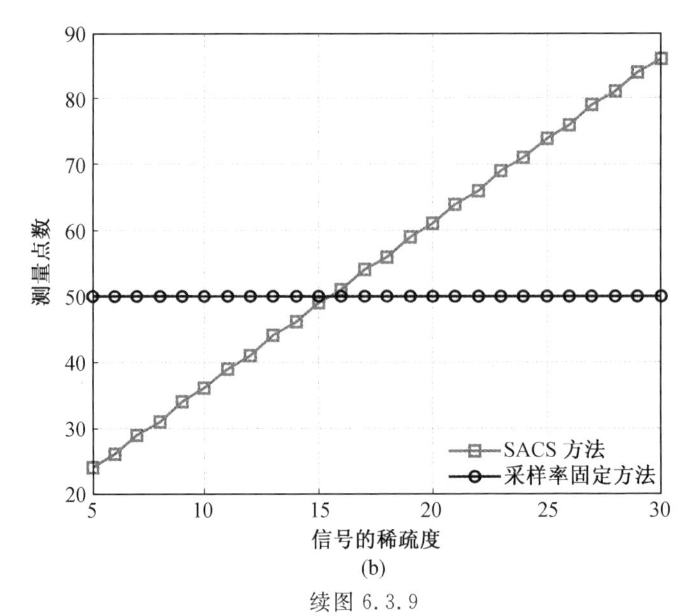

(b)

续图 6.3.9

图 6.3.10 是动态采样模型与传统模型的性能比较。其中图 6.3.10(a) 为 P_d 和 P_f 与信号稀疏度的关系，图 6.3.10(b) 仿真了测量点数与稀疏度的关系。仿真条件：信号 $\boldsymbol{\alpha}$ 长度 $N=512$，信噪比为 30 dB，稀疏度变化范围为 5～30。传统模型中测量点数的调整方法是 $M=1.7\times K\log(N/K+1)$[5]，其中 K 为信号稀疏度，N 为信号的维度。

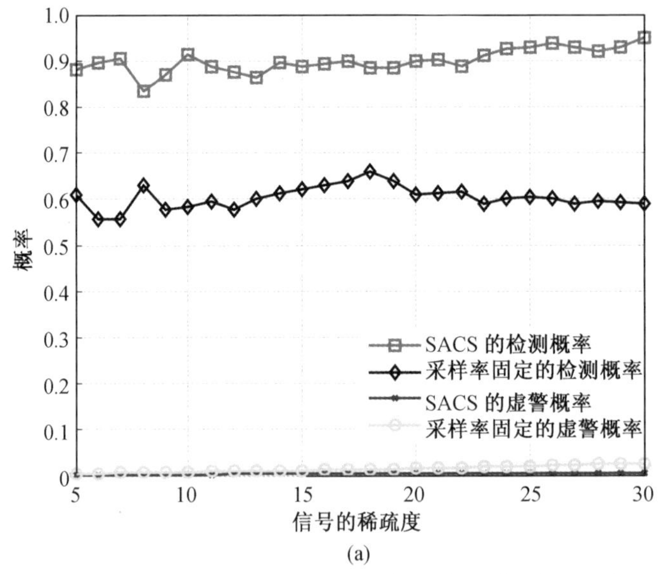

(a)

图 6.3.10　动态采样模型与传统模型性能比较(彩图见附录)

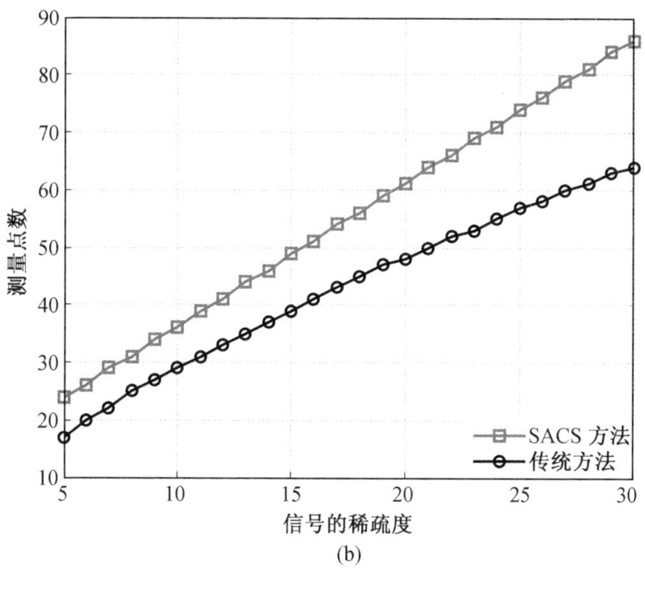

(b)

续图 6.3.10

从图 6.3.10(b) 中可以看出，两个模型的测量点数都能随着信号稀疏度的变化而变化，本小节提出的模型的测量点数略大于传统模型。从图 6.3.10(a) 中可以看出，提出的动态采样模型能够获得较好的频谱检测概率和虚警概率，所以如果运用于频谱检测，本小节提出的动态采样模型将会更有优势。

提出的动态采样模型中，测量点数的调整是为了保证一定的输出信噪比，进而保证频谱感知性能。如果输入信噪比 SNR_{input} 发生改变，动态采样模型也能够通过调整测量点数来保证输出信噪比 SNR_{output}。图 6.3.11 仿真了在不同输入信噪比下，动态采样模型与传统模型的性能。仿真条件为信号 $\boldsymbol{\alpha}$ 点数 $N=512$，稀疏度 $K=20$，信噪比的变化范围为 10 ～ 30 dB。

比较图 6.3.11(a) 中三条仿真曲线可知，当信噪比较低时，本节提出的模型的测量点数接近于奈奎斯特采样点数，当信噪比较高时，动态采样模型的测量点数接近于传统模型的采样点数。

图 6.3.11(b) 仿真了奈奎斯特采样、传统模型和动态采样模型的频谱感知性能。仿真条件：信号 $\boldsymbol{s}$ 点数 $N=512$，稀疏度 $K=20$，信噪比的变化范围为 10 ～ 30 dB，虚警概率为 0.05。通过比较三条曲线可知，当输入信噪比发生改变时，动态采样模型接近奈奎斯特采样的频谱感知性能。但是，传统模型的频谱感知性能要差很多，尤其是在输入信噪比较低的情况下。从图 6.3.11(a) 和(b) 可知，当输入信噪比较低时，动态模型能够通过提高测量点数来提高采样率，进而保证一定的输出信噪比和频谱感知性能。相应地，传统模型只能应用在输入信噪比较高的环境下[6]，在信噪比较低时频谱感知性能急剧下降。

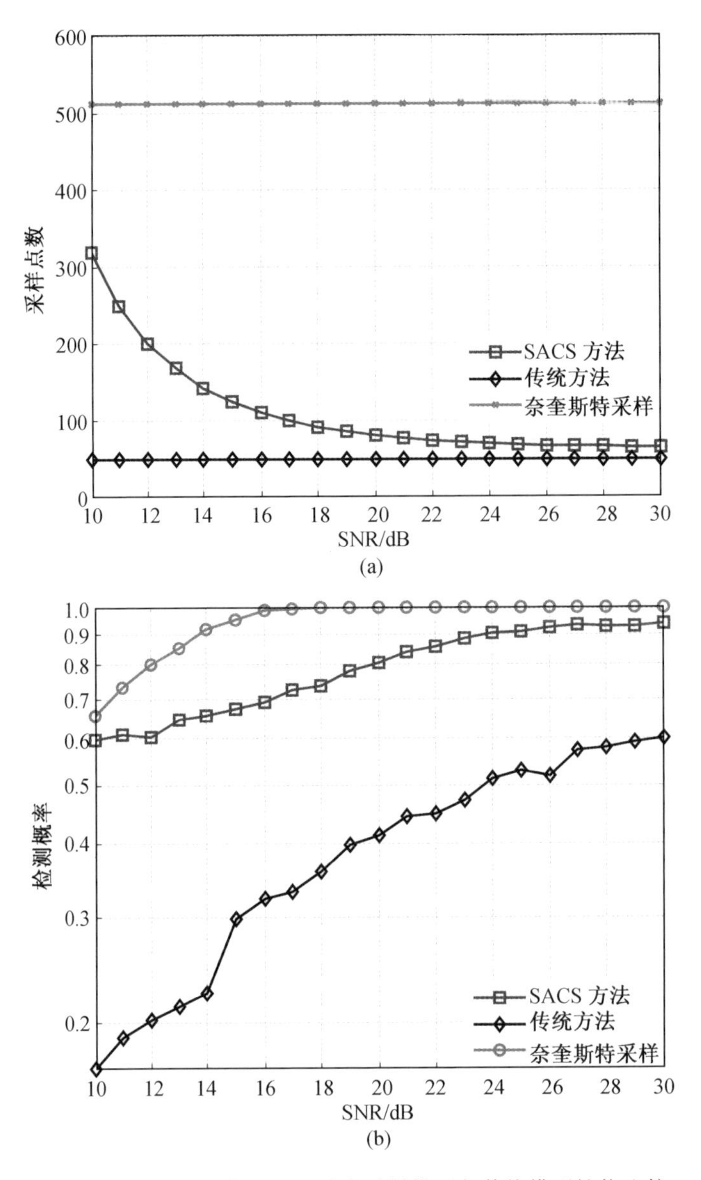

图 6.3.11　不同信噪比下动态采样模型与传统模型性能比较

压缩采样的好处是能够降低对宽带信号进行采样的数据量，由于数据量减少，压缩采样会使得信噪比降低。对信号的压缩程度越大，信噪比的损失就越大。本节首先分析了压缩采样系统输入信噪比和输出信噪比的关系，以低维信号为例，论述了压缩采样的噪声来源及其衡量标准，得到压缩采样后信噪比的表达式，得到输出信噪比受输入信噪比、压缩采样率以及信号稀疏度三个因素的影响。然后利用概率论的知识，给出了输出信噪比的具体求解方法，并运用仿真结

果对理论推导进行验证。根据上述对压缩感知信噪比的分析，提出动态采样调整的准则：当其他条件发生变化时，维持一定输出信噪比，进而保证了所需的频谱感知性能。具体来说，有两种场景：① 信号的稀疏度发生变化，算子矩阵需要随着稀疏度的变化动态调整其矩阵行数；② 信道或者噪声发生变化而引起输入信噪比发生改变时，算子矩阵需要随着输入信噪比的改变动态调整其矩阵行数，以保证系统所要求的输出信噪比。仿真结果表明，该动态模型能够随着信号稀疏度的变化而调整压缩采样率，并且在输入信噪比较低时，能够达到所需的频谱感知性能。

本章参考文献

[1] DONOHO D L. Compressed sensing[J]. Information Theory, IEEE Transactions on, 2006, 52(4): 1289-1306.

[2] SUN H, CHIU W Y, NALLANATHAN A. Adaptive compressive spectrum sensing for wideband cognitive radios[J]. Communications Letters, IEEE, 2012, 16(11): 1812-1815.

[3] CANDES E , WAKIN M B. An introduction to compressive sampling[J]. IEEE Transactions on Signal Processing Magazine 2008, 25(2):21-30

[4] CAI T, FAN J, JIANG T. Distributions of angles in random packing on spheres[J]. The Journal of Machine Learning Research, 2013, 14(1): 1837-1864.

[5] IWEN M A,TEWFIK A H. Adaptive compressed sensing for sparse signals in noise[J]. IEEE 2011 Conference Record of the Forty Fifth Asilomar Conference on Signals, Systems and Computers, 2011:1240-1244.

[6] ZHU X, WANG J, DAI L,et al. Sparsity-aware adaptive channel estimation based on SNR detection[J]. IEEE Transactions on Broadcasting, 2015,61(1):119-126.

名词索引

附录 部分彩图

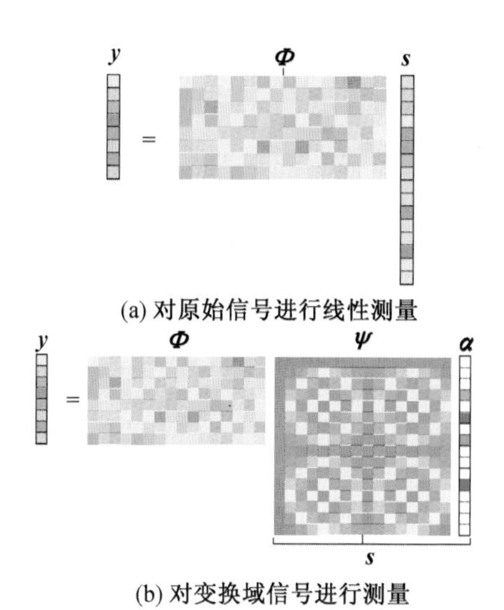

(a) 对原始信号进行线性测量

(b) 对变换域信号进行测量

图 1.3.3

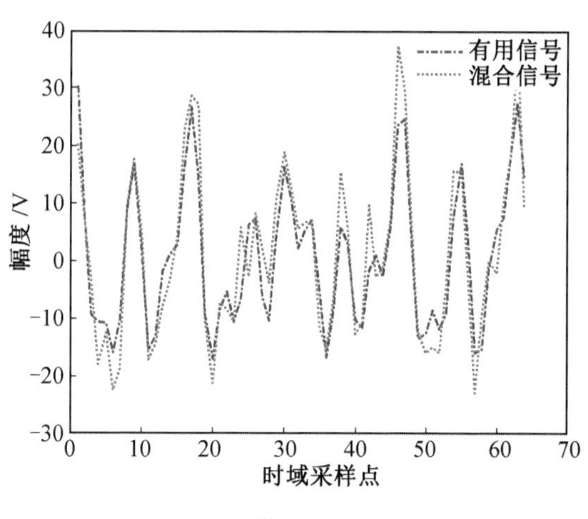

图 2.4.2

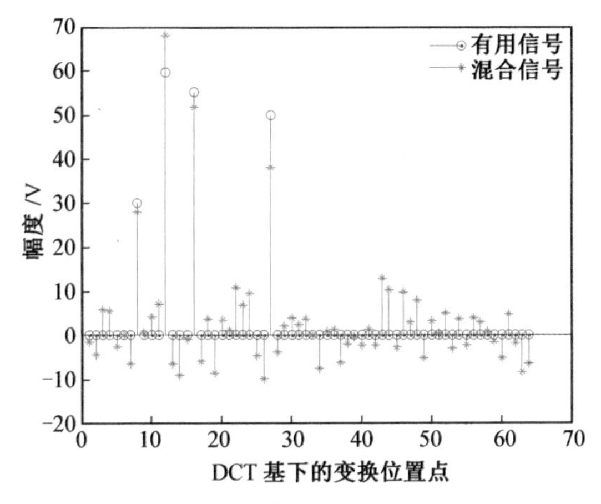

图 2.4.3

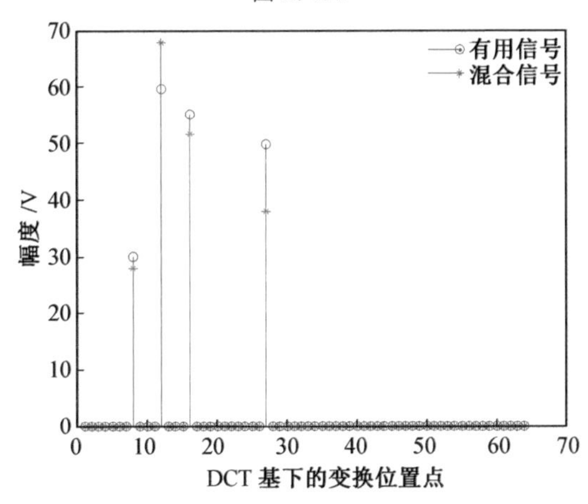

图 2.4.4

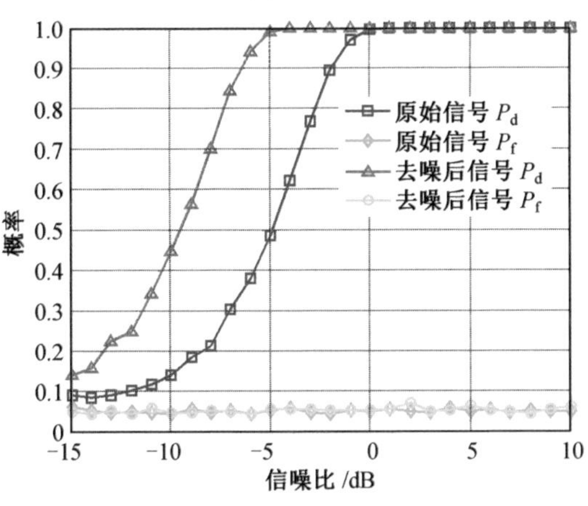

图 2.4.5

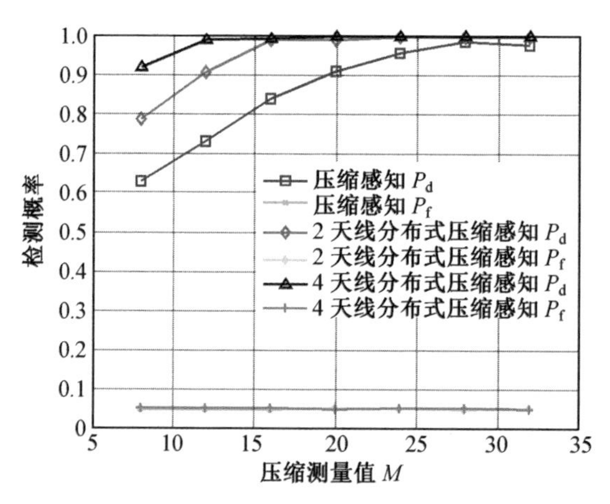

图 2.5.3

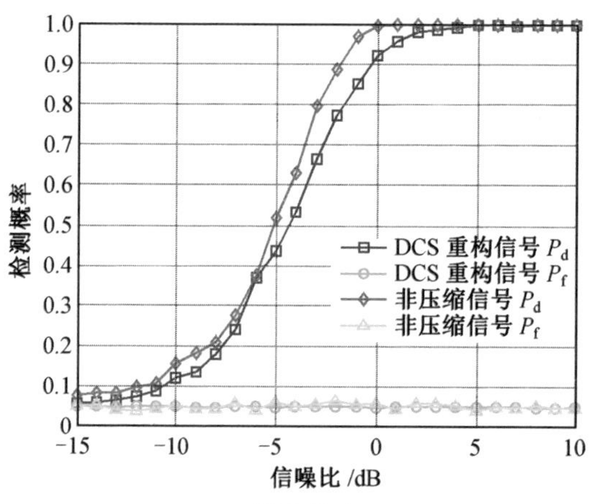

图 2.5.4

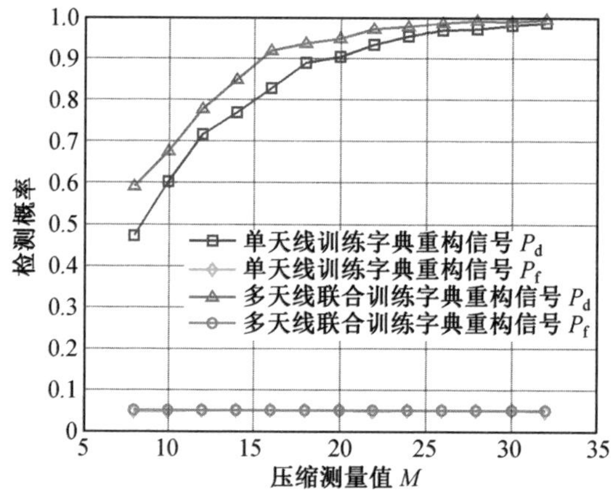

图 2.6.4

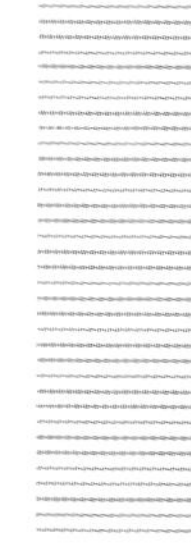

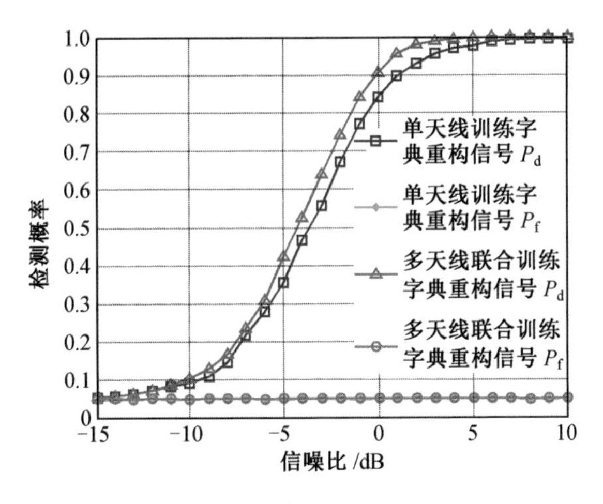

图 2.6.5

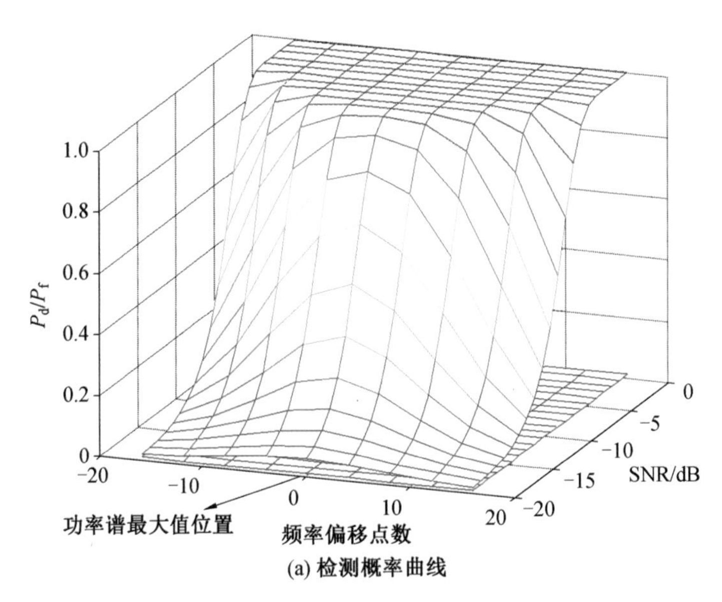

(a) 检测概率曲线

图 3.2.4

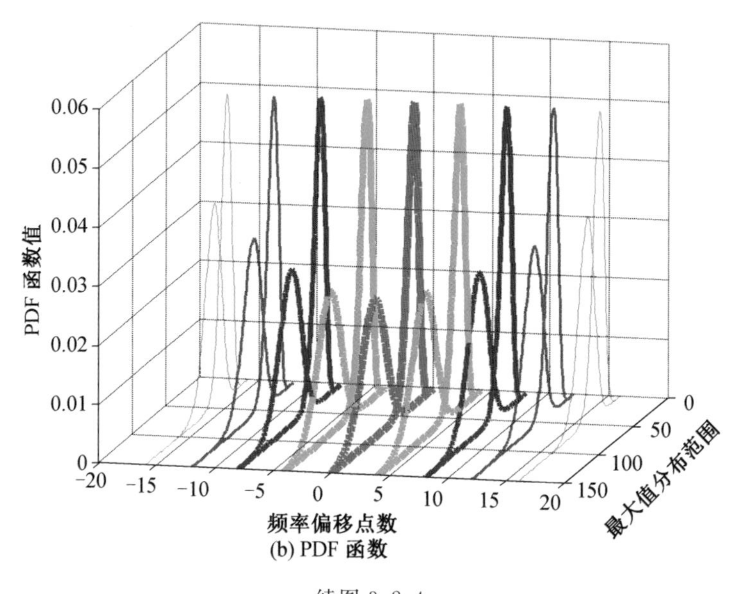

(b) PDF 函数

续图 3.2.4

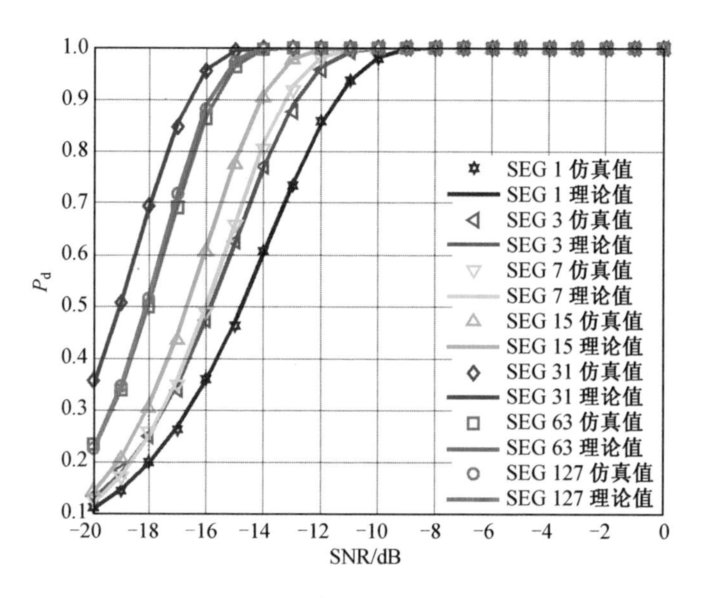

图 3.2.7

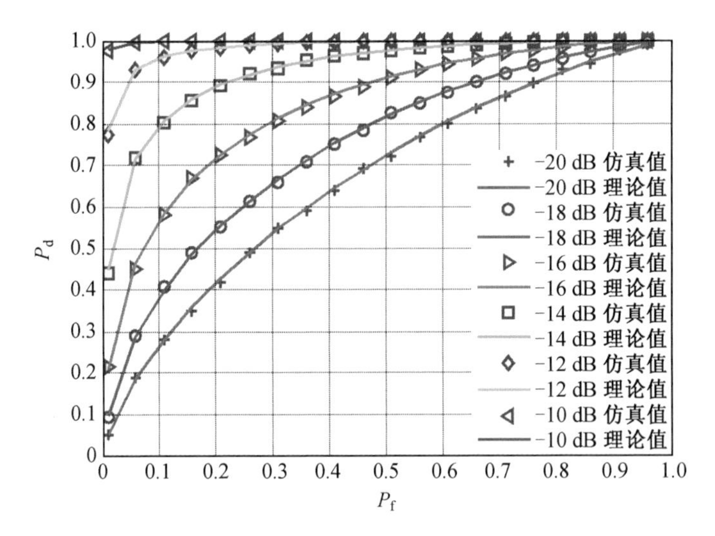

1.0
0.9
0.8
0.7
0.6
0.5
0.4
0.3
0.2
0.1
0
P_d
0
0.1
0.2
0.3
0.4
0.5
0.6
0.7
0.8
0.9
1.0
P_f
−20 dB 仿真值
−20 dB 理论值
−18 dB 仿真值
−18 dB 理论值
−16 dB 仿真值
−16 dB 理论值
−14 dB 仿真值
−14 dB 理论值
−12 dB 仿真值
−12 dB 理论值
−10 dB 仿真值
−10 dB 理论值

图 3.2.8

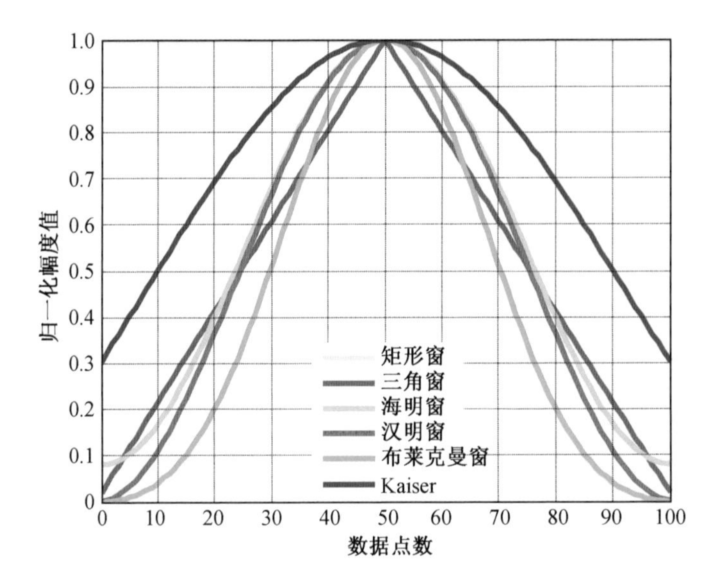

1.0
0.9
0.8
0.7
0.6
0.5
0.4
0.3
0.2
0.1
0
归一化幅度值
0
10
20
30
40
50
60
70
80
90
100
数据点数
矩形窗
三角窗
海明窗
汉明窗
布莱克曼窗
Kaiser

图 3.2.9

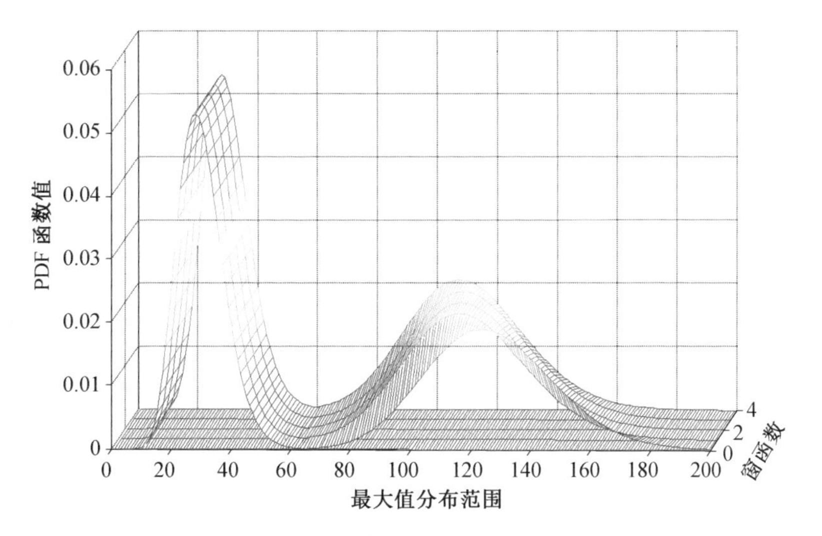
PDF 函数值
0.06
0.05
0.04
0.03
0.02
0.01
0
0
20
40
60
80
100
120
140
160
180
200
最大值分布范围
0
2
4
窗函数

图 3.2.11

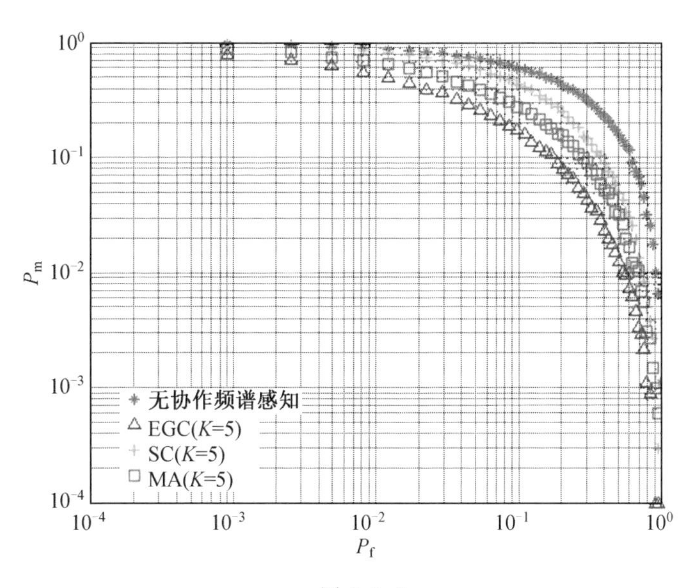
P_m
10^0
10^{-1}
10^{-2}
10^{-3}
10^{-4}
10^{-4}
10^{-3}
10^{-2}
10^{-1}
10^0
P_f
无协作频谱感知
EGC(K=5)
SC(K=5)
MA(K=5)

图 3.3.6

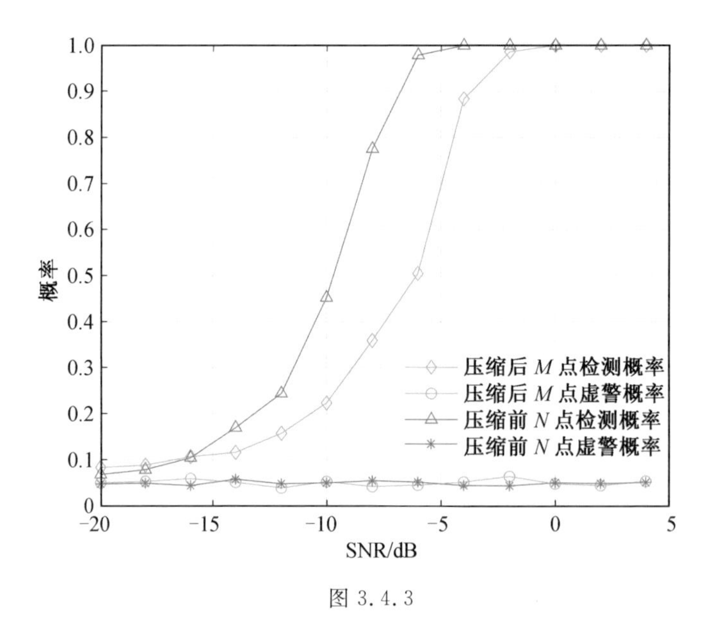
概率
SNR/dB
压缩后 M 点检测概率
压缩后 M 点虚警概率
压缩前 N 点检测概率
压缩前 N 点虚警概率
1.0
0.9
0.8
0.7
0.6
0.5
0.4
0.3
0.2
0.1
0
−20
−15
−10
−5
0
5

图 3.4.3

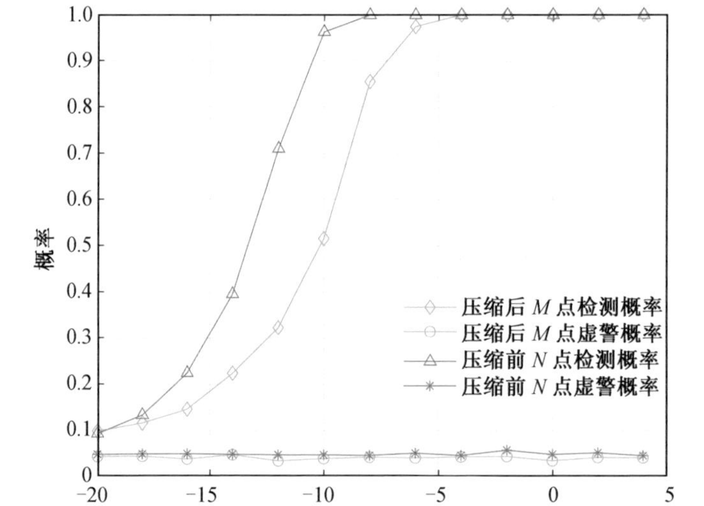
概率
SNR/dB
压缩后 M 点检测概率
压缩后 M 点虚警概率
压缩前 N 点检测概率
压缩前 N 点虚警概率
1.0
0.9
0.8
0.7
0.6
0.5
0.4
0.3
0.2
0.1
0
−20
−15
−10
−5
0
5

图 3.4.4

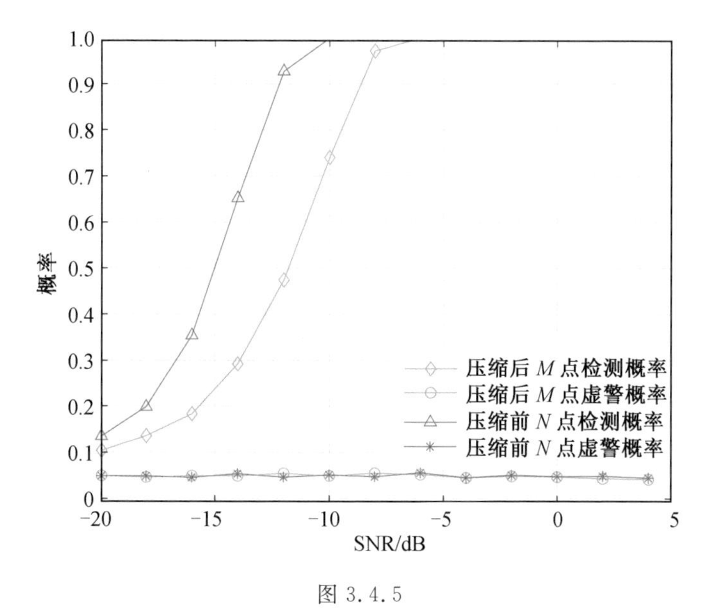
概率
SNR/dB
压缩后 M 点检测概率
压缩后 M 点虚警概率
压缩前 N 点检测概率
压缩前 N 点虚警概率

图 3.4.5

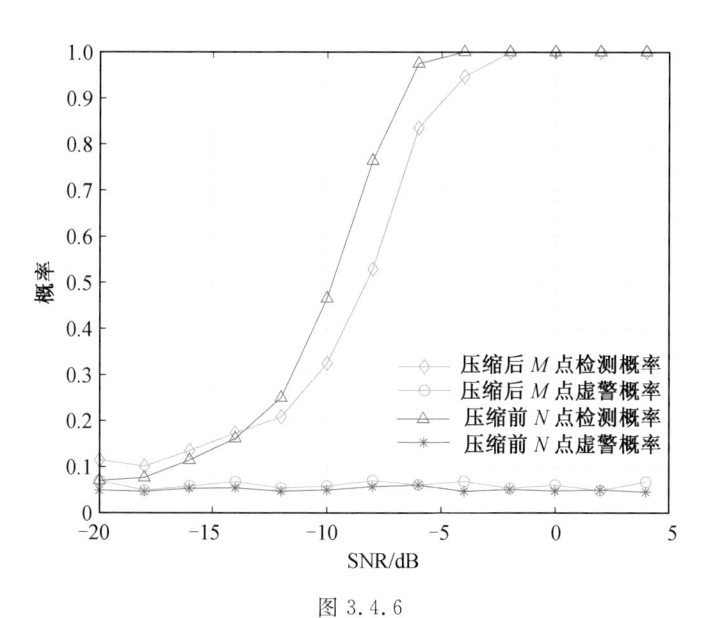
概率
SNR/dB
压缩后 M 点检测概率
压缩后 M 点虚警概率
压缩前 N 点检测概率
压缩前 N 点虚警概率

图 3.4.6

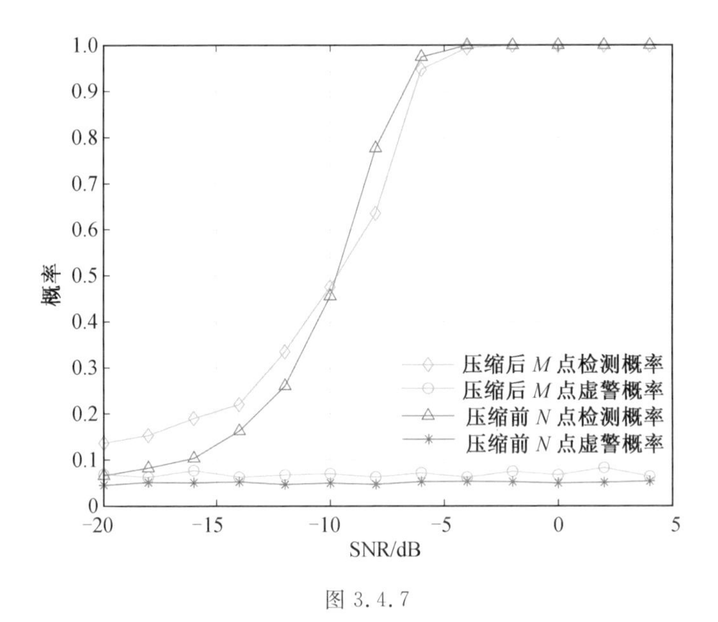
压缩后 M 点检测概率
压缩后 M 点虚警概率
压缩前 N 点检测概率
压缩前 N 点虚警概率
概率
SNR/dB

图 3.4.7

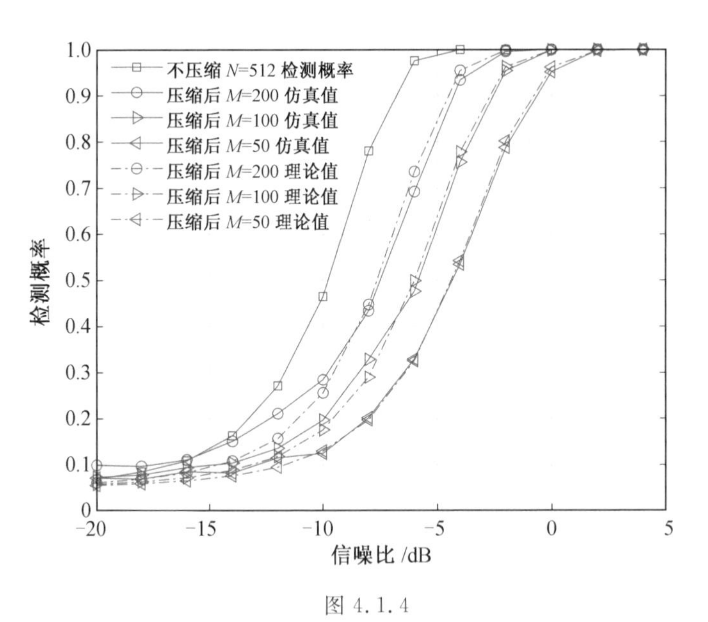
不压缩 N=512 检测概率
压缩后 M=200 仿真值
压缩后 M=100 仿真值
压缩后 M=50 仿真值
压缩后 M=200 理论值
压缩后 M=100 理论值
压缩后 M=50 理论值
检测概率
信噪比 /dB

图 4.1.4

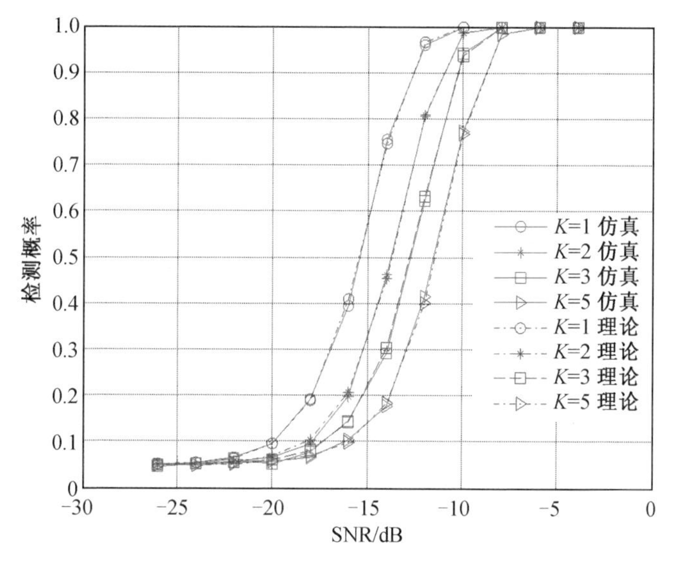
1.0
0.9
0.8
0.7
0.6
0.5
0.4
0.3
0.2
0.1
0
检测概率
−30
−25
−20
−15
−10
−5
0
SNR/dB
K=1 仿真
K=2 仿真
K=3 仿真
K=5 仿真
K=1 理论
K=2 理论
K=3 理论
K=5 理论

图 4.2.2

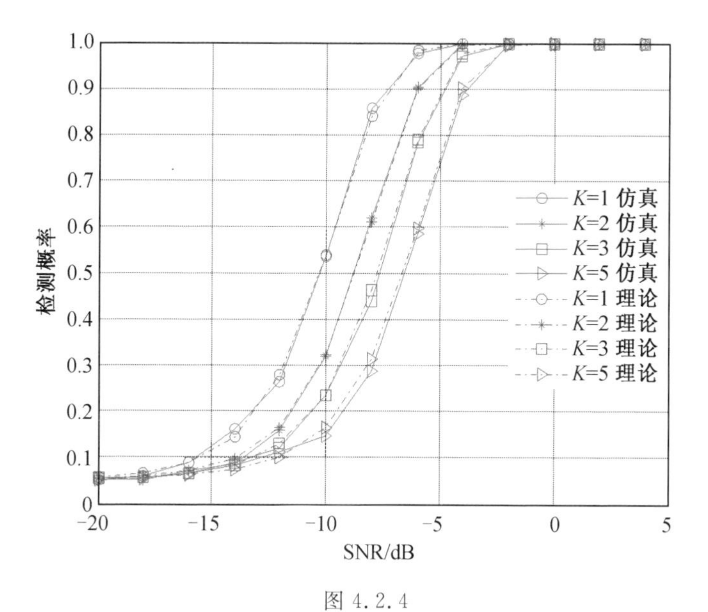
1.0
0.9
0.8
0.7
0.6
0.5
0.4
0.3
0.2
0.1
0
检测概率
−20
−15
−10
−5
0
5
SNR/dB
K=1 仿真
K=2 仿真
K=3 仿真
K=5 仿真
K=1 理论
K=2 理论
K=3 理论
K=5 理论

图 4.2.4

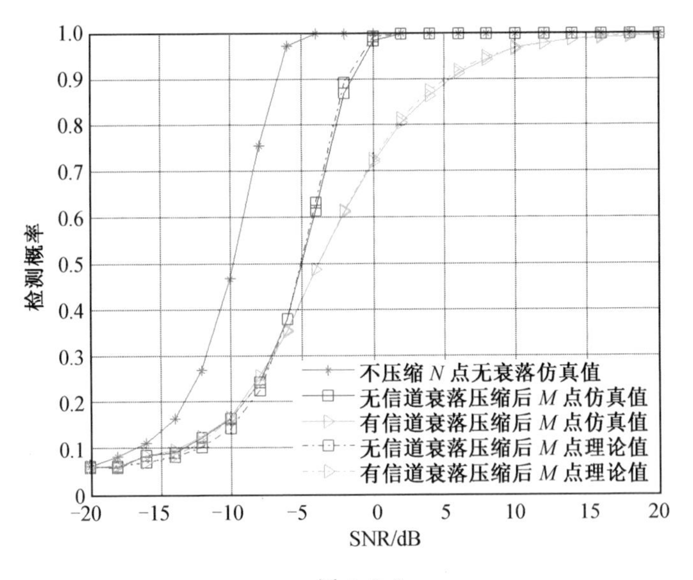
1.0
0.9
0.8
0.7
0.6
0.5
0.4
0.3
0.2
0.1
0
检测概率
−20
−15
−10
−5
0
5
10
15
20
SNR/dB
不压缩 N 点无衰落仿真值
无信道衰落压缩后 M 点仿真值
有信道衰落压缩后 M 点仿真值
无信道衰落压缩后 M 点理论值
有信道衰落压缩后 M 点理论值

图 4.3.2

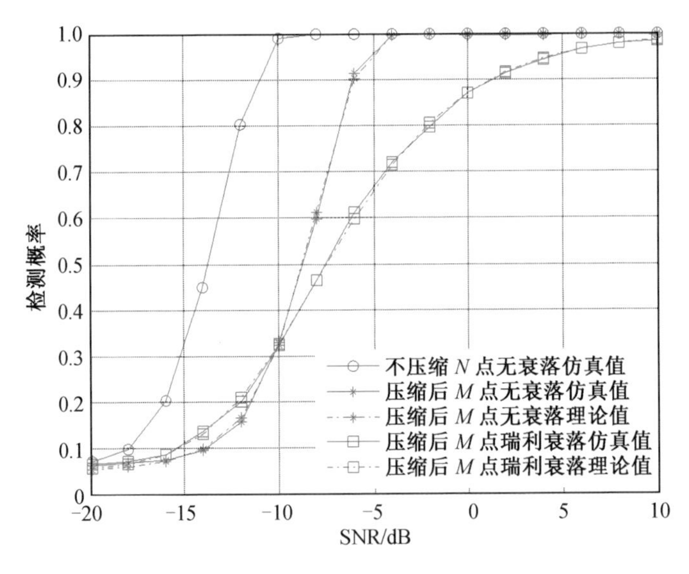
1.0
0.9
0.8
0.7
0.6
0.5
0.4
0.3
0.2
0.1
0
检测概率
−20
−15
−10
−5
0
5
10
SNR/dB
不压缩 N 点无衰落仿真值
压缩后 M 点无衰落仿真值
压缩后 M 点无衰落理论值
压缩后 M 点瑞利衰落仿真值
压缩后 M 点瑞利衰落理论值

图 4.3.3

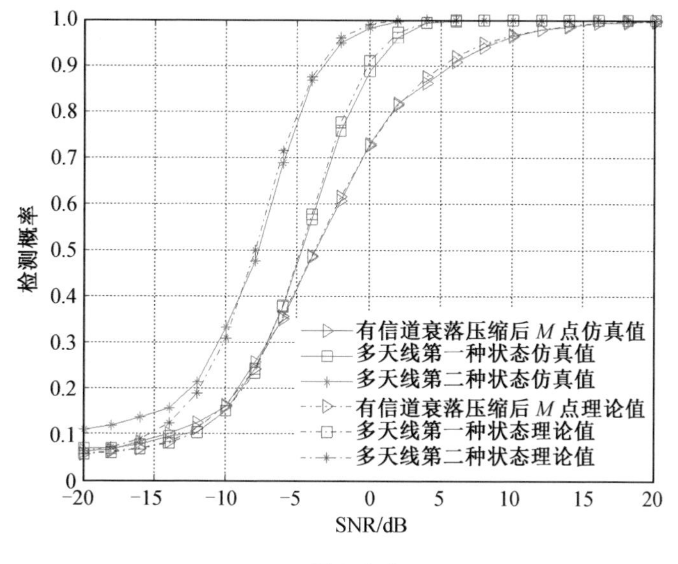

检测概率
SNR/dB
有信道衰落压缩后 M 点仿真值
多天线第一种状态仿真值
多天线第二种状态仿真值
有信道衰落压缩后 M 点理论值
多天线第一种状态理论值
多天线第二种状态理论值

图 4.3.6

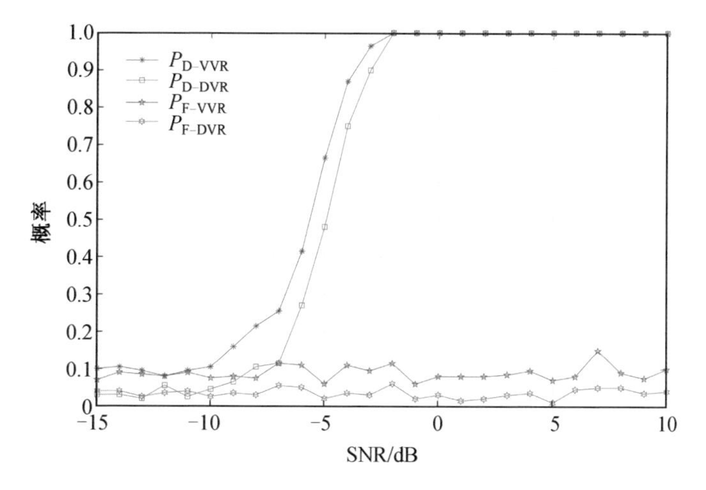

概率
SNR/dB
P_{D-VVR}
P_{D-DVR}
P_{F-VVR}
P_{F-DVR}

图 5.4.1

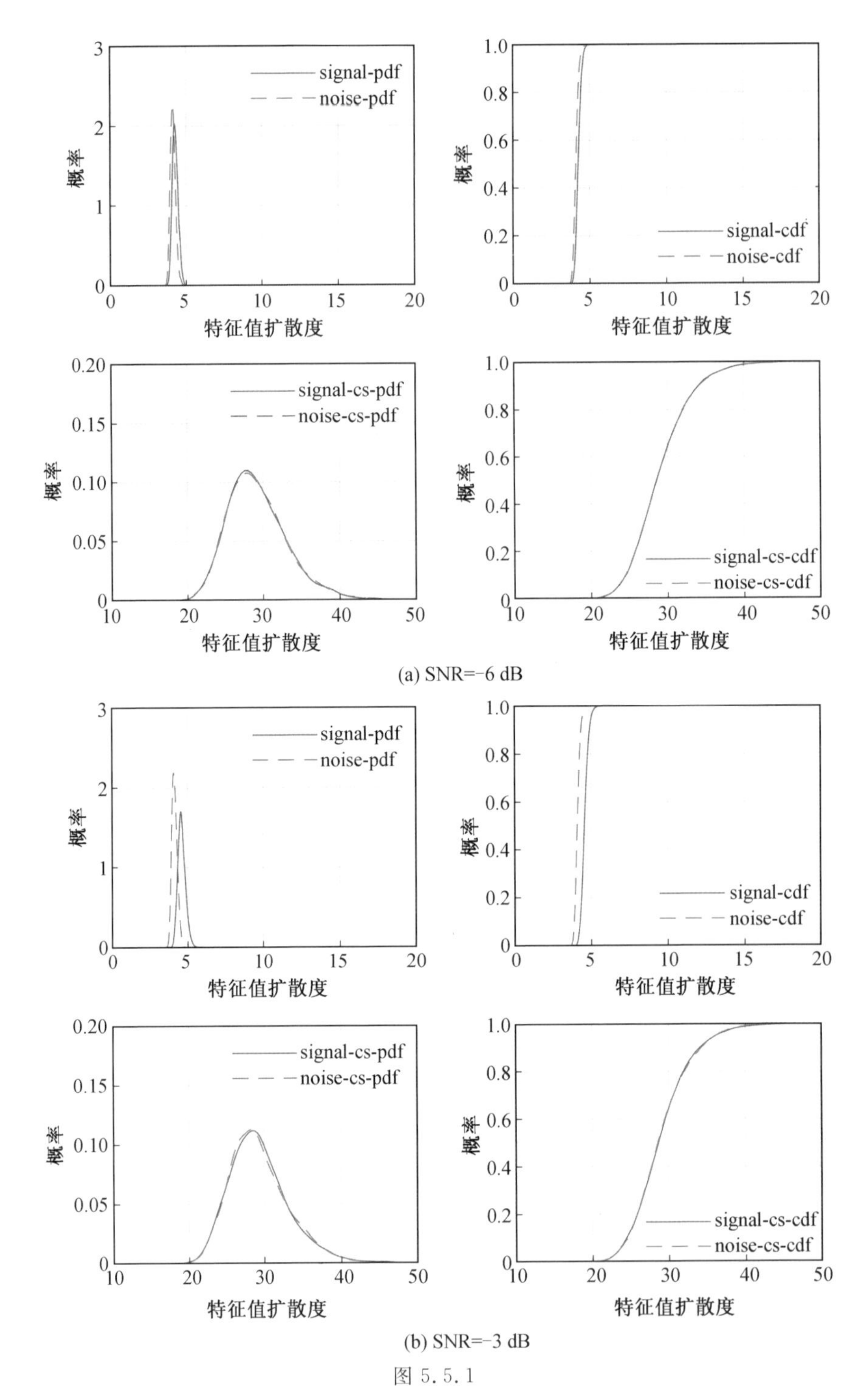

signal-pdf
noise-pdf
概率
特征值扩散度
signal-cdf
noise-cdf
signal-cs-pdf
noise-cs-pdf
signal-cs-cdf
noise-cs-cdf
(a) SNR=-6 dB
(b) SNR=-3 dB

图 5.5.1

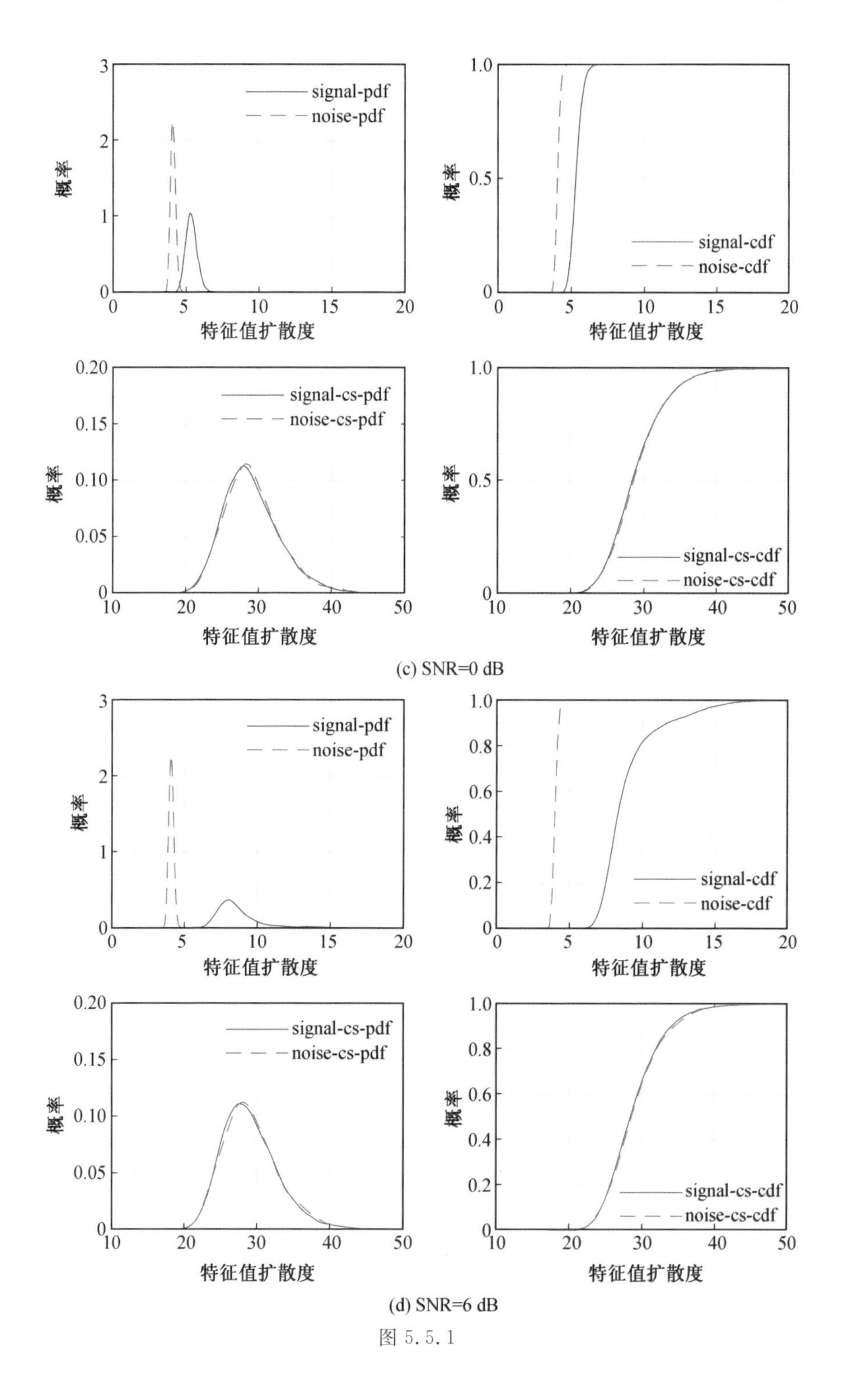

(c) SNR=0 dB

(d) SNR=6 dB

图 5.5.1

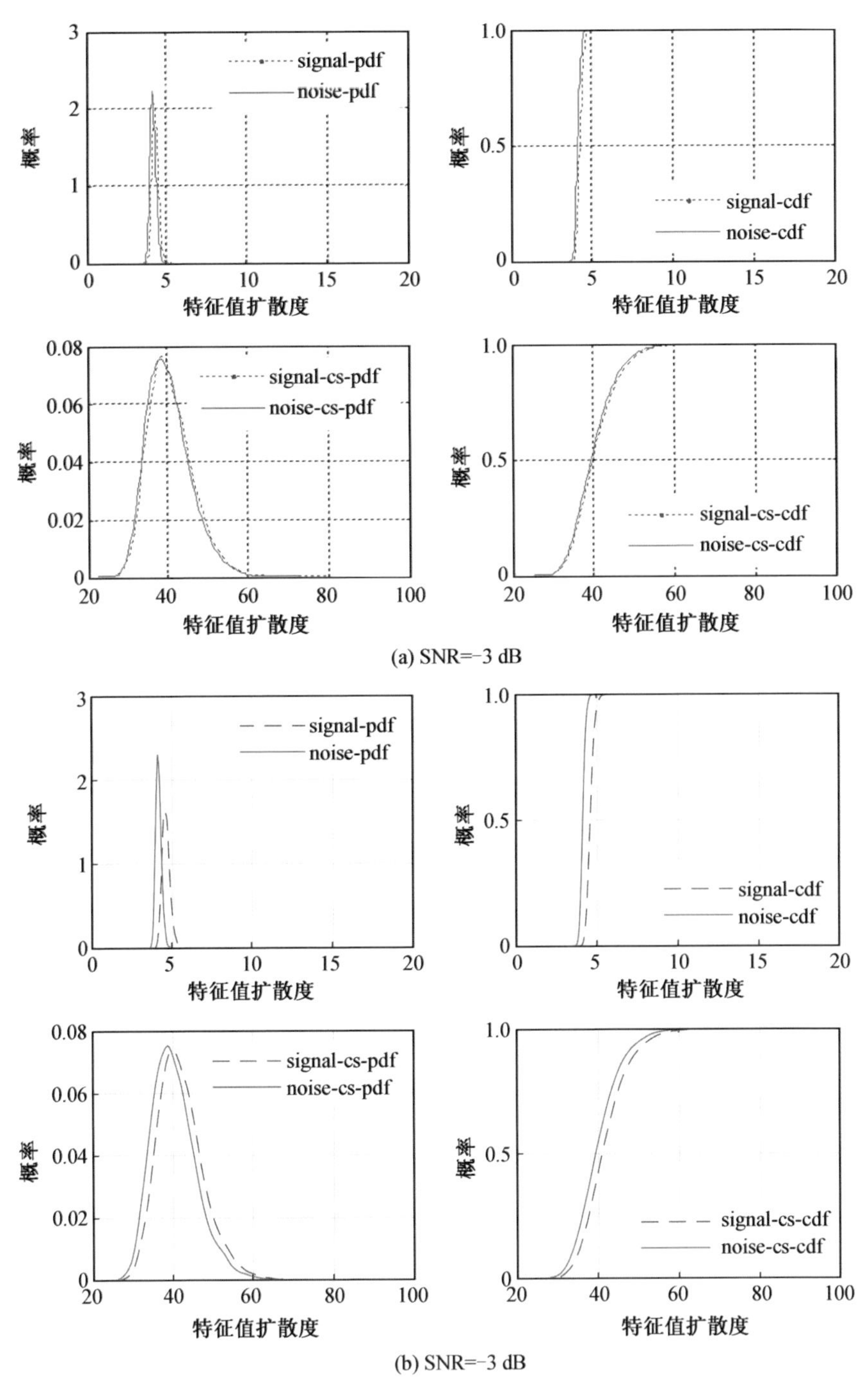

(a) SNR=-3 dB

(b) SNR=-3 dB

图 5.5.2

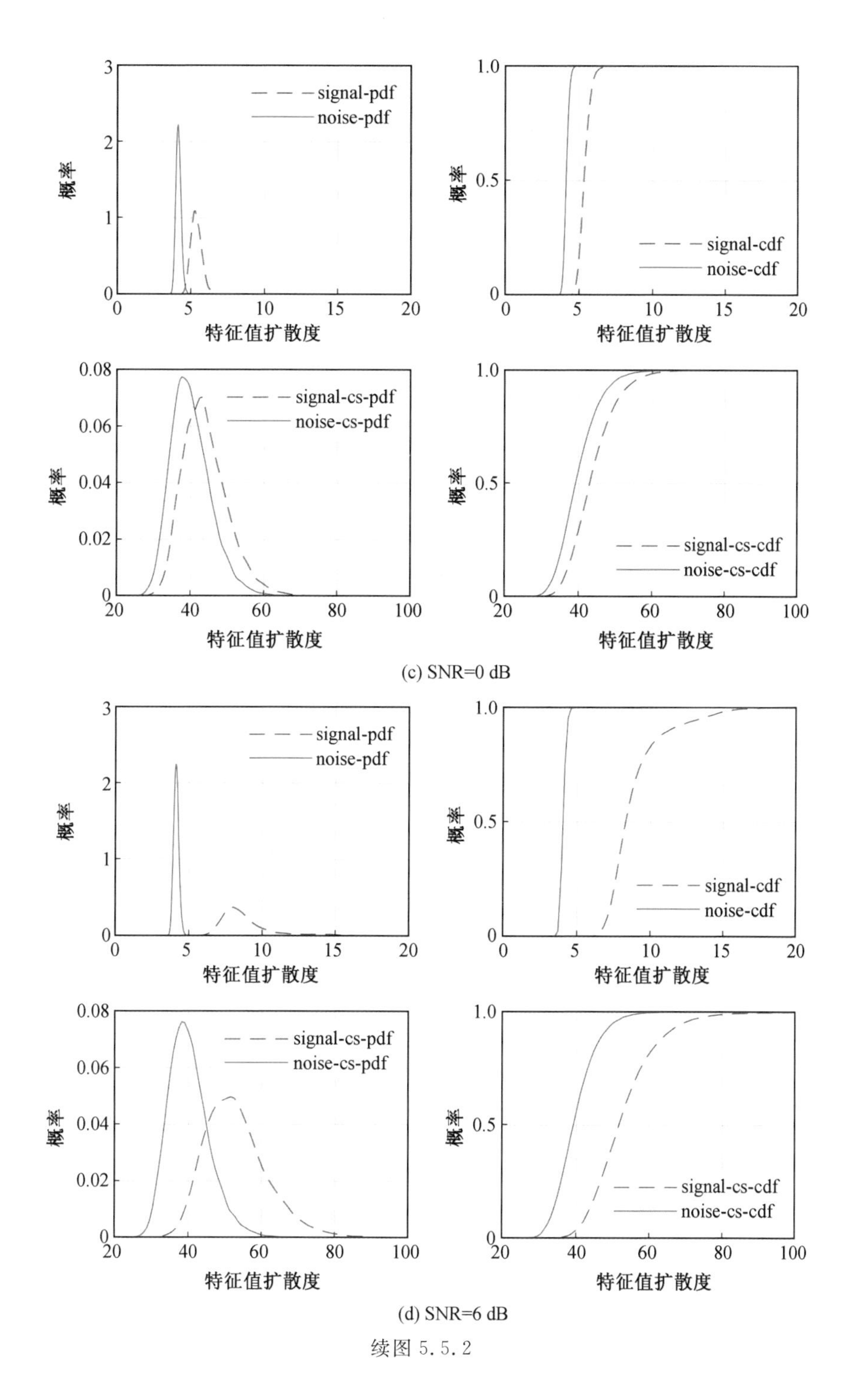

(c) SNR=0 dB

(d) SNR=6 dB

续图 5.5.2

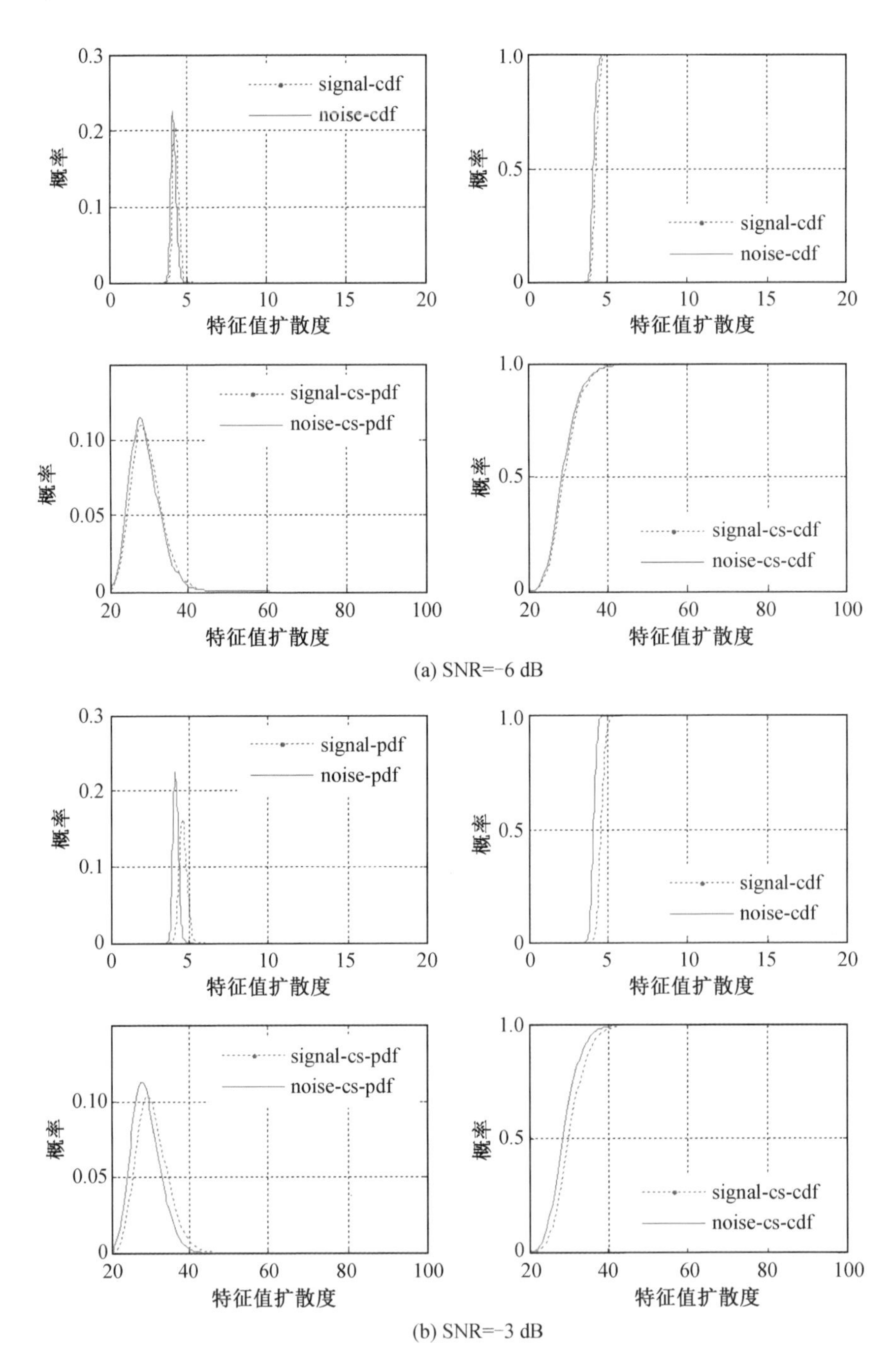

(a) SNR=-6 dB

(b) SNR=-3 dB

图 5.5.5

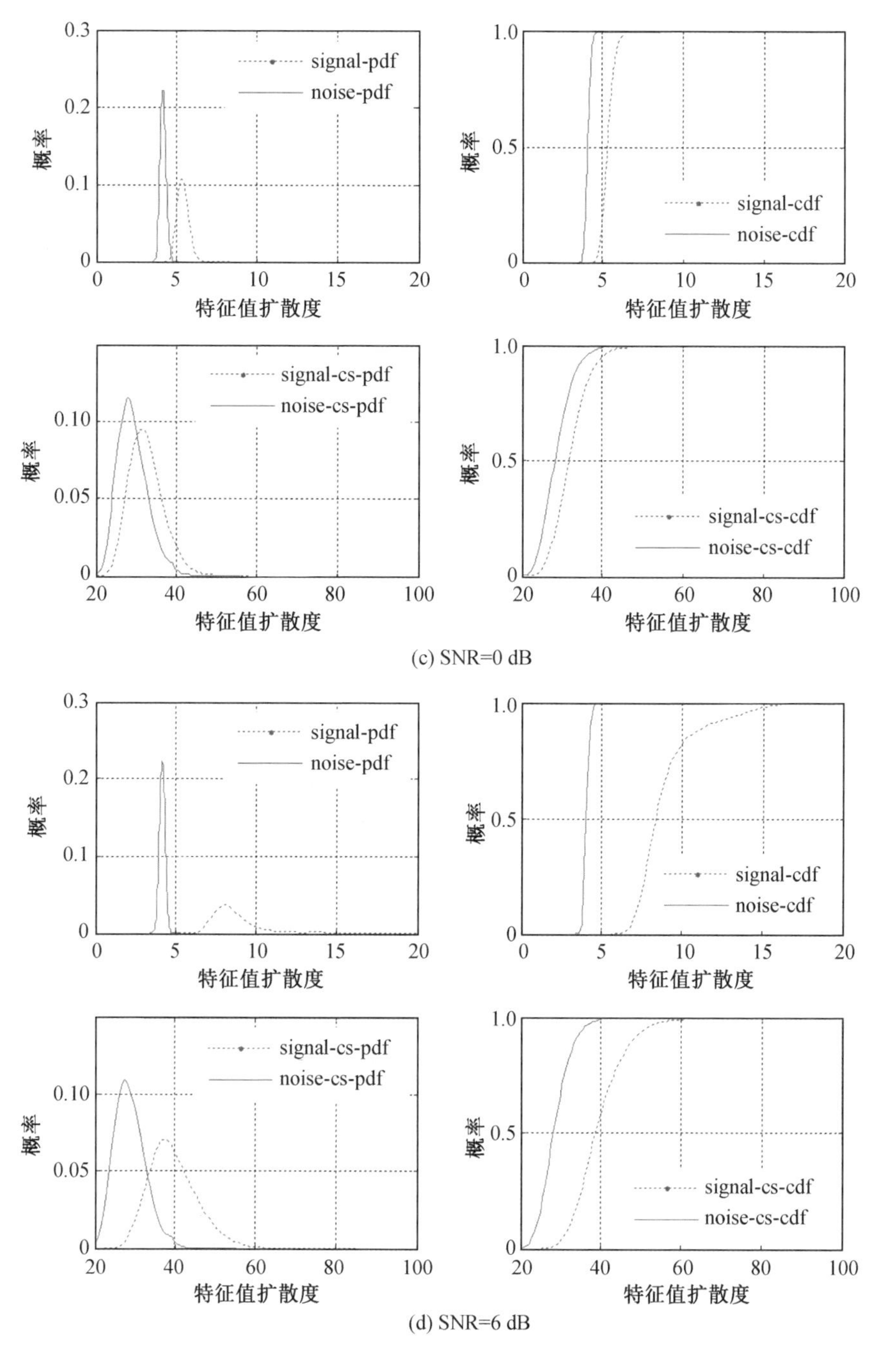

(c) SNR=0 dB

(d) SNR=6 dB

续图 5.5.5

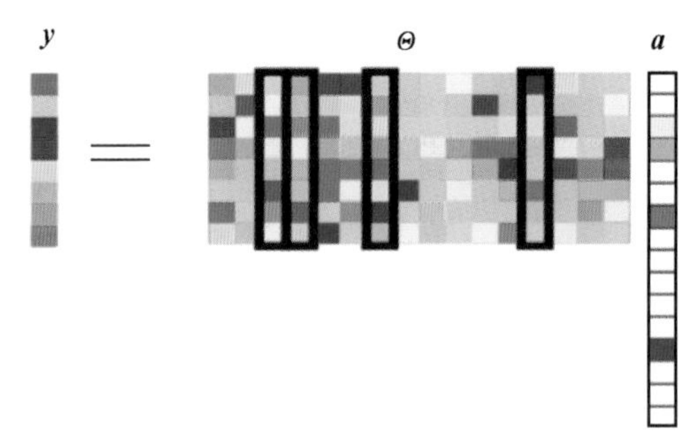
y
Θ
a

图 6.3.2

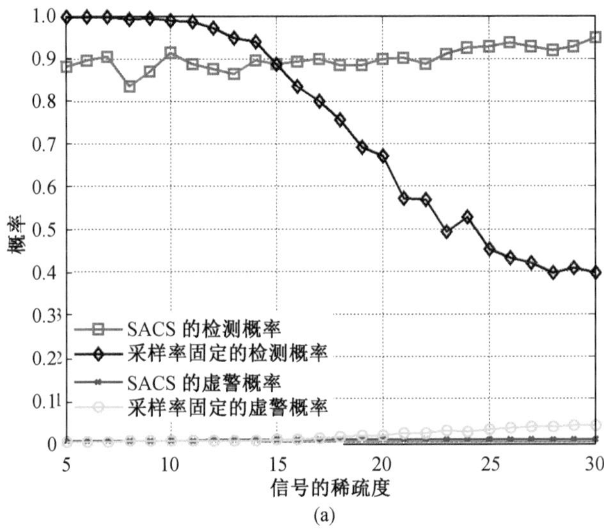
概率
SACS 的检测概率
采样率固定的检测概率
SACS 的虚警概率
采样率固定的虚警概率
信号的稀疏度

(a)

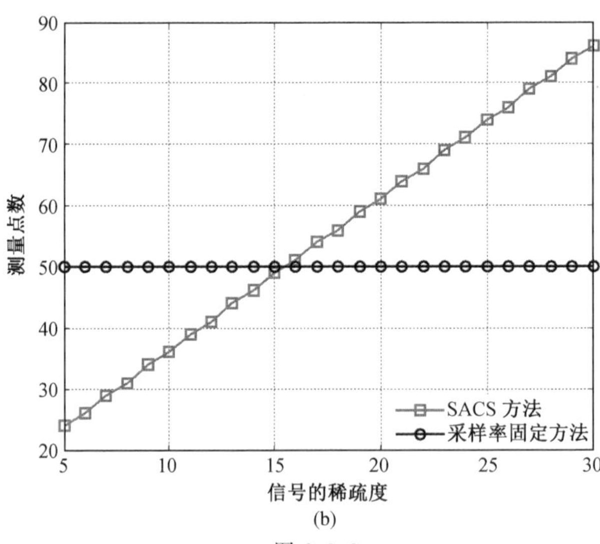
测量点数
SACS 方法
采样率固定方法
信号的稀疏度

(b)

图 6.3.9

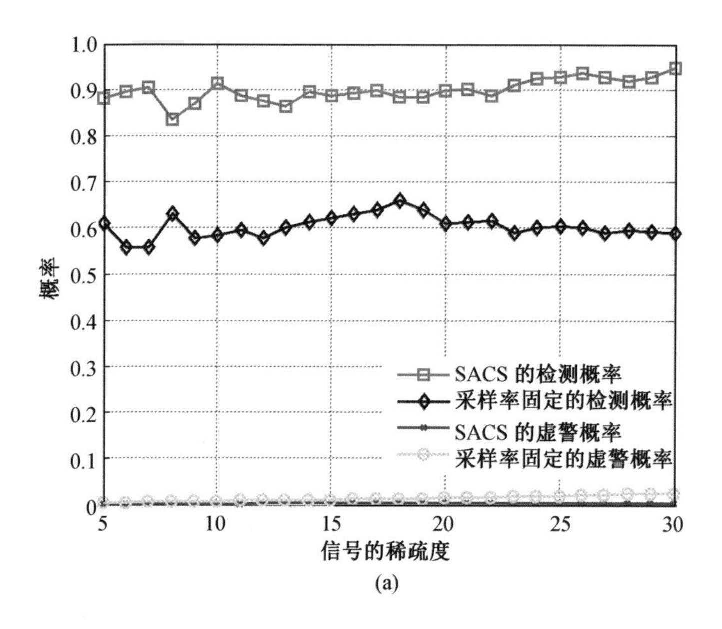
1.0
0.9
0.8
0.7
0.6
0.5
0.4
0.3
0.2
0.1
0
概率
SACS 的检测概率
采样率固定的检测概率
SACS 的虚警概率
采样率固定的虚警概率
5
10
15
20
25
30
信号的稀疏度
(a)

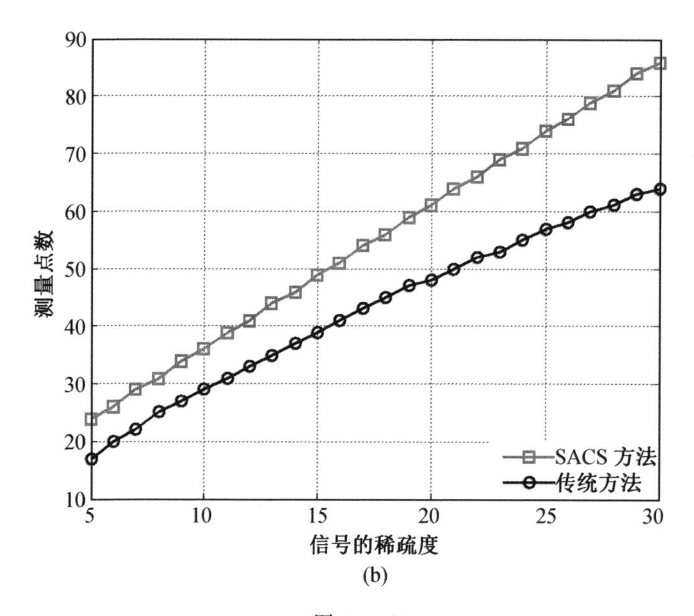
90
80
70
60
50
40
30
20
10
测量点数
SACS 方法
传统方法
5
10
15
20
25
30
信号的稀疏度
(b)

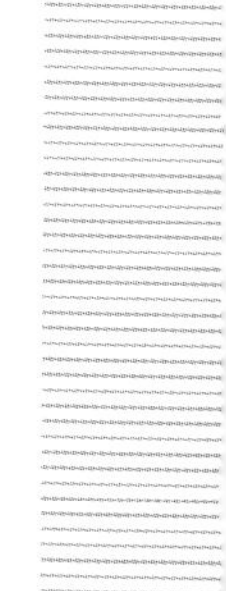

图 6.3.10